우리 시대
가장 중요한
질문 :

생각을
기계가
하면,

인간은
무엇을
하나

나는 인간의 미래를 상상한다.
인간의 미래가 향해 가는 길을 찾고, 분석한다.
나는 새롭게 나타나는 자동화 기술의
윤리적이고 사회적이며 법적인
영향에 대해 탐구한다. 그리고 그 철학적
문제를 고민한다. 춤이라도 추는 것처럼 즐겁게,
빙글빙글 돌려 이야기한다.

——————— 존 다나허(John Danaher)

Automation and Utopia
: Human Flourishing in a World without Work

John Danaher

기술철학 분야 최고의 책이다. 깊은 사유를 불러일으킨다. 매우 탁월하다.

"신기하다. 일이 없어지는 '일의 종말'은 좋은 것이라고 주장한다. 그리고 이 일의 종말은 인간의 윤택함을 위한 더 나은 대안을 이끌어낼 수 있다고 말한다. 이와 같은 일련의 주장은 지금까지 없었던 전혀 새로운 것이다. 그리고 존 다너허가 이러한 주장을 추구하고 달성하는 방법은 흥미진진하다. 이 책은 이 자동화 기술의 시대에 매우 독창적인 공헌을 이루어낸다."

———— 데이비드 건켈 (David Gunkel),
Northern Illinois University

"기술철학 분야 최고의 책이다. 대단히 명확하다. 반대 주장까지도 공정하게 다룬다. 통쾌한 독창성을 가지고 있다. 게다가 이 책은 시의적으로도 대단히 중요하다."

———— 에반 셀링거 (Evan Selinger),
Rochester Institute of Technology

"깜짝 놀랄 만큼 폭넓은 지식을 바탕으로 한다. 조만간 자동화 기술이 가능하게 할 급진적 기회에 대해 두려움 없는 설명을 펼쳐 놓는다. 분석철학의 정확성과 함께 자신감 넘치는 글쓰기로 독자를 사로잡는다. 이 책은 존 다나허가, 왜 행복한 미래를 향한 우리 시대의 가장 중요한 길잡이 중 한 명인지를 다시 한번 보여준다."

———— 제임스 휴스 (James Hughes),
Institute for Ethics and Emerging Technologies

"잘 빚어진 토론은 시기적절하고 중요하다. 존 다나허의 이 책은 여러 분야의 학자, 기술 개발자, 정책 입안자, 그리고 관심 있는 일반인들에게 문제작으로 자리잡을 것이다. 이 책은 이미 우리를 앞질렀을 가능성이 높은 기술이 점점 더 지배력을 넓혀가는 세상에 대해 이야기한다. 우리는 미래를 최대한 활용하기 위해 이를 진지하게 받아들여야 한다."

———— **대니얼 티가드** (Daniel W. Tigard),
Journal of Applied Philosophy

"일은 나쁜 것이고, 일은 그것을 우리에게서 없애버리는 것이 더 낫다고 주장한다. 이러한 주장은 하지만 곧 (일은 나쁜 것이 아니라는) 사람들의 반대에 부딪히고 만다. 존 다나허는 일의 정의를 조금 좁힘으로써 이런 반대를 피한다. 그리고 "왜 우리가 일을 싫어해야 하는가?"라는 질문과 함께 일이 구조적으로 나쁜 이유를 설명한다. 그의 주장과 설명은 매우 탁월하다. 설득력 있다."

———— **카이 소탈라** (Kaj Sotala),
Writer in Cognitive Science and Computer Science

"자극적이다. 하지만 깊은 사유를 불러일으킨다. 존 다나허는 보다 자동화된 미래가 제공해줄 기회와 과제에 대해 정통하다. 그리고 그의 이 새 책은 목전 (目前)의 자동화 기술에 대한 가장 광범위한 논의를 제공한다. 이 책은 미래에 더 중요해질 주제에 대한 아이디어들로 가득 차있다."

———— **존 패닝** (John Fanning),
Dublin Review of Books

목차

——

6장   사이보그 유토피아에 대하여

7장   가상 유토피아는 그 유토피아인가?

얄팍한 답을 내놓지 않는다.
진지하게 질문한다.
갈피를 잡아준다.

현대인에게 '일자리'는 매우 중요한 삶의 요소이다. 이는 일자리가 개인의 생계 유지와 자아실현의 장일 뿐만 아니라, 사회적으로는 국가 경제나 미래 경쟁력을 가늠할 수 있는 기준이 되기 때문이다. 하지만 지금 이 일자리는 위기에 처해 있다. 이는 바로 AI(Artificial Intelligence ; 인공지능)의 출현 때문이다. 급기야는 가까운 시일 내에 AI 로봇이 인간 일자리의 대부분을 대신할 수 있다는 전망도 나오고 있다. 그러면 "할 일이 없어지는 인간은 어떻게 될까?"

우리 인간의 활동이 우리 인간의 안녕과 행복에, 그리고 우리가 사는 이 지구의 운명에 큰 역할을 하지 못하는 '인간 곁다리화'가 우리 앞에 다가와 있다. 미래의 공장은 지칠 줄 모르는 로봇 기술자가 인간을 대신해 근무하면서 인간의 향기가 사라진 침침한 곳이 될 것이다. 미래의 병원은 의사의 수가 대폭 줄어들고, 환자를 진단하고 치료법을 추천하는 클라우드 기반의 AI에 더 많이 의존하게 될 것이다. 미래의 가정은 우리의 욕구와 필요를 예상하고 우리가 항상 바랄 수 있는 모든 음식과 오락거리를 제공할 것이다. 현대 과학과 기술의 발전으로 인간이 하는 일은 이제 AI 기계가 위임받아 하게 되는 자동화 현상이 이런 인간 곁다리화의 원인이 된다. 많은 사람들에게 이는 우울한 예측으로서, 문명이 기계로 대체되는 이미지이다.

이 책은 "자동화된 미래가 두려움의 대상이 아닌, 환영 받는 것이라면 어떨까?"라는 질문을 던진다. 그리고 이런 인간의 곁다리화와 자동화기술을 절망으로 받아들일 것이 아니라 낙관론을 펼 수 있는 새로운 기회로 받아들여야 한다는 주장을 펼친다. 즉 인간 곁다리화를 촉진하는 자동화 기술을 올바르게 사용한다면 우리 인간에게 새로운 유토피아의 가능성이 열리고, 더욱 윤택하고 뜻 있는 인간의 삶이 가능하다는 것이다.

기술의 발전으로 인간이 지구 전체를 통제했던 시기가 있었지만, 지금 우리는 더욱 발전한 기술의 형태인 AI, 로봇공학, 스마트 머신을 더 많이 사용하고 그것에 더 의존하여 인간이 별로 할 일이 없어지면서 자동화의 추세가 늘어나고 있다. 아이러니한 것은, 우리 인간으로 하여금 지구를 통제하게 했던 힘과 우리 인간을 뒤로 물러나게 하는 힘이 사실 같다는 것이다. 전자의 힘이 시간적으로 산업혁명 이후 인간이 지구 환경이나 지구 역사에 영향을 주기 시작한 시대인 '인류세'를 이끌었다면, 후자의 힘은 로봇이 모든 것을 결정하는 자동화 기술로 인해 인간이 할 수 있는 일은 가만히 앉아서 '굿이나 보고 떡이나 먹는' 것 외에는 아무것도 남지 않게 되는 '로보세'를 이끌고 있다. 인류세에서 로보세로의 이러한 이동을, 두려움의 대상이 되는 디스토피아로 보는 사람들이 있지만, 이 책은 이런 현상을 오히려 환영해야 하는 일로 본다.

그리고 이런 입장을 옹호하기 위해 이 책에서는 네 가지 논점을 옹호한다. 첫 번째 논점은 일의 자동화가 지금의 기술 발전으로 가능하고 또한 바람직하다는 것이다. 즉 모두가 그렇게 생각하지는 않지만 일은 나쁜 것이므로, 일의 영역에서 인간의 곁다리화를 촉진시켜야 한다는 것이다. 대부분의 사람들에게 일은 고통과 억압의 원천이며, 우리는 이러한 일의 종말을 앞당기기 위해 우리가 할 수 있는 일이라면 무엇이든 해야 한다. 두 번째 논점은 일이 아닌 다른 삶의 영역에서는 자동화가 바람직하지 않다는 것이다. 자동화 기술이 일상생활에서 압도적인 영향을 미친다면 인간이 영위하는 삶의 뜻있음과 윤택함이 크게 위협받는 일이 일어나기 때문이다. 그러므로 이 책은 이런 위험을 제한하기 위해 기술과 우리의 관계를 신중하게 재정립해야 한다고 주장한다. 세번째 논점은 사이크그 위도피어의 기능성에 대한 것이다. 일 이어이 인상생한에서 자동하 기술로 인해 인간이 영위하는 삶의 뜻있음과 윤택함에 가해지는 위협을 제한하기 위해 기술과 우리의 관계를 처리하는 방법으로 '사이보그 유토피아'가 있다는 것이다. 네 번째 논점은 기술과 인간의 관계를 처리하는 또 다른 방법으로 '가상 유토피아'가 있다고 말한다. 사이보그화를 통해 인간을 기계의 앞으로 나아가게 하는 대신, 기술 인프라의 가상 세계로 인간이 물러나는 것이 바람직하다는 말이다.

이로써 이 책은 우리가 현실에서 뒤로 물러나서 가상현실에 틀어박힐 수 있다고 말한다. 우리가, 필요나 욕구에서 자유로운 채로, 게임을 발명하고 이 게임을 하며, 이전에 경험했던 어떤 것보다 더욱 심오하게 매력적이고 무척 재미있는 가상현실을 탐구하는 데 시간을 할애하여, 우리에게 이상적인 형태의 윤택함을 이룰 수 있게 하는 세상의 정당성을 주장하는 것이다. 이러한 생각은 충격적이고 심지어 혐오스럽게 보일 수도 있다. 하지만 지은이는 우리에게 이 새로운 가능성을 받아들이라고 권한다. 그는 자동화 기술의 부상이 인류에게 유토피아적 순간을 제시하며, 더 나은 미래를 건설할 동기와 수단을 제공한다고 본다.

AI와 로봇공학은 많은 이들에게 아득한 두려움을 느끼게 한다. 이는 우리가 이 AI와 로봇공학에 대해 알지 못하기 때문이다. 단순히 기술적인 측면을 알지 못하기 때문만이 아니다. 우리는 종종 이 기술에 대해, (인간 존재로서) 윤리적으로 어떻게 대응해야 할지 알지 못한다고 느낀다. 이 책은 자동화 기술의 미래를 맞이하는 이들이 인간과 기술 사이에서 균형을 잡을 수 있도록 돕는다. 그러나 이 책은 자동화 기술의 미래에 대해 쉽고 빠른 답을 제시하지는 않는다. 대신 이 책은 진지하게 질문한다. 그리고 이 진지한 질문에 정면으로 맞서, 꼼꼼하게 탐구하고 끈질기게 고민한다. 이를 통해 독자에게 함께 답을 찾아보자고 제안한다.

나는 이 책을 우리말로 옮기면서 일의 자동화가 갖는 윤리적, 철학적 의의는 물론 기술철학 자체에 대한 새로운 지식을 넓혔다. 그리고 이런 지식을 나 스스로에게 신체화할 수 있는 계기를 얻을 수 있었다. 이런 기회를 제공해 준 존 다나허 교수에게 존경과 감사를 드린다. 그리고 어려운 출판계에서, 특히 도서 출간의 경제적인 어려움에도 불구하고 이 책의 한국어판 출간을 결정해준 뜻있는 도서출판의 이지순 대표님에게 깊은 감사를 드린다. 또한 옮긴이의 부족한 초고를 지금의 모습으로 만들어준 이상영 편집장님에게 큰 고마움을 전한다. 이 편집장님의 꼼꼼한 교정과 편집이 아니었다면 이 글은 초고의 투박한 모습을 벗어나지 못했을 것이다.

개발자, 공학자, 비즈니스맨 등에게 이 책을 권한다. 이 책은 이들에게 새로운 아이디어와 기회를 열어줄 수 있을 것이다. 인문학, 경제학, 법학, 의학 등 다양한 분야의 학자들에게도 이 책을 추천한다. 이 책은 학자들에게 자동화 기술에 대한 제대로 된 질문과 논의를 보여줄 것이다. 무엇보다도 공공 분야에서 일하는 정책 담당자, 법률 입안자, 교사(敎師) 등이 이 책에 관심을 가져주길 기대한다. 이 책은 자동화 기술과 관련한 앞이 꽉 막힌 미로에서 길을 잃지 않고 빠져나올 가이드 맵을 제공해 줄 것이다.

아무쪼록 이 책이 많은 독자들과 공감대를 형성할 수 있기를 바란다.

2023년 5월 15일,
옮긴이 김동환

편집자 일러두기

●
이 번역서의 편집 구성은 원서와 조금 다릅니다. 원서는 2, 3, 4장을 제1부로 묶고 5, 6, 7장을 제2부로 묶었는데, 번역서에서는 이 1, 2부의 구분을 없앴습니다. 그리고 절이나 항을 짧게 나눈 경우도 있습니다. 이로써 독서 편의를 높이고자 한 것입니다.

●
장(章), 절(節), 항(項)의 제목도 원서와 차이가 있습니다. 편집자가 책의 내용을 좀 더 설명적으로 풀이한 경우가 있습니다. 부제를 덧붙이기도 했습니다. 이로써 독자가 책의 내용에 좀 더 흥미롭게 접근할 수 있도록 돕고자 했습니다. 표와 그림은 거의 대부분 편집자가 재편성하고 개서한 것입니다. 원서에 있는 것을 없앤 경우도 있고 없는 것을 새로 만든 경우도 있습니다. 또한 독자가 책의 내용을 좀 더 쉽게 파악할 수 있도록 돕고자 했습니다.

●
각 페이지 아래의 각주(脚注)는 기본적으로 옮긴이의 역주입니다. 원서의 각주였던 지은이 주는 책 끝의 미주(尾注)로 옮겼습니다. 다만 지은이 주 가운데 해당 페이지의 내용을 읽을 때 참조할 만한 내용은 각주로 배치하고 '지은이 주'임을 밝혀 두었습니다.

이미 세상을 떠난
내 누이 사라(1974~2018)는
더 나은 세상을 꿈꾸었다.

그리고 이 꿈꾸는 일을 두려워하지 않았다.
자신이 꿈꾸던 세상을
현실로 만들기 위해 매일 노력했던

내 누이 사라의 영전에
이 책을 바친다.

Paul Klee, 〈계산하는 노인(The Calculating Old Man)〉 1929

1장

인류의 가을이

다가오고 있다

이 장의 제목은 핀란드 작가 카이 소탈라
(Kaj Sotala)의 시에서 가져온 것이다.
기이 시 단기는 이럽게 있었다.
"지금은 인류의 가을이고 우리는 빗방울 사이의 순간이다.

(It is the autumn of humanity,
and we are moments between raindrops.)"

1장_1절　인간의 곁다리화가 정말 임박해 있을까?

인간의 곁다리화(obsolescence)●가 임박해 있다. 우리 인간의 활동이 우리의 행복과 우리가 사는 지구의 운명에 큰 역할을 하지 못하는 시대에 우리는 살고 있다. 이러한 곁다리화 경향은 앞으로 줄어들기는커녕 계속 증가할 것이다. 그래서 우리 자신과 사회는 이러한 현실에 대비하기 위해 최선을 다해야 한다. 실제로 인간의 곁다리화는 절망의 원인이 아니라 낙관론을 펼 기회가 될 수도 있다. 우리의 곁다리화를 재촉하는 기술을 올바르게 이용한다면 새로운 유토피아의 가능성이 열리고, 인간의 윤택함이 높아질 수 있다.

이 책에서는 우리 인간이 기술 발전으로 곁다리가 되고 있지만 이런 기술을 제대로 이용하면 인간의 최대 희망인 유토피아를 찾을 수 있고 인간은 행복하고 윤택해질 수 있다고 주장한다. 하지만 이 주장의 첫 가정에 의문을 던질 수 있다. 인간 곁다리화가 정말 임박한 것일까? 사실 인간이 지금보다 우리의 행복과 지구의 운명에 더 큰 역할을 했던 적은 없었다. 지금 지구의 인구는 대략 80억 명에 달한다. 지구에 대한 인간의 영향력과 통제는 전례가 없는 수준이다. 불과 1만 년 전만 해도 인류와

● 인간의 곁다리화(obsolescence) : 영어 obsolescence는 흔히 '노후화'나 진부화'로 번역된다. 그런데 이러한 표현은 인간 자체가 노후해지거나 진부해진다는 연상을 낳는다. 하지만 이 책에서 obsolescence라는 말을 통해 의미하고자 하는 바는, 기술 발전으로 모든 것이 자동화되면서 인간의 일이 서서히 없어진다는 사실과 관련이 있다. 즉 인간이 기계에 밀려 엑스트라가 되고 곁다리가 된다는 것이다. 이에 이 책에서는 obsolescence를 '곁다리화'라는 말로 번역한다.

가축의 '육상 척추동물 생물량'●은 전체 생물의 0.1%에도 미치지 못했지만, 20세기 후반에 이르러서는 이 수치가 98%까지 올라갔다.1 인간은 현재 지구를 지배하며, 자원을 인간에게 유리하게 형성하고 탈취하기 위해 엄청난 기술력을 행사하고 있다. 인간의 영향력이 전례가 없다는 의미를 말하기 위해 사람들은 현재 이 시대를 인류세(人類世)●●라고 부른다. 이런 점에서 인간이 한물가면서, 인간이 곁다리가 되어가고 있다는 말은 세상물정 모르는 한심한 소리처럼 들린다.

그러나 인간이 한물가고 곁다리가 되어가고 있다는 말은 이 책의 동기가 된다. 여기서 '곁다리화'의 의미는 매우 중요하다. 곁다리화란 더 이상 유용하지 않거나 사용되지 않는 과정이나 상태를 말한다. 그렇다고 곁다리화가 죽음이나 비(非)존재의 상태를 뜻하지는 않는다. 인류가 멸종의 문턱에 있다는 말은 아니라는 것이다. 물론 인류가 멸종될 수 있다고 우려하는 사람들도 있다.2 내가 말하는 것은 인간이 한물가기 직전이라는 것이다. 즉 조만간 우리는 지금까지처럼 지구의 운명과 우리 종의 운명을 더 이상 통제하지 못할 것이라는 말이다.

우리 인간이 지구 전체를 지배할 수 있도록 했던 기술력이 이제는 우리를 한물가게 하고 인간의 곁다리화를 재촉하고 있다. 사실 이런 기술력은 같은 힘이다. 우리는 우리의 삶을 통제하고 상품을 생산하며 서비스를 공급하는 복잡한 기술적, 사회적 시스템을 만들었다. 이러한 시스템 내에서 우리는 로봇, AI(Artificial Intelligence ; 인공지능)●●●, 기타 스마

● 육상 척추동물 생물량 : 일정한 지역 내에 생존하는 생물의 총 중량을 말하며 바이오매스(biomass)라고도 한다.

●● 인류세 : 인류의 활동이 지구의 생태계와 기후에 미치는 지속적인 영향을 특징으로 하는 지질학적 시대를 의미한다. 이 인류세는 20세기 후반에 시작된 것으로 여겨지며, 대기 중 이산화탄소 농도 증가, 생물 다양성의 붕괴, 토지 및 수자원의 변화 등을 특징으로 한다. 과학자들 중에는 이 인류세를 하나의 지질학적 시대로 구분하는 주장에 반대하는 이들도 있다.

●●● AI(Artificial Intelligence ; 인공지능) : 흔히 사람처럼 생각하는 지적인 컴퓨터, 또는

트 머신을 점점 더 많이 사용하여 우리의 의사 결정을 외부에 위탁하고 자동화한다. 자동화의 추세는 점점 늘어나고 있다. 우리의 욕구와 필요를 예측하고 우리가 항상 바라는 모든 엔터테인먼트, 음식, 오락거리를 제공하기 위해 기계가 만들어지고 있다. 곧 우리 인간은 "하릴없이 앉아서 굿이나 보고 떡이나 먹는" 일 외에는 할 일이 없는 시대가 다가올 것이다. 우리가 인류세에서 이른바 로보세(robocene)●로 이동하고 있다는 말이다.

어떤 사람들에게는 이것이 심각하게 우울한 예측으로 들린다.3 이 책의 목적은 이런 우울한 예측에 도전하는 것이다. 자동화된 미래는 환영해야 하는가, 아니면 두려워해야 하는가? 이 책은 이 질문에 답하면서 다음과 같은 네 가지 논점을 옹호할 것이다.

이 책에서 옹호하고자 하는 네 가지 논점

____논점 1 : 일의 자동화는 바람직하다.

일의 자동화는 일어날 수 있고 동시에 바람직하다. 대부분의 사람들이 언제나 그렇게 인식하는 것은 아니지만, 일은 대개 사람들에게 나쁜 것이다. 우리는 일의 무대에서 인간 곁다리화를 촉진하기 위해 할 수 있는 것은 뭐든지 해야 한다.

____논점 2 : 삶의 자동화는 바람직하지 않다.

(일 이외 영역에서의) 삶의 자동화는 대개 바람직하지 않다. 일상생활에 자동화 기술이 사용되면서 인간의 행복(well-being), 즉 뜻있

사람의 지능에 가까운 인공적인 지능을 AI(인공지능)라고 규정한다. 그러나 무엇을 가리키는지 모호한 개념이다. AI라고 하면 '시리', 구글 어시스턴트를 떠올리는 사람도 있고 로봇, 자율주행차를 떠올리는 사람도 있다. 가전제품에 탑재되는 무엇인가로 이해하는 사람도 있다.

● 로보세(robocene) : AI와 로봇이 사회에서 지배적인 역할을 담당하는 가상의 미래 시기를 말한다. 어떤 사람들은 로보세를, 기후 변화나 빈곤과 같은 문제를 해결하기 위해 인간과 기계가 함께 일하는 시기로 상상한다.

고(meaning) 윤택한(flourishing) 인간의 삶에 중대한 위협이 제기된다. 이러한 위협을 제한하기 위해 기술과 우리의 관계를 신중하게 관리해야 한다.

____논점 3 : 사이보그 유토피아는 위험을 수반할 수 있다.

기술과 우리의 관계를 관리하는 한 가지 방법은 사이보그 유토피아(Cyborg Utopia)를 건설하는 것이다. 하지만 사이보그 유토피아가 실제로 얼마나 실용적이고 유토피아적일지는 명확하지 않다. 기술과 우리를 통합하여 우리가 사이보그가 되는 것은 일 이외의 영역에서 인간 곁다리화로 향하는 행진을 되돌려 놓을 수 있다. 인간의 사이보그화(化)에는 장점이 많지만, 생각보다 바람직하지 않은 실용적, 윤리적 위험이 수반될 수도 있다.

____논점 4 : 가상 유토피아는 유용할 수 있다

기술과 우리의 관계를 관리하는 또 다른 방법은 가상 유토피아(Virtual Utopia)를 건설하는 것이다. 가상 유토피아는 흔히 생각하는 것보다 더 실용적이고 유토피아적이다. '실재(real)' 세계에서 우리의 역할을 유지하기 위한 노력으로 기계와 우리 자신을 통합하는 대신, 우리가 건설한 기술 인프라에서 생성되고 유지되는 '가상(virtual)' 세계로 물러날 수 있다. 언뜻 보기에 이는 주인공 역할을 포기하는 것처럼 보이지만, 이러한 접근법을 선호하는 설득력 있는 철학적, 실용적 이유가 있다.

이 네 가지 논점을 두 개씩 묶어, 논점 1과 논점 2는 제2~4장에서, 논점 3과 논점 4는 제5~7장에서 옹호할 것이다. 이 네 가지 논점은 이 책에서 주장하고자 하는 핵심 논점이다. 물론 이 네 가지 논점에 논쟁의 여지가 없는 것은 아니다. 당신의 마음속에서는 이미 반론이 들끓고 있을지도 모른다. 어쩌면 이미 입 밖으로 내뱉었을지도 모른다. 그렇지만 잠시만 참아주길 바란다. 수백 페이지에 달하는 이 책에서 나는 이 네 가지 논점이 각각 함축하는 바를 어떻게든 빼내어 이를 정밀하게 조사하고 비판할 것이다.

이런 정밀한 조사를 통해 나오는 그림은 복잡하다. 나는 이 그림에 다양한 방식으로 단서를 달 것이다. 나는 우리의 기술적 미래가 다른 것이 섞이지 않은 순수한 선(善)이나 우리를 기다리는 재앙이라고 주장하지 않는다.4 대신 나는 **가치론적 기획자(axiological imagineer)●**의 역할을 맡는다. 즉 여러 가능한 미래를 상상하고, 이런 미래가 인간의 가치, 뜻 있음, 윤택함에 미치는 영향을 탐구할 것이다. ('가치론'은 일상생활에서의 가치 연구를 가리키는 철학 용어이다. '기획자'는 창의적인 엔지니어를 묘사하는 용어로서, 이런 사람은 특이한 개념이나 아이디어를 계획하고 발전시키는 사람이다.)

내가 가치론적 기획자 역할을 맡겠다는 것은 객관적이고 중립적인 관점을 취하겠다는 뜻은 아니다. 오히려 나는 어떤 미래는 다른 미래보다 더 바람직하다고 주장할 것이다. 하지만 내가 가치론적 기획자 역할을 맡겠다는 것은 특정한 유토피아 관점을 탐험하고 옹호하는 방법에 있어서 어느 정도의 겸손과 균형을 발휘한다는 것을 뜻한다. 왜냐하면 나는 특정한 결론만을 납득시키고 싶은 것이 아니라, 자동화된 미래에 대해 생각하는 방식을 보여주고 발전시키고 싶기 때문이다. 이는 내가 왜 그렇게 생각하는지 당신이 이해할 수 있게 해 주고, 내가 옳은지 그른지에 대해 당신 스스로 결론에 도달할 수 있도록 돕는 방식이다.

● 가치론 : 형이상학적 실체보다는 관계 개념을 중요시한다. 가치철학자들에게 이 관계란 존재하는 것이 아니라 타당한 것이다. 인생의 궁극적 목적보다는 일상생활에서 가치 있는 것을 찾고자 한다.

1장_2절 인간 곁다리화의 과거와 현재와 미래

인간 곁다리화가 임박했다는 나의 앞선 주장을 구체적인 증거로 뒷받침하면서 자동화된 미래로의 여정을 시작하고자 한다. 이런 증거 제시는 뒤에서 나올 프로젝트에 매우 중요하다. 이 책은 과학 기술이 가져올 미래를 이론적으로 추론하는 사고실험(thought experiment)●으로 기술된다. 이 책은 인간 곁다리화가 불가피하다고 가정하고 이로 인해 발생할 수 있는 결과를 독자에게 고려하도록 한다.

그렇다고 해서 이 책이 곁다리화의 가능성에 대해 완전히 애매한 태도를 취할 수는 없다. 이 주제에 대해 지금까지 내가 했던 대화를 바탕으로 나는 다음과 같은 사실을 알게 되었다. 자동화 기술이 어떻게 사회의 거의 모든 분야에서 인간 활동의 필요성을 훼손하고 있는지(그리고 이미 훼손했는지)를 완전하고 생생하게 묘사하지 않는다면 사람들은 인간 곁다리화에 대비해야 할 필요성을 확신하지 못한다는 것이다.

이 장의 나머지 부분에서는 인간 곁다리화의 과거와 현재, 그리고 미래를 간략히 살펴봄으로써 독자에게 완전하고 생생한 그림을 그려줄 것이

● 사고실험(thought experiment) : 실행 가능성이나 입증 가능성에 구애받지 않고 정신적인 측면에서만 진행하는 실험이다. 이론, 원리, 개념을 시험하기 위해 가상의 상황이나 문제를 고려하는 방법이다. 종종 사람들이 복잡한 개념이나 생각을 이해하도록 돕기 위해 철학과 과학에서 사용된다. 특정 가정이나 행동의 논리적 결과를 평가하는 데 사용될 수 있다. 사고실험은 사고를 자극하고 추상적 개념을 보다 구체적인 방법으로 이해하도록 해준다.

다. 이 중 일부 내용은 어떤 독자에게는 친숙할 수 있다. 하지만 이미 인간 곁다리화의 임박성을 완전히 확신하고 있다 하더라도 읽어볼 것을 권한다. 여기에서 논의한 예들은 이후 장에서 다시 언급된다.

농업과 제조업에서의 인간 곁다리화
인간이 퇴조하는, 우울한 소리가 들린다

약 1만 년 전까지만 해도, 대부분의 인간은 작은 수렵 채집 부족을 꾸리며 살았다. 이들은 빈번히 이동하면서, 직접 돌아다닌 주변 세계의 동식물로부터 식량 자원을 얻었다.[5] 이들은 동식물의 서식 장소와 조건을 의도적으로 조작하지(농사를 짓거나 가축을 기르지) 않았다. 즉 정착하여 복잡한 도시와 국가, 정부를 형성하지 않았다.

이 모든 것은 농사를 짓고 가축을 기르기 시작되면서 바뀌었다. 인간은 독창적으로, 그리고 어떤 경우에는 행운을 통해 특정 동식물의 생식 과정에 적극적으로 개입하는 방법을 알게 되었다. 이로써 (예를 들면) 밀, 쌀, 옥수수, 감자, 소, 양, 닭, 돼지는 모두 생존을 위해 인간에게 의존하게 되었다. 이를 통해 인간의 1인당 에너지 획득량이 크게 늘어났고 자연스럽게 인구도 증가했다.[6] 관료 집단, 법, 제도를 갖춘 복잡한 정착 사회가 등장했다. 또한 사냥과 채집에서 농업으로 전환한 결과, 폭력, 평등, 정절(貞節)을 둘러싼 많은 사회적 가치 기준이 나타났다.[7]

농업혁명은 인류 문명의 발전에 중요한 분기점을 만들었고, 농업은 계속 증가하는 인구를 먹여 살리는 일에 여전히 중심적인 역할을 한다.[8] 채집에서 농업으로의 전환은 방대한 규모의 인간과 동물의 노동을 통해 가능했다. 오랫동안 인간의 노동은 노예 제도를 전제로 했고, 최근까지 서구 세계의 많은 경제는 본래 농업이었으며, 인구의 대다수는 농작물 경작, 축산업에 종사했다.

그런데 이 모든 것이 200여 년 전부터 조금씩 변하기 시작했다. 경제학자 막스 로저(Max Roser, 1983~)가 수집한 자료에 따르면, 서유럽 국가의 경우 1800년 무렵에는 인구의 30~70%가 농업에 종사했다. 2012년까지 이 수치는 5% 이하로 떨어졌다. 이런 감소는 몇몇 나라에서 더 두드러지고 급박했다. 예를 들어, 미국에서는 더욱 최근인 1900년 무렵 인구의 약 40%가 농업에 종사했고, 2000년 무렵까지 이 수치는 2%로 감소했다. 이런 감소가 진행되었다고 해서 농업 생산성이 희생된 것은 아니었다. 이 기간 내내 농업 생산성은 증가했고, 농업 생산성이라는 사회적 부의 증가와 농업 일자리의 감소 사이에는 꽤 일관된 상관관계가 있었다.[9]

무슨 일이 일어난 것인가? 그 답은 기계 노동의 증가에 있다. 인간과 동물에게 일을 시키는 대신, 농부는 강력한 기계에 의존했다. 이런 강력한 기계는 인간과 동물의 어떤 조합보다도 더 빠르게 논밭을 경작하고 씨앗을 심고 농작물을 수확했다. 기계는 가축의 젖을 짜고 먹이를 주고 도살하는 일에도 도움이 되었고 결국은 이런 일까지 떠맡았다. 갈수록 커지는 농사를 관리하고, 필요할 경우 기계 노동을 보충하기 위해 여전히 소수의 인력이 필요하다. 하지만 농기계가 증가함에 따라 과거에는 농업 근로자의 대부분을 차지하던 수많은 임시 근로자와 소작농 농부들은 쓸모없게 되었다.

그렇다고 농업에서의 인간 곁다리화가 전면적으로 일어났다는 것은 아니다. 어떤 일은 자동화에 완강히 저항했다. 가장 잘 알려진 예는 과일 따기이다. 과일은 쉽게 멍들고 쉽게 상하므로 신중하게 취급해야 하는 작물이다. 수확 기계의 무차별적 힘은 나뭇가지에서 과일을 따는 일에 적합하지 않다. 결과적으로 과일 따는 일은 열악한 고용 조건에서 일하는 많은 인간 근로자의 몫으로 남아 있었다. 이런 인간 근로자는 종종 계절 근로자나 이주민 근로자였다. 하지만 이 과일 따는 일 또한 이제는 변화를 맞고 있다. 미국에서는 계절노동의 가용성이 지속적으로 감소하면서 과

일 재배 농가들이 '자동화를 열망하고', 어번던트 로보틱스(Abundant Robotics)●와 FF로보틱스(FFRobotics)●● 등의 업체들이 앞다퉈 과일 따기 기계화에 나서고 있다. 어번던트 로보틱스가 시행한 사과 따는 로봇의 초기 시험은 인상적이었고, 결국 구글 등의 회사들이 이 기술의 미래에 투자하게 되었다. 어번던트 로보틱스의 로봇은 기술 발전의 놀라운 융합으로 가능해졌다. 여기에는 로봇의 시각적 처리, 패턴 인식, 물리적 민첩성의 향상, 사과나무의 유전자 조작, 과수원의 물리적 디자인 변화 등이 포함된다. 더 많은 열매를 맺고, 가지에서 사과를 확인하고 딸 수 있는 로봇을 더 쉽게 설계할 수 있는, 더 짧고 더 넓은 사과나무가 번식되었다. 이것과 사과나무 열 사이의 더 넓은 길을 결합하면 자동화를 위한 환경이 무르익는다.10

그래서 농업은, 한때는 인간의 지배가 뚜렷하게 표출되는 장이었지만, 지금은 기계의 힘이 커지고 인간의 곁다리화가 꾸준하게 진행된다는 증거가 된다.

제조업 분야에서의 인간 곁다리화는 농업 분야에 비해 좀 더 극적이다. 1750년경부터 농업 위주의 경제는 산업 위주의 경제로 점차 대체되었다. 화석 연료로부터 에너지를 얻는, 획기적인 기술 발전은 산업 생산량과 생산성의 급격한 증가로 이어졌다. 많은 근로자들은 시골에서 도시로 이주했으며, 이런 이주 현상은 영국에서 시작되어 서구 세계 전체로 퍼져나갔다.11 그리고 사회적, 정치적 격변이 일어났다. 중산층이 등장했고 중산층의 부르주아적 가치와 감성이 나타났다.12

● 어번던트 로보틱스(Abundant Robotics) : 2016년 사과 수확 로봇을 개발해 상용화했다. 이 회사의 CEO인 댄 스티어(Dan Steere)는 다음과 같이 말했다. "사과 따기는 지난 100년 동안 큰 변화가 없었다. 로봇으로 사과 수확에서 큰 변화가 일어날 것이다." (하지만 팬데믹 등의 영향으로 타격을 입으면서 이 회사는 2021년 7월 사업을 정리했다.)

●● FF로보틱스(FFRobotics) : 과일 따는 로봇을 제조하는 로봇공학 회사이다. 이 회사의 기계들은 감귤류, 사과, 배, 체리 등 다양한 과일 재배 과수원에 사용된다. 어떤 날씨에서도 열 배 이상의 효율성을 내고 이로써 육체노동을 줄이거나 대체하고자 한다.

산업혁명 이야기는 처음에는 인간의 독창성과 지배력에 관한 이야기였다. 증기 기관과 기계 베틀 등 소수의 핵심 기술 혁신은 경제 생산량에서 엄청난 이득을 가져왔다. 이런 기술 혁신으로 인간 노동에 상당한 재배치가 일어났다. 그러나 농업혁명과 달리, 산업혁명은 인간의 곁다리화를 전제로 하는 것이었다. 산업혁명으로 자동화 기술의 첫 번째 물결이 일어났다. 숙련된 인간의 노동은 가차 없고 때로는 잔혹할 정도로 효율적인 기계로 대체되었다.13

그 이후에 제조의 자동화는 정규화되고 확대되었다. 현대 공장의 조립 라인은 자동화의 전형적인 예이다. 조립 라인은 그런 식으로 문화적 상상력 안에 선명하게 그려진다. 어떤 면에서 이것은 안타까운 일이기도 하다. 왜냐하면 이제 곧 보게 되겠지만 조립 라인이 자동화의 가장 본능적이고 분명한 표명이기 때문이다. 자동차와 컴퓨터를 조립하는 산업용 로봇은 분명 인상적인 기술적 인공물이지만 부피가 크고 눈에 띈다. 인간 참여의 경계를 뒤쪽으로 밀어내는 훨씬 더 광범위하고 '숨겨진' 자동화 기술이 있다.

'인류의 긴 퇴조에 호응하는, 우울하게 으르렁대는 소리'●가 현대 경제 곳곳에서 들린다.

금융업에서의 인간 곁다리화
빠른 알고리즘이 느린 인간을 대체한다

금융권에 대한 만화적 이미지는 인간이 중심적인 역할을 하는 이미지이다. 빽빽하게 들어찬 증권업자들이 하루 종일 서로에게 '매수'와 '매도'를

● 영국 시인 매튜 아놀드(Matthew Arnold)의 <도버 해협>(Dover Beach)에 나오는 구절이니. 이 구절은 다음과 같다. "It's melancholy, long, withdrawing roar." 긴 퇴조를 거느는, 우울한 소리일 뿐"이라는 뜻이다.

외치는 떠들썩하고 시끄러운 증권거래소의 입회장은 금융업을 묘사할 때 사람들의 머릿속에 가장 자주 떠오르는 이미지이다. 뉴스 매체는 유력 증권거래소의 주요 인사들을 인터뷰하면서 이러한 이미지를 꾸준히 홍보한다. 더군다나 종종 우리는 금융권이 인간의 노동을 빨아들이는 방식을 한탄하기도 한다. 우리는 '가장 명석한 인재들'을 월 스트리트와 '시티 오브 런던(City of London ; 런던의 금융 중심지)'의 증권거래소에 빼앗기고 있다고 불평한다. 여기서 '명석한 인재들'은 아이비리그(Ivy League)에서 교육받은 수학자와 옥스브리지(Oxbridge)에서 교육받은 물리학자 등을 말한다.●

하지만 이런 말에는 오해의 소지가 있다. 금융권은 지나칠 정도로 많은 인간들이 모여 있는 세계이지만 인간의 노동을 빨아들이는 블랙홀은 아니다. 그리고 지금의 금융업은 기계 산업이다. 한때 북적거렸던 증권거래소 입회장은 텅텅 비어 가고 있다. 이제 이곳은 뉴스 방송을 위한 방음 스튜디오 역할을 더 많이 한다.[14] 실제 작업은 지하 케이블로 연결된 컴퓨터 단말기를 통해 이루어지며, 다수의 거래 알고리즘과 AI 의사 결정 지원 도구의 분석을 따른다. 이런 시스템은 데이터를 분석하고 거래를 실행한다. 인간은 기계가 제공한 데이터를 바탕으로 결정을 내리면서 그 과정을 계속 감독하지만, 그런 감독도 점차 많이 하지 않는다. 정확한 추계는 어렵지만 미국 주식 시장 거래의 최소 50%가 트레이딩 봇이나 알고리즘으로 이뤄진다는 게 대체적인 의견이다.[15] 그리고 이 수치는 데이터 처리 및 분석에서 인간 거래자를 지원하는 데 사용하는 AI나 은행 부문 전반에 걸쳐 만연한 자동화는 고려하지 않은 수치이다.

● 아이비리그(Ivy League)는 미국 동북부에 있는 8개 명문 사립 대학교를 말한다. 하버드(Harvard), 예일(Yale), 펜실베이니아(Pennsylvania), 프린스턴(Princeton), 컬럼비아(Columbia), 브라운(Brown), 다트머스(Dartmouth), 코넬(Cornell) 등이 이 아이비리그에 속하는 대학교이다. 옥스브리지(Oxbridge)는 영국의 명문대학인 옥스퍼드(Oxford)와 케임브리지(Cambridge)를 말한다.

금융 자동화의 행진이 이제 막 시작되었다고 볼 만한 충분한 이유가 있다. 실제로 금융, 특히 금융 거래는 자동화가 가능할 뿐만 아니라 필수적이기도 한 분야이다. 금융 시장은 기계라는 나무가 빠르게 번식하는 기계의 자연 서식지이다. 이 시장은 전자적으로 매개된다. 짧은 시간 동안 많은 활동이 일어난다는 점에서 이 시장은 매우 역동적이다. 금융의 핵심 비즈니스 모델은 거래자에게 경쟁자보다 앞서 차익 거래● 기회를 탐지해 내도록 요구한다. 차익 거래 기회는 기계의 모국어인 수학적, 형식적 용어로 정확하게 밝혀질 수 있는 것이다. 인간이 이를 실시간으로 발견하고 계산하기는 매우 어렵다. 차익 거래 기회는 기계 지원이 필요하다. 미시간대학교 컴퓨터과학 및 엔지니어링 교수 마이클 웰먼(Michael Wellman)과 미시간대학교의 교수 우다이 라잔(Uday Rajan)은 이렇게 지적한다. "금융 시장은 엄청난 양의 데이터를 빠른 속도로 생성한다. 그리고 이를 소화하고 평가하기 위해서는 알고리즘이 필요하다. 금융 시장의 역동성은 정보에 적시 대응하는 것이 중요하다는 것을 의미하며, 이는 느린 인간을 의사 결정 고리에서 배제하는 강력한 동기를 제공한다."16

하지만 이것은 문제를 일으키고 있다. 부적절하게 설계된 자동화 시스템은 예측 불가능하고 예상치 못한 방식으로 작동할 수 있다. 또한 이런 시스템의 작동 속도는 플래시 크래시(flash crash)●●로 일컬어지는 시장 가격의 급격한 하락을 초래할 수 있다.17 당분간 '가장 명석한 인재들'은 이러한 시스템을 개선하고 결함을 바로잡는 일을 해야 한다. 하지만 이들의 역할이 점점 줄어들 것이라고 예상할 만한 충분한 이유가 있다. 즉

● 차익 거래 : 동일한 금융 상품이 지역에 따라 가격이 다를 때 이를 매매함으로써 수익을 얻는 일을 말한다. 예를 들면 주식, 채권, 외환 등이 나라에 따라 수익률이나 가격이 다를 경우, 이를 매매하여 차익을 올리는 것이다.

●● 플래시 크래시(flash crash) : 금융 자산이나 시장 지수의 급격한 가격 하락을 말한다. 시장의 갑작스러운 유동성 손실로 인해 발생하는 경우가 많다. 이는 시장 조작, 기술적 결함, 또는 시장 정서의 변화를 포함한 다양한 요인에 의해 유발된다.

기계는 인간 창조자들이 바랄 수 있는 것보다 차익 거래 기회를 발견하고 실행하는 일을 더 잘할 수 있다. 심지어 이들 기계는 기회를 발견하기 위해 기회를 의도적으로 만들어낼 가능성이 높다.

전문직종에서의 인간 곁다리화
의사, 변호사는 이미 절벽에서 뛰어내렸지만

지식은 항상 가치 있는 자원이었다. 대부분의 사회에서는 적절한 자격을 갖춘 사람이 도움을 필요로 하는 사람들에게 전문 지식을 제공하고 그에 따라 고가의 수수료를 받는다.

이들은 소위 '전문가'로, 의사와 변호사가 가장 널리 알려진 전문가이다. 의사와 변호사는 문명이 시작된 이래 가장 오랫동안 활동해 온 전문가들이다. 얼마간 다른 형태를 가지는 경우는 없지 않았으나 이들이 전문가로서 활동하지 않던 때는 없었다. 교육의 실질적인 내용이 바뀌었고 전문 지식의 구체적인 성분도 바뀌었지만, 서비스 제공의 방법적 형식은 놀라울 정도의 일관성이 있었다. 변호사는 의뢰인을 만나고 사건을 평가하며 전문적인 법률 지식을 이용하여 해결책을 제시한다. 또한 의사는 환자를 만나고 병증을 판단하며 전문적인 의학 지식을 바탕으로 처방을 내린다. 이 기본적인 비즈니스 모델은 수십 세기 동안 번창했고, 의사와 변호사는 사회에서 매우 존경 받고 높은 보상을 받는 전문가였다. 하지만 이런 현상이 얼마나 오래 갈까?

의사의 미래를 생각해 보자. 의사의 일은 ⅰ 진단(diagnosis), ⅱ 치료(treatment), ⅲ 돌봄(care)이라는 세 가지 요소로 나뉜다. 의료 전문가는 이러한 일을 수행하도록 돕는 기술을 받아들여 오랫동안 사용해 왔다. 이러한 기술을 받아들인 기나긴 역사 동안, 기술이 전문적인 수행을 보완하고 향상시킨다는 믿음이 있었다. 그런데 최근 들어서는 대세가 바꿔기 시작했다. 인간의 실수 가능성, 정확성의 결여, 과신 경향 등과 같은 이유 때문에 의료 전문가는 의료 제공 시 위험을 만들 수 있는 명백한 근원이 된다. 기계는 이제 단순히 인간 동료를 보완하는 것이 아니라 인간 의료진을 대체하기 위해 설계되며 제작되고 있다.

진단의 자동화가 가장 좋은 예이다.[18] 토론토대학교 교수 지오프 힌튼(Geoff Hinton, 1947~)과 같은 기계 학습(machine learning) 분야의 선구자는 진단의사의 미래가 암담하다고 생각한다. 그는 앞으로 10년 안에 인공 지능형 기계가 방사선 전문의와 같은 진단의사를 대체하는 일이 "누가 봐도 100%로 확실하다"고 말한다. 그리고 이런 진단 전문가의 모습을, 정신없이 달려가다가 아래로 추락하고 마는 만화 캐릭터 '와일 이 코요테(Wile E. Coyote)'●와 비교했다. 진단 전문가들은 인간 곁다리화의 절벽에서 뛰어내렸지만 아직 아래를 내려다보지는 않았다.[19] 구글X의 설립자인 세바스찬 스런(Sebastian Thrun, 1967~)도 여기에 동의하지만, 그는 낙관적인 동시에 디스토피아적인 진단 의학 미래의 관점을 제공한다. 미국 의사이자 생물학자인 싯다르타 무케르지(Siddartha Mukherjee, 1970~)가 ≪뉴요커≫(New Yorker)에 게재한 '의학에서의 AI 사용'에 관한 우수한 칼럼에서 밝히듯이, 세바스찬 스런은 '의료용 원형감시탑(medical panopticon)'●●을 원한다. 우리 인간은 이 의료용 원형

● 와일 이 코요테(Wile E. Coyote) : 만화 ≪로드 러너≫(Road Runner)에서 총알처럼 빠르게 달리는 캐릭터인 '로드 러너(Road Runner)'를 항상 쫓아다니는 캐릭터이다. 정신없이 로드 러너를 쫓아가다가 어느 순간 섬뜩한 느낌이 들어 아래를 내려다보면 자신이 허공에 떠 있다는 사실을 알게 된다. 그런데 와일 이 코요테는 자신이 허공에 떠 있다는 사실을 깨닫는 순간 아래로 추락하고 만다.

●● 의료용 원형감시탑(medical panopticon) : 원형감시탑은 프랑스 철학자 미셸 푸코(Michel Foucault)가 현대 사회의 정교한 감시 시스템을 설명하기 위해 사용한 개념이다. 이 원형감시탑은 감옥 중앙에 높이 세운 감시탑으로서, 이 감시탑 바깥의 원 둘레를 따라 죄수들의 방을 만들도록 설계되었다. 중앙의 감시탑은 늘 어둡게 하고, 죄수의 방은 밝게 해 중앙에서 감시하는 감시자의 시선이 어디로 향하는지를 죄수들이 알 수 없도록 한다. 그러나 이 책에서는 자동화 기술이 늘 인간의 건강 상태를 확인하고 질병 발생 여부를 감시하는 상황을 설명하기 위해 '원형감시탑'이라는 말을 사용한다.

감시탑에서 생각보다 더 조기에, 더 **빠르고** 더 정확하게 암을 탐지할 수 있는 기계 학습 알고리즘의 진단을 지속적으로 받는다.

> 우리의 스마트폰은 알츠하이머를 진단하기 위해 자주 바뀌는 음성 패턴을 분석할 것이다. 자동차 핸들은 작은 망설임과 떨림을 통해 초기 파킨슨병을 잡아낼 수 있다. 욕조는 당신이 목욕할 때 무해한 초음파나 자기공명을 통해 난소에 검사해야 할 새로운 덩어리가 있는지를 조사하기 위해 순차적인 스캔을 수행한다. 빅데이터가 당신을 지켜보고 기록하고 평가한다. 즉 이 알고리즘과 저 알고리즘이 우리를 통제하고 곧이어 다음 알고리즘이 이 통제를 이어받는다.[20]

✦ 싯다르타 무케르지(Siddhartha Mukherjee), <의학에서의 AI 사용 ; 진단을 자동화할 때>

이 같은 그림에는 인간 진단의사가 들어갈 자리가 거의 없다. 의료 행위의 다른 분야인 치료에서도 인간 의사가 들어갈 자리가 많을 것 같지 않다. 증거 중심 의학(Evidence-Based Medicine ; EBM)●에서는 의사에게 진단과 치료에 관해 최신 연구와 최고의 진료를 최신 상태로 유지하도록 요구한다. 하지만 인간은 절대 그렇게 할 수 없다. 한 추정치에 따르면, 평균 41초마다 새로운 의학 논문이 발표된다. 만약 이런 연구들 중 2%만 보통의 의료 종사자와 관련이 있다면, 이런 연구를 따라잡기 위해 매일 21시간 동안 해당 논문을 읽어야 한다.[21] 비슷하게, 외과의사는 로봇 손의 매개체를 통해 오랫동안 기술을 실행해왔고, 종종 로봇이 수술대 위의 환자에 전념하는 동안 인상적인 형태의 제어판에 앉아 있었

● 증거 중심 의학(Evidence-Based Medicine ; EBM) : 가능한 한 최선의 증거를 사용하여 개별 환자의 치료와 치료에 대한 결정을 내리는 의료 행위 접근법이다. 증거 중심 의학의 목표는 환자의 가치와 선호도뿐만 아니라 이용 가능한 최고의 과학적 증거를 고려하여 환자에게 가장 효과적이고 안전한 치료를 제공하는 것이다. 관련 연구를 확인하고 품질과 타당성을 평가하기 위해 과학 문헌을 체계적으로 검토해야 한다. 증거 중심 의학은 환자 치료 결과를 개선하는 것으로 나타났으며 현재 전 세계적으로 의료 행위에 널리 사용되고 있다.

다. 그러나 곧 제어판이 필요 없게 될 것이다. 최근의 실험에서는 로봇 외과의사가 인간 외과의사보다 수술을 더 잘 설계하고 더 잘 집도할 수 있다는 것이 시사되었다.[22] 아직은 시기상조이지만, 인간 외과의사가 감독 역할로 물러날 날이 멀지 않았다.

의료의 **돌봄** 측면은 약간 다르다. 돌봄은 종종 자동화에 저항하고, 어쩌면 저항해야 하는 것으로 생각된다.[23] 목가적인 개념은 돌봄이 **관계**라는 것이다. 즉 이런 관계는 도움을 받는 환자와 이해심 많은 보호자 사이의 대인 관계이다. 돌봄의 임무를 효과적으로 수행하기 위해 보호자는 함께 느끼고 감정을 표현하는 능력을 갖춰야 한다. 그런데 기계는 확실히 이런 능력을 갖추지 못할까? 나는 이러한 질문이 그리 적절한 것은 아니라고 생각한다.[24] 인간이 돌봄과 관련된 기능을 수행한다면 더 좋을지 모르지만, 돌봄 또한 점점 더 자동화의 대상이 된다는 것을 받아들여야 한다.

우리의 세계는 늙어가고 있다. 늘어나는 노인 인구는 돌봄이 필요하고, 여기에 비례해서 돌봄 부담을 짊어질 젊은 층은 점점 줄어드는 추세이다. 이러한 부담을 떠안을 수 있는 케어봇(carebot) 설계에 상당한 자원이 투입되고 있다. 일본에서는 케어봇이 이미 보편화되어 있으며 인간 보호자보다 케어봇을 더 좋아한다고 말하는 사람들이 있을 정도이다. 유럽에서도 치매와 '조기 발생 알츠하이머병'●에 걸린 환자를 대상으로 케어봇이 운영되기 시작하고 있다.[25] 요컨대, 의학계의 미래는 인간이 큰 역할을 할 것 같은 미래가 아니다.

법조계는 어떤가? 이곳의 그림도 비슷하다. 많은 나라에서 법조인은 개혁과 혁신에 끊임없이 저항하며 촘촘한 조합을 형성하고 있다. 영국에서

● 65세 미만의 젊은 사람에게 알츠하이머병이 발생할 경우 이를 '조기 발생 알츠하이머병'이라고 한다. 알츠하이머병은 가장 일반적인 형태의 치매로 기억, 사고, 행동에 영향을 미치는 질병이다. 초기 발병 증상과 시세 기능에 영향을 미치므로 진행이 된다. 대개분 노인층에서 발병하지만 종종 삼사십 대에도 영향을 미칠 수 있다.

법정 변호사는 여전히 옛날의 업무 관행, 복장 규정, 식사 의식 등을 고집스럽게 지킨다.26 영국 런던의 채서리 레인(Chancery Lane)과 플리트 스트리트(Fleet Street)는 법조계 법정 변호사의 전통적인 본거지이다. 이 거리를 걸어서 돌아다녀 보면 마치 과거로 돌아간 듯한 느낌이 들 것이다. 이런 느낌이 건축 양식 때문만은 아니다. 고풍스러운 복장을 한 변호사 또한 17세기 이후 런던의 중심부에서 시간이 멈춰버린 듯하다.

그러나 이처럼 예스러운 외관은 상당한 혁신과 자동화의 내부를 감추고 있다. 채서리 레인을 채운 옛 행각(行閣)에서 떨어져 있는 런던(그리고 뉴욕, 파리, 도쿄, 그 밖의 지역들)의 로펌들은 인간 노동의 기술적 대체물을 열심히 실험하고 있다. 이 실험은 놀라운 속도로 일어나고 있다. 계약, 재산 양도, 이혼 절차 진행, 개인 상해 청구, 법원 소환 등과 같은 법률 업무는 일상적인 서류를 준비하고 집철(輯綴)하는 일을 포함하고 있다. 그리고 이와 관련한 문서를 쉽게 생성할 수 있는 자동화된 문서 관리 시스템이 개발되었다.27 다양한 로펌이 온라인 플랫폼을 통해 이러한 문서를 소비자에게 직접 제공하기 때문에 변호사와의 전문적인 상담에 오로지 의존할 필요가 없다. 이와 관련된, 너무나 지루하여 젊은 변호사의 오랜 골칫거리인 문서 심사 과정은 수많은 로펌에서 지침서에 따라 자동화되고 있으며, 딜로이트(Deloitte)●와 같은 로펌은 이를 고객에게 핵심 서비스로 제공하고 있다.

그리고 이것이 다가 아니다. 2017년 초 많은 뉴스 매체는, 세계 최초의 AI 로봇 변호사로 묘사된 로스(Ross)●●가 등장하고 많은 선도적인 로펌들이 이를 시험대에 올린 것에 꽤 흥분했다.28 IBM의 왓슨 기술을 부분

● 딜로이트(Deloitte) : 세계 최대 규모의 기업 컨설팅 그룹으로서 법률, 회계, 세무, 금융 업무를 위한 컨설팅을 제공한다. 공식 명칭은 '딜로이트 투쉬 토마츠(Deloitte Touche Tohmatsu Limited)'이다.

●● 로스(Ross) : 2016년 5월 미국 스타트업 기업인 로스인텔리전스가 개발한 AI 변호사이다. '로스'는 대형 로펌들에 채용돼 초당 10억 건이 넘는 법률 문서를 분석했다.

적으로 활용하는 로스는 자연 언어를 이해하고 법률 연구를 수행하며 고객을 위한 자료를 준비하는 등 인간 변호사를 돕는다. 렉스 마키나(Lex Machina)와 같은 서비스도 있다. 이 서비스는 소송 데이터를 분석하고 소송 전략에 대해 조언하면서 승소 가능성을 예측한다.[29] 이것은 빙산의 일각에 지나지 않는다. 빅데이터 기반 모델링과 AI는 현재 법률 시스템 전반에 걸쳐 예측하고 조언하며 경우에 따라 법을 집행하는 데도 사용되고 있다.

이것이 현실이다. 의학이 그렇듯 법에서도 자동화가 무르익고 있다. 매년 더 많은 법률과 규정이 만들어지고 있다. 그 어떤 인간 변호사도 따라잡을 수 없을 정도로 말이다. 나는 이를 직접 증언할 수 있다. 나는 대학에서 법을 가르치고, 전문 변호사와 결혼했다. 모든 것을 완전히 파악하고 고객에게 이득이 될 중요한 규정이나 판단 중 새로운 것을 간과하지 않아야 한다는 부담감이 증가하고 있다. 나는 이로 인한 걱정과 불안을 강하게 느끼고 있다. 기계는 인간보다 이 세상을 훨씬 더 잘 관리할 수 있다.

서비스 직종에서의 인간 곁다리화
키오스크, 챗봇, 자율주행차, 배달 드론 …

금융업이나 전문직 종사자는 엘리트 근로자를 대표한다. 그러므로 이들은 자신들의 직무가 단순화되고 자동화되더라도 별로 슬퍼할 일이 없을지도 모른다. 그렇다면 다른 사람들은 어떤가? 다른 분야에서 일하는 다른 직종의 종사자들은 어떤가?

서구 경제에서 농업과 제조업에서의 인간 곁다리화는 서비스직의 성장과 함께 진행되어 왔다.[30] '서비스직'이라는 용어는 다소 느슨하게 정의되지만, 이 분야는 미용과 요리 등 능수능란한 육체노동을 필요로 하는 직종뿐만 아니라 고객 지원과 고객 관리 등 정서적으로 지적인● 정동 노동(affective labor)●●을 필요로 하는 직종까지 포함한다. 어떤 사람들은 이런 서비스직이 인류에게 가장 큰 희망이라고 생각한다. 왜냐하면 능수능란한 육체노동과 정서적인 정동 노동은 역사적으로 자동화하기가 가장 어려웠기 때문이다.[31]

그러나 서비스직 역시 자동화 기술의 물결에 맥을 못 추고 있다. 이는 매일 목격된다. 우리는 대부분 슈퍼마켓에서 셀프서비스 계산대를 이용하면서 물품을 성실하게 스캔하고 포장하고, 현금이나 카드, 전화로 결제한 경험을 가지고 있다. 이러한 키오스크(kiosk)●●●는 현재 광범위하게 퍼져 있다. 이는 근로자 배제와 고객 착취가 기묘하게 섞여 있는 서비스이다. 키오스크의 특징은 인간 근로자의 필요성을 줄이고(현재 한두 명의 근로자가 수십 개의 키오스크를 감독할 수 있다), 옛날에는 유급 직원이 하던 노동을 고객이 어느 정도 수행하도록 강요한다는 점이다. 소매업의 총체적 자동화가 멀지 않았다. 인터넷은 이미 소매업 분야를 크게 혼란에 빠뜨렸고, 고객 주문을 맞추고 조달하는 일을 자동화했다. 인터넷 소매업의 선구자인 아마존(Amazon)은 컴퓨터 감지기와 시각 장치를 사용하여 고객이 선반에서 가져간 물건을 추적하고, 고객이 가게를 나갈 때 앱을 통해 직접 돈을 청구하는 물리적인 쇼핑몰을 만들었다. 마치 인간이 기계의 감시 아래 유령처럼 미래의 상점을 배회하는 것 같다.[32]

● 정서적으로 지적이라는 것은 타인의 감정을 읽고 이해할 줄 안다는 말이다. 이런 사람은 단체 생활에 더 적극적이며 긍정적인 대인 관계를 잘 맺는다.

●● 정동 노동(affective labor) : '정동'은 '감정의 동적인 변화(情動)'를 뜻한다. 정동 노동은 특정한 결과를 얻기 위해 감정의 생산과 조작을 수반하는 일을 말한다. 이런 노동은 종종 직원이 고객에게 긍정적인 경험을 제공하기 위해 특정한 감정이나 기분을 보여줄 것으로 기대되는 고객 서비스와 관련이 있다. 교육 및 의료 서비스, 소셜 미디어 인플루언서 마케팅과 같은 유형의 일에서도 발견될 수 있다. 여기서 감정의 생산과 수행은 일의 핵심적인 부분이다.

●●● 키오스크(kiosk) : 공공장소에 설치된 무인 정보 단말기. 시청, 은행, 백화점, 공항, 철도역, 박물관, 전시장 등에 설치되어 있으며 대체로 터치스크린 방식을 사용한다.

이것은 서비스직 자동화의 한 예에 불과하다. 고객 지원 서비스의 자동화는 불만의 오랜 근원이었다. 우리 모두는 간단한 요청에 대한 답을 얻기 위해 자동응답기 전화에서 미리 프로그래밍된 옵션의 지루한 메뉴를 탐색해야만 했던 적이 있다. 하지만 이런 불만은 오래 가지 않을 것이다. AI의 자연 언어 처리 능력은 획기적으로 발전하고 있다. 뿐만 아니라 고객 질문을 처리하기 위한 챗봇(chatbot)●이 나오면서 고객 서비스의 자동화에 혁신이 일어날 것이다. 2018년 초, 전화를 걸 때 자연스러운 인간 목소리를 모방하는 AI 비서 소프트웨어의 능력을 구글이 시연했을 때 사람들은 열광했다.33 그 응답은 너무 자연스러워서 전화를 건 사람이 기계를 상대하고 있다는 사실을 몰랐을 정도였다. 오라클(Oracle Corporation)●●이 2017년 발간한 보고서에 따르면, 조사 대상 기업 중 78%가 고객 서비스 제공에 AI를 이미 사용하고 있거나 곧 사용할 계획인 것으로 나타났다.34

능수능란한 육체노동의 세계 또한 자동화 기술에 의한 해직을 앞두고 있다. 2013년 미국 노동통계국(Bureau of Labor Statistics)은 요리와 외식 산업을 주요 고용 성장 분야로 분류했지만, 그 사이 로봇 요리 분야에서 놀라운 발전이 있었다.35 샌프란시스코에 본사를 둔 스타트업인 모멘텀 로보틱스(Momentum Robotics)는 햄버거 요리사 로봇을 포함한 패스트푸드 준비 로봇 개발을 전문으로 하고 있다.36 그리고 많은 바와 패스트푸드 소매점은 현재 그들의 서비스를 부분적으로 자동화하거나 자동화에 투자하고 있다. 왜 이렇게 하지 않겠는가? 로봇 요리사 버거 레스토랑 크리에이터(Creator)의 설립자인 알렉스 버다코스타스(Alex Vardakostas, 1984~)가 관찰한 바와 같이, 로봇 요리사는 빅맥의 가격

● 챗봇(chatbot) : 인간이 사용한 언어 자료를 스스로 학습하여 채팅하는 소프트웨어 프로그램을 말한다. chatbot은 chatter와 robot의 합성어이다.

●● 오라클(Oracle Corporation) : 미국의 소프트웨어 회사이다. 인터넷 서버를 통해 정보를 공유하는 데이터베이스 분야에서 경쟁력을 확보하고 있다. 1977년 로렌스 엘리슨(Lawrence J. Ellison)이 설립했다.

으로 프리미엄 재료를 사용하여 완벽한 '미식가 버거'를 만들 수 있다.37 인간 근로자는 최종 결과물에 인건비만 추가한다.

다시 말하지만, 이는 서비스 분야를 강타하고 있는 '자동화 물결'을 수박 겉핥기로 훑어 본 것에 지나지 않는다.38 자율주행차, 로봇 선박, 배달 드론의 등장으로 배달 서비스에도 큰 파장이 몰아칠 조짐이다. 이로써 미국에서만 수백만 개의 일자리가 대체될 것이다.39

정부 조직에서의 인간 곁다리화
아직은 아무도 로봇 대통령을 상상하지 않지만

지금까지 묘사한 그림은 꽤 암담해 보일 수 있다. 로봇이 부상하면서 인간은 전통적인 경제적 고용의 원천에서 밀려나고 있다. 그러나 인간이 전통적인 경제적 고용의 원천에서 밀려나고 있다고 해서 완전히 쓸모없는 존재가 되고 있다는 것은 아니다.

역사의식은 중요하다. 유한계급(有閑階級)이 항상 존재했다는 것을 잊어서는 안 된다. 이들은 생계유지를 위한 노동의 의무에서 벗어나 '고귀한' 일에 자유롭게 참여할 수 있는 사람을 말한다. 이러한 고귀한 일에는 옛날부터 정부를 위해 일하는 공직(公職)이 있었다. 프랑스 경제철학자 앙드레 고르(André Gorz, 1923~2007)는 이렇게 지적한 바 있다. "모든 전근대적 사회에서, **노동**을 수행하는 사람은 열등한 사람으로 간주되었다. 이들은 인간의 영역이 아닌 자연의 영역에 속했다. 이들은 필요의 노예였기 때문에 도시 국가를 책임질 수 있게 하는 고상함과 청렴함을 가질 수 없었다."40

만약 우리가 생계와 직결된 일의 세계로부터 물러나게 되면, 지금에서야 더욱 완벽한 형태를 갖추고 있는 민주적 통치의 전근대적 이상●으로 되돌아갈 수 있을까? 특권 유한계급과 노동 하층 계급이 있는 대신, 우리 모두는 통치 직무에 필요한 고상함과 청렴함을 가진 유한계급이 될 수 있을까? 이런 가능성은 거의 없다. 지금의 통치 업무는 소크라테스가 아테네의 광장에서 젊은이들에게 계속 질문을 던지면서 스스로의 무지를 깨닫게 하던 시절과는 근본적으로 다르다. 그 이유는 기업과 정부 모두에서 사회 조직의 발전과 관련이 있다. 산업주의(industrialism)●의 등장과 함께 과학적 경영의 발흥이 일어났다.[41] 제조 공장의 관리자는 생산 과정 자체를 기계로 보게 되었다. 인간 근로자는 단지 이런 기계의 부품에 지나지 않았다. 이런 기계 부품의 조직과 유통을 꼼꼼하게 조사함으로써 더 효율적인 생산 공정이 가능해졌다.

정부의 세계에서도 거의 같은 관점이 확고히 자리잡았다. 독일의 사회학자 막스 베버(Max Weber, 1864~1920)●● 시대 이후 사회학자들은 국가의 법률-관료주의적 조직이 산업 공장의 설계와 동일한 현대화 경향을 따르는 방식에 주목했다.[42] 통치 직무를 최대한 효율적으로 수행하도록 역할이 전문화되었다. 이것은 그 시스템이 적용되는 사회와 시민에 대한 데이터를 수집하고 분석하는 것에 달려 있으며, 컴퓨터 시대가 시작되면

● 인간이 일의 세계에서 해방되면, 도시 국가를 책임질 수 있게 하는 고상함과 청렴함을 가질 수 있다는 이상을 말한다.

● 산업주의(industrialism) : 상품과 서비스를 제조하기 위해 첨단 기술, 기계, 대규모 생산을 사용하는 것을 특징으로 하는 사회적, 경제적 시스템이다. 산업주의는 18세기와 19세기의 산업혁명 시기에 등장했고, 그 이후로 세계의 많은 곳에서 생산과 경제 조직의 지배적인 방식이 되었다. 산업주의는 전문적인 노동력의 사용, 분업, 그리고 상품 생산을 위한 공장의 사용으로 특징지어진다. 또한 석탄과 전기와 같은 새로운 에너지원의 개발 뿐만 아니라 교통과 통신 시스템의 성장으로 특징지어진다. 산업주의는 많은 경제적, 기술적 발전을 가져왔다. 하지만 오염, 불평등, 그리고 전통의 상실과 같은 사회적, 환경적 문제를 야기하기도 했다.

●● 막스 베버(Max Weber, 1864~1920) : 독일의 학자이다. 철학, 역사학, 경제학 등을 공부했고 현대 사회학 이론의 연구 토대를 마련했다. 이로써 현대 사회학의 창시자로 일컬어진다. ≪프로테스탄티즘의 윤리와 자본주의 정신≫을 통해, '금욕적 프로테스탄티즘'이 서구 기계, 민주제, 그리고 기어의 급기어 급기 협성게 발전을 이끈 동이이라고 주장했다.

서부터 그 과정을 부분적으로 자동화하려는 시도가 있었다. 예를 들어 사이버네틱스 운동(Cybernetic Revolutionary)●의 주요 인물들은 통치에서 데이터 수집, 처리 및 의사 결정의 전산화된 시스템을 사용할 것을 옹호했다.[43] 대량 감시, 빅데이터, 예측 분석이 등장하면서, 통치 과정이 자동화되거나 자동화되기 쉬운 상태로 전환되는 등 초기 사이버네틱스 학자들의 꿈이 현실화되고 있다.[44]

이에 대한 가장 놀라운 징후 중 하나는 자동화된 법 집행의 세계에서 나온다. 비용을 절감하고 효율성을 높이기 위한 노력으로, 많은 경찰은 예측적 치안 기술(predictive policing technology)●●을 실험하고 있다. 이러한 기술은 데이터 마이닝(data-mining)●●● 알고리즘을 사용하여 여러 지역의 범죄율과 체포율에 대해 개별 경찰관이 입력한 데이터를 처리한다.[45] 그런 다음 부족한 치안 자원을 지능적으로 분배할 수 있도록, 범죄가 발생할 가능성이 가장 높은 곳을 알려주는 경찰관용 '히트 맵(heat map)'●●●●을 생산한다. 이것으로 치안 유지의 성격이 바뀐다. 경찰관은 판

● 사이버네틱스 운동(Cybernetic Revolutionary) : 사이버네틱스는 생명체와 기계의 제어 및 통신 시스템을 연구하는 학문이다. 수학, 공학, 자연과학은 물론 사회과학까지도 아우르는 학제 간 분야이다. 생물학적이든 인공적이든, 시스템이 정보를 처리하고 피드백을 사용하여 행동을 제어하고 목표를 달성하는 방법을 이해하는 것과 관련이 있다. '사이버네틱스'라는 용어는 1940년대에 노버트 위너(Norbert Wiener)가 만들었으며, 이후 컴퓨터과학, 로봇공학, 심리학 등 광범위한 분야에 적용되었다.

●● 예측적 치안 기술(predictive policing technology) : 범죄 발생을 예측하고 예방하기 위해 법 집행 기관에서 사용하는 기술의 일종이다. 이 기술은 종종 알고리즘과 데이터 분석을 사용하여 범죄 데이터의 패턴을 파악하고 미래 범죄가 발생할 가능성이 가장 높은 장소와 시기에 대한 예측을 생성한다. 이 기술이 특정 집단을 부당하게 겨냥하거나 사람들의 사생활을 침해하는 데 사용될 가능성에 대한 우려도 있다.

●●● 데이터 마이닝(data-mining) : 데이터 마이닝은 대규모 데이터 세트에서 통찰력과 지식을 추출하는 과정이다. 데이터의 패턴과 관계를 분석하기 위해 전문화된 알고리즘과 통계 기술을 사용하며, 숨겨진 추세를 발견하고 미래의 결과를 예측한다. 이로써 정보에 입각한 결정을 내리는 데 종종 사용된다. 데이터 마이닝은 금융, 마케팅, 헬스케어, 전자상거래를 포함한 광범위한 산업에서 비즈니스 운영을 개선하는 데 사용할 수 있다. 많은 양의 데이터와 컴퓨팅 능력을 필요로 하는, 복잡하고 시간이 많이 소요되는 프로세스일 수 있다.

단력과 직관에 덜 의존하고, 기계의 조언에 더 의존한다. 더욱 놀라운 것은 특정 법 집행 활동의 완전한 자동화이다.[46] 과속 감시 카메라 시스템이 가장 확실한 예이다. 과속 감시 카메라를 지정 장소에 배치해 과속 데이터를 기록하고 면허증 및 등록 세부 정보를 기록한다. 이 정보는 자동 과속 벌금 통지서나 운전면허 벌점을 발급하는 중앙 프로세서에 공급된다. 이러한 시스템은 전 세계 여러 나라에서 사용되고 있다. 비슷한 맥락에서, 미국의 특정 주(州)는 가짜 신분을 사용하는 사람들을 잡기 위한 노력의 일환으로 안면 인식 알고리즘을 사용하는 실험을 했다.[47] 이 알고리즘은 운전면허증 사진의 데이터베이스를 자동으로 검색하여 의심스러울 정도로 유사한 얼굴에 표시를 하고, 표시된 당사자의 운전면허증을 자동으로 취소한다. 이 모든 것은 인간의 직접적인 감독이나 통제 없이 진행된다.

이러한 법 집행 자동화의 상당 부분은 시야에 가려져 있다. 우리는 이 모든 것을 가능하게 했던 보안 감시 카메라와 IT 시스템에 대해 어느 정도 알고 있지만, 이런 카메라와 시스템이 작동하는 것을 '보지' 못하는 경우가 많다. 따라서 통치의 자동화 추세는 눈에 띄지 않게 된다. 하지만 이런 현실을 더 이상 무시하기는 어렵다. 미국의 보안 로봇 전문 기업 나이트스코프(Knightscope)는 주차장과 쇼핑센터를 순찰하는 물리적 로봇 보안요원을 만들었다.[48] 아랍에미리트의 두바이(Dubai)는 관광지에 로봇 경찰을 설치하고 안면 인식 기술이 적용된 로봇 경찰차와 동반 드론을 투입해 거리를 순찰하고 있다.[49] 다른 나라들과 다른 지역들도 이를 똑같이 따라 한다면 자동화된 법 집행의 현실이 머지않은 미래에 훨씬 더 구체화될 것이다.

●●●● 히트 맵(heat map) : 데이터의 결과 값을 색상으로 표현한 것이다. 가령 높은 값은 더 따뜻한 색(빨간색 또는 주황색)으로 표시하고 낮은 값은 더 차가운 색(파란색 또는 녹색)으로 표시하는 식이다. 복잡한 데이터의 패턴과 트렌드를 시각적으로 단순화시켜 버어즈기 때문에 마케팅 금융 데이터과학 등의 분야에서 관심 분야를 파악하는 데 많이 사용된다. '열 지도'라는 말로 번역하기도 한다.

이 예가 요점을 벗어났다고 주장할 수도 있다. 정부 서비스와 법률 시행이 점차 자동화되고 있지만, 이는 번잡한 일상 업무일 뿐이다. 정책을 만들고 사회적 가치를 실현하는 '고상한 일'이 아닌 것이다. 고상한 일이란 고대 그리스의 유한계급 남성들이 사랑했던 통치 업무이며, 자동화가 만연한 시대에도 여전히 우리에게 열려 있을 법한 일이다.

정부의 미래에서 인간의 정확한 역할은 좀 더 면밀히 검토할 가치가 있는 주제이다.50 여기서 중요한 논점은 비록 인간이 통치 체계에 계속 관여할 수 있지만, 이런 관여가 얼마나 중요할지를 고려해야 한다는 것이다. 시민들에 대한 데이터의 감시, 수집, 처리에 의존하는 정부 인프라가 만들어졌다는 것을 기억할 필요가 있다. 이러한 인프라는 시간이 지남에 따라 발전하고 강화되어 항상 효율적으로 조직된 것은 아니지만 매우 복잡한 국가 기계가 되었다. 이는 통치의 자동화를 가능하게 할 뿐만 아니라 많은 경우에 본질적인 것으로 만든다. 정부의 일은 이제 너무 크고 복잡해서 어떤 개별 인간도 진정으로 이해할 수 없다. 정부는 데이터를 처리하고 정책과 결정을 권고하기 위해 기계 지원에 점점 더 의존해야 한다.

그러므로 정부의 일에서 인간의 역할은 훨씬 줄어들 것이다. 아직은 아무도 로봇 대통령이나 로봇 왕을 상상하지 않는다는 점에서, 비록 인간 입법자와 인간 정치인이 계속 있을지라도 말이다. 이들은 갈수록 사람 부품은 거의 없는 국가 기구를 감독만 하게 될 것이다.

과학 분야에서의 인간 곁다리화
과학은 이제 '빅 사이언스(big science)'이다

'호모 사피엔스'라는 말은 곧 '슬기로운 인간'을 뜻한다. 하지만 우리는 3차원에서 적당한 속도로 움직이는 중간 크기의 물체를 이해하도록 진화한, 놀라울 정도로 무지한 생물 종이다.51 1500년 무렵 시작된 현대 과학 혁명의 주요 결실은 바로 우리가 얼마나 무지한지 발견한 것이다.[52] 이 과학 혁명은 앞에서 언급한 많은 경제 및 기술 개혁과 함께 진행되었으며, 결과적으로 자동화와 인간 곁다리화의 촉매가 되었다. 그럼에도 불구하고, 세계에 대한 중요한 진실을 발견하고 인간 지식을 발전시키는 과학자의 기술은 더 고귀하고 인간적인 기술로 여겨져 왔다. 그런 기술은 인간 본성의 가장 높은 표현 중 하나인 지식을 위한 지식 추구이다.

과학적 기술의 역사에서도 주목할 만한 점은 얼마나 많은 최고의 전문가들이 유한계급 출신이거나 그들의 후원을 받았는가 하는 것이다. 예를 들어 영국의 생물학자 찰스 다윈(Charles Darwin, 1809~1882)은 부유한 지주의 아들이었고, 돈을 벌어야 하는 필요에서 자유로웠기 때문에 비교적 평온하게 과학적 연구를 수행할 수 있었다. 게다가 다윈이 유일한 예는 아니었다. 그 시대의 많은 선도적인 과학자들은 사실상 생계는 걱정할 필요 없이 지식을 추구할 여유가 있었다.[53] 오늘날도 마찬가지라고 주장하는 사람도 있다. 왜냐하면 많은 선도적인 연구 과학자들이 곤란한 경제적 현실로부터 어느 정도 차단된 대학에서 근무하기 때문이다. (물론 대학 생활이 한때 상아탑에 갇혀 있었던 구성원들을 단련시키기 위한 목표 설정, 수행 평가의 빈틈없이 빽빽한 과정으로 바뀌었기 때문에, 이 주장은 예전보다 타당성이 떨어지기는 한다.)

여기서 나는 현대 대학의 경영 문화를 장황하게 비판할 생각은 없다. 여기서 중요한 점은, 역사의 예를 진지하게 받아들인다면 지식을 위한 지식 추구는 유한계급의 몫으로 보인다는 것이다. 자동화의 물결이 강타할 때 이들에 대해 염려할 이유는 없을 것이다. 어쩌면 인간은 일의 세계에서 쓸모없어질지도 모른다. 하지만 찰스 다윈 시대의 신사적인 지질학자들처럼 학문적 탐구를 자유롭게 추구할 수 있을 것이다.

아쉽게도 역사는 과학적 탐구의 미래에 대한 불충분한 시심일 뿐이다.

정부(그리고 의학, 법률, 금융)의 일이 기계의 도움 없이 수행되기에는 너무 복잡하고 상호의존적이 된 것처럼, 과학의 일도 마찬가지이다. 과학적 탐구의 쉬운 결실은 이미 모두 수확되었다. 과학은 이제 빅 데이터 기획이다. 거대한 국제 팀들이 알고리즘을 사용하여 산더미 같은 데이터와 컴퓨터 프로그램을 분류하고 가설을 시험하고 발전시키는 빅 사이언스(big science)● 시대로 접어들었다. 아직까지는 기계가 인간 지휘관의 도구이자 시녀로 남아 있지만, 상황은 바뀌고 있다. 다음과 같은 두 가지 예가 진행 중인 변화를 보여준다.

첫 번째 예는 수학의 세계에서 자동화된 정리(定理) 증명이 출현한 것이다.54 이러한 가능성은 1800년대 후반과 1900년대 초반, 독일의 고트로브 프레게(Gottlob Frege, 1848~1925)●●, 영국의 버트런드 러셀(Bertrand Russell, 1872~1970)●●●, 영국의 알프레드 노스 화이트헤드(Alfred North Whitehead, 1861~1947)●●●● 등과 같은 학자들의 연구에 함축되어 있었다. 이들은 수학을 공리화하고 형식화하기 위해 열심히 연구했고, 현대 컴퓨터 과학을 위한 많은 토대를 마련했다.

● 빅 사이언스(big science) : 다양한 연구자와 기관의 협력을 수반하는 대규모 과학 연구 프로젝트를 설명하기 위해 사용하는 용어이다. 빅 사이언스 프로젝트는 종종 많은 연구원과 기관의 협력, 상당한 재정 자원을 필요로 한다. 또한 고급 기술과 복잡한 장비를 사용하는 경우가 많으며 완료하는 데 많은 시간이 걸릴 수 있다.

●● 고트로브 프레게(Gottlob Frege, 1848~1925) : 독일의 수학자이자 철학자이다. 현대 수리논리학의 창시자로 평가받는다. 버트런드 러셀, 비트겐슈타인과도 교류하여 이들에게 큰 영향을 주었다.

●●● 버트런드 러셀(Bertrand Russell, 1872~1970) : 영국의 철학자, 논리학자, 수학자이다. 기호논리학을 집대성하여 분석철학의 기초를 쌓았다. 역사학자이자 사회비평가로서 나치스 반대, 원자폭탄 금지, 베트남전쟁 반대 등의 활동을 펼쳤다. 1950년에 노벨문학상을 수상했다. ≪정신의 분석≫, ≪의미와 진리의 탐구≫ 등의 책을 썼다.

●●●● 알프레드 노스 화이트헤드(Alfred North Whitehead, 1861~1947) : 영국의 철학자이자 수학자이다. 버트런드 러셀과 함께 ≪수학 원리≫를 저술하여 수학의 논리적 기초를 확립하려 했다.

수학적 정리를 증명하기 위해 실제로 컴퓨터 프로그램을 사용한 것은 1970년대에 들어 처음 화제가 되었다. 이 시대에 미국 수학자 케네스 아펠(Kenneth Appel, 1932~2013)과 독일 수학자 볼프강 하켄(Wolfgang Haken, 1928~)은 4색 정리(four-color theorem)●를 증명하기 위해 컴퓨터 프로그램을 사용했다.55 이후 수학적 증명의 복잡성이 커지면서 수학자들은 증명의 타당성을 확인하기 위해 컴퓨터 프로그램에 점점 더 의존하게 되었다. 이것은 연구자들에게 큰 이득으로 밝혀졌고, 수 세기 동안 증명되지 않았던 추측을 증명할 수 있게 되었다.56 많은 수학자들이 이 전망에 회의적인 반면, 케임브리지대학교의 티모시 가워스(Timothy Gowers, 1963~)와 같은 수학자는 자신의 수학적 추측을 생성하고 테스트할 수 있는 로봇 수학자의 설계를 추진하고 있다.57 티모시 가워스의 이와 같은 로봇 수학자 설계는 생물 의학 연구 분야에 영감을 준다.

약물 치료법을 설계하고 시험하며 생물 의학 질병의 역학을 이해하는 것은 과학의 다른 모든 분야와 마찬가지로 점점 더 복잡해지고 있다. 데이터의 테스트와 해석을 돕기 위해 알고리즘을 사용하는 것 외에도, 연구원들은 가설을 생성하고 테스트할 수 있는 로봇 과학자를 만들기 시작했다. 웨일스의 애버리스트위스대학교(Aberystwyth University) 연구원들이 디자인한 로봇 아담(ADAM)은 2009년에 과학적 정보를 독립적으로 발견한 최초의 로봇으로 발표되었다.58 아담은 빵 효모에 대한 모든 과학적 정보를 제공받았고, 이를 이용해 그 게놈에 대한 20가지 가설을 생성하고 테스트했다. 이 로봇은 빵 효모의 성장에 중요한 특정 효소를 암호화하는 유전자를 성공적으로 밝혀냈다. 이후 같은 연구팀이 말라리아 연구에 투입된 또 다른 로봇인 이브(EVE)를 만들었다. 이 로봇은 말

● 4색 정리(four-color theorem) : 지도에서 인접한 나라를 서로 다른 색으로 칠하기 위해서는 네 가지 색만 있으면 충분하다는 정리이다. 이 정리는 프란시스 구스리(Fransis Guthrie)에 의해 1852년에 처음 제안되었다. 그러나 이 정리는 1976년이 되어서야 컴퓨터 기술을 이용하여 증명되었다. 이때 여기 증명은 기존까지 제안된 꽤 중 가장 어렵고 복잡한 수학적 증명 중 하나로 여겨진다.

라리아를 일으키는 기생충의 성장에 핵심적인 효소를 표적으로 삼는 (TNP-470로 알려진) 화학 물질을 발견했다.59

아직은 초기 단계이다. 지금 가동 중인 로봇 과학자는 농업과 제조업만큼 과학에는 아직 극적인 영향을 미치지 못했지만, 개념 증명(Proof Of Concept ; POC)●은 존재한다. 역사적 추이를 볼 때, 인간 과학자가 쓸모없게 되는 것은 시간문제이다.

● 개념 증명(Proof Of Concept ; POC) : 일반적으로 완전한 제품이 아니라 아이디어의 기본 원리와 기능성을 입증하는 데 사용되는 프로토타입 또는 테스트 버전이다. 개념 증명은 종종 아직 시장에 나오지 않은 신제품에 대한 사전 검증을 위해 쓰인다.

1장_결론 　 우리가 곁다리화를 피할 수 없다면

더 열거할 수 있다. 인간 곁다리화의 과거, 현재, 미래에 대해 이야기하는 이 짧은 여행 중에 아직 언급하지 않은 내용들이 있다. 기계가 부족한 자원의 분배와 관련된 도덕적 문제를 해결하도록 돕고, 체스와 바둑 같은 게임●에서 우리의 레크리에이션 능력을 능가하며, 예술 작품을 창작하고, 대인관계를 관리한다는 사실 등과 같은 이야기가 그것이다.

그럼에도 불구하고 이 짧은 여행에서 독자는 한 가지 중요한 점을 인식할 수 있다. 어느 분야에서든 우리 인간이 뒷전으로 밀려나고 있다는 사실이다. 이유는 간단하다. 자동화 기술은 무시무시한 속도로 발전하고 세상은 그만큼 더 복잡해지고 있기 때문이다. 이 두 가지는 함께 앞으로 나아가는 추세이며 서로를 점점 더 강화한다. 기술은 우리에게 큰 보상을 가져다준다. 우리는 전보다 더 건강하고 더 오래 살고 더 생산적이다. 그럼에도 불구하고, 사회가 발전하는 동안 우리 자신은 농업혁명이 시작되기 훨씬 전에 진화가 우리에게 남긴 생물학적 형태에 여전히 갇혀 비교적 정적인 상태로 남아 있다. 우리의 성과는 대단했다. 우리는 기술적으로 진보하고 사회적으로 복잡한 현실을 구축했다. 하지만 이러한 성과는 우

● 2016년 3월, AI 바둑 프로그램 알파고(AlphaGo)가 우리나라의 바둑 기사 이세돌과 펼친 대결은 우리에게도 잘 알려져 있다. 이 바둑 대결에서, 알파고는 경기 전 예상과는 달리 이세돌에게 4대 1의 대승을 거두었다. 알파고의 승리는 전세계에 엄청난 충격을 ▢고 있다. 기■트 ▢, ▢▢기 인간은 기계▢는 세상에 대한 상상이, 더 이상 상상이 아니라 바로 눈앞에 다가온 현실이라고 생각하기 시작했다.

리의 미래를 관리하는 것이 인간이 아닌 기계일 가능성을 더 높아지게 했다. 우리는 우리의 미래를 관리하는 '그 일'에 적합하지 않다.

분명히 하자면, 이 장황한 예들은 주장이 아니다. 인간이 다양한 영역에서 대체되고 있기 때문에 곁다리화가 임박했다는 주장으로 이 첫 장을 쉽게 해석할 수 있다. 하지만 여기에는 몇 가지 문제점이 있다. 단지 인간이 특정 영역에서 쓸모없게 되고 있다고 해서 반드시 인간이 전반적으로 쓸모없게 되고 있다는 말은 아니다. 더군다나 이 책은 예측 게임을 하지 않는다. 어떤 미래는 불가피하거나 피할 수 없다고 주장하는 것이 이 책의 의도는 아니다. 인간의 능동적 행위성은 미래가 펼쳐지는 방식에 어느 정도 영향을 미칠 수 있다. 요점은 어떻게 그 행위성을 사용해 원할 가치가 있는 미래를 만들 수 있는지에 대해 신중하게 생각해 보는 것이다. 이를 위해 일과 삶의 자동화를 좀 더 자세히 살펴볼 이 책의 제2~4장에서 인간 곁다리화의 가능성과 바람직함을 지지하는 보다 강력한 주장을 제시할 것이다. 그렇다면 무엇일까? 이 장의 목적이 곁다리화의 임박에 대한 논리적이고 물샐틈없는 주장을 하는 것이 아니라면 무엇일까? 독자들이 관점을 바꾸도록 촉구하는 것이 이 장의 목적이다.

우리는 협소하고 전문화된 활동 영역에서 우리 삶을 살아간다. 우리는 전문화된 일을 하고, 극히 일부 동료들과 상호 작용한다. 그래서 실제로 무슨 일이 일어나고 있는지를 제한적으로만 안다. 우리가 속한 분야에서 볼 때, 인간의 곁다리화는 허황되고 터무니없는 것으로 보일지도 모른다. 곁다리화 추세에 대한 구체적인 예를 들어 설명했으므로 당신이 이 점에서 충격을 받아 안일한 태도에서 벗어났기를 바란다. 실제로 자동화는 모든 영역에서 빠르게 진행되고 있다. 많은 사람들이 충분히 인식하지 못하거나 이해하지 못하는 영역에서 자동화가 일어나고 있다. 종종 비공개로 일어나고, 때로는 등잔 밑이 어두운 것처럼 너무 잘 보이는 곳에서 일어난다.

자동화의 규모와 범위를 보게 되면 이 책의 동기가 되는 질문을 피할 수 없다. 계속 쓸모없는 존재로 변해가고 있는 우리는 이제 무엇을 할 것인가? 우리는 어떻게 윤택한 삶을 영위하며 계속 번창할 것인가? 나는 이 장의 앞부분에서 요약한 네 가지 논점을 옹호하면서 몇 가지 답을 제공하고자 한다.

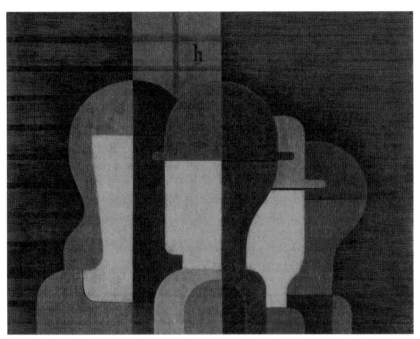

Heinrich Hörle, 〈무리(Gruppe)〉 1931

자동화로
인한
실업은

필연적일까?

2장_1절　　　일, 인간이 만든 기이한 발명품

우리는 이것을 준비하고, 이것에 대해 이야기하고, 이것에 투자하고, 이 것을 위해 공부하고, 이것에 대해 불평한다. 그리고 이것을 하면서 인생 의 대부분을 보낸다. 이 장에서는 자동화 기술을 통해 우리 삶에서 이것 을 제거할 수 있다고 주장한다. 여기서 말하는 이것이란 바로 '일(work)' 이다. 우리의 삶에서 일을 없애는 것이 바람직한지는 별개의 문제이며, 이는 다음 장에서 검토할 것이다. 이 장과 다음 장은 서론에 해당하는 제1장에서 요약한 네 가지 논점 중 첫 번째 논점을 지지할 것이다.

이 장에서는 우리의 삶에서 일을 제거하는 것이 가능하다고 말하면서, '기술 의거 실업(technological unemployment)'● 논쟁에 참여한다. 이 는 광범위하게 일어나고 있는 기술로 유발된 실업의 타당성과 실현성에 대한 논쟁이고, 최근 몇 년 동안 상당히 많은 열기를 불러일으킨 논쟁이 다. 기술 의거 실업의 가능성을 살펴본 책과 보고서, 논문이 많이 발표되 었다.[1] 이 중 어떤 출판물은 기술 의거 실업을 진지하게 받아들일 가치가 있다고 주장한다. 광범위한 기술 의거 실업이 반드시 일어나는 것은 아 니더라도 일어날 수 있다고 생각하는, 간결하고 참신하며 설득력 있는 논변을 제시하는 것이 나의 목표이다. 이런 나의 주장은 기술 의거 실업

● 기술 의거 실업(technological unemployment) : 기술 진보로 인하여 노동 수요가 감소함 으로써 발생하는 실업을 말한다. 영어 technological unemployment는 '기술적 실업'이라 고 번역할 수도 있지만 이 책에서는 '기술이 원인으로 작용한다'는 의미를 명확하게 나 타내기 위해 '기술 의거 실업'이라는 표현을 사용한다.

이 결국 일어날 것이라는 입장의 논리를 명확하게 개괄하고, 기술 의거 실업에 대한 가장 최근의 증거와 비판을 다룰 것이다.

기술 의거 실업 논쟁의 구석구석을 잘 알고 있는 독자도 이번 나의 주장에서 어느 정도 의미 있는 부분을 찾아낼 수 있을 것으로 본다. 그럼에도 불구하고, 기술 의거 실업의 가능성을 이미 확신하고 있는 독자는 이 새로운 나의 주장이 불필요하다고 생각할지도 모른다. 이런 독자는 기술 의거 실업이 가능하다는 주장을 요약한 이 장을 건너뛰어도 좋다. 다만 제3장으로 넘어가기 전에 이 장 끝 부분에 나오는 도표는 한번 확인하기 바란다.

'일'에 대한 이 책의 정의
금전적 보수를 얻기 위한 모든 활동

기술 의거 실업이 일어날 것이라는 주장을 하기 위해서는 일 자체의 성격을 먼저 검토해야 한다. 자동화를 통해 일을 제거할 수 있다는 말은 정확히 무슨 뜻인가? 이는 의외로 답하기 어려운 질문이다. '일'에 대해 내놓은 어떠한 정의도 무수한 반대 논리에 막힐 수 있으며, 일을 정의하지 못하면 기술 의거 실업에 대한 찬성 주장은 문제의 빌미가 된다. 나는 이를 너무 잘 알고 있다.

나는 몇 년 동안 일과 자동화를 주제로 글을 발표하고 강연을 했다. "일이 자동화된다", "우리는 포스트워크(post-work) 사회●를 준비해야 한

● 포스트워크(post-work) 사회 : '일 이후'의 사회를 말한다. 즉 이 포스트워크 사회는 대부분의 사람들이 (전통적인 의미에서의) 일을 하지 않아도 되는 미래 사회이다. 기술 발전으로 인해 일이 불필요해지기 때문일 수도 있고, 아니면 모든 사람들의 기본적인 욕구가 다른 방식으로 제공되기 때문일 수도 있다. 이 개념은 종종 자동화, 일의 미래, 보편 □ 기반 소득 및 베이직 □레이 인컴라다. 미래학자, 경제학자, 그리고 미래 컨설팅들이 주측하고 논쟁하는 개념이다.

다"는 등의 주장을 할 때마다 나는 금세 분노한 반대자와 마주치게 된다. 이들은 일이 인간 조건의 기본 부분이고, 인간은 항상 일을 해왔으며, 기계가 아무리 정교하고 지능적인 모습으로 발전하더라도 우리가 항상 일을 하게 된다고 주장한다. 많은 경우에 나는 이런 반대자의 의견에 동의하지만, 이런 반대 의견은 그들과 내가 '일'이라는 용어를 서로 다른 의미로 사용하기 때문이다. 그래서 나는 '일'이라는 용어를 분명하게 정의해야 한다는 깨달음을 얻었다.

그러나 나는 용어 정의에서 딜레마에 직면한다. '일'에 대한 **약정적 정의**(stipulative definition)●를 사용하는 것이 가장 수월하다. 다시 말해, 일의 주제에 대해 이야기한 모든 것을 무시하고, 이 논의만을 목적으로 '일'을 언급할 때마다 특성 X, Y, Z를 가진 현상을 가리킨다고 선언하는 것이다. 이 현상에서 X, Y, Z는 내가 중요하다고 생각하는 특성이다. 만약 이 접근법을 따른다면, 아무도 관심을 갖지 않는 주장을 할 위험이 있다. 게다가 '일'이라는 단어는 내가 이 책에서 말하려는 것과 대개 무관하다. 즉 아무런 의미도 없는 허튼소리 단어 'snuffgoogle'을 사용하는 것이나 별 차이가 없다. 대안이 되는 접근법은 **일상 언어 용법**(ordinary language usage)●●을 추적하는 정의를 사용하는 것이다. 이러한 정의는 일의 주제에 대해 이야기한 모든 것을 무시하지는 않는다. 반대로, 이 접근법은 일에 매우 세심하게 주의를 기울인다. 이 접근법의 문제는 앞에서 언급한 어려움에 부딪힌다는 것이다. 즉 사람들마다 '일'이라는 단어를 다르고 때로는 모순된 의미로 사용한다.

● 약정적 정의(stipulative definition) : 특정 용어의 의미를 정의할 때, 정의하는 사람의 편의에 따라 해당 용어의 의미를 부여하는 일을 말한다. 종종 해당 용어에 대해 기존에 부여되어 있던 의미를 배제한다. 잘 알려져 있지 않은 개념을 정의할 목적으로 도입된 정의의 한 유형이다.

●● 일상 언어 용법(ordinary language usage) : 일상적인 언어와 글쓰기에서 단어와 문장이 일반적으로 사용되는 방식을 말한다. 이것은 주어진 언어나 문화에서 대부분의 사람들이 일반적으로 단어를 이해하는 방식이다. 철학과 언어학에서의 일상 언어 용법은 종종 과학, 법률, 의학과 같은 분야에서 사용되는 전문 언어 용법과 대조된다.

몇 가지 예가 이 문제를 설명하는 데 도움이 된다. 영국 철학자 버트런드 러셀은 한 때 이렇게 말한 적이 있다. "일은 두 가지 종류이다. 첫째는 우리가 물건을 한 장소에서 다른 장소로 옮기는 것이다. 둘째는 다른 사람에게 그렇게 하라고 지시하는 것이다. 첫 번째 종류의 일은 불쾌하고 보수가 적으며, 두 번째 종류의 일은 즐겁고 보수가 많다."[2] 앞에서 주장했듯이, 이는 러셀의 냉소적인 재치를 보여주긴 하지만 이상한 정의이다.[3] 첫 번째 종류의 일은 넓고 체계적으로 고취된 일의 정의를 채택하고, 두 번째 종류의 일은 좁고 관리적이며 컨설팅 지향적인 일의 정의를 채택한다. 두 가지 형태의 일은 모두 가치 판단을 특징으로 한다. 즉 첫 번째 형태의 일은 불쾌하고 하찮은 것으로 간주되고 두 번째 형태의 일은 기생적이고 부당하게 보수를 받는 것으로 간주된다. 의심할 여지없이 러셀의 정의는 어느 정도 진실을 포착한다. 그러나 오해의 소지도 많다. 첫 번째 종류의 일은 우리가 보통 '레크리에이션'이나 '놀이'라고 부르는 것을 포함한다. 이로써 거의 모든 육체적 활동을 망라한다. 항상 지시만 하지 않는 관리직도 있으므로 두 번째 종류의 일은 많은 관리직의 현실과는 부합하지 않는다.

이번에는 런던대학교 교수이자 저술가인 피터 플레밍(Peter Fleming)●의 ≪일의 신화≫(The Mythology of Work)●●에 나오는, 또 다른 예를 생각해 보자. 일에 대한 이 책의 정의는 명시적이기보다는 암묵적이다. 플레밍은 이 책에서 일을 정의하는 대신, 일의 필요충분조건을 암묵적으로 제시한다.

● 피터 플레밍(Peter Fleming) : 런던대학교의 교수이자 저술가로 후기 자본주의의 추악한 이면을 파헤치는 글을 주로 쓴다. '합리성'이라는 구호 아래 불평등한 사회 구조가 날로 심화되어 가고 있다고 본다.

●● ≪일의 신화≫(The Mythology of Work) : 경제적, 정서적 재앙이 공언된 이익보다 훨씬 더 큰 우리 사회를 암울하게 묘사한다. 직업과 관련된 자살, 사무실에서 유발되는 편집증, 휴가 시의 두려움, 경영진의 거대함, 냉소적인 기업이 치러야 하는 은폐 행동에 대한 이야기를 다룬다.

옛날 옛날에, 셀 수 없이 많은 태양계로 흩어진 우주의 먼 구석에, 어떤 영리한 동물이 '일'을 발명한 행성이 있었다. 일은 생존 및 자기 보존과의 연관성을 서서히 잃었고 그 자체를 위해 행해지는 고통스럽고 무의미한 의식(儀式)이 되었다. 끝없음과 불가피함의 경향을 띠는 이 기이한 발명품은 영리한 동물의 삶에서 거의 모든 것을 소모해 버렸다.4

✦ 피터 플레밍(Peter Fleming), 《일의 신화》(The Mythology of Work)

이 짧은 단락에는 흥미로운 부분이 적지 않게 들어 있다. 첫째, 피터 플레밍은 버트런드 러셀과는 반대로, 일이 물리적 세계의 기본적인 특성이 아니라(일은 중력의 법칙에 반하지 않는 자연스러운 특성이 아니다), 오히려 '발명품'이라고 말한다. 철학적 용어로 표현하면 '사회적 구성물(social construction)'●이라고 말하는 것이다. 그러나 플레밍은 두 가지 유형의 일이 있다고 주장한다. 자기 보존과 생존을 위해 수행되는 일과 의미 없는 의식(儀式)으로 수행되는 일이 그것이다. 나는 여기에서 플레밍이 뭔가를 알아차렸다고 생각한다. 현재 사회에서 이해되고 있는 일은 대개 사회적 구성물이고, 생존 및 자기 보존과의 깊은 연관성을 잃었다는 것이 내 생각이다. (물론 어느 정도 연관성이 있는데, 생존을 위해서는 소득이 필요하고 일은 생존을 확보하는 방법이기 때문이다.) 이는 인류학자 데이비드 그레이버(David Graeber, 1961~2020)●●가 《불쉿 잡》(Bullshit Jobs)●●●에서 논리적 극단까지 끌고 가서 논의한 주제이다.5

● 사회적 구성물(social construction) : 언어, 법률, 관습 등과 같은 제도는 자연적이거나 본질적인 것이 아니다. 이러한 것들은 인간의 상호 작용과 특정 사회의 공유된 신념을 통해 만들어지고 유지되는 것이다. 이런 점에서 이를 사회적 구성물이라고 한다.

●● 데이비드 그레이버(David Graeber, 1961~2020) : 인류학자로서, 예일대학교와 런던정경대학교에서 강의했다. 대담한 사회 비판가이자 실천적 행동가로서의 명성을 가지고 있다. 인류학적 근거를 통해 수천 년간 구성되어 온 사회 구조를 드러내고, 현대 자본주의의 병폐를 비판한다. 이로써 우리가 다르게 만들어 나갈 수 있는 세상을 제안했다.

●●● 《불쉿 잡》(Bullshit Jobs) : 세상에 어떤 기여도 하지 않는 불쉿 직업이 전체의 40%이고 지금도 증가하고 있다고 말한다. 'bullshit'은 '엉터리', '쓰레기 같은'의 의미를 가진

그렇긴 하지만 피터 플레밍의 일에 대한 암묵적 정의에도 몇 가지 문제점이 있다. 우선 생존의 목적을 위해 수행되는 일이 있다면, 그런 일은 무의미한 의식(儀式)이나 사회적 구성물을 특징으로 하지 않는다. 즉 그런 일은 삶에 필수이다. 두 번째 종류의 일에 국한한다고 해 보자. 그래도 일이 완전히 부정적인 방식으로 정의되고 있다는 문제가 있다. 즉 일이 자본주의의 영혼을 파괴하는 의식(儀式)이 되고 있다는 것이다. 나도 궁극적으로 이러한 관점에 공감하지만, 이런 관점이 일의 정의에 포함되어서는 안 된다고 생각한다.

우리의 모든 신체적, 인지적 활동을 포함하는 것은 아니라는 점에서 **과도하게 포괄적이지**(over-inclusive) 않은 일의 정의를 얻을 필요가 있다. 또한 일의 바람직하지 않은 측면을 전제하지 않는다는 점에서 **가치 판단적이지**(value-laden) 않은 일의 정의를 얻을 필요가 있다. '경제적 의미'에서의 일에 집중해야 한다는 것이 내 생각이다. 이로써 과도하게 포괄적인 정의의 잘못을 피할 수 있다.[6] 경제적 의미에서의 일은 통상적으로 금전적이거나 또는 금전적 용어로 쉽게 바꿀 수 있는 경제적 보수(이른바 현물상의 이익)를 얻기 위한 목적으로 행해지는 일이다. 더 나아가 이러한 경제적 의미에서의 일이 반드시 악하거나 품위를 떨어뜨린다는 가정도 피함으로써 가치 판단성의 잘못을 피할 수 있다. 우리는 결국 규정적 기준을 통해서가 아니라 논리 정연한 논법을 통해 결론에 도달할 수 있다. 결과적으로 내가 선호하는 일의 정의는 다음과 같다.[7]

___일이란 무엇인가?
금전적 보수를 대가로 하거나, 금전적 보수를 받기를 바라는 마음에서 수행하는 모든 (육체적, 인지적, 정서적) 활동이 일이다.●

비속어인데, 이 책은 이 욕설 같은 직업이 증가하는 현상을 짚어낸다.

● 이 케에키는 '인지기는 단어를 이에 간응 뜻으로 시용커께디는 말이디 물를 이느 일상 언어에서 사용하는 '일'이라는 단어의 의미와는 구별되는 것이다.

나는 금전적 보수를 '받기를 바라는 마음에서'라는 조항을 추가했다. 이는 당장 보상을 받는 것은 아니지만 순수하게 선의나 자선의 행사로서 행해지는 것이 아닌, 특정한 사업을 기획하고 실행하는 기업가 활동이나 무급 인턴십 등을 이 정의에 포함하기 위함이다. 경제적 의미에서의 일에 초점을 맞추면, 사람들이 일에 대해 이야기할 때 관심을 갖는 것과 일의 자동화에 대한 토론을 이해하는 것에 관해 우리가 관심을 갖는 것 대부분이 포괄된다. 이 정의에 따르면 일은 활동이라기보다는 특정 활동이 수행되는 조건을 말한다. 이것은 일로 간주되는 것이 어느 정도 무제한이라는 것을 의미한다. 원칙상 어떤 것이든 적절한 조건에서 수행된다면 일로 간주될 수 있다.

그럼에도 불구하고 나는 이 정의가 현재에 사람들이 종종 '일'의 범위에 포함하려는 몇몇 활동을 배제한다는 것도 머뭇거림 없이 인정한다. 예를 들어 오로지 금전적 보수를 위해 추구한다고 볼 수 없는 난이도 높은 취미와 예술 활동뿐만 아니라, 금전적 보수에 대한 기대나 희망 없이 배우자와 파트너가 수행하는 대부분의 집안일(청소, 요리, 육아)은 이 정의에서 제외된다. 일부 사람들이 후자의 노동 유형에 대한 경제적 가치가 과소평가된다고 주장하므로 이는 논란의 여지가 있다. 나도 이 의견에 동의한다. 하지만 이 정의에서는 대부분의 집안일을 제외하는 것이 적절해 보인다. 왜냐하면 이 장과 다음 장에서 할 주장이 어떠한 역사적 이상이나 미래의 이상이 아닌 경제적 보수가 따르는 일에 관한 현재의 상황과 관련이 있기 때문이다. 이것이 바로 이 정의가 영세 농업이나 노예제도와 같은 것을 그 범위에서 제외하는 이유이다. 이러한 활동은 종종 일로 묘사되지만 적어도 이 장에서 설명하는 의미에서는 금전적 보수가 없다.

그렇다면 결론은 일이 자동화될 수 있고 자동화되어야 한다고 주장할 때, 내가 의미하는 것은 **경제적 의미에서의 일**이 자동화될 수 있고 자동화되어야 한다는 것이다.8● 유쾌하든 불쾌하든 모든 형태의 활동이 자동화될 수 있고 그래야 한다는 뜻은 아니다. 실제로 이러한 구분은 자동화와 관련된 몇 가지 문제를 부각하고 수용하는 이 책의 다음 장들에서 매우 중요하게 다룬다. 이 책을 계속 읽어나가면서 이 정의와 이 구분을 반드시 염두에 두어야 한다. 대부분의 경우, 나중에는 그냥 '일'이라고 할 것이다. 다만 내가 선호하는 일의 정의가 금전적 보수의 개념과 연관되어 있으므로, 때로는 '유급 노동(paid work)'이나 '경제 노동(economic work)'이라고 부르기도 한다. 이 모든 용어는 같은 의미이다.

● (지은이 주) 철학자들은 내 정의가 경제적으로 보상받는 활동에 초점을 맞추고 있고, 아마도 기계는 활동한 것에 대해 경제적으로 보상받지 못하기 때문에 실제로 일을 제거할 수 없다고 주장할 수 있다. (왜냐하면 기계가 어떤 활동을 수행하면, 그 활동은 경제적으로 보상되지 않고 더 이상 일로 간주되지 않기 때문이다.) 하지만 물론 이것은 김밀고 드길 길기이다. 요걸요 이걸에 인르 갈주디더 합동을 기계가 대체할 슈 이다는 것이다.

2장_2절 자동화는 근로자를 대체할까, 보완할까?

일에 대해 분명하게 언급했으므로 이제 일의 자동화가 가능하다고 주장할 수 있다. 하지만 먼저 이 주장의 한계에 대해 분명히 하자. 기술 의거 실업을 주장하는 사람 중 누구도 기술이 모든 형태의 일을 제거한다고는 생각하지 않는다. 비록 우리가 모든 일을 인간보다 더 잘하고 더 빨리 하며 지치지 않는 기계인 안드로이드를 만든다고 해도 말이다. 적어도 어떤 사람들은 여전히 유급으로 고용될 것이다.

대신 기술 의거 실업을 지지하는 사람들은 기술이 가까운 미래에 상당한 수의 인간 근로자를 실업자로 만든다고 주장한다. 또 이 실업자들이 다른 일자리를 구하지 못할 것으로 예측한다. 바꿔 말하면 앞으로는 근로자가 현저하게 줄어든다는 것이다. '현저하게 줄어든다'는 말이 의미하는 것은 어느 정도 논쟁의 여지가 있다. 인구의 10~15%만이 일하는 미래는 분명 여기에 해당한다. 30~40%가 일하는 미래도 여기에 해당한다. 이는 현재 대부분의 선진국에서 대략 60~70%에 이르는 노동 참여율에 비해 상당히 감소된 수치이다. 마르크스주의 용어로, 이는 **과잉 인구**(surplus population)●가 기술 의거 실업의 결과로 크게 증가한다는 것을 의미한다.

● 과잉 인구(surplus population) : 사회나 지역의 경제적 필요를 충족시키기 위해 필요하지 않은 인구를 말한다. 즉 자본주의적 생산에 더 이상 필요하지 않은 사람의 수를 말한다.

기술 의거 실업이 발생하는 일에 대해 어떤 논법을 펼 수 있을까? 이 논법은 다음과 같이 단순하고 논리적인 형식을 취한다.

___기술 의거 실업이 발생한다는 논법의 간단한 형식

(1) 만약 기술이 점점 더 많은 인간의 일을 대체할 수 있고 대체한다면, 그리고 만약 인간이 담당할 다른 일이 점점 더 줄어든다면, 기술 의거 실업이 발생한다.

(2) 기술은 점점 더 많은 인간의 일을 대체할 수 있고 대체한다. 더불어 인간이 담당할 다른 일은 결과적으로 점점 더 줄어든다.

(3) 그러므로 기술 의거 실업이 발생한다.

이 논법은 나의 이전 논문에서 약간 수정한 뒤에 가져온 것이다.[9] 이전 논문에서 언급했듯이, 이 논법의 전제 (1)은 상대적으로 논란의 여지가 없다. 사실상 진리라고 할 수 있다. 이 논법의 진정한 핵심은 전제 (2)이다. 이 전제는 가장 많은 반대를 불러일으킨다. 나는 이 장의 대부분을 전제 (2)의 장점을 평가하는 데 할애할 것이다.

전제 (2)에 찬성하는 첫 주장은 간단하게 내놓을 수 있다. 과거에 기술이 인간 근로자를 대체했다는 것은 분명한 사실이다. 제1장에서 제조업, 금융업, 정부 조직 등에서의 인간 곁다리화를 이야기하면서, 이 부분에 대해 생생하게 설명했다. 그 사례는 기술의 **해직 잠재력(displacement potential)**•을 명확하게 강조한다. 전제 (2)에 찬성하는 처음 주장은 현재 이루어지고 있는 AI와 로봇공학 분야의 발전이 과거의 기술 혁신보

• 해직 잠재력(displacement potential) : 특정한 활동이나 사건이 집이나 지역 사회로부터 사람들을 퇴거시키는 결과를 초래할 가능성을 의미한다. 퇴거는 자연 재해, 분쟁, 경제 개발 사업, 정부 정책 등 다양한 이유로 발생한다. 그리고 사회적 네트워크, 생계 및 필수 서비스에 대한 접근성 상실을 포함하여 개인과 지역 사회에 심각한 결과를 로 이어지며, 더 나아가 빈곤, 사회적 배제, 기타 부정적인 결과를 초래한다. 이 책에서는 displacement potential이라는 이 말, 기술 기술이 근로자를 기끄끄끄다 퇴기기긴다는 의미로 사용한다. 이에 이를 '해직 잠재력'이라는 말로 번역한다.

다 훨씬 더 큰 해직 잠재력을 갖는다는 것이다. 이로써 인간 근로자는 광범위하게 해직될 것이다.

AI와 로봇이 가진 해직 잠재력

제1장에서는 현대 기술의 해직 잠재력에 대해 정성적(定性的) 조사만 했다.● 그런 정성적 조사가 어떤 사람에게는 충분할 수 있지만, AI와 로봇공학의 해직 잠재력에 대한 정량적(定量的) 추정치를 좋아하는 사람도 있다. 다행히도 이런 추정치는 전혀 부족하지 않다. 지난 몇 년 동안 상당한 해직 잠재력을 지적하는 여러 보고서와 설문조사가 발표되었다. 가장 널리 인용된 것은 '칼 프레이와 마이클 오스본(Carl Frey & Michael Osborne)'의 보고서●●로서, 여기에서는 미국 내 모든 직업의 47%가 향후 10~20년 내에 '컴퓨터로 인해 자동화된다'고 주장한다.[10] 이밖에 이와 유사한 보고서로 다음과 같은 것이 있다. (a) 현재 근로자들이 수행 중인 업무의 49%가 현재 사용 가능한 기술을 채택함으로써 자동화될 가능성이 있다고 말하는 맥킨지글로벌연구소(McKinsey Global Institute)의 보고서,[11] (b) 전 세계에서 1억 1,000만 개의 일자리가 향후 20년 이내에 자동화될 위험이 있다고 이야기하는 프라이스워터하우스쿠퍼(PriceWaterhouseCooper)의 보고서,[12] (c) 영국의 세 개 직업 중 한 개가 기술적 해직의 위험에 처해 있다고 주장하는 '공공 정책 연구소(Institute for Public Policy Research)'의 보고서[13] 등이 그것이다.

이 보고서들은 전제 (2)의 주장을 뒷받침하는 것처럼 보이지만, 이런 보고서들은 신중하게 해석해야 한다. 이러한 연구의 헤드라인 수치가 종종

● 제1장에서 제조업, 금융업, 정부 조직, 전문직, 서비스직에서의 인간 곁다리화를 언급하면서, 자동화 기술이 인간의 직무를 대체하고 있다고 설명한 바 있다.

●● 이 보고서에서 칼 프레이와 마이클 오스본은 전체 702개의 연구 대상 직업군에 대하여 자동화 또는 컴퓨팅화에 따라 미래에 사라질 가능성이 있다고 주장한다.

인용은 되지만 면밀히 검토되는 경우는 거의 없다. 이런 연구를 비판하는 사람들은 그 수치가 잘못된 논리를 근거로 삼고, 그러므로 잘못된 경각심을 불러일으킨다고 주장했다.14 이 연구자들이 정확히 어떻게 그 수치에 도달했을까? 이런 수치는 실제로 무엇을 의미할까? 이런 질문에 답하기 위해 보고서의 세부 사항을 파헤칠 필요가 있다. 나는 프레이&오스본 보고서와 맥킨지글로벌연구소 보고서를 좀 더 자세히 검토해서 세부 사항을 파헤칠 것이다.

프레이&오스본 보고서는 법률 용어를 빌리자면 이 분야의 표준 문구(locus classicus)이다. 미국 내 모든 직업의 47%가 자동화에 취약하다는 내용의 헤드라인 수치는 인상적이고 이해하기 쉽다. 여기에 명문대(옥스퍼드대학교)의 두 학자가 발표했고, 신문 헤드라인 기자를 위한 완벽한 소재가 있다. 그러나 프레이&오스본 보고서는 미국 내에서 직업의 절반가량이 자동화되어 사라질지도 모른다는 회의적인 입장에 대한 근거를 제시하기 위해 난해한 방법론을 채택했다.

프레이&오스본 보고서는 자동화의 역사와 AI 및 로봇공학 분야의 현재 발전 상황을 검토하면서 시작했다. 자동화의 역사는 보고서 작성자들에게 기술의 해직 잠재력을 분명히 강조했고, 현재의 발전은 머지않아 기계가 더 많은 정규직 업무뿐만 아니라 비정규직 업무도 수행할 수 있다는 것을 분명히 시사했다. 그럼에도 불구하고, 현재의 발전을 재검토한 결과 **지각과 조작**(perception and manipulation), **창의적 지능**(creative intelligence), **사회적 지능**(social intelligence) 등을 필요로 하는 업무에서는 인간이 기계를 계속 지배한다는 것이 드러났다.● 이러한 가정을

● 칼 프레이와 마이클 오스본은 컴퓨터 자동화를 막는 3가지 병목 업무가 있다고 지적했다. 첫째는 지각과 조작 능력이 필요한 업무이다. 이런 능력은 뛰어난 손재주를 가지고 비좁거나 어색한 위치에서도 능숙하게 일할 수 있는 능력을 뜻한다. 로봇은 이런 능력을 바탕으로 작업하기 힘들다. 둘째는 창의적 지능이 필요한 일이다. 이런 일도 로봇이 수행하기는 힘들다. 미술, 음악, 소설 등과 같은 분야에서 AI 화가, AI 작곡가, AI 작가가 등장했지만 AI의 성능을 점검하는 차원에서의 시도일 뿐이다. 셋째, 사회적 지능과

바탕으로 보고서 작성자들은 향후 20년 동안 자동화될(정확히 말하자면 '컴퓨터를 이용하여 자동화될') 가능성이 있는 일자리의 수를 공식적으로 추정하려고 했다.

칼 프레이와 마이클 오스본은 미국의 직업 정보 시스템인 O*NET 데이터베이스를 참조했다. O*NET은 미국 노동부가 관리하는 데이터베이스로, 미국 내 근로자가 수행하는 모든 직종을 파악하고 해당 직종 내에서 수행되는 업무를 상세히 설명한다. O*NET은 중요한 데이터베이스이다. 예를 들어 변호사와 같은 특정 직업이 문서 검토, 분석, 법률 연구, 설득, 의뢰인과의 편안한 이야기 등 다양한 업무로 구성되기 때문이다. 이러한 업무 중 어떤 것은 자동화에 상당히 취약하지만 그렇지 않은 업무도 있다. 이는 우리가 자동화에 대한 직업의 취약성에 관심이 있다면, 그 직업에 대한 추상적이고 막연한 설명에 초점을 맞추는 것은 실수이고, 그 직업을 구성하는 구체적인 업무에 집중하는 것이 더 좋다는 것을 의미한다. 보고서 작성자들은 이를 인지하고 있었고, 업무 목록과 미국 근로자가 수행하는 702개 직업을 서로 관련시키기 위해 미국의 고용에 대한 노동통계국 정보와 함께 O*NET 데이터베이스를 사용했다.

칼 프레이와 마이클 오스본은 이 데이터세트를 마련하고서 자동화에 대한 직업의 취약성을 위한 몇 가지 추정치를 개발하고, 주관적 방법과 객관적 방법을 결합했다. 먼저 옥스퍼드대학교에서 워크숍을 조직하고 기계 학습 연구자들과 함께 702개의 직업을 '주관적으로 수동 분류하여' 해당 직업이 자동화가 가능하다고 생각되면 1점을, 그렇지 않다고 생각하면 0점을 부여했다.[15] 그리고 나서 직업 및 업무에 대한 O*NET 데이터베이스의 설명과 현재 자동화하기가 가장 어렵다고 생각되는 세 가지 업무(즉 지각과 조작, 창의적 지능, 사회적 지능을 수반하는 업무)를 서

관련한 업무도 로봇의 위협에서 비교적 안전하다. 협상, 설득, 돌봄(care) 등과 같은 일이 그것이다.

로 관련시킨 더욱 '객관적인' 방법을 사용했다. 이들은 O*NET 데이터베이스에서 현재 자동화하기 어려운 세 가지 유형의 업무와 대응하는 9가지 '변수'(직업에 필요한 기술에 대한 일반적인 묘사)를 파악했다. 이를 통해 자동화 잠재력에 따라 확률적으로 직업을 분류하는 알고리즘을 개발할 수 있었다. 칼 프레이와 마이클 오스본은 이 두 가지 방법을 사용하여 자동화 위험이 높은 직업군(0.7 이상의 확률), 중간 위험군(0.3과 0.7 사이의 확률), 낮은 위험군(0.3 미만의 확률)으로 직업을 나누었다. 이들은 2010년 기준 O*NET 데이터베이스에 있는 직업 목록에만 초점을 맞추었다. 하지만 기술로 인한 변화의 결과로 생겨날 수 있는 잠재적인 미래 직업에 대해서는 아무런 예측도 하지 않았다. 이런 식으로 이들은 향후 20년 안에 미국 직업의 47%가 자동화될 위험이 높다는 추정을 이끌어낸 것이다.

여기까지가 프레이&오스본 보고서의 내용이다. 맥킨지글로벌연구소 보고서는 어떤가? 맥킨지글로벌연구소 보고서는 직업(occupation)에 집중하는 대신 업무(task)에 집중한다는 점을 제외하고는 매우 비슷한 접근법을 따르면서, 이것이 자동화 잠재력을 평가할 수 있는 정확한 수준이라고 주장한다.[16]

맥킨지글로벌연구소 보고서도 O*NET 데이터베이스와 미국 노동통계국 정보를 사용하여 서로 다른 근로자가 수행하는 업무에 대한 자세한 설명을 얻었다. 이를 통해 800개 이상의 직업에서 수행되는 2,000개 이상의 업무를 검토했다. 맥킨지글로벌연구소 보고서는 이러한 업무를 감각적 지각, 인지, 자연 언어 처리, 사회적·정서적 능력, 신체적 능력 등의 다섯 가지로 나누었다. 그리고 **인간 유사성**(human-likeness)을 기준으로 관련 업무에 필요한 역량의 수행 수준을 추정했다. 이를 통해 업무를 (a) 인간 수준의 능력이 필요하지 않은 업무, (b) 중위 수준 이하의 인간 능력을 요구하는 업무, (c) 중위 수준의 인간 능력을 요구하는 업무, (d) 높은 수준의 인간 능력을 요구하는 업무라는 네 부분으로 분류했다. 이 보고서는 기존 기술의 수행 능력을 평가하기 위해 동일한 분류 체계를 사용했다. 이를 통해 장단기적으로 관련 업무가 전적으로 기계로 수행될 가능성에 대한 추정치를 도출했다.

맥킨지글로벌연구소 보고서는 이 방법을 따라서 예측 가능한 환경에서 예측 가능한 물리적 활동, 데이터 수집 및 데이터 처리 등의 업무는 자동화에 매우 취약한 반면, 인사 관리, 전문 지식 적용, 예측 불가능한 물리적 활동 등의 업무는 자동화에 덜 취약한 것으로 추정했다. 이 보고서는 이와 같은 평가와 800개의 서로 다른 직업에 걸쳐 관련 업무에 얼마나 많은 시간이 쓰이는지에 대한 추정치를 결합하면서, 서로 다른 직업의 자동화 잠재력을 전반적으로 평가했다. 이 보고서는 45개의 경제 기구에도 이 방법론을 그대로 적용했다. 이 보고서는 현재 직업의 5% 미만이 완전 자동화가 가능하지만, 직업의 60%는 자동화가 가능한 활동이 적어도 30%라고 결론지었다. 나아가 세계 경제에서 사람들이 임금을 받는 직업 활동 중 49%가 현재 이용 가능한 기술에 적응함으로써 자동화될 수 있고, 2017년 기준 미국에서 자동화에 '가장 취약한' 단순 노동과 정보 처리 관련 업무가 전체 고용의 51%를 차지한다고 추정했다.[17]

내가 이 두 보고서를 이처럼 상세하게 설명한 것은, 다음과 같은 주장을 제시하기 위해서이다. 만약 당신이 두 보고서의 헤드라인 수치에만 초점을 맞춘다면, 기술 의거 실업이 발생한다는 주장이 매우 강하다는 인상을 갖게 된다. 세계에서 현재 행해지고 있는 모든 일의 절반 정도가 가까운 미래에 자동화될 수 있다는 것이다. 이는 기술 의거 실업에 대한 주장의 전제 (2)에서 제기한 주장 중 적어도 첫 번째 부분(기술은 점점 더 많은 인간의 일을 대체할 수 있다는 주장)을 지지한다. 하지만 세부 사항을 파고들면, 상황이 조금 더 미묘하고 명확하지 않다는 것을 깨닫게 된다. 이 추정치는 연금술이나 예언에 근거한 것은 아니지만 천문학이나 일기예보 수준의 합리성을 근거로 하는 것도 아니다. 이런 추정치는 많은 가정과 주관적 평가에 의존한다.

더욱이 두 보고서 모두 미래의 일 형태에 자동화가 미치는 영향은 다루지 않는다. 둘 다 미래가 아닌 현재의 업무와 직업의 자동화 잠재력에 초점을 맞춘다. 이는 이 두 보고서가 기술 의거 실업이 발생할 수 있다는 주장에 대한 주요 반대 의견을 다루지 않는다는 것을 의미하기 때문에 중요하다. 이런 반대 의견은 매우 중요해서 어느 정도 자세히 다룰 가치가 있다.

고용이 줄지 않는다는 반박이 있지만

기술 의거 실업이 발생한다는 주장은 우리가 하는 일의 종류, 즉 금전적 보수를 받는 업무가 본래 고정되어 있다고 가정한다. 만약 그렇다면 일정 수의 업무만 있고, 기계가 각 업무에서 인간을 대체할 만큼 충분히 좋아지면 인간이 할 수 있는 일은 아무것도 남지 않는다는 것이다.

기술 의거 실업이 발생한다는 주장을 비판하는 사람들은 업무가 본래 고정되어 있다는 가정이 틀렸다고 말한다. 즉 해야 할 일의 양(고정된 '노동량')이 정해져 있는 것은 아니라는 것이다. 경제는 혁신과 역동적인 변화의 대상이다. 신기술과 맞물려 새로운 일자리가 생겨난다.[18] 프레이& 오스본 보고서와 맥킨지글로벌연구소 보고서처럼 오늘날 현재 상태 그대로 경제의 정적인 스냅 사진을 찍는다면, 대부분의 인간 근로자가 기계로 대체된다는 말이 맞을지도 모르지만, 경제를 정적인 것으로 생각해서는 안 된다.

기술 의거 실업이 발생한다는 주장에 대한 비판에는 세 가지 방식이 있다. 가장 주된 비판 방식은 기술 의거 실업이 발생한다는 주장이 '러다이트 오류(Luddite fallacy)'●[19]를 범한다는 것이다. 이를 러다이트 오류

● 러다이트 오류(Luddite fallacy) : 러다이트(Luddite)는 산업혁명 시기인 1800년대의 영

라고 부르는 이유가 있다. 러다이트(Luddite)는 1800년대 초 영국에서 기계에게 밀려난 해직 근로자 집단을 말하는데, 이들은 공장의 기계를 부수면서 폭동을 일으켰다. 그러나 이들의 두려움은 지나친 것이었다. 고용은 그 이후 약 200년 동안 사라지지 않았다. 사실 오늘날 그 어느 때보다 일하는 사람들이 많다. 단지 다른 일을 하고 있을 뿐이다. 이것은 역사의 교훈이다. 즉 인간의 욕망과 욕구는 명백한 한계가 없다는 것이다. 기술이 우리 존재의 물질적 조건을 변화시키듯, 노동의 지형도 변화시킨다. 컴퓨터 프로그래머나 소셜 미디어 관리자와 같은, 100년 전에는 들어본 적도 없었던 직업이 가능하고 심지어 경제적으로 바람직한 직업이 되었다. 기술 의거 실업이 가능하다는 주장을 비판하는 사람들은 이러한 역사적 추세가 계속될 것으로 기대할 수 있고 기대해야 한다고 주장한다.[20]

기술 의거 실업 주장에 대한 비판을 뒷받침하는 이론적 주장도 있다. 가장 중요한 이론적 주장의 근거로 다음의 두 가지를 꼽을 수 있다. ⓘ 생산성 효과(productivity effect)●와 ⓘⓘ 보완 효과(complementarity effect)●●가 그것이다.[21] 이 두 가지 효과는 밀접한 관련이 있다. 둘 다

국에서 기계 도입으로 일자리를 잃은 해직 근로자 집단을 일컫는 말이다. 이들 러다이트는 공장의 기계를 부수면서 폭동을 일으켰다. 이들은 "증기 기관 하나가 1,000명의 일자리를 빼앗아간다"고 말했다. 그러나 장기적으로 보았을 때 이후 근로자의 일자리 수는 줄어들지 않았다. 새로운 성격의 일자리가 생겨났기 때문이다. 러다이트 집단이 오류를 저질렀다는 것이다. 이에 이 '러다이트 오류'는 기술 진보나 혁신이 본질적으로 나쁘거나 유해하다는 주장을 반박하기 위해 종종 사용된다.

● 생산성 효과(productivity effect) : 시스템이나 조직이 생산하는 생산량과 이를 생산하는 데 사용되는 투입물(가령, 노동력, 자본, 자원) 사이의 관계를 말한다. 생산성 효과는 종종 출력 대 입력의 비율로 측정된다. 기술 발전, 투입물의 품질이나 가용성의 변화, 기업이나 산업의 조직 구조나 경영 관행의 변화 등 생산성 효과에 영향을 미칠 수 있는 많은 요인이 있다. 생산성 향상은 비용 절감, 이익 증대에 도움이 되므로 기업, 정부 및 기타 조직의 핵심 목표인 경우가 많다.

●● 보완 효과(complementarity effect) : 둘 이상의 요인이 상호보완적으로 결합하여 개별 효과의 합보다 더 큰 효과를 내는 현상을 말한다. 이는 원하는 결과를 도출하기 위해 함께 작동한다는 것을 의미한다.

자동화 기술에 내포된 동일한 일자리 창출 잠재력을 암시한다. 그 생각은 다음과 같다. 만약 기계가 인간 근로자를 대체한다면, 이는 기계가 인간 근로자보다 더 낫고 더 빠르고 더 효율적으로 업무를 수행하기 때문이다. 이런 기계의 업무 수행 방식은 더 적은 비용으로 더 많은 일을 수행하는 '순 생산성 향상'으로 이어진다. 그리고 순 생산성 향상은 몇 가지 연쇄적인 결과를 초래한다. 즉 시장에 있는 특정 생산물의 비용을 줄인다. 이는 더 많은 돈이 생겨 다른 분야에서 근로자를 고용할 수 있다는 것을 의미한다. 여기서 말하는 다른 분야는 기술에 의해 가능해진 새로운 산업이나 일이다. 기계의 설계자나 프로그래머가 이런 예이다. 그리고 기술에 의해 보완되고 인간이 기계에 비해 비교 우위를 가지는 일도 이런 분야에 포함된다.[22]

미국 경제학자 데이비드 오토(David Autor, 1967~)●는 기술 의거 실업이 발생한다는 주장을 가장 강력하게 비판하는 인물이다.[23] 데이비드 오토는 기술 의거 실업이 발생한다는 생각에 사로잡혀 있는 사람들이 기술의 **대체 효과**(substitution effect)●●에 지나치게 집중하는 반면 **보완 효과**(complementarity effect)에는 충분히 집중하지 않는다고 주장한다. 프레이&오스본 보고서나 맥킨지글로벌연구소 보고서의 작성자들처럼, 오토는 일자리가 일반적으로 하나의 업무로 구성되지 않는다는 사실을 강조한다. 오히려 일자리는 많은 업무의 집합체이다. 각각의 업무는 일자리 전체에 대한 입력을 구성한다. 이러한 입력은 일반적으로 서로 보완된다. 당신이 한 가지 업무에 더 능숙할수록 다른 업무에 더 능숙해질 수 있다. 이는 직무 관련 업무 전반에 걸쳐 역량 향상이 시너

● 데이비드 오토(David Autor, 1967~) : 미국의 경제학자이자 공공 정책 전문가이다. 노동경제학을 바탕으로 불평등, 기술 변화 및 세계화, 노동 참여, 노동 시장 중개, 주택 시장 가격 통제 등을 연구한다. 자동화와 일자리의 관계에 대해서는 이 두 가지가 서로 보완 관계에 있다고 생각한다. 즉 자동화 기술이 인간의 일자리를 당장은 빼앗을지라도 또 다른 새로운 일자리를 창출할 수 있다고 본다.

●● 대체 효과(substitution effect) : 싸지고 더 가격한 기계가 개발되어 들어가면서 노동력의 대체로 이어지는 효과를 말한다.

지 효과를 낼 수 있다는 의미이다. 생산성이나 수익성 측면에서 종합적 이익은 개별 업무 자체가 중요한 것이 아니라 대부분의 업무에 중요한 것이다.

이를 구체화하기 위해 변호사의 경우를 한번 더 고려해 보자. 변호사는 법에 대한 실무 지식이 뛰어나야 하고, 법률 연구 데이터베이스를 활용할 수 있어야 하며, 법률 변론을 정교하게 만들 수 있어야 한다. 뿐만 아니라 의뢰인에게 조언할 수 있어야 하고, 필요하다면 의뢰인과 교제해야 하며, 상대 변호사와 합의를 타결짓고, 시간을 효과적으로 관리하는 등의 일을 해야 한다. 이러한 각각의 업무는 변호사의 전반적인 경제적 가치에 기여하는 입력을 구성한다. 각 업무는 서로를 보완한다. 변호사가 법률 연구를 더 잘할수록, 더 나은 변론을 만들고 더 나은 조언을 제공할 수 있다. 현재 이러한 입력은 특정 로펌 내에서 전문화와 차별화의 대상이 되고 있다. 한 변호사는 상담에, 다른 변호사는 협상에, 또 다른 변호사는 연구와 사건 전략에 초점을 맞출 것이다. 스코틀랜드 경제학자 애덤 스미스(Adam Smith, 1723~1790)●의 유명한 지적처럼, 이 전문화는 '포지티브섬 게임(positive-sum game)'●●이 될 수 있다. 이런 전문화로 로펌의 생산성이 크게 증가할 수 있다. 이는 개별 부분이 아니라 부분의 합이 중요하기 때문이다.

● 애덤 스미스(Adam Smith, 1723~1790) : 경제학의 아버지로 불린다. 개인의 이익 추구가 사회적 이익을 증대시킨다는 '보이지 않는 손(Invisible Hand)'이라는 표현을 사용했다. 최초의 근대적 경제학 서적으로 여겨지는 《국부론》을 썼다. 소비자의 욕구, 생산, 시장 경쟁, 그리고 노동 분업이 국가의 부를 창출하는 동력이라고 보았다. 독점 기업가에 반대하고 소비자의 이익을 옹호했다.

●● 포지티브섬 게임(positive-sum game) : 모든 관련 당사자가 이익을 얻거나 얻을 수 있는 상황 또는 상호 작용의 유형이다. 포지티브섬 게임에서, 이용 가능한 자원, 이익 또는 보상의 총량은 관련 당사자들 각각의 기여 또는 투자의 합보다 더 크다. 이것은 모든 당사자가 상호 작용에서 무엇인가를 얻을 수 있다는 것을 의미한다. 포지티브섬 게임은 종종 제로섬 게임과 대비된다. 즉 제로섬 게임은 한쪽의 이익이 상대방의 손실로 상쇄된다.

기술이 노동에 미치는 영향을 이해하는 것과 관련하여 부분 업무의 합에 대한 검토는 매우 중요하다. 지금까지의 경험에 따르면 기계가 인간 근로자를 대체할 때 특정 직업이나 직장과 관련된 전체 범위의 업무가 아니라 특정 업무에서 인간을 대체하는 경향이 있다. 그러나 특정한 작업 공정도의 경제적 가치는 단일 전문 업무가 아닌 일련의 보완적 입력 업무에 의해 산출되는 경향이 있으므로, 이것이 인간의 고용 감소로 이어진다는 결론은 나오지 않는다. 인간은 보완 과업에 재배치되어, 종종 기계 대체와 관련된 효율성 이득을 얻을 수 있다. 실제로, 하나의 전문화된 영역에서 낮은 비용과 증가한 생산량은 다른 보완적 영역에서 노동력을 증가시킬 수 있다.

데이비드 오토의 분석은 세계경제포럼(World Economic Forum)●이 의뢰한 '일자리의 미래에 대한 보고서'를 포함한 여러 보고서에서 지지를 받았다. 프레이&오스본 보고서와 맥킨지글로벌연구소 보고서와는 달리, 일자리의 미래에 대한 보고서는 AI와 로봇공학 분야의 발전이 추가 일자리를 창출하는 데 도움이 된다고 주장한다. 분명히 하자면, 이 보고서가 앞에서 논의한 다른 보고서들과 전혀 일치하지 않는 것은 아니다. 이 보고서는 2018~2022년 세계 경제에서 기술이 차지하는 일자리 업무의 비중이 29%에서 42%로 증가하고, 그 과정에서 7,500만 개의 일자리가 배제된다는 점을 받아들인다. (콧방귀 뀔 것은 아무것도 없다.) 그러나 데이비드 오토와 마찬가지로 이 보고서는 바로 그 똑같은 기술이 같은 기간 동안 1억 3,300만 개의 새로운 일자리를 창출할 수 있는 잠재력을 가진다고 주장한다. 이러한 일자리에는 기계의 능력을 보완하는 업무가 포함된다. 큰 도전은 이러한 역할을 수행하도록 근로자를 재교육하는 일일 것이다.[24]

● 세계경제포럼(World Economic Forum) : 스위스 다보스(Davos)에서 매년 열리는 국제 민간 회의이다. 다보스포럼이라고도 한다. 대통령, 총리, 장관, 대기업 최고경영자, 경제 과서 등 ㅁㄱㅣ ㄱㅣㄱㅣㄴ, ㅈㅔㄴㅣㅌㅡ이 ㅍㅕ ㅅㅔㄱㅔ ㄱㅔㄱㅔㅇ ㅂㅏ향에 ㄷㅐㅎ 의ㅕㅅ를 ㄴㅜㄱ저 ㅈ저ㅂ를 교환한다.

이것으로 기술 의거 실업이 발생한다는 주장을 비판하는, 즉 기술 의거 실업이 발생하지 않는다고 생각하는 사람들의 관점이 자비롭게● 재구성되었기를 바란다. 문제는 기술 의거 실업이 발생할 수 있다는 주장에 대한 비판을 이렇게 재구성한 것이 효과가 있느냐는 것이다.

● 이 책의 지은이는 기술 의거 실업이 발생한다는 주장을 받아들이는 입장이다. 그렇지만 이 주장을 비판하는 사람들의 의견도 존중하여 지금까지 이들의 비판 내용을 설명한 것이다. 이런 점에서 지은이는 자신의 태도를 '자비롭다'고 표현한 것이다.

2장_3절 기술 의거 실업을 재차 주장하는 이유

일반적으로, 우리는 일의 미래가 어떻게 될지 정확히 안다고 주장하는 어떤 논증에 대해서도 신중해야 한다. 기술 의거 실업에 대한 나의 논증도 마찬가지이다. 미래는 불확실하다. 왜냐하면 미래는 수량화하기 어려운 많은 피드백 고리와 피드백 효과의 지배를 받기 때문이다. 기술 의거 실업이 일어난다는 주장에 대한 비판에서 한 가지 장점은 기술 의거 실업이 일어난다는 소박한 주장이 어떻게 수량화하기 어려운 많은 피드백 효과를 무시하는지를 부각시켜 준 점이다. 그렇지만 어떤 불확실성이 있다고 인정하더라도 나는 일의 미래가 '기술 의거 실업이 일어나지 않는다고 보는 비판가'의 견해에 불리하게 작용한다고 본다. 나는 기술 의거 실업이 발생한다고 본다. 이렇게 생각할 만한 네 가지 타당한 이유가 있다.

이 네 가지 이유를 이해하기 위해서, 기술 의거 실업을 부정하는 비판가의 논법에서 추상적인 구조를 고려할 필요가 있다. 비판가는 기술이 일관련 업무에 순수한 '양(陽)의 피드백 효과(positive feedback effect)'●를 가져 온다고 주장한다. 즉 기술이 단기적으로 일 관련 업무에서 인간을 대체하면서 일자리를 부분적으로 파괴할 수 있지만, 보완적 업무에서

● 양의 피드백 효과(positive feedback effect) : 어떤 원인에 의해서 나타나는 결과가 다시 원인에 작용하여 그 결과를 촉진하거나 억제하는 조절 원리를 피드백이라고 한다. 이 중 결과가 원인을 촉진하는 방향으로 일어나는 피드백 효과를 '양의 피드백 효과'라고 하고, 결과가 원인을 억제하는 방향으로 일어나는 피드백 효과를 '음의 피드백 효과 (negative feedback effect)'라고 한다.

는 다른 기회를 창출한다는 것이다. 이런 비판가는 역사적 증거와 이론적 모델로 자신의 관점을 뒷받침한다. 비판가의 논거를 약화시키기 위해서는 최소한 로봇공학 및 AI의 발전에 적용될 때 이러한 모델에 결함이 있거나 역사적 사례가 현재의 상태와 유사하지 않다고 생각할 이유가 있다고 주장해야 한다.

기술 의거 실업을 재차 주장하는 이유 ①
로봇이 일자리를 줄였다는 실증이 있다

이렇게 주장하는 첫 번째 이유는 로봇이 노동력에 미치는 일자리 해직 효과에 대한 초기 실증적 연구에서 나온다. 이 증거는 예비적이고, 여기에 너무 많은 비중은 두지 않지만 그럼에도 시사하는 바가 있다. 그 증거는 각각 경제학자 대런 애쓰모글루(Daron Acemoglu, 1967~)와 경제학자 파스쿠알 레스트레포(Pascual Restrepo)가 공동으로 쓴 논문에 나온다.[25] 이 논문에서 이들은 로봇이 노동 시장에 미치는 순효과를 실증적으로 측정하려고 한다. 로봇은 창출하는 것보다 더 많은 일자리를 대체하는가? 이 두 연구자는 1990년부터 2007년까지 인간의 노동을 대체하는 로봇화(robotization)●가 미국의 특정 통근권(commuting zone)●●에서 노동 시장에 미치는 영향을 연구함으로써 이 질문에 답했다. 이 둘은 이 목적을 위해 로봇화에 가장 많이 노출된 통근권을 선정했고, 이 노출

● 로봇화(robotization) : 로봇이나 다른 첨단 기술을 사용하여 인간의 노동을 자동화로 대체하는 과정을 말한다. 여기에는 제조, 조립, 운송, 서비스 산업과 같이 전통적으로 인간이 담당하는 작업을 수행하기 위해 로봇을 사용하는 것이 포함될 수 있다. 로봇화는 인간 노동의 필요성을 줄임으로써 생산성과 효율성을 높일 수 있지만, 일자리 감소와 다른 경제적 사회적 영향을 초래할 수도 있다. 로봇화의 잠재적 결과를 고려하고 적절한 정책과 사회적 계획을 통해 부정적인 영향을 해결하는 것이 중요하다.

●● 통근권(commuting zone) : 도시가 성장하고 교통이 발달하여 도시 내부 구조가 분화되면 업무 지역과 거주 지역이 점차 분리된다. 이때 중심 도시로 통근하는 사람들이 거주하는 범위를 통근권이라고 한다.

이 다른 일자리 해직 효과(가령 오프쇼어링(offshoring))●와 약한 상관관계가 있음을 관찰했다. 이를 통해 로봇화가 이런 지역에서 노동력에 미치는 순효과를 상당히 순수하게 추정할 수 있었다.

애쓰모글루와 레스트레포의 연구 결과는 의미심장했다. 이들은 로봇 근로자 한 대를 통근권에 도입함으로써 통근권에서 순수하게 6.2명의 근로자가 해직된 것으로 추정했다.[26] 그러나 이들은 이것에 너무 많은 의미를 부여하는 데 신중했다. 이들은 로봇공학의 생산성 효과나 보완 효과에 매료된 누군가가 이 시점에 돌아와서, 다음과 같이 말한다는 것을 인식했다. "**특정 통근권 내에서** 고용이 순수하게 감소할 수는 있지만, 경제 전반에 순수한 감소가 있는 것은 아니다. 다른 통근권이나 다른 지역이 자동화의 혜택을 받아 고용이 순수하게 증가할 수 있다." 그래서 이들은 이 가능성도 조사했다. 이들은 여러 시나리오를 모델링하여, 근로자 1,000명당 한 대의 로봇이 늘어날 때 근로자 5.6명이 해직되고, 해당 통근권뿐만 아니라 미국 경제 전반에 걸쳐 평균 임금이 약 0.5% 감소될 수 있다는 것을 발견했다. 그렇지만 이들은 일련의 가능한 결과가 있으며●●, 로봇 한 대가 근로자 3명을 대체하여 평균 임금이 0.25% 감소하는 것만큼 해직 효과가 낮을 수 있다고 추정했다.[27]

애쓰모글루와 레스트레포가 제시한 연구 결과는 여러 가지 이유로 중요했다. 첫째, 이들은 실제로 로봇화가 고용에 미치는 피드백 효과를 실증적으로 평가하려고 했고, 그 과정에서 러다이트 오류 비판을 위한 기본 가정이 (적어도 이 사례에서) 정확하지 않다는 것을 발견했다. 둘째, 애

● 오프쇼어링(offshoring) : 제조업, 고객 서비스, 정보기술 등의 업무 기능을 다른 나라의 기업이나 계약자에게 위탁하는 행위를 말한다. 기업들은 낮은 인건비, 새로운 시장에 대한 접근, 기타 잠재적인 이익을 이용하기 위해 오프쇼어링을 결정할 수 있다.

●● 애쓰모글루와 레스트레포의 <로봇과 직업>(Robots and Jobs) 보고서는, '일련의 가능한 결과'와 관련하여 '지역 수요의 파급 효과(local demand spillovers)'와 같은 요소를 언급한다.

쓰모글루와 레스트레포의 연구에서 다루는 기간은 미국 직장 내 전체 로봇 수가 4배 증가했지만, 여전히 전체 로봇화 수준이 낮은 기간으로 미국 근로자 1,000명당 로봇이 약 한 대꼴이었다.[28] 지난 몇 년 동안 이루어진 로봇의 물리적, 인지적 능력의 발전을 고려할 때, 이 수치는 미래에 더 극적으로 증가할 것이다. 이는 앞으로 해직 효과가 더 클 것임을 시사한다. 셋째, 애쓰모글루와 레스트레포의 연구는 제조업에서 판에 박힌 일을 하는 근로자가 로봇화로부터 가장 나쁜 영향을 받았지만, 로봇화로부터 순이익을 본 근로자 계층은 없다는 것을 보여주었다. 이것은 대학 교육을 받은 고도의 숙련 근로자가 자동화의 증가로 이득을 볼 가능성이 높다는 데이비드 오토 등의 주장에 반한다는 점에서 의미가 크다. 마지막으로, 이 두 연구자는 자신들의 이론적 연구에서 보완 효과가 인간의 고용을 보호하는 데 도움이 된다는 주장에 상당히 공감한다. 이런 점에서 이들의 연구는 중요하다.[29]

기술 의거 실업을 재차 주장하는 이유 ②
기술 변화 속도를 따라잡지 못하는 재교육

실증적 연구 결과는 이쯤 해두자. 러다이트 오류를 의심하는,● 또 다른 이유는 **변화 가속화**(accelerating change)●●의 문제와 기계 보완적 업무로 옮겨가는 근로자의 능력에 이런 변화가 미치는 영향이다. 특정 유형의 기술이 기하급수적으로 향상된다는 것은 널리 입증되었다. 이는 특히 정보기술(IT) 분야에서 확인된다. 정보기술 분야에서는 컴퓨터 칩과 프로세서의 여러 성능 매트릭스에서 기하급수적인 향상을 볼 수 있다. 레

● '러다이트 오류'란 공장 기계가 일자리를 빼앗을 것으로 보았던 해직 근로자 집단인 러다이트가 틀렸다는 것이다. 그러므로 러다이트 오류를 의심한다는 말은, 공장 기계가 일자리를 빼앗을 것으로 보았던 러다이트 집단의 생각이 맞다는 뜻이다.

●● 변화 가속화(accelerating change) : 시간이 지남에 따라 기술 혁신의 속도가 증가한다는 뜻이다.

이 커즈와일(Ray Kurzweil, 1948~)과 같은 미래학자는 기술 의거 실업이 발생한다는 주장을 지지하는 사람들처럼 기술이 기하급수적으로 향상되는 경향을 중요시한다.30

레이 커즈와일 등이 이런 경향을 중요시하는 이유는 우리가 종종 기술이 발전하는 속도를 과소평가하고, 따라서 특정 업무에서 인간을 대체할 가능성을 과소평가하기 때문이다. MIT 슬론경영대학원 부교수 앤드루 맥아피(Andrew McAfee, 1967~)와 같은 대학원 교수 에릭 브린욜프슨(Erik Brynjolfsson, 1962~)이 지적하듯이, 2004년까지만 해도 기술 예측가들은 자율주행차가 현실화되려면 수십 년은 더 있어야 한다고 주장했지만 불과 10여 년 만에 자율주행차는 수억 마일을 주행했다. 이러한 발전의 일자리 해직 잠재력도 놀라울 따름이다. 약 350만 명의 미국 성인이 트럭 운송에 직접 고용되어 있으며, 수백만 명 이상이 (도로변 모텔, 주유소, 식당과 같은) 보조 산업에 고용되어 있다.31 이 중 많은 사람은 향후 10년 후에 자신의 생계가 증발하는 것을 보게 될 것이다.

기술 의거 실업이 발생한다는 주장을 이해하는 데 있어서 변화 가속화가 중요한 것은 이런 변화가 기술과 해직 사이에서 해직을 증가시키는 방향으로 양(陽)의 피드백 고리를 만들기 때문이다.32 기술 의거 실업이 발생한다는 주장을 비판하는 사람은 기계가 인간 근로자를 대체하지 않는다고 주장하는 것이 아니다. 기계가 일자리를 빼앗아 갈 것이라고 우려했던 러다이트 집단은 틀리지 않았다. 그들의 일자리는 기계로 대체되었다. 비판가들은 단지 기계가 다른 인간 기술을 보완하고 다른 기회를 창출한다고 주장하고 있다. 이는 고용 가능성을 유지하기 위해 인간은 재교육을 받아야 한다는 것을 암시한다. 기계가 새로운 능력을 향상시키고 개발하는 것보다 인간이 재교육을 빠르게 하기만 하면 만족스럽지는 않지만 괜찮기는 하다. 문제는 기술적 변화가 가속화되는 세상에서는 그럴 가능성이 낮다는 것이다. 많은 사람을 재교육하는 데 비용이 들지 않는 것이 아니므로 이는 더 심해진다. 상당한 자원과 제도적 뒷받침이 필요하다. 정치적으로, 그리고 제도적으로 개선 활동이 일어나지 않는 무기력한 세계에서 이런 재교육은 어렵다.

변화 가속화의 문제는 젊은 세대에게 특히 어려울 수 있다. 호주 울런공대학교(University of Wollongong)의 경제학 교수인 에두아르두 폴(Eduardo Pol)과 울런공대학교의 경영학 교수인 제임스 리블리(James Reveley)의 주장처럼 로봇으로 인한 실업은 젊은 세대가 '궁핍화의 순환(cycle of immiseration)'●33에 갇히는 것을 의미할 수 있다. 젊은이들은 종종 더 나은 직업을 찾는 데 도움이 된다는 근거로 대학 교육을 받는다. 대학 교육을 받은 사람이 그렇지 않은 사람보다 일생 동안 돈을 더 많이 번다는 증거와 함께, 이에 대한 합리적인 실증적 뒷받침이 있다. 물론 이 효과의 원인에 대한 논쟁도 있다.34 이로 인해 전 세계에서 대학에 다니는 젊은 층의 비율이 눈에 띄게 증가했다. 이는 긍정적인 측면이다. 왜냐하면 향상된 자동화 세계에서 관련성을 유지하는 데 필요한 높은 수준의 기술을 개발할 수 있기 때문이다.

하지만 한 가지 함정이 있다. 대학에 다니는 것은 저렴하지 않다. 수업료가 저렴하거나 무료라고(혹은 조건부 대출 약정을 통해 납부가 지연된다고) 해도 숙박비, 음식비, 교재비 등에 상당한 비용이 든다. 많은 학생들은 어떻게든 대학을 졸업하기 위해 아르바이트를 해야 한다. 문제는 대학생들이 흔히 하는 아르바이트 직종의 일(고객 서비스, 음식 서비스, 그리고 다른 형태의 저숙련 노동)이 이제 점점 자동화에 취약해 지고 있다는 것이다. 이로써 잠재적인 궁핍화의 순환이 만들어진다. 즉 기계는 점점 더 젊고 비숙련 노동을 대체하고 있으며, 이로써 젊은 사람들은 자

● 궁핍화의 순환(cycle of immiseration) : 경제적 불평등과 사회적 소외가 피드백 루프를 만들 수 있다는 생각을 말한다. 이런 피드백 루프에서 사회적으로 혜택을 받지 못한 개인은 빈곤과 사회적 배제의 순환에 갇히게 된다. 이것은 개인이 교육, 의료 또는 안정적인 고용과 같은 자원에 대한 접근이 부족할 때 발생할 수 있다. 혜택 받지 못한 개인은 여러 장벽에 직면할 수 있기 때문에 스스로 이 궁핍화의 순환을 깨기 어렵다.

신의 기술 습득(교육)과 물적 자본(주택 등)에 투자할 수 있는 능력이 제한된다. 이는 자동화에 대한 취약성이 높아지고 기술을 향상시킬 수 있는 능력이 감소한다는 이중의 불이익에 직면한다는 것을 의미한다. 결과적으로 기술로 인한 해직에 직면하여 스스로를 새롭게 할 수 있는 전체 인구의 능력은 제한된다.

이 논점은 정교하게 다룰 필요가 있다. 변화 가속화는 불변의 자연 법칙이 아니다. 급속한 혁신과 기술적 와해성● 그 자체는 상당한 제도적, 사회적 지원이 필요하다. 새로운 발견이 이루어지고 새로운 기술이 발명되면, 수확하기 쉬운 열매는 얼마 지나지 않아 없어진다. 초기에 개선과 진보의 홍수가 일어나면 그 다음은 더 어려워지는 것이다. 동일하거나 감소된 수익을 확보하기 위해 시간, 비용, 노력을 더 많이 투자해야 한다.35 무어의 법칙(Moore's Law)●●이 최근에 다소 둔화될 조짐이 보이고 있다. 스탠퍼드대학교의 경제학자 니콜라스 블룸(Nicholas Bloom, 1973~)이 MIT 소속인 그의 동료들과 함께 2018년 발표한 논문 <아이디어를 찾는 것이 점점 더 어려워지고 있는가?>(Are Ideas Getting Harder to Find?)를 통해 현재의 혁신 속도를 유지하기 위해서는 지출을 늘려야 한다고 주장한다.36

더 이상 혁신하지 않으면 기술이 일에 미치는 와해적(瓦解的) 영향도 멈출 수 있다. 하지만 이런 일이 언제 일어날지는 현재로서는 알 수 없다.

● 급속한 혁신과 기술적 와해성 : 이 표현은 '와해적 혁신(disruptive innovation)'이라는 말을 풀이한 것이다. 와해적 혁신이란 단순하고 저렴한 제품이나 서비스로 시장의 밑바닥을 공략한 후 빠르게 시장 전체를 장악하는 방식의 혁신을 말한다. 혁신이 기존 시장을 와해하고 잠식한다는 것이다.

●● 무어의 법칙(Moore's Law) : 마이크로칩의 밀도가 24개월마다 2배로 늘어난다는 법칙이다. 1965년 고든 무어(Gordon Moore, 1929~)가 만들었다. 발전 속도가 빠른 정보 통신 기술(ICT : Information and Communications Technologies) 산업에서는 정설로 받아들여지고 있다. 하지만 반도체에서 집적도를 계속 높이는 데는 한계가 있으므로 이 법칙의 효용성이 낮아졌다는 주장이 제기되고 있다.

기존 자동화 기술의 응용 프로그램 중에는 아직 시도되지 않았거나 덜 다듬어진 것이 많이 있다. 이러한 응용 프로그램은 현재 우리가 알고 있는 것에 근거하여 고용 기회에 상당한 영향을 미칠 것이다. (다시 말하지만, 자동화된 운송의 초기 영향을 염두에 두어야 한다.) 그리고 중요한 것은 상대적인 변화율이라는 것을 기억해야 한다. 비록 기술 혁신의 속도가 결국은 느려진다고 하더라도, 차이를 만들어내기 위해서는 인간이 스스로를 개선하거나 향상시킬 수 있는 속도 이하로 느려져야 한다. 인간을 특정한 직업의 종사자로 훈련시키는 데는 이삼십 년이 걸리기 때문에, 기술 혁신의 속도가 느려진다는 것은 가능성 있는 전망처럼 보이지 않는다. 게다가 변화 가속화를 유지하기 위해 더 많은 투자를 해야 하고, 그리고 궁극적으로 인간 근로자를 희생하면서까지 변화 가속화를 유지한다고 해도, 우리는 이러한 절충을 원할 수도 있다. 만약 그렇게 절충해서 포스트워크(post-work) 세계의 잠재력이 열린다면 말이다.

기술 의거 실업을 재차 주장하는 이유 ③
세상을 단숨에, 전면적으로 변화시키는 GPT

비판가들의 주장을 의심하는 (즉 기술 의거 실업이 발생한다고 보는 입장에 서는) 세 번째 이유는 자동화 기술의 본질에서 비롯된다. 기술 의거 실업에 대한 현재의 열광적 유행은 AI와 로봇공학 분야의 발전으로 야기되었다. 이러한 기술에는 고용 해직에 따른 영향을 생각보다 더 크게 만드는 특성이 있다.

AI와 로봇공학은 특정 산업만이 아니라 일반적인 업무 수행 방식을 바꾸는 'GPT(General Purpose Technology ; 범용 기술)'●이다.37 가령

● GPT(General Purpose Technology ; 범용 기술) : GPT는 사회가 기능하는 방식을 근본적으로 바꿀 수 있는 잠재력을 가지고 있으며 여러 분야에 걸쳐 광범위한 영향을 미치는 기술 혁신의 한 유형이다. GPT의 몇 가지 예로는 증기기관, 전기, 인터넷이 있다. GPT는

전자공학, 증기 전력, 정보 통신 기술 등이 이러한 GPT라고 할 수 있다. 이런 기술은 사회에 완전히 스며들기까지 시간이 좀 걸리지만, 일단 스며들고 나서는 산업은 물론 사회 전체가 작동하는 방식을 급진적이면서도 전면적으로 변화시킨다. GPT의 발전이 서로를 **보완하는** 경향이 있기 때문이다. 증기기관의 예를 들어보자.

> 증기기관은 가장 중요한 초기 응용 분야로서 탄광에서 물을 퍼내는 것을 도왔을 뿐만 아니라 더 효과적인 기계, 철도, 기선 등의 발명에 박차를 가할 수 있도록 했다. 결과적으로 이러한 공동 발명은 공급 망과 대중 마케팅의 혁신, 수십만 명의 직원을 둔 새로운 조직, 심지어 철도 일정을 관리하는 데 필요한 표준시와 같이 겉보기에는 관련이 없어 보이는 혁신까지 일으키는 데 도움을 주었다.[38]
> ✦ 에릭 브린욜프슨(Erik Brynjolfsson), 다니엘 록(Daniel Rock), 채드 사이버슨(Chad Syverson), <AI와 현대 생산성의 역설>

비판가들에 대한 반박은 AI와 로봇공학 분야의 발전이 유사한 보완 효과를 가져 올 수 있다는 것이다. 예를 들어 자연 언어 처리와 같은 AI의 한 측면이 향상되면 AI의 다른 측면(가령, 데이터 마이닝 및 예측 분석)의 향상이 보완될 수 있다. 더욱이 이러한 향상은 정보 통신 기술이 제공하는 것과 같은 기존의 기술 인프라 위에 통합되어 인간 근로자의 적합성이 점점 떨어지는 경제적 환경을 만들 수 있다. 사실 이미 이런 일이 일어나는 것이 목격된다. 금융과 거래의 세계를 예로 들어보자. 제1장에서 언급했듯이, 증권 시장에서 실행되는 모든 거래의 절반 이상을 거래 알고리즘이 담당하고 있다. 왜 그런가? 거래 환경은 정보 변화에 신속하게 대응하고 패턴을 파악하며 예측할 수 있는 능력을 보상하는 환경이기 때문이다. 이는 기계가 뛰어나고 인간은 그렇지 못한 능력이다. 거래 생

주 주 기술 사업이 부가뿐만 아니라 새로운 유형의 일자리의 출현과 새로운 산업의 창출로 이어진다.

태계는 결과적으로 기계가 서로를 보완하는 것이다. 이러한 고속 거래 알고리즘이 자연 언어 처리 및 음성 인식의 발전과 결합되면 투자자는 기계에 의해 모든 투자를 받을 뿐만 아니라 지칠 줄 모르는 로보어드바이저(robo-adviser) 팀으로부터 정보를 받고 안심할 수 있는 세상을 만들 수 있다.

기계들 간의 보완성은 인간과 기계의 보완성에 관한 데이비드 오토의 주장을 약화시킨다. 오토가 말하는 보완 효과는 너무 좁다. 그가 말하는 보완 효과는 한 가지 특정 업무에 능숙한 기계의 등장이 어떻게 인간 근로자를 보완적 업무로 이동하게 할 수 있는지에 초점을 맞춘다. 이는 기술의 발전이 하나의 트랙을 따라 진행되지 않는다는 사실을 무시한다. 한 번에 일어나는 여러 보완적 기술 발전이 있다. 우리는 위험을 무릅쓰고 이를 무시한다. 여러 상보적 기술 개발이 결합되면 인간에게 맞지 않고 인간이 옮겨갈 수 있는 보완적 업무가 없는 작업 환경이 조성될 수 있다.

데이비드 오토 자신은 인간이 기계보다 항상 더 잘할 수 있는 특정한 것이 있고, 따라서 인간이 옮겨갈 수 있는 보완적 업무가 항상 있다고 주장함으로써 기술 의거 실업이 가능하다는 주장에 저항하고 싶을 것이다. 하지만 이것에 얼마나 자신감을 가질 수 있을까? 오토는 마이클 폴라니(Michael Polanyi, 1891~1976)●의 연구를 이용해 지속되는 인간의 보완성에 찬성 주장을 펼친다.[39] 폴라니는 인간 지식의 '암묵적 영역(tacit dimension)'●●에 대해 이야기한 것으로 유명하다. 폴라니는 인간의 노하

● 마이클 폴라니(Michael Polanyi, 1891~1976) : 헝가리 출신의 영국 학자이다. 20세기 초 노벨상 후보로 거론될 만큼 유명한 화학자이다. 화학 외에 철학과 사회학 분야에서도 영향력을 발휘했다. 과학 연구, 과학의 객관성, 과학적 발견 등에 대한 그의 역사학적 분석은 이후 미국에서 그를 따르는 많은 추종자들을 양성함과 동시에 신랄한 비평의 대상이 되기도 했다. 폴라니는 지식을 '암묵적 지식'과 '명시적 지식'으로 구분했다. '암묵적 지식'은 학습과 경험을 통하여 습득함으로써 개인에게 체화되어 있지만, 언어나 문자로 표현하기 어려운 지식(노하우)을 말한다. '명시적 지식'은 암묵적 지식과 상대되는 개념으로 언어나 문자를 통하여 겉으로 표현된 지식이라고 할 수 있다.

우가 종종 우리의 의식적 인식 아래에 있으며, 문화, 전통, 진화 등을 통해 전해지는 기술과 규칙 집합에 크게 의존한다고 주장했다. 이러한 지식은 쉽게 설명하거나 형식화할 수 없다. 인간의 지식에 대한 이러한 암묵적 영역이 자동화하기가 가장 어렵다는 것은 컴퓨터 과학자와 로봇 과학자에게 오랫동안 알려져 왔다.

한스 모라벡(Hans Moravec, 1948~)●은 1980년대에 체스 게임을 수행하는 능력처럼 고도로 추상적인 인지 능력은 자동화하기가 비교적 쉬운데, 이는 이런 능력이 컴퓨터 코드로 쉽게 번역되기 때문이라고 말했다. 이에 반해 손으로 공을 잡는 능력처럼 낮은 수준의 감각 운동 기술을 자동화하는 것은 훨씬 더 어렵다. 이는 이러한 기술이 암묵적이기 때문이다.40 이것은 후에 모라벡의 역설(Moravec's Paradox)●●로 알려졌다. 이유를 알 수는 없지만, 데이비드 오토는 모라벡의 역설에 폴라니의 역설(Polanyi's Paradox)이라는 새로운 이름을 붙이고, 이 역설이 기계의 지배에 직면하는 인류에게 중요한 방책을 제공한다고 주장한다. 이는 암묵적인 인간의 노하우가 인간과 기계의 보완성을 지속시키는 원천이 된다는 의미이다.

●● 암묵적 영역(tacit dimension) : 암묵적 영역의 개념은 철학자 마이클 폴라니에 의해 개발되었다. 폴라니는 우리의 지식과 이해의 많은 부분이 언어나 형식적인 사고 체계에서 쉽게 포착되지 않는 무의식적이거나 직관적인 과정에 기초한다고 주장했다. 그는 암묵적 영역이 인간 인지의 필수적인 측면이며 우리가 어떻게 배우고 새로운 지식을 창조하는지 이해하는 데 중요하다고 주장했다.

● 한스 모라벡(Hans Moravec, 1948~) : 미국의 로봇공학 전문가이다. 인간 뇌의 내용물 전체를 복사해서 로봇에게 전달할 수 있다고 주장한다. 또한 로봇 지능의 진화 속도가 과거 인류보다 약 1,000만 배나 빠르다면서 향후 20년 후에는 쥐의 지능을 갖춘 로봇이 등장할 것이라고 예측한다. 또 30년 후에는 원숭이의 지능 수준을 갖춘 로봇이 나타나고, 50년 후에는 지능 수준이 인간에 버금가는 로봇이 탄생할 것이라고 본다.

●● 모라벡의 역설(Moravec's Paradox) : "인간에게 어려운 일은 기계에게 쉽고, 기계에게 쉬운 일은 인간에게 어렵다"는 한스 모라벡의 말에서 유래했다. 패턴 인식, 언어 이해, 복잡한 의사 결정 등 인간이 수행하기 쉬운 작업은 컴퓨터가 수행하기 어려운 경우가 많은 반면, 큰 숫자를 계산하거나 정밀하게 움직이는 등 인간이 수행하기 어려운 작업은 컴퓨터가 비교적 쉽게 수행할 수 있다는 것이다.

하지만 이는 사실 그렇게 안심되는 것은 아니다. 우선 데이비드 오토 자신이 인정하듯이 기계가 가장 어려워하는 능란한 감각 운동 기술이 노동 시장에서 특별히 좋은 보상을 받는 것은 아니다. 사실 감각 운동 기술은 종종 가장 불안정하고 보수가 적다. (더 자세한 내용은 제3장을 참조하라.) 또 다른 하나는, 오토의 주장이 지난 30년 동안 일어난 로봇공학과 AI 혁명을 완전히 인식하지 못하고 있다는 것이다. 이 혁명으로 기계는 한때 인간의 전유물이었던 자연 언어 처리, 이미지 인식, 음성 인식, 심지어 운전과 같은 암묵적 노하우를 개발할 수 있었다. 만약 이 혁명이 계속된다면, 보수가 적은 일도 인간에게 남아 있을지 의심해 볼 만한 충분한 이유가 있다.

데이비드 오토는 이러한 발전이 대단하다고 생각하지 않는다. 그는 최신 과학 기술 분야 전문가에게 모라벡의 역설(폴라니의 역설)을 극복할 수 있는 기계를 만드는 단지 두 가지 기술이 있다고 생각한다. 그 두 가지 기술이란 **환경 제어(environmental control)**와 **기계 학습(machine learning)**•을 말한다. 전자는 기계가 작업을 더 쉽게 수행할 수 있도록 작업 환경을 제어하고 조작하고 단순화하며, 후자는 하향식 프로그램이 아닌 대규모 데이터세트에서 컴퓨터 프로그램을 훈련시키는 상향식 학습 기술을 사용하여 기계가 암묵적인 인간 판단을 모방하도록 한다. 오토는 이 두 가지 기술 모두 한계가 있다고 생각한다. 업무 환경을 단순화하는 것은 일부 경우에만 적절하며, 이는 업무 환경이 갑작스럽게 바뀌면 기계가 적응하지 못한다는 의미이기도 하다. 인간의 손재주는 여전히 필수적이다. 오토는 기계 학습 혁명에도 비슷하게 찬물을 끼얹었다.

• 기계 학습(machine learning) : 인간의 학습 능력과 같은 기능을 컴퓨터에서 실현하고자 하는 기술이다. 컴퓨터가 경험적 데이터를 기반으로 학습을 하고 예측을 수행하며 스스로 성능을 향상시키도록 하는 것이다. 기계 학습은 알고리즘과 통계 모델을 사용하여 컴퓨터가 명시적으로 프로그래밍되지 않고 특정 작업에 대해 학습하고 성능을 향상시킬 수 있도록 하는 인공지능의 하위 집합이다.

하지만 여기서 그의 논법은 선택 주도적이다. 즉 그는 추천 알고리즘과 IBM의 왓슨과 같은 기계 학습 시스템이 대단하다고 생각하지 않고 기계 학습 시스템에 전혀 흥분하지 않는다고 주장한다. 오토는 아직 이 기술이 초기 단계라는 것을 인정하지만, 개발 중인 시스템, 특히 목적과 의도에 대해 추론할 수 있는 기계를 만드는 것에 관해서는 여전히 근본적인 문제가 있다고 생각한다.

오토의 결론은 다음과 같다. 첫째, 인간의 유연성과 적응성을 요구하는 다양한 숙련직은 계속 존재한다. 둘째, 숙련직은 기계의 성장을 계속 보완한다. 셋째, 진짜 문제는 인간의 지속적인 적합성이 아니라 우리의 교육 제도(그리고 여기서 그는 미국의 교육 제도를 말하고 있다)가 미래의 근로자에게 필요한 교육을 제공하도록 잘 준비되지 않았다는 것이다. (사실 이런 교육 제도는 중요한 장애물이 아니다.)41

그러나 데이비드 오토의 주장은 설득력이 없다. 미래 기술에 대한 예측은 분명히 현재 기술에 대한 실증을 근거로 해야 하지만, 이러한 실증으로부터 일의 있음직한 미래를 추론할 때는 항상 편협한 사고의 위험이 있다. 오토의 비판은 가속화되고 광범위하게 분산된 기술 변화가 노동 시장에 미칠 영향을 고려하지 않는다는 점에서 편협하다. 오토는 자신이 보고 있는 것이 대단하다고 생각하지 않지만, 그가 보고 있는 것은 기계가 어떻게 인간 근로자를 대체할 수 있는지에 대한 정적이고 잘못된 그림이다. 오토는 만약 기계가 우리만큼 유연하고 적응력이 없다면, 우리를 완전히 대체하지 못한다고 가정한다. 그러나 이것은 로봇공학과 AI의 발전이 서로를 보완할 수 있고(즉 **기계 보완 효과**가 있고), 그렇게 함으로써 작업 환경 설계와 작업 관련 업무 수행에서 비인간적인 것의 장점을 끌어낼 수 있다는 결정적인 논점을 무시한다.42

이는 인공지능학자 제리 카플란(Jerry Kaplan, 1952~)●이 ≪인간은 필요 없다≫(Humans Need Not Apply)에서 꽤 잘 묘사한 것이다.43 카플란은 ⓘ 감각 데이터, ⓘ 에너지, ⓘ 추론 능력, ⓘ 구동력이라는 네 가지가 일과 관련이 있든 없든 간에 어떤 업무라도 수행하기 위해 필요하다는 점을 지적한다. 인간의 경우 이 네 가지는 모두 하나의 생물학적 단위(뇌-몸 복합체)로 통합된다. 로봇의 경우 이 네 가지는 특이한 방식으로 대규모 환경에 분산될 수 있다. 즉, 스마트 기기 팀은 감각 데이터를 제공하고, 추론은 서버 팜이나 '클라우드'에 집중적으로 모이며, 신호는 구동력 팀으로 전송될 수 있다. 제리 카플란은 로봇 화가의 예를 제시한다. 로봇 화가는 사다리를 타고 붓으로 페인트를 칠하는 단일 휴머노이드 물체로 상상된다. 또는 중앙집중형 또는 분산형 AI 프로그램으로 제어되는 스프레이식 노즐을 통해 칠하는 드론 무리로 상상된다. 전체 분산된 시스템은 인간 근로자처럼 보이지 않을 수 있지만, 여전히 인간이 하던 일을 대체한다. 이 대체는 겉에서 보이는 외향이 아니라는 점에서 중요한 것이다.

데이비드 오토는 창고 물품 쌓는 로봇이나 자율주행차를 볼 때 인간처럼 보이거나 행동하지 않기 때문에 대단하지 않다고 생각한다. 하지만 오토는 어떻게 그런 로봇이나 자율주행차가 순수하게 인간 근로자를 대체하는 더 큰 통합 로봇 시스템에서 하나의 성분에 지나지 않는지를 간과하고 있다. 다시 말해, 그는 기술이 반드시 인간 같아야 한다고 가정함으로써 기술적 한계에 대한 잘못된 추론을 이끌어 낸다. 오토가 자신의 논의에서 환경 제어와 기계 학습을 모라벡의 역설(또는 폴라니의 역설)에 대한 독립적인 해결책으로 다루는 것처럼 보이므로 우리가 하는 비판은 강해진다. 그러나 환경 제어와 기계 학습은 이런 역설에 대한 독립적인 해결책이 아니라 보완적 해결책이다. 최신 과학 기술 분야 전문가들은 작

• 제리 카플란(Jerry Kaplan, 1952~) : 인공지능학자이다. 스탠퍼드대학교 법정보학센터 교수인데, 이 대학에서 컴퓨터공학과 인공지능의 영향, 윤리에 대해 가르친다. 벤처업계에서 여러 회사를 경영한 기업가이자 기술 혁신가로도 유명하다. 실리콘밸리에서 네 개의 스타트업을 공동 창업해 두 곳을 성공적으로 매각했다. 초기 온라인 경매 기업 중 하나였던 온세일(Onsale)이 대표적이다.

업 환경을 단순화하고 기계 학습 문제 해결을 개선하기 위해 노력 중이다. 둘의 조합은 둘 중 하나보다 훨씬 더 큰 해직 잠재력을 가진다.

기술 의거 실업을 재차 주장하는 이유 ④
승자 독식 시장, 또는 슈퍼스타 시장

이제는 비판가를 의심하는 네 번째이자 마지막 이유까지 왔다. 이것은 '슈퍼스타' 시장 또는 '승자 독식' 시장의 성장이다.

비판가들의 핵심 가정은 기술이 새로운 고용 기회를 창출한다는 것이었다. 아직 존재하지 않는 일자리는 기술 진보의 결과로 가능해지고 경제적으로 실현 가능하게 될 것이다. 적어도 어느 정도는 이런 일이 일어날 것이다. 하지만 기술이 많은 새로운 일자리를 가져온다는 것에 의심을 가질 만한 이유가 있다. 그 이유는 슈퍼스타 시장의 성장과 관련이 있다. 슈퍼스타 시장은 경제학자 셔윈 로젠(Sherwin Rosen, 1938~2001)이 1980년대 초에 처음 공식화한 개념이다. 로젠은 슈퍼스타 시장을 "상대적으로 소수의 사람('슈퍼스타')이 엄청난 돈을 벌고 그들이 참여하는 활동을 지배하는 곳"이라고 정의했다.[44] 슈퍼스타 시장의 유명한 예로는 음악가, 스포츠 스타, 예술가를 위한 시장이 있다. 로젠은 이 현상이 1980년대에 뚜렷해지고 있다고 말했다.

그 이후로는 훨씬 더 활짝 꽃을 피웠다.[45] 이는 상당 부분 정보기술(IT)과 세계화 덕분이다. 이 두 가지 현상을 바탕으로 디지털 상품과 서비스를 생산하고 유통하는 세계 시장이 창출되었다. 그러한 세계 시장 내에서 소수의 슈퍼스타 기업(아마존, 알리바바, 구글, 페이스북, 애플)이 각각의 시장을 장악했다. 이들은 확실히 과거의 대기업만큼 많은 사람을 고용하지 않고도 그렇게 할 수 있었다. 또한 슈퍼스타 시장을 가능케 하는 많은 기술 발전(인터넷 보급 증가, 상품과 서비스의 디지털화, 웨어러

블&휴대용 컴퓨팅 및 3D 프린팅의 증가)으로 거의 제로인 한계 비용으로 상품과 서비스를 생산할 수 있다. 그리고 일자리와 이윤을 줄일 수 있는 비책도 있다.[46] 소비자에게 미치는 순효과는 굉장할 수 있지만, 근로자에게는 훨씬 더 적다.

법적 규제, 지속 불가능성에 대한 의문

기술 의거 실업 주장에 대한 우려는 앞서 언급한 것만이 아니다.● 계속 진행하기 전에 다루어야 할 기술 의거 실업이 가능하다는 주장에 대한 두 가지 추가적인 우려가 있다.

첫 번째는 지금까지 기술한 기술 의거 실업이 발생한다는 주장이 일터 자동화에 대한 법적 규제라는 방해물을 간과하고 있다는 점이다. 이런 주장을 전개하기 위해 윌리엄 리(William Lee, ?~1610)의 이야기가 종종 등장한다.[47] 윌리엄 리는 16세기 후반에 살았던 영국 성직자로서, 세계 최초로 뜨개질 기계를 발명했다. 이 기계는 뜨개질 의류를 만드는 일을 부분적으로 자동화했다. 이 기계는 지금도 약간 변형된 형태로 여전히 사용되고 있다. 이 기계를 널리 사용하게 되면 뜨개질하는 사람들의 생계가 위협 받는다는 이유로 엘리자베스 1세는 윌리엄 리의 뜨개질 기계에 특허를 내주지 않았다.[48] 이는 합법적인 규제 권한이 어떻게 인간 근로자의 기술적 교체를 늦추는 데 사용되는지를 보여주는 고전적인 사례로 여겨진다. 최근 몇몇 연구자는 유사한 장애물이 다음 자동화 물결을 늦추는 데 도움이 된다고 주장했다. 예를 들어, 미들섹스대학교의 '국제고용관계' 교수인 마틴 업처치(Martin Upchurch)와 에식스대학교의 경영학 교수인 피비 무어(Phoebe Moore)는 많이 화제에 오른 자율주행

● 앞서 제2장 제2절에서 러다이트 오류와 보완 효과를 이유로 기술 의거 실업이 발생하지 않을 것이라는 주장을 살펴본 바 있다.

차의 혁명이 광범위한 확산에 대한 사회적 불안과 법적 저항(책임 문제, 보험 부족 등)으로 좌절될 것이라고 주장한다.49

하지만 이것은 설득력이 약한 반대이다. 자동화에 대한 법적 규제라는 방해물은 대개 일시적이며, 기술이 인간 근로자보다 진정한 경제적 이점을 갖는다면 일반적으로 실패한다. 윌리엄 리의 뜨개질 기계는 사실 이에 대한 예가 된다. 엘리자베스 여왕에게 거절당한 윌리엄 리는 프랑스 왕(위그노 앙리 4세)이 기꺼이 특허를 내줄 것임을 알았고 곧 프랑스로 건너갔다. 장기적으로, 그의 장치는 평범해졌고, 엘리자베스가 그렇게 걱정했듯이 뜨개질하는 사람들은 교체되었다. 자율주행차와 다른 자동화의 혁신에서도 비슷한 일이 일어날 것 같다. 일부 국가나 문화권은 반발할 수 있지만, (강력한 기술 업체와 거래하겠다는 신호만 보낸다면) 다른 곳에서는 실험에 대한 의지가 더 강할 것이고, 제조업자들의 주장처럼 자율주행차가 인간이 운전하는 차량보다 안전하고 신뢰할 수 있다면 장기적으로 법적 장벽은 사라질 것으로 보인다. 더욱이 자동화에 대한 규제적 방해물은 엄밀히 말하면 선택 사항이다.

다음 장에서 논의하겠지만, 일의 자동화가 종종 바람직하다면, 그런 방해물은 우리가 행사하기를 꺼려해야 할 선택 사항이다.

기술 의거 실업에 대한 두 번째 우려는 기술 의거 실업이 지속 불가능하다는 것이다. 자본주의 소비 경제는 성인 인구의 상당 부분이 실업 상태라면 제 기능을 할 수 없다고 한다. 이러한 우려는 종종 자동차 회사 경영자 헨리 포드 주니어(Henry Ford Jr, 1917~1987)와 노동조합 대표 월터 루터(Walter Reuther, 1907~1970)의 이야기로 설명된다. 루터는 포드의 새 공장을 견학했다. 그 공장은 조립 라인 근로자의 업무를 자동화할 수 있는 새로운 기계로 가득 차 있었다. 루터가 이 멋진 신세계에 대해 고민하고 있을 때, 포드는 약간 들떠서 루터가 어떻게 이 기계에게 조합비를 내도록 할 것인지 물었다. 루터는 상황 대처를 빠르게 하면서

_____표) 기술 의거 실업을 주장하는 이유

O 기본 주장

→ 자동화 기술이 인간의 업무를 대체하고 이로 인한 실업이 발생한다.

O 기술 의거 실업에 대한 반박

● 러다이트 오류
→ 기술 의거 실업 주장은 고정된 노동 시장을 가정하지만, 실제로 기술은 새로운 기회와 새로운 형태의 일을 창출한다.
→ 역사적 증거는 우리가 항상 새로운 형태의 일을 발견해왔다는 사실을 보여준다.
→ 생산성 효과와 보완 효과는 인간이 기계에 비해 비교 우위가 있는 보완 업무에서 고용될 것임을 시사한다.

● 법적 방해물, 지속 불가능성
→ 자동화에 대한 중요한 사회적·법적 방해물이 존재한다.
→ 일의 완전한 자동화는 지속 불가능하다. 즉 자본주의는 소비자에게 달려 있다.

O 기술 의거 실업을 재차 주장하는 이유

● 러다이트 오류 주장에 대한 재반박
→ 로봇이 일자리를 줄였다는 실제 증거가 있다. (애쓰모글루와 레스트레포)
→ 교육과 훈련이 기술 변화 속도를 따라잡지 못한다.
→ GPT(범용 기술)은 세상을 단숨에, 전면적으로 변화시킨다.
→ 승자 독식 시장은 고용을 늘리지 않는다.

● 법적 방해물, 지속 불가능성 주장에 대한 재반박
→ 법적 방해물은 일시적인 경향이 있다.
→ 우리는 자동화 기술의 한계점을 알지 못한다.

포드에게 어떻게 이런 기계에게 새 자동차의 구입비용을 지불하게 할 거냐고 응수했다. 이 이야기는 어쩌면 사실이 아니겠지만 너무 좋은 예라서 제시하지 않을 수가 없다.

이 이야기는 **지속 불가능성 우려**(unsustainability concern)●를 완벽하게 보여준다. 즉, 자본주의 경제는 소비자에 의존하고, 소비자는 임금에 의존한다. 자동화로 근로자가 없어지면 소비자도 제거된다. 시스템은 이러한 손실을 어느 정도는 흡수할 수 있지만 (아마도 부유한 개인이 더 많은 소비를 떠맡을 수도 있다) 한계는 있다. 만약 소비자 기반이 너무 고갈된다면, 전체 시스템이 풀려버릴 것이다. 자본가는 돈을 벌지 못하여 자동화에 더 이상 투자할 여력이 없을 것이다.

이러한 우려는 대체로 그럴듯하게 들리며, 자본주의 시스템이 큰 위기를 재촉하지 않고 유지할 수 있는 자동화의 양에는 어느 정도 상한이 있다. 그러나 여기에는 세 가지 문제가 있다. 첫째, 언제 위기 시점에 도달할지 확실치 않다. 염세적인 많은 마르크스주의자들이 말하듯이, 자본주의는 과거의 위기를 놀라울 정도로 잘 견뎌냈다. 자본주의가 진정으로 지속 불가능하려면 실직자가 얼마나 많이 필요한가? 오늘날 대부분의 선진국에서 노동 참여율은 60~70%를 맴돌고 있다. 30%나 15%까지 떨어져도 자본주의가 성장할 수 있을까? 지금 당장은 확실히 알 방법이 없다.

둘째, 지속 불가능성 주장은 더 많은 실업자 인구를 지탱하기 위해 시스템이 적응할 수 있는 방법을 간과하고 있다. 조세액을 늘리는 증세(增稅)와 재산이나 권리 양도, 최저 소득 보장 가능성 등은 최근 몇 년간

● 지속 불가능성 우려(unsustainability concern) : 시스템이나 활동이 자원을 고갈시키거나 저하시키지 않고 일정 수준으로 유지될 수 없는 것을 말한다. 환경적·사회적·경제적 영향을 포함하여 지속 불가능성과 관련된 많은 우려가 있다. 지속 불가능성의 일반적인 예로는 기후변화, 천연자원의 고갈, 생물 다양성의 상실, 사회적·경제적 불평등이 있다. 지속 불가능성을 해결하는 주요 과제 중 하나는 개인, 지역 사회, 기업 등 정부를 포함한 다양한 이해관계자의 요구와 이익의 균형을 맞추는 방법을 찾는 것이다.

지속 불가능성 문제에 대한 대응책으로 내세워온 선택지 중 일부에 불과하다.[50] 셋째, 지속 불가능성 주장은 바람직함의 논제를 다루지 않는다. 만약 자동화가 실직한 과잉 인구가 빈곤하게 살도록 한다면, 그것은 의심할 여지없이 끔찍한 일이다. 그러나 실업 상태가 근로 상태보다 나을 수 있다면, 즉 일의 자동화를 원하는 충분한 이유가 있다면, 지속 불가능성은 전혀 문제가 되지 않는다.

2장_결론 기계는 점점 더 인간을 대체할 것이다

다음 단계로 넘어가기 전에 현재 우리가 어느 위치에 있는지, 그리고 앞으로 어떻게 나아가는지를 알아보자. 이 장의 목적은 일의 자동화가 가능하다는 논점을 옹호하는 것이었다.

이를 위해 나는 먼저 일의 정의를 제시했다. 일은 "금전적 보수를 대가로 하거나, 금전적 보수를 바라는 마음에서 수행하는 모든 활동"을 말한다. 그리고 나서 기술 의거 실업 논법을 제시했다. "기술은 점점 더 많은 인간의 일을 대체할 것"이고 이에 따라 기술 의거 실업이 일어난다는 것이다. 뿐만 아니라 나는 내 주장에 대한 주요 반대 의견을 검토했다. 그러나 나는 또한 이러한 반대 의견을 재차 반박하는 네 가지 답변을 제시했다. 로봇화가 일자리를 줄인다는 실증적 증거, 기술 변화 속도를 따라잡지 못하는 교육 제도, 단숨에 변화를 불러오는 AI와 로봇공학의 전면성, 일자리를 늘리지 않는 승자 독식 시장 등을 검토함으로써 기술 의거 실업이 일어날 것이라는 주장을 강화한 것이다.

기술 의거 실업에 대한 비판이나 반대가, 기술 의거 실업이 일어날 것이라는 나의 주장을 훼손하지 못한다. 또한 비판이나 반대는 일터 자동화의 바람직함이라는 추가 문제를 해결하지도 못한다. 나는 나의 견해가 설득력이 있을 것으로 생각한다. 다음 장에서 나는 바람직함의 논제로 시선을 돌릴 것이다.

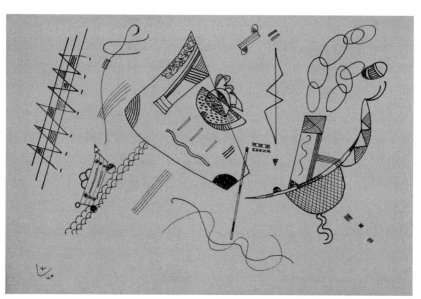

Wassily Kandinsky, 〈제목 없음(Ohne Titel)〉 1940

일은
인간에게

나쁜
것이다

3장_1절   나 또한 내 직업을 사랑하지만

당신은 아마 직업을 가지고 있을 것이다. 그 직업을 좋아할 수도 있고 어쩌면 사랑할 수도 있다.

직업은 당신 존재의 본질일 수 있다. 즉 직업은 아침에 당신을 침대에서 일어나게 하고 당신에게 삶의 목적의식을 가져다 줄 것이다. 이 장의 목표는 당신이 이렇게 느끼는 것이 틀렸음을 납득시키는 것이다. 비록 지금 당장 직업이 당신에게 좋아 보일지라도, 생계를 위해 일해야 하는 세상에서 사는 것을 원망해야 한다. 단도직입적으로 말하면, 일이 나쁘고 더 나빠지고 있으며, 기술로 일을 제거할 수 있다면 이를 환영해야 한다는 것이 내 주장이다. 이는 곧 제1장에서 소개한 논점 1의 '바람직함' 논점이다.● 제1장에서 제시한 논점 1은 다음과 같다.

___논점 1 : 일의 자동화는 바람직하다.
   일의 자동화는 일어날 수 있고 동시에 바람직하다. 대부분의 사람들이 언제나 그렇게 인식하는 것은 아니지만, 일은 대개 사람들에게 나쁜 것이다. 우리는 일의 무대에서 인간 곁다리화를 촉진하기 위해 할 수 있는 것은 뭐든지 해야 한다.

● 실업 상태가 근로 상태보다 나을 수 있다면, 즉 사람들이 일의 자동화를 원하는 충분한 이유가 있다면 기술 의거 실업은 바람직하다는 논점이다.

하지만 고백하자면 나 또한 내 직업을 사랑하는 사람이다. 직업은 내 존재의 핵심이다. 그래서 나는 일이 나쁘다고 주장할 때 일에 대한 나 자신의 일상 경험에 반하는 주장을 해야 한다. 그래서 내가 옹호하는 논점은 심지어 나 자신을 설득하기도 쉽지 않은 작업일 것이다. 따라서 내 주장의 구조와 범위를 명확히 하는 것이 중요하다.

일이 나쁘다는 견해를 몇 가지 방법으로 옹호할 수 있다. 한 가지 방법은 특정한 형태의 일을 가리키고 그 일이 한 가지 이상의 의미에서 나쁘다고 주장하는 것이다. (가령 건강 해치기, 낮은 급여, 신체적·정신적 스트레스 등을 예로 들 수 있다.) 이것은 '우발성(contingency)' 전략이라고 부른다. 이는 그 옹호의 근거가 특정한 일의 우발적 특징에 달려 있기 때문이다. 이러한 우발적 특징을 개량하거나 제거하거나 단순히 다른 형태의 일을 찾는 것이 가능하기 때문에 이는 일이 나쁘다는 견해를 옹호하는 매우 강력한 방법은 분명히 아니다. 이 전략은 또한 제2장에서 규정한 일의 정의 및 이해와 일치하지도 않는다. 제2장에서는 일을, 특정 활동이 아니라 특별한 조건 아래 수행되는 활동으로 정의한 바 있다.

이에 반해 '필연성(necessity)' 전략이라고 부르는 다른 전략은 모든 형태의 일이 필연적으로, 그리고 본질적으로 나쁘다고 주장한다. (가령, 금전적 보수를 위해 일하는 것이 본래 부당하거나 자유를 훼손하는 것이기 때문이다.) 이 전략은 일이 나쁜 이유가 특정 직업의 우발적 특징에 좌우되는 것이 아니라 모든 직업에 내재되어 있다고 주장하기 때문에 필연성 전략이라고 부른다. 이 필연성 전략은 일에 대한 이전의 정의와 일치하고, 나는 한 논문에서 분명히 필연성 전략이 나쁨 논제를 옹호하는 가장 강력한 방법이기 때문에 이 주장을 지지했다.[1] 그러나 지금은 필연성 전략이 너무 지나치다고 생각한다. 왜냐하면 필연성 전략은 많은 사람들의 일상적인 일 경험과 모순되고, 부분적으로는 이 전략이 암시하는 일부 특징(부당하고 자유롭지 않음)이 일이 없는 상태에서도 존재하기 때문이다. 이는 다음 장에서 다시 다룰 것이다.

결과적으로, 나는 일이 나쁘다는 견해를 옹호하는 대안적 전략을 선호한다. 이 전략은 우발성과 필연성의 양극단 사이에서 맴도는 전략이다. 이 전략은 일이 구조상 나쁘다고 주장한다.[2] 일의 나쁨은 일의 우발적인 특징에 전적으로 좌우되는 것도 아니고, 모든 종류의 일에 필연적으로 내재되어 있는 것도 아니다. 일의 나쁨은 일이 이루어지는 사회적 또는 제도적 구조의 결과이다. 곧 일의 나쁨은 일의 구조적 나쁨이다. 이 생각을 좀 더 명확하게 설명해 보자.

____일의 구조적 나쁨(Structural Badness of Work)

대부분의 선진국에서 노동 시장은 많은 사람에게 일을 매우 나쁜 것으로 만드는 평형 패턴(equilibrium pattern)●으로 자리잡았다. 이런 노동 시장은 기술적, 제도적 변화의 결과로 악화된다. 일을 나쁜 것으로 만드는 특성을 제거하는 방식으로는 노동 시장을 개량하거나 개선하기가 매우 어렵다.

나중에 더 자세히 설명하겠지만, 일의 구조적 나쁨을 표현하는 또 다른 방법은 일의 나쁨이 **개인과 사회의 최선 불일치 문제(collective action problem)**●●가 낳은 결과라는 것이다. 즉 개별적으로는 합리적인 근로자와 관리자의 행동이 대부분의 근로자에게는 나쁘고 점점 더 나빠지는 사회적 합의로 이어진다는 것이다.

● 평형 패턴(equilibrium pattern) : 서로 반대되는 힘이나 영향이 균형을 이룰 때 도달하는 균형 또는 안정 상태이다. 예를 들어, 경제학에서 평형 패턴은 재화나 용역의 공급과 수요가 균형을 이루는 상태를 의미할 수 있다. 생물학에서 평형 패턴은 환경 조건의 변동에도 불구하고 종의 개체 수가 시간이 지남에 따라 상대적으로 일정하게 유지되는 상태를 의미할 수 있다.

●● 개인과 사회의 최선 불일치 문제(collective action problem) : 개인의 최선이 사회적 최선과 일치하지 않는 문제를 말한다. 각각의 개인이 최선을 다해 행동해도 이 최선의 행동이 사회적으로 최선의 결과로 낳지는 않는다는 것이다. 영어 collective action problem는 흔히 '집단행동 문제'라는 말로 번역된다. 하지만 우리말에서 집단행동은 시위, 파업 등과 관련된 문제라는 연상을 줄 수 있다. 이에 이 책에서는 '개인과 사회의 최선 불일치 문제' 또는 '최선 불일치 문제'라는 말로 번역한다.

만약 이 주장이 얼핏 보기에 터무니없게 느껴진다면, 제2장에서부터 내가 모든 신체적 또는 정신적 활동이 나쁘다고 주장하는 것은 아님을 기억하는 것이 도움이 될 것이다. 모든 신체적 또는 정신적 활동이 나쁘다는 주장은 분명히 터무니없다. 어떤 사람은 일을 매우 넓게 정의하고, 때때로 이것이 내가 주장하는 것이라고 생각한다. 하지만 그렇지 않다. 나는 단지 우리 현대 경제의 구조적, 제도적 특성을 감안할 때 금전적 보수를 대가로 신체적, 정신적 업무를 수행하는 것이 나쁘다고 주장한다. 더군다나 나의 주장은 현대 사회에서 일의 구조에 관한 것이기 때문에, 특정한 형태의 일이 (나를 포함해서) 어떤 사람에게는 매우 좋을 수 있다는 것을 기꺼이 받아들인다. 고통의 구조 안에 소소한 기쁨이 있을지도 모르는 일이니 말이다.

지금부터는 현대 세계에서 일의 구조적 나쁨을 만드는 일의 다섯 가지 구체적인 특징을 설명하면서 일이 구조상 나쁘다는 내 주장을 지지할 것이다. 그리고 내 주장을 부정적으로 바라보는 비판가들에게 응수할 것이다.

3장_2절 일이 구조적으로 나쁜 이유 다섯 가지

현대 세계에서 일이 구조적으로 나쁘다는 주장은 두 부분으로 나뉜다. 첫 번째 부분은 대부분의 근로자에게 일을 나쁜 것으로 만드는 일의 특징을 파악하는 것이고, 두 번째 부분은 이러한 특징을 개량하거나 바꾸기 어렵다고 강조하는 것이다. 대부분의 근로자에게 일을 나쁜 것으로 만드는 일의 다섯 가지 특징에 초점을 맞추면서 시작해 보자. 간략히 요약하면 다음과 같다.

일이 구조적으로 나쁜 이유 다섯 가지

___**지배적 영향의 문제**

고용 계약, 고용 상태는 일반적으로 관리자가 근로자의 삶을 부당하게 지배하도록 한다. 이로써 근로자의 자유는 현저히 훼손된다.

___**직장 파편화와 근로자 불안정성의 문제**

근로자에게 근로 환경을 제공하는 직장이 점점 **파편화**되고 있고, 많은 근로자에게 근로 조건은 점점 더 **불안정**해지고 있다. 이것은 직장 생활을 불쾌하고 스트레스받게 만든다.

___**불공평한 분배의 문제**

일에 대한 보상은 불공평하다. 기술은 점차 **노동의 양극화**를 초래하여, 소수의 고소득 개인이 일에 대한 금전적 보수의 대부분을 가져간다. 그리고 금전적 보수는 어떤 방식으로든 노력이나 성과에 비례하지 않는다.

___일에 의한 삶의 식민지화 문제

일은 우리의 삶을 식민지로 만든다. 우리의 정신적, 육체적 노력과 에너지는 대부분 일을 준비하고 일을 하고 또는 일에서 회복하는 데 쓰인다. 게다가 이러한 식민지화는 기술 발전의 결과로 점점 더 가속화되고 있다.

___일을 불행하다고 느끼는 문제

대부분의 사람들은 자신의 일에 만족하지 않으며 "더 잘할 수 있었는데"라고 생각한다. 이로써 일을 나쁜 것으로 만드는 다른 특징을 정당화하는 것이 어렵다.

나는 이 다섯 가지 문제 각각을 별개의 '직업 생활 반대(antiwork)'● 주장으로 제시할 것이다. 곧 분명해지겠지만, 이런 문제들은 서로를 보강하고 보완한다.

일이 구조적으로 나쁜 이유 ①
자유를 침해하는 지배의 근원이다

일의 구조적 나쁨을 뒷받침하는 첫 번째 주장은 일의 '지배적 영향'에 대한 것이다. 곧 일이 우리 삶에서 자유를 침해하는 지배의 뚜렷한 근원이라는 것이다. 나는 어떤 지배 체계가 개인의 자유와 가장 정반대되는가라는 일반적인 질문을 고려하면서 이 주장으로 점점 나아갈 것이다. 20세기의 공산주의 독재 정권이 그런 지배 체제이다. 독재 정권 체제 아래

● 직업 생활 반대(antiwork) : 더 이상 회사의 노동자로 살지 않고, 남을 위해 노동력을 착취당하지 않으며, 부자가 되려고 삶을 희생하는 일은 어리석은 것이라고 생각하는 경향을 말한다. 노동의 대가를 무시하고 희생을 요구하는 사회에 저항하면서 생겨난 개념이다. 이런 섬에서 이 말은 '일을 반대함', '일에 대항함'이라고 할 수노 있을 것이다. 냉어 antiwork는 '반(反)노동', '노동 거부 운동', '조용한 퇴직' 등으로도 번역된다.

사는 것이 어떨지에 대한 미국 정치철학자 엘리자베스 앤더슨(Elizabeth Anderson, 1959~)의 설명을 생각해 보자.

> 거의 모든 사람에게 복종해야 할 상관을 배정하는 정부를 상상해 보라. 상관은 대부분의 하급자에게 따라야 할 판에 박힌 일을 주며, 법치주의(rule of law)●는 없다. 명령은 임의적이고 사전 통지나 항소 기회 없이 언제든지 변경될 수 있다. 상관은 자신이 명령하는 사람에게 책임이 없다. 하급자는 상관을 선출하거나 제거하지 못한다. 하급자는 협소하게 한정된 몇몇 경우를 제외하고는 처우 방식에 대해 불평할 권리가 없다. 또한 하급자는 자신이 받은 명령에 대해 설명이나 의견을 구할 권리도 없다. 이 정부가 통치하는 사회에는 여러 계급이 존재한다. 계급에 따라 사람들이 받는 명령의 내용도 서로 다르다. 계급이 높은 사람은 자신이 내리는 명령을 수행하는 방법을 결정하는데 상당한 자유가 주어지고, 하급자에게 명령을 내릴 수도 있다. 가장 계급이 높은 개인은 명령을 받는 것이 아니라 많은 명령을 내린다. 가장 계급이 낮은 사람은 종일토록 처신과 말을 조심해야 한다.3
>
> ✦ 엘리자베스 앤더슨(Elizabeth Anderson), ≪사적인 정부≫(Private Government)

이런 정부 체제에서 살고 싶은가? 당연히 아닐 것이다. 이런 체제에는 온갖 불공평과 폭정이 난무한다. 가장 높은 계급의 개인이 될 만큼 운이 좋은 사람이 아니라면, 항상 다른 사람의 선한 은혜를 얻고 이들의 분노를 피하려고 애쓰면서 타인의 자의적인 처분에 맡겨진 삶을 살 것이다. 심리적 혼란과 위축이 엄청날 것이다.

● 법치주의(rule of law) : 법치주의는 모든 개인이 법의 적용을 받고 법이 모든 사람에게 평등하고 공정하게 적용되어야 한다고 주장하는 원칙이다. 그것은 전 세계 많은 법 제도의 기본 원칙이며, 종종 민주주의 사회의 초석으로 여겨진다. 법치주의는 법이 명확하고 투명하며 일관성이 있어야 하며, 특혜나 차별 없이 적용되어야 한다고 요구한다. 또한 개인이 자신들의 행동에 대해 책임을 지고 그들에게 법에 도전할 기회를 주고 공정한 법적 절차를 통해 그들의 불만을 해결할 것을 요구한다.

이런 종류의 온갖 불공평을 가리키는 철학 용어가 있다. 그것은 **지배**(**domination**)●라는 말이다. 지배는 자유와 대조된다. 자유는 보통 좋은 것으로 여겨진다. 현대 자유민주주의 사회는 자유를 크게 강조한다. 자유민주주의 사회의 법적, 정치적 기구는 보통 개인의 자유에 대한 존중과 보호에 의해 좌우된다.4 하지만 자유는 정확히 무엇을 요구하는가? 자유주의의 탄생 이후 이 질문은 끊임없는 논쟁의 주제였다.5 일반적으로 말해, 다음과 같이 주장하는 두 개의 주요 사상 학파가 있다.6 ⓘ 자유는 불(不)간섭(non-interference)을 요구한다. ⓘⓘ 자유는 비(非)지배(non-domination)를 요구한다.

토마스 홉스(Thomas Hobbes, 1588~1679)●●와 존 로크(John Locke, 1632~1704)●●●를 포함한 선도적 자유주의 철학자들은 불(不)간섭 학파의 대표자들이다.7 이들에게 자유란 불(不)간섭이다. 다른 사람의 간섭을 받지 않고 행동할 수 있다면 자유라고 명시할 수 있다. 간섭은 신체에 대한 직접적인 물리적 조작에서부터 강압적인 위협과 심리적인 조작에 이르기까지 여러 형태일 수 있다. 불간섭으로서 자유의 주요 특징은 다른 사람이 당신을 내버려 두는 경우에 자유로운 것으로 간주된다는 것이다. 자유에 대한 이와 같은 주장은 가장 대중적이다.

● 지배(domination) : 여기서 지배란 문맥상 지배자의 지배를 뜻할 수도 있고 피지배자의 굴종을 뜻할 수도 있다. 곧 간섭하고 장악하고 감시하는 일과 복종하고 굴복하고 감시당하는 일을 함께 말하는 것이다.

●● 토마스 홉스(Thomas Hobbes, 1588~1679) : 영국의 철학자이자 정치사상가이다. 근대 정치철학의 토대가 되는 ≪리바이어던≫의 저자로 유명하다. 이 ≪리바이어던≫에서 홉스는, 자연 상태에서 안전을 보장받으려는 개인이 자신의 자연권을 사회 계약에 의해 국가에 넘김으로써 강력한 국가 권력이 탄생했다고 주장한다.

●●● 존 로크(John Locke, 1632~1704) : 영국의 철학자이자 정치사상가이다. 토마스 홉스의 전제주의를 자연 상태보다 더 나쁘다고 생각했다. 주권재민(主權在民) 철학을 바탕으로 대표제 민주주의, 입법권과 집행권의 분리, 법에 의한 통치 등을 강조했다. ≪인간오성론≫(An Essay concerning Human Understanding)의 저자로 유명한데, 이 책에서 그는 인신의 노는 시식는 상념을 기반으로 인나 고 무장만나. 이로써 그는 근내 경험론 철학의 기틀을 세운 것으로 여겨진다.

비(非)지배 학파가 생각하는 자유는 다소 다르다. 비지배 학파는 누군가가 다른 사람의 적극적인 간섭 없이 평생을 살 수 있는데도 자유롭다고 표현하지 않는 상태에 있을 수 있다고 주장한다. 아일랜드의 철학자이자 정치이론가인 필립 페팃(Phillip Pettit, 1945~)은 아마도 비(非)지배 주장에 대한 당대의 선도적인 옹호자이다. 그는 헨리크 입센(Henrik Ibsen, 1828~1906)의 희곡 ≪인형의 집≫(A Doll's House, 1879)을 통해 이 문제를 설명한다.

이 희곡의 주인공은 토르발트와 그의 아내 노라이다. 토르발트는 성공한 젊은 은행장이다. 법률상 그는 아내에게 상당한 힘을 가지고 있다. 만약 원한다면, 아내에게 많은 것을 하지 못하게 할 수도 있다. 하지만 남편 토르발트는 그런 힘을 발휘하지 않는다. 그는 기꺼이 노라가 원하는 것을 어느 정도 범위 안에서 할 수 있게 한다. 페팃은 이렇게 묘사한다. "토르발트는 아내의 행동 방식을 좌우할 수 있을 정도로 엄청난 힘을 가지고 있지만, 아내를 애지중지하며 아내의 요구는 뭐든지 들어준다. 적어도 은행장의 아내로서 인정된 삶의 한계 안에서 말이다. …… 노라는 19세기 후반 유럽의 여성이 바랄 수 있는 모든 자유를 누린다."[8] 하지만 노라는 자유로운가? 페팃은 그렇지 않다고 말한다. 문제는 노라가 토르발트의 **지배** 아래 살고 있다는 점이다. 만약 노라가 은행장의 아내에게 인정된 활동 한계에서 벗어난 일을 하고 싶다면, 남편의 허락을 구해야 한다. 토르발트는 매일 아내의 행동을 방해하지는 않지만, 만약 아내가 도를 넘는다면 개입할 것이다. 결과적으로 아내는 남편의 환심을 사야만 하고, 문제없이 살기 위해서는 남편의 취향에 맞춰야 한다. 아내가 자신의 지배된 상태를 점차 인식한다는 것이 이 희곡의 주요 주제이다. 페팃은 지배된 상태가 진정한 자유에 반한다고 주장한다. "자유인이 되기 위해서는 다른 사람의 허락을 구하지 않고도 중요한 선택을 할 수 있어야 한다."[9] 다시 말해, 자유는 간섭의 부재뿐만 아니라 지배의 부재도 필요로 한다. 지배가 제거되어야만 진정으로 자유로워지는 것이다.

분명 노라의 상황은, 엘리자베스 앤더슨이 말하는 가상의 공산주의 독재 정권 하에서 살고 있는 사람과 매우 비슷하다. 둘 다 주인이 자의적인 변덕을 부리는 대상이다. 그리고 둘 다 이러한 변덕에 휘둘리며 살 수밖에 없다. 현대 경제에서 많은 근로자도 매우 비슷한 곤경을 겪는다. 모든 중소기업에서 근로자는 상관에게 자기 행동에 대한 설명을 하고 그에게 의존해야 하는 위계 구조 내에서 근무한다. 근로자는 상관의 환심을 사고 상관이 결정한 한계 내에서 행동해야 한다. 다시 말해 자유를 침해하는 지배 아래에서 산다. 앤더슨에게서 가져온 '공산주의 독재 정권'에 대한 묘사는 사실 그러한 정권 하에서 삶의 모습이 아니라 현대 기업에서 일하는 근로자의 삶을 묘사한 것이다. 앤더슨은 고용이 부당하고 자유를 침해하는 **민간 정부**의 제도라는 견해를 뒷받침하기 위해 공산주의 독재 정권에 비유했던 것이다.

근로자의 삶이 어떤지에 대한 엘리자베스 앤더슨의 묘사가 매우 정확하다면, 이는 일의 시스템에 반대할 충분한 이유를 제공한다. 일은 인간의 삶에 있어서 비(非)자유의 중요한 근원이다. 하지만 물론, 많은 사람들은 앤더슨이 근로자의 삶을 묘사하는 방식에 반대할 것이다. 그들은 일이 그렇게 나쁜 것은 아니라고 말한다. 일이 앤더슨의 주장처럼 지배의 끔찍한 근원이 아니라는 것을 의미하는 완화 요인이, 확실히 있을까? 앤더슨의 생각에 반대하는 네 가지 의견을 고려해 보자.

일이 끔찍한 지배의 근원이라는 엘리자베스 앤더슨의 주장에 반대하는 첫 번째 의견은 모두가 이런 지배를 받지는 않는다는 것이다. 조지메이슨대학교 경제학과 교수인 타일러 코웬(Tyler Cowen, 1962~)은 오직 소수의 근로자 집단만이 끔찍한 지배의 영향을 받는다고 주장한다.10 그러나 대부분의 근로자는 그렇게 나쁘지 않다. 그럴지도 모르지만 극단적인 지배에 시달리는 사람의 곤경을 무시해서는 안 되며 진지하게 받아들여야 한다. 앤더슨이 지적했듯이, 소매업과 제조업에 종사하는 많은 저임금 근로자는 일상적인 몸수색과 무작위 약물 검사뿐만 아니라 관리자와 고객으로부터 다양한 형태의 괴롭힘을 당한다.11 관리자는 또한 이런 근로자의 근무 일정을 상당히 통제하여, 근로자는 피곤한 분할 근무와 교대 근무 패턴을 겪게 된다.12 이런 근무 패턴은 근로자에게 직장 밖에서 시간을 보내는 방식에 연쇄 작용을 일으키므로 특히 근로자를 쇠약하게 하는 지배 형태이다.

게다가, 일부 근로자 집단만 이러한 극단적 지배의 대상이 되는 것이 아닐 수도 있다. 더 총체적인 형태의 감시와 모니터링이 고임금 근로자들 사이에서도 촉진되고 있다. 이러한 감시와 모니터링은 지배를 가능하게 한다. 현재 전 세계 기업에서 시행되고 있는 다양한 기업 복지 프로그램을 고려해 보자. 이러한 복지 프로그램은 종종 고임금의 창의적인 인력에게 제일 먼저 시행된다.13

미국 보험사 애트나(Aetna)●가 선보인 수면 모니터링 프로그램이 대표적인 예이다. 숙면을 취하는 것이 육체적 정신적 건강에 필수적이고, 건강한 근로자가 생산적인 근로자라는 것을 인식한 애트나는 최소 8시간 잠을 자는 직원에게 20일마다 25달러의 보너스를 지급하기로 했다.14 다른 회사들은 생산성을 높이기 위해 업무 관련 활동과 레크리에이션 건강 및 피트니스 활동을 감시하고 모니터링하는 것을 장려한다.15 이러한 복지 프로그램을 받으려면 근로자는 흔히 관리자의 감시에서 벗어나 있는 활동에 대한 정보를 기록하고 공유해야 한다. 처음에 이런 프로그램은 자발적인 경향이 있지만 결국은 강제적인 경우가 많다. 근로자는 동료들과 다른 점 때문에 유별나게 눈에 띄는 것을 좋아하지 않는다. 특히 그런 차이가 잠재적으로 부정적인 것을 함축할 때는 말이다. 결과적으로 사람들은 관리자의 큰 지배에 복종할 수밖에 없게 된다. 게다가 관리자가 녹음하고 있는 정보를 사용하여 근로자의 삶을 더 불쾌하게 만드는지

● 애트나(Aetna) : 미국 3위 수준의 의료 보험 회사이다. 의료, 제약, 정신 건강, 그룹형 보험, 장기 의료 보험, 장애자 보험 등 다양한 관련 서비스를 제공한다.

의 여부는 중요하지 않다. 이것이 '비(非)지배로서의 자유' 이상의 결정적인 통찰이다. 필립 페팃이 지적했듯이, 남편 토르발트의 지배 아래 있는 노라의 삶은 아내가 기꺼이 남편의 게임을 하는 한은 종종 꽤 즐겁다. 남편이 언제든지 지배력을 행사할 수 있다는 단순한 사실, 바로 이것이 아내를 자유롭지 않게 만드는 것이다. 노라는 이 사실을 깨닫고는 자신의 삶이 얼마나 제한적인지를 알게 된다. 기업의 모니터링과 감시의 대상이 되는 근로자도 마찬가지이다. 이들이 선을 넘어서 규칙을 어기기 전까지는 모든 것이 괜찮아 보인다.

일이 끔찍한 지배의 근원이라는 엘리자베스 앤더슨의 주장에 반대하는 두 번째 의견은 근로자에 대한 법적 보호로 관리자의 지배력을 약화시킬 수 있다는 것이다. 근로자가 관리자를 위해 무엇을 하도록 법적 의무를 지는가는 고용 개시 시점에 동의한 고용 계약(후속 협상에 따라 변경됨)으로 결정된다. 이 계약에는 임의적인 권력의 폐해로부터 근로자를 보호하는 근로자 권리 법률(가령, 휴식권, 휴일권, 병가 급여, 차별과 부당 해고로부터의 보호)에 따른(명시적으로 제공되지 않은 경우) 특정 약관이 들어 있다. 노동조합의 활동을 통한 단체 교섭의 잠재력을 더하면 관리자의 지배 아래에서 진행되는 삶이 덜 억압적인 것처럼 그려진다.

하지만 이 장밋빛 그림에 불리하게 작용하는 몇 가지 요인이 있다. 우선 근로자에 대한 법적 보호는 차이가 상당히 크다. 유럽 국가들은 상당히 강력한 근로자 보호 조치를 취하고 있지만(특히 차별과 부당한 해고에 대한 조치), 그렇지 않은 나라도 있다. 엘리자베스 앤더슨은, 임의 고용(at-will employment)●을 채택하는 미국에서는 보호 체제가 약하여 근로자는 임의적 지배를 많이 받게 된다고 지적했다.16 게다가 외관상 근로자에 대한 강력한 보호가 있는 나라에서도, 법률상의 보호와 사실상의

● 임의 고용(at-will employment)·관리자가 불법만 아니라면 언제나 어떤 이유로든 아무런 사전 통지 없이 직원을 해고할 수 있는 고용 방식이다.

보호(즉, 법률에서 규정한 보호와 실제 현장에서 이루어지는 보호)를 구별하는 것이 중요하다.

관리자는 근로자 보호 법규를 피하기 위해 새로운 형태의 계약이나 임시 계약을 점점 더 많이 사용하고 있다. 예를 들어, 최근 들어 파트타임 계약이나 제로아워 계약(zero-hour contract)●이 점점 더 일상화되었다. 그리고 많은 근로자(그리고 관리자!)는 단순히 자신의 법적 권리가 무엇인지 알지 못하거나, 고용이 절실하기 때문에 자신의 권리 주장을 매우 두려워한다. 이와 관련해 노조가 도움이 될 것 같지만, 세계적으로 노조는 쇠퇴 추세이다. 결과적으로 법은 종종 관리자의 지배적 영향력으로부터 보호하는 데 거의 도움이 되지 않는다.

정치철학자 엘리자베스 앤더슨의 주장에 반대하는 세 번째 의견은 고용이 자발적 합의라는 것이다. 아무도 관리자의 지배적 영향을 받아들이도록 강요받지 않는다. 언제든지 직장을 떠날 수 있다. 관리자의 지배적 영향을 받아들인다는 것은 근로자가 그것을 좋은 거래로 보기 때문이다. (가령, 금전적 보상은 지배적 영향으로 인해 잃어버린 자유를 보상한다.) 나쁠 일이 없다. 그러나 이것은 설득력 있는 반대 의견이 아니다. 고용은 대다수의 사람을 위한 자발적 합의가 아니라 불가피한 일이다. 사람들은 살아남기 위해 수입이 필요하고 그 수입을 벌기 위해 일을 해야 한다. 복지 지급은 대체 소득원이지만 거기에는 조건이 따른다. 즉 (a) 당신이 적극적으로 구직 활동을 하고 있다는 사실을 보여주거나 (b) (육체적 또는 정신적 장애로 인해) 당신이 일에 부적합하다는 사실을 입증해야 한다. 오랫동안 논의된 보편적 기본소득 보장이 복지의 조건성을 제거하듯이 복지 개혁은 이런 조건성을 변화시킬 수 있지만, 그러기 전까지는 고용이 자발적이라고 말하는 것은 사실이 아니다.

● 제로아워 계약(zero-hour contract) : 정해진 노동 시간 없이 임시직 계약을 한 뒤 일한 만큼 시급을 받는 노동 계약을 말한다. 최소한의 근무 시간과 최소 임금을 보장하는 파트타임(part-time)보다 못한 근로 조건 때문에 노예 계약으로 통한다.

사회학자 데이비드 프레인(David Frayne)이 현대판 일 기피자에 대한 민족지학(ethnography)●인 ≪일하지 않을 권리≫(The Refusal of Work)●●에서 증명하듯이, 잠시 동안 그럭저럭 복지 제도를 이용했던 사람들조차도 종종 일에 대한 엄청난 불안과 사회적 압력에 직면한다.17 게다가, 근로자가 관리자를 선택할 수 있는 폭은 좁으며, 근무 조건이 좋지 않다고 해서 그 직장을 쉽게 그만둘 수 있는 것도 아니다. 고도의 숙련직 근로자와 일부 인력 시장에서는 그럴 수 있지만, 자동화 및 세계화의 결과로 발생하는 '노동력 과잉(labor glut)'●●●은 관리자가 선택권을 대부분 가지고 있다는 것을 의미하며, 대부분의 근로자가 이용할 수 있는 대안은 지금보다 더 나을 것 같지 않다. (이에 대한 자세한 설명은 '직장 파편화와 근로자 불안정성'을 논의하면서 다시 살펴볼 것이다.)

엘리자베스 앤더슨의 주장에 반대하는 마지막 견해는, (a) 기업 서열에서 최고의 자리에 오르거나, (b) 자영업을 하여 관리자의 지배적 영향을 피할 수 있다는 것이다. 슬픈 현실이겠지만 어느 쪽도 이러한 삶에서 지

● 민족지학(ethnography) : 인간 사회와 문화의 다양한 현상을 정성적, 정량적 조사 기법을 사용한 현장 조사를 통해 기술하고 연구하는 학문 분야이다.

●● ≪일하지 않을 권리≫(The Refusal of Work) : 일, 노동에 대한 새로운 시각을 제시한다. 자본주의 체재에서는 유급 노동을 압도적으로 중요시한다. 그런데 이 유급 노동이 인간의 자율성과 자발성, 인류의 공동체 욕구를 침해한다고 보는 것이다. 이에 일에 대한, 보다 인도적이고 지속가능한 사회적 이상을 요구한다.

●●● 노동력 과잉(labor glut) : 노동력 수요에 비해 과도한 노동력 공급이 있는 상황이다. 노동력 과잉은 취업을 원하는 근로자의 수가 가용 일자리 수를 초과할 때 발생하여 높은 수준의 실업률과 과소 고용을 초래할 수 있다. 노동력 과잉은 경기 침체, 특정 유형의 노동에 대한 수요의 변화, 노동자의 이동을 초래하는 경제의 구조적 변화를 포함한 다양한 요인에 의해 야기될 수 있다. 인구증가나 고령화에 따른 노동력 규모의 증가 등 인구통계학적 변화에 의해서도 발생할 수 있다. 노동력 과잉은 노동자와 경제 전반에 중대한 결과를 초래할 수 있다. 그것은 낮은 임금, 감소된 고용 안정성, 그리고 이용 가능한 일자리에 대한 경쟁 증가로 이어질 수 있다. 전반적인 경제 생산량을 낮추고 경제 성장을 감소시키는 결과를 초래할 수도 있다. 정부와 정책 입안자들은 종종 직업 훈련 프로그램, 일업 수당, 경제 지원으 세구하여 이런 기개에 깊으 그기를 통해 노동 미응으 메결하기 위한 조치를 취한다.

배의 영향을 없앨 수 없다. 기업 CEO와 기업가는 종종 더 치명적인 지배의 영향을 받는다. 이것은 투자자에 의한 지배의 영향이다. 그리고 자영업자는 잠재적 계약 파트너의 지배 영향을 받는다. 자영업자는 이 시장에 대한 고용가능성 / 호감도를 지속적으로 입증해야 하며, 종종 보다 광범위한 형태의 감시 및 모니터링에 종속되어 있어야 한다. (아래에서 '일에 의한 삶의 식민지화 문제'를 이야기할 때 이 문제에 대해 더 자세히 설명한다.)

그러나 자유를 비(非)지배로 보는 이론에 반대하는 의견이 있다. 예를 들어 필립 페팃은 비(非)지배로서의 자유라는 개념을 너무 많이 확장해서는 안 된다고 주장한다. 즉 사람들이 날씨와 같은 자연력의 지배를 받고 산다고 말하는 것은 도움이 되지 않는다. 비지배로서의 자유에 관해서는 개인이든 기업이든 사람만이 관리자라는 주인으로 간주되어야 한다. 이것은 시장 같은 추상적 실체가 지배의 근원이 되는 것을 배제하는 듯하다.

우리는 개념적 명확성을 위해 시장 같은 추상적 실체가 지배의 근원이 되는 것을 배제하는 견해를 수용하고, 단순히 시장의 변덕성에 종속되는 것이 독특한 문제라고 주장할 수도 있다. 하지만 나는 그런 제한에 반박할 만한 이유가 있다고 믿는다. 시장은 자연적 원인을 따르는 날씨와는 다르다. 즉 시장은 사회적 구성물이다. 많은 인간 개개인의 상호 작용을 통해 만들어지는 관습이나 제도라고 할 수 있다. 시장을 통제하거나 관리하는 단일 행위자는 없을지도 모르지만, 만약 '기능적으로 행위자가 없는(functionally agentless)'[18] 사회 기관이 우리의 삶에 미치는 지배적인 영향을 무시한다면, 자유를 침해하는 지배의 가장 중요한 많은 근원을 무시하게 될 것이다. 어쨌든 노라와 토르발트의 경우, 지배적인 영향을 행사한 것은 토르발트만은 아니었다. 토르발트와 결혼이라는 사회적 제도(결혼이 대체로 사회에서 보이고 이해되는 방식)의 결합이 지배적인 영향을 행사했다.● 근로자, 기업 CEO, 자영업자도 마찬가지이다.

이들은 각각의 관리자에게 종속되어 있으며, 이런 관리자 각자의 권력과 영향력은 종속당한 이들의 선택권을 한정하는 제도적 체계에 의해 강화된다.

일이 구조적으로 나쁜 이유 ②
직장 파편화와 불안정한 노동 조건

일의 구조적 나쁨을 뒷받침하는 두 번째 주장은 근로 환경을 제공하는 직장의 **파편화(fissuring)**●와 근로자의 **불안정성(precarity)** 현상에 집중한다.[19]

'파편화'는 한때 단일 기업체 안에서 수행되었던 활동이 여러 조직으로 나누어져 수행되는 것을 말한다. 예를 들어, 자동차 제조가 주요 사업 활동인 대기업이 있다고 가정하자. 20세기 중반에 이런 회사는 주요 활동에 필수적인 모든 활동을 동일한 기업 산하에 수용했던 것으로 생각된다.[20] 여기에는 자동차 설계, 공장 기계 정비, 회사 IT 시스템 유지 보수, 급여 지급 및 회계 처리, 음식 준비 및 정원 관리, 운송 등이 있다. 그런데 21세기 초에는 보다 파편화된 기업 설계를 볼 수 있다. 자동차 제조사는 주변 지원 활동의 많은 부분을 각 전문 회사에 아웃소싱(위탁)한다. IT 직원은 IT 전문 기업으로 소속이 바뀌고, 급여 및 회계 전문가는 이러한 서비스를 제공하는 데 특화된 아웃소싱 기업에서 일한다. 정원사는 민간 계약자가 된다.

● 사회적 제도란 사람들의 행위를 구속하고 사람 사이의 관계를 정형화하는 구조와 절차, 규범 체계를 말한다.

● 파편화(fissuring) : 이 단어를 뉘앙스가 중립적인 '갈라짐'이나 '나누어짐'이라고 번역할 수도 있다. 하지만 이러한 갈라짐 또는 나누어짐이 결국에는 근로자의 고용 불안정성을 초래한다. 그리므로 부정적 통제적으로 부정적인 느낌을 표현하기에는 '파편화'라는 표현이 더 적절한 것으로 판단해 이 책에서는 이 용어를 채택한다.

'불안정성'은 현대 경제에서 많은 근로자가 겪는 곤경을 가리킨다. 종신 직이라는 개념은 끝났고, 근로자의 처지는 갈수록 불안정해졌다. 많은 근로자는 현재 임시적인 단기 계약을 맺고 있다. 그리고 스스로를, 성장 중인 긱 경제(gig economy)●의 일원인 자영업자로 분류한다.

파편화와 불안정성은 관련이 있다. 즉 파편화는 불안정성을 촉진하는 경향이 있다. 이를 뒷받침하는 증거는 많다. 경제학자 데이비드 와일(David Weil, 1961~)은 ≪파편화 일터≫(The Fissured Workplace)●●에서 특히 하도급 및 프랜차이징의 상승과 기업 공급망 관리 방식의 변화에 초점을 맞춰 파편화가 미국 노동 시장에 어떤 영향을 미쳤는지에 대한 자세한 사례 연구를 제공한다. 기업 공급망 관리 방식에 결부시켜 볼 때, 가장 놀라운 한 가지 예는 애플(Apple)과 같은 거대 기술 기업이 공급망을 관리하는 방식과 관련이 있다. 2014년을 기준으로 전 세계적으로 약 75만 명 이상의 근로자가 애플 공급망에 고용되었다. 하지만 직접 고용된 근로자는 약 6만 3,000명에 불과했다.[21] 이는 파편화를 통해 가능하다. 관리자를 대상으로 한 조사에서는 하도급과 아웃소싱이 증가하고 있는 것으로 나타났고, 미국과 경제협력개발기구(OECD)를 통틀어 근로자를 대상으로 한 조사에서는 1990년대 중반 이후 비정규직 근로자 수가 지속적으로 증가해 온 것으로 나타났다.[22]

● 긱 경제(gig economy) : 회사 소속의 직원이 아닌, 독립 계약자나 프리랜서로 일하는 근로자가 증가하는 추세를 의미한다. 긱 경제에서 근로자들은 보통 임시직으로, 또는 프로젝트별로 고용되며, 종종 전통적인 회사 소속의 직원들과 동일한 혜택과 보호를 받지 못한다. 긱 경제는 최근 몇 년간 크게 성장했으며, 근로자들을 단기 또는 임시 고용 기회와 연결하는 온라인 플랫폼 및 앱의 증가와 관련이 있는 경우가 많다. 이는 또한 유연한 업무 준비의 가용성 증가와 많은 사람들이 자신의 업무 일정과 위치를 더 많이 통제하고자 하는 욕구에 의해 촉진된다. 긱 경제는 칭찬과 비판을 동시에 받아왔다. 어떤 사람들은 그것을 업무의 유연성과 독립성을 높이는 방법으로 보는 반면, 다른 사람들은 그것을 불안의 원천이자 전통적인 고용 보호의 감소로 본다.

●● ≪파편화 일터≫(The Fissured Workplace) : 이 책은 재설계라는 혁신 논리를 바탕으로 핵심 사업 부문 이외의 활동을 털어내는 기업의 생존 전략을 '파편화'란 개념으로 진단한다. 그리고 점점 더 극한 상태로 내몰리고 있는 노동 조건 및 병폐를 살펴본다.

가장 눈에 띄는 파편화와 불안정성의 징후는 플랫폼 노동(platform work)●의 성장이다.23 태스크래빗(Taskrabbit), 우버(Uber)●●, 에어비앤비(AirBnB), 엣시(Etsy), 딜리버루(Deliveroo)●●● 등의 기술 회사는 이제 인간 노동력의 구매자와 판매자를 연결하는 디지털 플랫폼을 제공하는 것을 전문으로 한다. 영국 노동경제학자 가이 스탠딩(Guy Standing, 1948~)의 용어를 사용하자면 이들은 디지털 '노동 브로커(labor broker)'이다.24 그리고 이런 회사는 가장 잘 알려진 곳이고, 그래픽 디자이너, 가정 청소부, 컴퓨터 프로그래머, 법률 서비스 제공자, 상인 등이 사용할 수 있는 유사한 플랫폼도 있다.

플랫폼 근로자는 본래 독자적으로 일을 하는 긱 근로자(gig worker)이다. 플랫폼 제공자는 모든 거래로부터 수익을 가져가고, 플랫폼 근로자는 종종 플랫폼 제공자의 알고리즘으로 매개된 약관에 따라 일을 해야 한다.25 이로 인해 플랫폼 제공자가 플랫폼 근로자에 대한 통제력을 많이 행사하는 경우가 있지만, 플랫폼 제공자 스스로는 종종 이들을 독립 계약자로 분류하면서 해당 근로자와 직접적인 고용 관계가 있음을 부인한다. 플랫폼 근로자는 이 분류에 반발하며, 근로자들 사이에서 노조 결성과 소송이 급증하고 있다. (이에 대해서는 아래에서 더 자세히 논의하겠다.) 이러한 반발에도 불구하고 플랫폼 노동은 점점 더 확대되는 노동 형태라고 봐도 무방하다. 비록 미래에 대한 정확한 예측은 항상 회의적

● 플랫폼 노동(platform work) : 온라인 플랫폼 또는 앱을 통해 승차 공유, 음식 배달, 집안 청소 등의 노동을 제공하는 일을 말한다. 일반적으로 정규직이 아닌 임시 또는 프로젝트별로 고용되는 노동자를 중심으로 하기 때문에 종종 긱 경제와 관련이 있다. 이러한 형태의 노동은 일부 사람들이 그것을 불안의 원천이자 전통적인 고용 보호의 감소로 보기 때문에 논란이 되어왔다.

●● 우버(Uber) : 차량 운전기사와 승객을 모바일 앱을 통해 중계하는 서비스를 제공한다. 스마트폰 GPS를 통해 호출을 시작하고 호출 즉시 호출자와 가장 가까운 차량부터 매칭을 시작한다.

●●● 딜리버루(Deliveroo) : 2013년 영국에서 만들어진 온라인 음식 배달 서비스 파트너사다. 전세계 14개국 500여 도시에서 음식 배달 서비스를 제공하고 있다.

으로 다룰 가치가 있지만(이는 제2장에서 언급했다), 맥킨지글로벌연구소(McKinsey Global Institute)는 2025년까지 전 세계에서 최대 2억 명의 근로자가 이러한 플랫폼을 통해 일할 것으로 전망한다.26

여기에서 내가 강조하는 것은 직장의 파편화와 근로자의 불안정성 증가가 일의 구조적 나쁨에 대한 또 다른 징후라는 것이다. 이러한 주장을 뒷받침하기 위해서는 이런 추세가 **왜** 일어났는지, 그리고 그 결과가 **무엇**인지를 고려해야 한다.

"왜?"라는 질문은 답하기 쉽다. 즉 이런 추세는 경제 논리, 규제 완화, 기술 혁신 등이 복합적으로 작용했기 때문이다. 데이비드 와일의 주장처럼 현대 기업의 역사는 두 단계로 나뉜다. 20세기 초중반(대략 1920~1970년)은 **집중화(centralization)**의 시대였다. 기업은 필수적인 지원 서비스와 주변 지원 서비스를 조직하고 사내에서 관리함으로써 덩치를 키웠다. 이렇게 하면 경제적 이점이 있었던 것이다. 영국의 경제학자 로널드 코스(Ronald Coase, 1910~2013)는 자신의 유명한 논문 <회사의 본질>(The Nature of the Firm)27에서 왜 그런지에 대한 주요 이론을 전개했다.

로널드 코스 이전의 경제학자들은 대기업의 존재에 어리둥절해 했다. 그들은 왜 모든 기업 활동을 수의계약(private contract)●을 통해 정리할 수 없는지 궁금해 했다. 코스는 이 모든 것이 거래 비용과 관련이 있다고 답했다. 즉 그러한 계약을 협상하기 위해 필요한 모든 개인을 한자리에 모으는 데는 비용이 매우 많이 들고, 그런 계약이 일단 존재하게 되면

● 수의계약(private contract) : 정부가 강제할 수 없는 둘 이상의 이해 당사자 간의 법적 구속력이 있는 계약이다. 이 계약은 당사자들이 약정 조건이 공개되는 것을 원하지 않거나 당사자들이 약정 조건에 대해 더 많은 통제력을 갖기를 원하는 상황에서 종종 사용된다. 수의계약은 일반적으로 민사 소송 절차를 통해 집행할 수 있으며, 관련 당사자들은 계약 조건을 법적 구속력이 있는 계약인 것처럼 준수할 것으로 예상된다. 수의계약의 예로는 고용 계약, 사업 계약, 임대 계약 등이 있다.

그것을 감시하고 시행하는 데도 비용이 많이 든다. 회사 내부의 계약 네트워크를 내부화하기가 더 쉬웠던 것이다. 즉, 이렇게 회사 내부에서는 어떤 일이 벌어지는지 더 면밀히 볼 수 있었다.

두 번째 시대는 1970년대에 시작되었다. 이때부터 거북등무늬와 같은 **직장 파편화**가 일어나기 시작했다. 이전 시기의 많은 기업은 너무 크게 성장했다. 컨설턴트와 비즈니스 전문가들은 기업이 주변 서비스 대신 핵심 역량에 집중해야 한다고 주장했다. 가령 애플 같은 기술 디자인 회사라면 디자인에 집중해야 하고, 나이키 같은 의류 브랜드라면 의류 브랜드에 집중해야 한다. 다른 회사는 제조, 운송, 급여, 회계 등을 전문으로 하게 한다. 여기에는 분명한 경제적 논리가 있었다. 그러한 주변 지원 서비스는 이익 센터가 아니라 대기업 내의 비용 센터였다. 만약 그런 서비스를 아웃소싱하고, 그 결과 돈을 덜 낼 수 있다면 파편화는 경제적으로 당연한 결정이다. 그러나 파편화로부터 진정으로 이익을 얻기 위해서는 다른 특정한 혁신이 필요했다. 어쨌든 로널드 코스가 파악한 조정 문제는 허상이 아니었다. 기업은 파편화된 일련의 작업장에서 조정을 가능하게 하기 위해 약간의 '접착제'가 필요했다.[28] 이러한 접착제는 파편화를 촉진하는 새로운 법적 계약(가령, 프랜차이즈 계약)과 하청업체 또는 외주업체로 하여금 계약 파트너들의 표준적 요구를 준수하도록 하는 새로운 감시 및 모니터링 기술의 형태로 나왔다. 트럭 운송에서 탑재 컴퓨팅이 완벽하게 좋은 예이다.[29]

데이비드 와일에 따르면, 우리는 여전히 파편화의 시대를 살아가고 있다. 조정을 용이하게 하는 데 필요한 '기술적 접착제'의 더 많은 부분이 매년 이용 가능해지고 있다. 실제로 플랫폼 노동은 파편화된 작업장에서 가장 최근의 가장 극단적인 변이형이다. 즉 하나의 주최 회사가 방대한 수의계약 네트워크를 조정할 수 있는 완벽한 접착제를 제공하는 알고리즘으로 매개된 플랫폼이다.

근로자에게 미치는 결과는 암울하다. 특히 세 가지가 주목할 점이다. 첫째, 근로자는 비급여 혜택과 고용 보호가 적고 안전성이 떨어진 노동으로 내몰린다. 이는 근로자가 독립 계약자로 분류되어 자신의 보험, 의료 서비스, 장비 및 관련 비용을 책임지기 때문이거나, 하도급 회사(또는 프랜차이즈 가맹점)에서 일하는 경우 그러한 회사가 더 큰 회사가 제공하는 것보다 더 적은 혜택을 제공하거나 단순히 지불과 보호가 필요한 법적 규정을 준수하지 않기 때문이다.[30] 둘째, 그리고 여기에 더해, 근로자는 더 많은 모니터링과 감시를 받아야 한다. 이것은 앞에서 논의한 지배적 영향 문제를 증가시킨다. 마지막으로 셋째, 파편화와 불안정성으로 인해 근로자는 훨씬 더 적은 임금을 받게 된다. 이것에도 단순한 경제 논리가 있다. 파편화는 기업 활동의 이익이 모든 기업의 주요 이해당사자(소비자, 투자자, 근로자) 간에 공유되는 방식을 변화시킨다. 파편화는 일반적으로 투자자와 소비자에게 더 나은 거래로 귀결된다. 즉 비용은 줄어들고 이익은 증가한다. 그러나 이것은 근로자의 희생으로 이루어지며, 근로자는 밀려나서 낮은 시세로 계약된다.[31]●

파편화와 불안정성의 증가가 일의 구조적 나쁨의 또 다른 징후라는 주장에 반대하고, 파편화와 불안정성이 모두 근로자에게 더 큰 자율성과 유연성을 제공하기 때문에 나쁜 것은 아니라고 주장할 수도 있다. 이는 우버(Uber)나 딜리버루(Deliveroo) 같은 플랫폼 제공업체가 주로 내세우는 방어책이다. 우버와 딜리버루는 사람들이 자신의 업무 일정을 결

● (지은이 주) 일부 디지털 플랫폼 제공자들은 상당한 양의 벤처 자금의 지원을 받고 있으며, 고객 기반을 확보하는 동안 손실을 입고 서비스를 제공할 수 있다. 이것은 그들이 경쟁자들을 물리치려 할 때 때때로 근로자들에게 할증 요금을 지불할 여유가 있다는 것을 의미한다. 이것은 우버가 전 세계로 진출하면서 생긴 일이다. 그러므로 근로자들은 기업들이 시장에서 지배력을 얻으려고 할 때 단기적인 이득을 경험할 수 있다. 그러나 일단 지배력이 달성되면 플랫폼 제공자들은 근로자들에게 덜 좋은 수준에서 가격을 정할 수 있기 때문에 장기적인 전망은 어둡다. 이는 우버가 현재 지배하고 있는 미국의 도시들에서도 일어나고 있는 일이다. 우버 운전사들은 과거의 택시 운전사들보다 현격하게 적은 돈을 번다.

정하고 자신이 상사가 될 수 있으므로 자신을 위해 일하는 것을 좋아한다고 주장한다. 게다가 사람들이 (다른 아르바이트나 교육과 같이) 다른 고용 관련 활동을 보충하기 위해 이러한 플랫폼을 사용한다고 주장한다. 플랫폼이 근로자에게 더 큰 자율성을 제공한다는 주장에 회의적인 시각이 있을 수 있지만, 여기에는 어느 정도 진실이 있을 수 있다. 하지만 이런 유형의 일이 특정 유형의 근로자에게 유리하다고 해서 모든 것을 고려해 볼 때 이런 유형의 일을 더 좋은 것으로 판단해야 하는 것은 아니다.

플랫폼 노동은 파편화와 불안정성을 향한 더 큰 추세의 한 가지 징후일 뿐이며, 그러한 더 큰 추세는 두 가지 뚜렷한 방식으로 근로자에게 더 나쁘다. 첫째, 파편화와 불안정성의 추세는, 복리후생이 더 많고 안전하며 보수가 더 큰 일이 좋은 일이라는 **규범**에 비추어 볼 때 근로자에게 더 나쁘다. 둘째, 이런 추세는 **비(非)근로(non-work) 가능성**에 관해서 볼 때 근로자에게 더 나쁘다. 비(非)근로 가능성이란, 일을 하지 않아도 된다면 어떻게 시간을 보낼 수 있는가에 관한 개념이다. 첫 번째 논점은 역사 기록을 통해 명백하게 알 수 있다. 두 번째 논점은 이 책의 다음 장에서 논할 것이다. 위태롭고 파편화된 일터가 아무것도 없는 것보다는 나을 수 있고, 대안이 없다면 근로자 개개인은 생계를 유지할 수 있는 방법을 가진 것에 감사할 수도 있다. 하지만 이것을 아무것도 없는 것에 비교해서는 안 된다.

파편화와 불안정성의 증가가 일의 구조적 나쁨의 또 다른 징후라는 주장에 대한 또 다른 반대는, 이런 주장이 제2장에서 제시한 기술 의거 실업이 가능하다는 주장을 약화시킨다는 것이다. 제2장의 핵심 논쟁은 기술이 경제에서 총 고용 기회 수를 감소시키고 있고 감소시킬 수 있다는 것이다. 그럼에도, 기술이 정반대의 일을 하는 예가 있는 것 같다. 즉 새로운 디지털 플랫폼의 출현을 통해 더 많은 고용 기회를 창출한다는 것이다. 하지만 꼭 그런 것은 아니다. 한 가지 예로, 디지털 플랫폼에서 창출된 새로운 고용 기회는 많은 불완전 고용(가령, 시간제 근무와 무급 근무)●을 초래할 수 있다.32 또 다른 예로, 기회는 덧없을지도 모른다. 사람들이 디지털 플랫폼을 통해 제공하는 서비스의 종류는 다른 유형의 일과 동일한 자동화의 힘에 좌우된다. 우버는 자율주행차의 전망에 대해 매우 낙관적이고, 미래에 운전자가 있는 자동차를 자율주행차로 대체하기를 희망한다. 가정 청소, 음식 배달, 기본적인 법률 조언 등의 서비스도 적극적으로 자동화되어 현재 서비스를 제공하는 플랫폼 근로자의 목숨을 앗아간다.

파편화와 불안정성의 증가가 일의 구조적 나쁨의 또 다른 징후라는 주장에 대한 마지막 반대는 규제 개혁으로 파편화와 불안정성이 매우 나쁘게 되는 것을 막을 수 있다는 것이다. 법 제도는 기술 변화에 적응하는 속도가 느린 경우가 많지만, 일단 따라잡으면 그동안 불이익을 받았던 근로자에게 보호막을 제공하는 개혁을 도입할 수 있다. 앞에서 언급한 것처럼 플랫폼 근로자를 독립 계약자로 분류해 고용 보호 관련법의 의무를 회피하려는 시도가 어느 정도 저항에 부딪히기 시작했다. 2017년 11월, 우버는 영국에서 열린 고용 항소 재판(Employment Appeals Tribunal) 사건에서 패소했다.33 이들은 자신들의 운전기사가 근로자로 분류되어서는 안 되며, 따라서 1996년의 고용권법(Employment Rights Act), 1998년의 근로 시간 규정(Working Time Regulations), 1998년의 국가 최저임금법(National Minimum Wage Act)에 따른 보호를 받을 자격이 없다고 주장했다. 판사는 우버가 운전자들에게 행사한 통제력의 양이 이 주장과 일치하지 않는다고 보았다. 이 판결은 2018년 12월 잉글랜드와 웨일스 항소법원에 의해 확정되었다.34 나아가 2017년 7월 영국 정부는 긱 경제에서 근로자를 더 잘 보호하기 위해 법적 개혁을 주장하는 ≪테일러 리뷰≫(Taylor Review)를 발표했다.35

● 근로자가 정규직으로 일하고자 하는 의사와 능력을 가지고 있음에도 불구하고, 노동 시간이 짧은 경우를 말한다.

이는 분명히 환영할 만한 발전이지만 파편화된 일의 구조적 나쁨을 바로 잡을 수 있을지는 의심스럽다. 우버가 패소한 것과 거의 동시에 딜리버루는 45명의 근로자를 상대로 승소하여, 회사는 그들을 계속해서 독립 근로자로 분류하고 최저 임금이나 휴일 수당을 지급할 의무를 피할 수 있게 되었다.[36]

더 나아가, 법적 판결과 규제 개혁이 부당한 인센티브를 만들 수 있다는 점을 명심해야 한다. 긱 근로자에 대한 보호 수준을 높이려는 시도는 ⓘ 규제 부담을 피하기 위해 기업으로 하여금 근로자와의 관계를 더욱 조정하도록 장려할 것으로 보인다. (가령, 우버는 딜리버루를 모델로 삼고 법적 의무화를 피하기 위해 근로자들과의 합의를 조정할 수 있다.) 뿐만 아니라 ⓘⓘ 점점 더 비용이 많이 드는 근로자를 대체하기 위해 자동화에 대한 투자를 장려할 것으로 예상된다. 기술로 촉진된 생산성의 혜택을 어떻게 공유하는지 확실히 재고해야 하며, 근로 조건에 대한 법률 및 규제 개혁은 그 업무에 필수적이지만, 그 결과가 근로자에게 불쾌감을 준다면 일에 대한 신념을 유지하는 것이 그 문제를 푸는 최선의 해결책일지는 분명하지 않다. 일에 대한 신념을 버리는 것이 우리가 가질 수 있는 최선의 희망이다.

일이 구조적으로 나쁜 이유 ③
일에 대한 보상으로서의 분배가 불공평하다

일의 구조적 나쁨을 뒷받침하는 세 번째 주장은 '분배가 불공평하다'는 것이다. 이는 일의 보상(특히 소득)[37]이 공평하게 공유되지 않는다는 것을 뜻한다. 소수의 개인 집단이 소득의 대부분을 가져가고 대다수는 희생된다는 것이다. 이 주장은 제대로 해석할 필요가 있다. 나는 완벽한 임금 형평성이 이루어지는 세상을 기대하지도 바라지도 않는다. 어느 정도의 임금 차이는 기술과 노력의 차이로 정당화될 수 있고, 혁신을 촉진하기 위해서는 어느 정도의 차별화가 바람직하다.38 내 주장은 현재의 차별화가 이러한 측면에서 정당화될 수 없으며, 기술 변화로 인해 더욱 악화되고 있다는 것이다.

이 주장을 뒷받침하기 위해 먼저 소득 분배에 상당한 불균형이 있다는 것을 입증해야 한다. 이를 위한 쉬운 방법은 최근 몇 년간 나온 헤드라인을 장식하는 수치를 인용하는 것이다. 예를 들어 2017년에 세계에서 가장 부유한 8명의 개인 소득을 모두 합치면 이는 하위 50%의 소득보다 더 많은 것으로 추정되었다.39 이와 같은 수치는 분명히 불균형이라는 현실을 잘 납득시키지만, 현재의 주장에 중요한 소득 분배의 복잡성은 무시한다.

프랑스의 경제학자인 토마 피케티(Thomas Piketty, 1971~)가 구축한 실증적 데이터베이스와 영국의 경제학자인 앤서니 앳킨슨(Anthony Atkinson, 1944~2017)이 구축한 실증적 데이터베이스가 더 도움이 된다.40 피케티가 지적한 바와 같이, 두 가지 주요 소득원이 있다. 노동과 자본이 그런 주요 소득원이다.41 총소득 불균형은 두 가지의 집합에 의해 결정된다. 피케티와 동료들이 내놓은 수치에 따르면, 우리의 세계는 점점 더 계층화된 소득 불균형의 세계로 바뀌어 가고 있다. 상위 10%는 총소득에서 불균형한 '많은 몫'을 차지한다. 상위 1%는 더욱 불균형한 '많은 몫'을 차지한다. 상위 0.1%는 훨씬 더 불균형한 '많은 몫'을 차지한다.42

몇 가지 수치를 제시하자면, 대부분의 유럽 국가(2010년경)에서 소득 분배의 상위 10%가 총소득의 약 35%를 차지하고, 상위 1%는 10%를 차지했다. 미국(2010년경)에서는 상위 10%가 총소득의 50%를 차지하고, 상위 1%는 20%를 차지했다. 하지만 이런 수치는 자본 소유에 대한 더 깊은 불균형을 감추고 있다. 자본 소득(capital income)만 분리해 보면, 유럽(2010년경)에서는 자본의 60%를 상위 10%가 차지하고 25%

는 상위 1%가 차지한다. 미국(2010년경)에서는 자본의 70%를 상위 10%가 차지하고 35%는 상위 1%가 차지한다.[43] 이는 기술이 소득 분배에 미칠 수 있는 영향을 평가하는 것에 관해 중요하다. 어쨌든 기술은 자본의 한 종류이다. 근로자의 업무를 자동화하면 해당 근로자를 효과적으로 기계 자본으로 대체할 수 있다. 결과적으로, 자동화의 이득이 주로 자본의 소유주에게 흘러갈 것으로 예상된다. 즉 자동화가 더 큰 불균형을 가져온다는 것이다.

하지만 이것은 시스템이 분배상 **불공평하다**는 뜻인가? 그렇게 생각하는 이유는 인력 시장의 **양극화(polarization)**에 대한 데이비드 오토의 연구에 나온다.[44] (제2장에서 논의한) 기술 의거 실업의 장기적인 전망에 대한 회의론에도 불구하고, 오토는 기술이 일자리와 소득 분배에 상당한 영향을 미친다고 생각한다. 그는 노동 시장을 세 가지 주요 유형의 노동으로 나눌 수 있다고 주장한다. ⓘ 예측 불가능한 환경에서 능란한 육체적 업무를 수행하는 **육체노동(manual work)**, ⓘⓘ 반복적이고 일상적인 인지적 또는 육체적 업무를 수행하는 **루틴 노동(routine work)**, ⓘⓘⓘ 종종 직관과 설득을 요하는 창의적 문제해결 업무를 수행하는 **정신노동(abstract work)** 등이 그것이다. 제2장에서 언급한 것처럼, 하나의 일자리가 한 가지 유형의 노동 / 업무로만 구성될 가능성은 낮고, 유사한 업무들로 다발을 이룰 가능성이 여전히 높다. 거칠게 말하면 이 세 가지 형태의 노동은 대체로 서로 다른 소득 계층과 연결된다. 육체노동은 일반적으로 저숙련 노동으로 분류되고 상대적으로 보수가 낮으며 종종 상당히 불안정하다. 루틴 노동은 일반적으로 중(中)숙련 노동으로 분류되고 근로 소득 분배에서 중간에 위치한다. 정신노동은 고숙련으로 분류되고 종종 좋은 보수를 받는다.

오토는 1980년과 2015년 사이에 기술이 루틴 노동에 극적인 영향을 미쳤다고 주장한다. 로봇과 컴퓨터는 루틴한 인지적, 육체적 업무를 수행하는데 매우 뛰어났다. 결과적으로 중간 소득 계층의 근로자를 대체했다. 이는 1979년부터 2012년까지 육체노동과 정신노동의 증가와 맞물려 루틴 노동이 제로(zero) 성장 또는 마이너스 성장을 보인 미국 노동 시장의 데이터에서 나타난다.[45] 그러나 이러한 증가는 동등하게 공유되지 않는다. 흔히 고등 교육을 받아야 하고 진입 장벽이 높은 정신노동은 상대적으로 소수의 실제 근로자에 집중돼 있다. 게다가, 이러한 정신노동 종사자는 루틴 노동이 자동화되면서 전반적인 생산성을 증가시킬 수 있는 사람들이다. 정신노동 종사자는 상대적 희소성과 생산성 향상으로 인해 프리미엄 소득률을 얻을 수 있다. 육체노동 종사자는 정신노동 종사자에게 해당하는 상대적 희소성과 생산성 향상이라는 혜택이 전혀 없다. 육체노동 종사자는 지나치게 많이 공급되고 기계의 도움을 받아도 생산성을 높이지도 못한다. 1980년 이후 해직된 근로자의 대다수는 임금이 낮고 노동 조건이 불안정한 육체노동으로 내몰렸으며, 이는 임금 불균형에 분명히 영향을 미쳤다.[46]

나는 이 양극화● 효과가 현재 나타나는 일의 분배 불공평을 분명히 표현한다고 주장할 것이다. 루틴 노동 종사자가 기술로 대체되고 일을 잃는 것은 이들의 기술과 노력이 부족하기 때문도 아니고 개인의 도덕적 또는 인지적 실패 때문도 아니다. 이들의 직업이 상대적으로 자동화되기 쉽기 때문일 뿐이다. 루틴 노동 종사자가 하는 일은 가장 쉬운 작업이다. 즉 이들은 기계에 의해 잘려나간 첫 번째 사람들이었다. 게다가 이들은 더 나은 기회와 더 나은 근무 환경으로 대체되지 못했다. 오히려 전보다 더 심각한 곤경에 처했다. 이런 결과가 어떻게 분배 공평성의 선도적인 이론으로 정당화될 수 있는지 알기란 어렵다.

노동의 대가로 발생하는 소득인 근로 소득 분배의 최상단에 있는 양극화

● 기술 발달로 인해 육체노동과 정신노동 종사자는 증가한다. 하지만 이러한 증가가 육체노동과 정신노동에서의 소득으로 동등하게 분배되지는 않는다. 이것을 양극화라고 한다. 즉 정신노동 종사자는 상대적 희소성으로 소득률이 증가하지만, 육체노동 종사자는 지나치게 많이 공급되기 때문에 소득률 증가가 나타나지 않는다.

에 초점을 맞출 때 분배 불공평이 있다는 주장은 특히 강하다. 프랑스 경제학자 토마 피케티가 지적하듯이, 일부 국가에서는 상위 10%와 하위 90% 사이의 불균형이 증가하고, 상위 10% 내에서 불균형이 증가하는 것은 1980년대 이후 관찰된 불균형의 증가에 대한 원인이 된다.[47] 이것은 특히 앵글로색슨계 국가들(미국, 영국, 캐나다, 호주)에서 사실이지만, 유럽 대륙과 일본에서도 정도는 덜 하지만 사실이다.[48] 미국과 영국의 상위 0.1%는 1980년 평균 임금의 20배에서 2010년 평균 임금의 50~100배까지 소득이 증가했다. 그리고 프랑스와 일본 같은 나라에서는 상위 0.1%의 소득이 1980년 평균 임금의 15배에서 2010년 평균 임금의 25배로 증가했다.[49] 이런 변화는 대부분의 사람들이 그 기간 동안 그들의 구매력이 정체되었다는 것을 고려할 때 훨씬 더 중요하다.[50] 이는 소득 분배 최상단의 경제력 상승폭이 헤드라인 수치가 시사하는 것보다 더 크다는 뜻이다.

그러나 이런 소득 분배 불균형에 대해 표준이 되는 경제적 설명이 있다. 이것은 불균형을 정당화해주지는 못하지만, 부분적으로 구실을 대고 해결책을 제공할 수 있는 설명이다. 소득 분배 불균형이 기술과 교육 사이의 '경주(race)' 때문이라는 것이 그 표준적인 설명이다.[51] 근로자는 한계 생산성(marginal productivity)●에 따라 임금을 받는다. (즉 기업의 생산량에 얼마를 더 보태느냐에 따라 임금을 받는다.) 생산성은 그들 솜씨에 달려 있다. 솜씨에 대한 수요가 많고 공급이 부족하면 임금이 오른다.

문제는 기술이 솜씨의 종류를 바꾼다는 것이다. 즉 일상적, 인지적 과제(가령, 장부 정리)의 능력이 1960년대 또는 1970년대에는 수요가 많았

● 한계 생산성(marginal productivity) : 경제학에서 생산 요소의 한계 생산성은 생산 요소의 한 단위를 추가하여 생산되는 추가 생산물을 말한다. 예를 들어, 공장에서 고용하는 근로자의 수를 1명 늘리는 경우, 노동의 한계 생산성은 공장에서 추가 근로자를 고용한 건께 생산되는 추가 생산물이다. 한계 생산성의 개념은 생산 공정에서 사용한 생산 요소의 최적 수준을 결정하는 데 도움이 될 수 있기 때문에 중요하다.

지만, 정보기술과 자동화의 발전으로 인해 더 이상은 수요가 많지 않다. 솜씨 공급은 교육 제도에 의해 결정된다. 만약 사람들이 교육에 대한 접근성이 부족하거나, 교육 제도가 적절하고 수요가 높은 솜씨를 훈련시키지 않는다면, 수요가 높은 솜씨를 가진 사람의 수는 감소한다. 이것은 임금 불균형에 영향을 미친다. 현재의 기술 인프라를 보완하는 솜씨를 가진 고학력자는 임금이 불균형적으로 오르는 반면 고학력자가 아닌 사람은 임금이 낮아지는 현상이 나타난다. 현재 많은 사람들이 기술과 교육 사이의 경주에서 지고 있다고 주장할 수 있으며, 이런 주장으로 현재의 소득 분배가 설명이 된다.

이런 주장으로는 우리가 보게 될 현상이 도덕적으로 정당화되지 않는다. 노동 불균형이 교육과 기술의 불일치로 인한 것이라면, 그 불일치의 결과로 고통 받는 사람은 자신의 곤경에 대한 책임이 없다. 그렇긴 하지만 기술과 교육이 경주를 벌인다는 주장은 불균형을 바로잡을 수 있는 약간의 희망을 줄지도 모른다. 즉 우리는 교육 제도에 대한 접근성과 관련성을 개선할 필요가 있다는 것이다.

그러나 현재 많은 사람들이 기술과 교육 사이의 경주에서 지고 있다는 주장에는 문제점이 있다. 우선 교육이 업무 관련 기술을 훈련시키고 개별 근로자의 한계 생산성이 쉽게 결정될 수 있다는 그 주장의 기본 가정은 의심스럽다.[52] 마찬가지로, 현재의 기술 인프라를 보완하는 솜씨를 가진 사람을 교육시키기 위해 교육 제도를 쉽게 개조할 수 있다는 생각은 허황되다. 20년 후에는 어떤 솜씨에 대한 수요가 많을지 예측하기가 매우 어렵고, 변화 가속화와 기계 보완성에 대한 제2장에서의 주장이 맞다면 앞으로 수요가 많은 '솜씨'가 그렇게 많지 않을 수도 있다.

게다가 토마 피케티가 주장하듯이, 경주 주장이 소득 분배에서 볼 수 있는 현재의 패턴을 설명하지 못한다는 것은 꽤 분명하다. 특히 국가별로 볼 수 있는 상위 10%, 1%, 0.1%의 운명의 차이를 설명할 수 없다. 미국과 프랑스는 동일한 기술력의 지배를 받아왔지만, 미국의 고위 간부는 프랑스의 고위 간부보다 훨씬 더 많은 돈을 벌고 있다. 경주 주장은 상위 10% 이내 소득의 차이도 설명하지 못한다. 이 근로자들은 보통 같은 엘리트 대학에 다니고 비슷한 교육을 받았지만, 상위 1%가 버는 소득과 나머지 9% 사이에 두드러진 단절이 있다.[53]

그렇다면 무엇으로 현재의 패턴을 설명할 수 있을까? 토마 피케티는 '제도적 요인'이 중요한 역할을 한다고 주장한다. 즉, 현재의 기업 규범, 법률 및 규제, 임금 책정에 대한 정치적 영향 등이 그런 요인이다. 법적, 정치적 개입이 보수에 영향을 미칠 수 있다는 것은 역사적 경험으로 명백하다. 예를 들어, 제일차세계대전과 제이차세계대전 동안 많은 나라에서 의도적으로 (그리고 합의에 의해) 임금을 삭감했다.[54]

좋든 나쁘든 간에, 대부분의 나라는 이제 기업의 임원진과 대주주가 임금 책정에서 상당한 자율성을 갖는 제도를 선호한다. 이기적인 이유로, 임원진과 대주주는 자신들이 많은 이익을 얻는 방식으로 임금을 정하는 경향이 있다. 이는 그들이 안정된 생산성에 기여한 근로자에게 저임금을 지급하고, 노동을 대체하는 기술에 더 많이 투자하며, (앞 절에서 보았듯이) 파편화와 불안정성을 장려한다는 것을 의미한다. 최저임금법과 단체 교섭 협약의 영향으로 이런 상황이 완화되기는 한다. 미국의 경우, 상대적으로 낮은 연방 최저 임금과 노조 결성의 급격한 감소 때문에 불균형이 더 악화된다. 최저 임금이 높고 노조 결성 문화가 강한 프랑스는 그나마 낫다.[55] 그러나 이것은 별로 위안을 주지 못한다. 일반적인 추세는 노조 결성이 감소하고, 임금 책정보다 노동 시장의 유연성이 높아지며, 소득 불균형이 증가하는 것이다.[56]●

● (지은이 주) 발터 샤이델(Walter Scheidel)이 지적하듯이, 사회적 잉여를 낳는 어느 사회에서나 불평등이 증가하는 일반적인 역사적 추세는 있다. 기후 변화, 전쟁, 질병과 같은 큰 재난 없이 이러한 추세를 시정하기는 매우 어렵다.

다시 말해 현재 시행되고 있는 제도는 노동의 분배 불공평을 증가시키고 강화하는 구조인 셈이다. 이것은 일의 구조적 나쁨에 대한 또 다른 증거이다.

일이 구조적으로 나쁜 이유 ④
하루 24시간, 일이 우리의 삶을 식민지로 삼는다

일의 구조적 나쁨을 뒷받침하는 네 번째 주장은 일이 '일에 의한 삶의 식민지화' 문제에 초점을 맞춘다. 특히 일이 우리의 시간과 정신적 공간을 차지하는 방식에 초점을 맞춘다. 여기에서 우려되는 것은 두 가지이다. ⓘ 우리는 필요 이상으로 많은 시간을 일에 할애하고, ⓘ 일을 하고 있지 않을 때에도 일은 다른 모든 활동을 해석하고 평가하는 렌즈가 된다. ⓘ이 분명 문제이긴 하지만, ⓘ는 일의 총체화와 지배력에 기여하기 때문에 더 심각한 걱정거리이다. 우리의 자유 시간이 실제로는 자유 시간이 아니라는 것이다.

우리는 일에서 회복하고 일을 준비하는 데 시간을 할애한다. 데이비드 프레인이 자신의 책 ≪일하지 않을 권리≫에서 말했듯이, "진정한 여가란 경제적 요구로부터 벗어나 세계와 문화를 위해 진정으로 자유로워지는 달콤한 '매개되지 않은 삶의 오아시스'이다."[57] 일에 대한 현대의 제도에서는 그와 같은 진정한 여가가 허용되지 않는다.[58]

일이 우리의 삶을 식민지처럼 장악한다는 일에 의한 '삶의 식민지화 힘(colonizing power)'이 존재한다는 주장을 다음과 같이 세 가지 방법으로 제시할 수 있다. 첫 번째는 직관과 평범한 경험(또는 상식)을 함께 사용하는 것이다. 두 번째는 사람들이 지난 반세기 동안 일할 '시간을 낭비했다'는 것을 시사하는 증거에 집중하는 것이다. 세 번째는 왜 사람들이 점차 일이 자신의 삶을 식민지화하도록 허용하는지를 설명하는 게임

이론(game theory) 모델을 사용하는 것이다. 나는 이 세 가지 전략을 모두 동원해서 일의 식민지화 힘이 존재한다고 주장할 것이다.

직관과 평범한 경험(또는 상식)으로 시작해 보자. 일견 지금은 일이 우리의 삶을 식민지화하고 있다는 주장을 의심할 만한 이유가 있다. 평균 근로 시간에 대한 통계가 암시하듯이, 사람들은 과거의 특정 시기보다 공식적으로 더 적은 시간을 일하고 있다.[59] 그러나 어느 역사적 시대를 비교 대상으로 선택하느냐에 따라 그림이 달라진다.

미국의 인류학자 마셜 살린스(Marshall Sahlins, 1930~2021)는 <원래 풍요로운 사회>(The Original Affluent Society)라는 제목의 유명한 에세이에서 일할 시간의 낭비가 생활 방식의 변화 때문이라고 주장했다. 즉 인간의 생활 방식이 수렵 채집에서 농경으로 전환되었기 때문이라는 것이다.[60] 현대 부족들의 인류학적 증거에 기초하여, 살린스는 수렵 채집 생활 방식이 진정한 여가 시간으로 넘쳐난다고 주장했다. 즉 수렵 채집인은 기본 욕구를 충족하기 위해 매일 매우 적은 시간을 '일'해도 충분했다. 우리의 많은 시간이 뼈아픈 노동으로 가득 차 있는 것을 알게 된 것은 농경지에 정착하고 이 땅에 구속당하면서부터였다. 수렵 채집 생활 방식에 대한 살린스의 견해는 다소 전원적이며, 그런 사회에는 비교를 유익하게 할 (내가 이해한 바로서의) '일'에 대한 직접적인 유사물은 없다.

그럼에도 불구하고, 의심할 여지없이 경제적인 의미에서의 일이 존재했던 산업혁명 초기의 암흑기로 빠르게 돌아가 보면 사람들이 오늘날보다 더 많이 일했다는 증거를 얻을 수 있다. 사람들이 관리자로부터 노동을 요구받거나 강요받을 수 있는 시간의 공식적인 법적 제한은 없었다. 하루 12~14시간씩의 육체노동조차 드문 것이 아니었다. 오늘날 많은 선진국에서는, 일할 수 있는 노동 시간을 법적으로 제한한다. 시간제한은 다양하지만 일반적으로 주당 35~50시간 범위이다.

그러나 이러한 공식적인 시간제한은 많은 근로자의 삶에 의미가 없다. 사람들이 출근하고 퇴근하며, 경제적 생산성을 시간 단위로 쉽게 측정할 수 있던 '산업 시간'의 개념이 두드러졌던 20세기 초중반에는 이런 시간 제한이 이치에 맞았을지도 모른다. 오늘날 특히 지식 근로자에게는 이런 생각은 구식이다. 시간과 생산성 사이에는 분명한 연관성이 없다. 더 많은 일을 할 수 있고, 이를 비교적 쉽게 할 수 있는 기술 인프라를 갖췄다는 느낌이 항상 있다. 즉 지난 한 주 동안 미뤄두었던 보고서를 작성하거나 더 많은 전자메일에 응답하거나 개인 정보에 대한 온라인 홍보에 참여하기 위해 사무실이나 직장에 머물러 있어야 할 필요가 없다. 또한, 기술, 금융, 컨설팅, 법률 등 경제의 여러 분야에서 지배적인 직장 문화는 '시간을 보내야 하는' 것처럼 보여야 하는 문화이다. 그렇지 않다면 일을 게을리하는 것으로 간주되어 해고될 위험에 내몰린다.

근무일과 비(非)근무일 사이의 경계는 결과적으로 인식할 수 없을 정도로 모호해졌다. "8시간은 일하고, 8시간은 잠자고, 8시간은 하고 싶은 것 하기"라는 노동 운동의 고전적인 슬로건은 너무 순진한 것이다. 컬럼비아대학교 예술사 교수 조너선 크래리(Jonathan Crary, 1951~)는 ≪24 / 7 : 후기 자본주의와 잠의 종말≫(24 / 7 : Late Capitalism and the End of Sleep)●에서 냉철하고 비관적인 용어로 요점을 밝히고 있다.[61] 그는 우리가 디지털로 매개되고 세계화된 일터를 만들었다고 주장한다. 이런 일터는 하루 24시간 일하고 연중무휴이며, 항상 우리에게 더 많은 것을 요구한다. 크래리는 이런 일터의 궁극적인 목적이 수면을 끝내는 것이라고 주장한다. (그리고 그는 이 점을 설명하기 위해 수면 시간을

● ≪24 / 7 : 후기 자본주의와 잠의 종말≫(24 / 7 : Late Capitalism and the End of Sleep) : 24 / 7은 '하루 24시간 / 1주 7일'을 뜻한다. 비약적으로 발전한 기술로 인해 24 / 7 시장 체제 즉, 하루 24시간 / 1주 7일 동안 쉬지 않고 돌아가는 산업과 소비의 시대가 나타나고 있다는 것이다. 이 책은 이와 같은 상황에서 인간의 주체와 지각이 어떤 변화를 강요당하고 있는지 거시적 관점과 사례를 통해 구체적으로 설명한다. 지은이는 잠의 의미를 역사적, 정치적, 철학적, 문명론적, 문화비평적으로 논하며 21세기 기술과 인간 주체의 근본적 양립 불가능성을 주장한다.

줄이는 것을 목표로 한 몇몇 과학 연구 프로그램에 대해 논의한다.) 그것은 아마 극단적이겠지만, 요점은 충분히 이해한다.

분명히 당신은 직업이 있을 때는 그 직업을 최대한 활용해서 많은 것을 얻어내고, 직업이 없을 때는 이력서를 보강하고 고용 자격을 갖춤으로써 시간을 내서 취업 준비를 해야 한다.62 대학생은 자신의 활동을 고용가능성의 관점에서 해석하고, 취업에 도움이 되지 않는 것은 무엇이든 거부한다. 이것은 많은 대학이 적극적으로 장려하는 것으로서, 졸업생에게 과외 활동을 미래의 관리자에게 보여줄 수 있는 고용가능성 포트폴리오에 싣도록 한다. 그리고 고용가능성 의제는 어린아이의 마음속에도 스며들었다. 데이비드 프레인은 앞서 언급한 ≪일하지 않을 권리≫에서 현지 학교의 연구 프로그램에 참여했던 열두 살 소년과 마주한 일을 묘사했다. 왜 이 프로그램에 참여했냐고 묻자 소년은 "내 이력서에 잘 어울릴 것 같아서요"라고 대답했다.63

직관과 상식 외에, 우리가 사실은 일할 시간을 낭비하고 있다는 것을 암시하는 증거가 있는가? 있다. 미국의 경제학자 히더 부셰이(Heather Boushey, 1970~)의 '미국 가정에서의 일과 삶 갈등에 대한 연구'는 이러한 점에서 특히 빛을 발하는데, 이 연구는 개인이 아닌 가족에게 일어나고 있는 것에 초점을 맞추기 때문이다.64 대부분의 사람들은 한부모이든 양부모이든 간에 특정 종류의 가족 단위에서 일생을 살아간다. 가족 단위 내에는 일과 삶의 균형을 유지하기 위한 끊임없는 노력이 있으며, 특히 (자녀나 노년층 가족 구성원들에 대한) 돌봄 의무와 경력 의무를 기술적으로 잘 처리하는 것에 관한 한 그러하다. 부셰이는 1970년대 후반부터 미국 가족이 돌봄 의무와 경력 의무 간의 이러한 갈등을 어떻게 관리했는지 살펴본다. 부셰이는 중산층, 하위층, 상위층이라는 3대 소득층 전체의 가족을 고려했다. 부셰이는 이 세 소득층 모두의 공통된 경험이 "그들은 시간을 낭비했다"는 것이라고 주장하지만, 그 이유는 소득층마다 다르다.

중산층 가정의 경우, 시간 낭비에 두 가지 주요 이유가 있다. ⓘ 여성이 집 밖에서 일하는 시간의 증가와 ⓘⓘ 남성의 임금 정체(그리고 때로는 감소)가 그것이다. 여성이 일하는 시간이 증가한 것은 부분적으로 법적, 문화적 가치의 (긍정적) 변화 때문이기도 하지만, 부분적으로 남성 임금이 정체되고 보육, 교육, 의료, 주거 관련 비용이 상승했기 때문이기도 하다.[65] 이러한 비용 증가를 따라가기 위해 중산층 가정은 일에 더 많은 시간을 바쳐야 한다. 이는 돌봄 의무를 위한 시간과 에너지가 줄어든다는 것을 뜻한다. 결국 스트레스와 일과 삶의 갈등은 가중된다.[66] 이는 육아 등 돌봄 의무에 대한 예상이 높아졌고, 여성과 남성 모두 매주 이러한 활동을 수행하는 시간이 늘어난다고 보고했다는 사실에 의해 더욱 심해진다.[67]

저소득 가정은 그 원인이 다르다. 이들은 가족 해체가 증가하는 것을 경험하는데, 이 소득층의 약 50%가 한부모(대부분 여성) 가정으로 분류된다.[68] 이들은 전형적으로 저학력자라서 고소득 일자리에서 배제되고, 극심한 가난과 금전적 절망을 경험한다. 그 결과, 종종 이전 절에서 설명한 불안정하고 보수가 낮은 직업을 택하게 된다. 이런 일자리는 예측 불가능하고 가족 친화적이지 않은 일정(가령, 추가 근무, 분할 근무, 불규칙한 일정)이 수반되고, 고용 안정 및 수익 외의 혜택을 거의 기대할 수 없다.[69] 이로써 이 저소득 가정에서는 소득의 필요성과 돌봄 의무의 균형을 맞추기 위해 시간 압박이 증가한다. 이런 가정의 힘든 상황과 24 / 7 경제의 상승 사이에는 재밌는 피드백 순환(feedback cycle)이 있다. 한편으로, 24 / 7 경제의 상승은 저소득 가정이 겪는 문제의 원인이다. 즉 24 / 7 경제의 상승은 예측 불가능하고 가족 친화적이지 않은 근무 일정으로 이어진다. 다른 한편으로, 24 / 7 경제의 상승은 저소득 가정이 겪는 문제의 해결책이다.● 왜냐하면 저소득 가정은 평상시 근무일 이외

● 우리는 정보통신 기술 덕분에 전 세계에서 거의 쉬지 않고 상품과 서비스, 자본을 생산하고 유통할 수 있는 세상에 살고 있다. 상품과 소비자가 시간대와 국경을 넘나들 수 있도록, 고용주는 24시간 동안 근무하는 직원을 점점 더 많이 고용해야 한다. 그리고 전

의 시간에 쇼핑을 하고 서비스를 활용할 수 있어야 하기 때문이다.[70] 이런 상황은 저절로 계속되는 시간 압박으로 이어진다.

상위층 가정의 경우는 상황이 또 다르다. 이들은 교육을 잘 받았고 급여도 높다. (히더 부셰이의 연구에 따르면 1년에 평균 20만 달러에 달한다.) 우리는 이들 때문에 슬퍼할 일은 없다. 하지만 이들도 시간이 촉박하다고 느낀다. 이들의 직업은 종종 가장 긴 노동 시간을 요구한다. 전문가 남성의 경우 연간 평균 노동 시간(2012년 기준)은 2,186시간, 전문가 여성의 경우 1,708시간이다. 그리고 종종 일을 집으로 가져와서 평상시 근무일 외에 당직 근무를 한다. 전문 법률에 대한 나만의 지식과 경험으로 이야기하자면, 나는 이러한 현실을 직접 목격한다. 내 친구와 동료들 대부분은 하루에 12시간 일하고, 매달 몇 번의 주말 근무를 한다. 중요한 마감일이 다가오면 자정이 지나서까지 일하는 것도 흔하다. 이들이 다른 사람들에 비해 가지고 있는 분명한 장점은 필요한 서비스에 대해 돈을 많이 받는다는 것이다. 하지만 이것 또한 일이 우리의 삶을 식민지화하는 힘의 징후이다. 이들은 캘리포니아대학교 사회학과 명예 교수인 앨리 혹실드(Arlie Hochschild, 1940~)가 말하는 '아웃소싱된 삶(outsourced life)'을 살아야 한다. 이들은 돈은 많지만 시간이 부족해서 일과 무관한 삶(non-work live)(가령, 육아, 노인 돌봄, 파티 계획, 데이트 서비스 등)을 처리하기 위해 다른 사람들에게 돈을 지불한다.[71]

일에 의한 삶의 식민지화 힘을 지지하는 마지막 방법은 게임 이론●이다.

세계적인 노동 규제 완화로, 고용주는 노동 비용을 줄이기 위해 임시 또는 긴급 대기로 노동자를 자유롭게 고용할 수 있다. 이처럼 끊임없는 작업 일정으로 돌아가는 경제를 '24 / 7 경제', 즉 하루 24시간 주 7일 내내 근무하는 '24시간 연중 무휴' 경제라고 한다. 이런 경제의 한 가지 특징은 '교대 근무(shift work)'가 증가한다는 것이다. 즉, 야간, 순환, 분할, 불규칙, 주말 근무가 늘어난다. 24 / 7 경제가 저소득 가정이 겪는 문제의 해결책이 되는 이유는, 이들이 교대근무 제도를 활용하여 정규 근무 시간 이외에 할 수 있는 사적인 집안일을 처리할 수 있기 때문이다.

● 게임 이론 : 한 사람의 행위가 다른 사람의 행위에 미치는 상호 의존적, 전략적 상황에

이 방법은 특히 '고용가능성 의제(employability agenda)'●와 이 의제가 고용가능성에 대한 기여 측면에서 우리의 활동을 지속적으로 수행하고 제시하도록 장려하는 방법에 초점을 맞춘다. 이미 주장했듯이, 일자리는 점점 더 불안정해지고 있다. 많은 사람의 일자리가 임시 계약에 의한 긱 경제로 옮겨진다. 이는 많은 사람들이 끊임없이 취업 기회를 노려야 한다는 뜻이다. 이들은 자신에게 일할 의지가 있다는 신호를 계속 보내야 하며, 그것도 군중들로부터 자신을 부각시키면서 그렇게 해야 한다. 어떻게 이렇게 할 수 있을까? 정답은 자신에 대한 정보를 공개하는 것이다. 여기에는 직무 관련 기술에 대한 정보가 포함되지만, 주변적이거나 별로 관계가 없어 보이는 정보도 포함된다. 예를 들어, 당신이 하는 모든 자원봉사에 대한 정보를 공유하거나 당신이 참가했던 마라톤은 당신이 헌신적이고 공공심이 있다는 것을 잠재 관리자에게 신호로 보낸다. 둘 다 관리자가 찾는 자질이다. 긍정적인 고객 등급 또는 신문 리뷰에 대한 정보를 공유하는 것은 당신이 양질의 서비스를 제공한다는 신호를 보낸다. 이러한 종류의 정보 공개는 개인의 관점에서 보면 타당하다.

문제는 이 같은 정보 공개에 위험한 전략적 논리가 깔려 있다는 점이다. 한 사람이 이런 정보 공개를 시작하자마자 모두가 똑같이 정보를 공개해야 한다. 이는 다른 사람들이 자신에 대해 부당한 가정을 하는 것을 피하기 위함이다. 법률이론가 스콧 페펫(Scott Peppet)은 이것을 '해명 문제(unravelling problem)'라고 부른다.72

서 의사 결정이 어떻게 이루어지는가를 연구하는 이론이다. 게임 이론의 첫 번째 특징은 의사 결정자들이 합리적으로 선택한다는 점이다. 두 번째 특징은 사람들이 상대방의 반응을 충분히 고려하고 의사 결정을 내린다는 점이다.

● 고용가능성 의제(employability agenda) : 개인이 더 고용 가능하거나 고용을 확보하고 유지할 수 있도록 하는 데 초점을 맞추는 것을 말한다. 여기에는 교육 프로그램 제공, 구직 지원, 기술 개발 지원 등과 같은 다양한 활동이 포함될 수 있다. 고용가능성 의제는 종종 실업에 대한 우려와 노동력의 생산성을 증가시킬 필요성에 의해 추진된다. 그것은 또한 소득 불평등을 줄이려는 욕구에 의해 동기를 부여받을 수 있다.

그는 아주 간단한 예를 든다. 한 무리의 사람들이 시장에서 오렌지를 상자에 담아 팔고 있다고 생각해 보자. 이 상자에는 최대 100개의 오렌지가 들어가지만, 판매자는 판매 전에 이 상자를 꼼꼼하게 밀봉하므로 구매자는 이 상자에 얼마나 많은 오렌지가 들어 있는지 볼 수 없다. 게다가 구매자는 운송 전에 박스를 열려고 하지 않는다. 박스를 열면 오렌지가 상할 수 있기 때문이다. 물론 구매자는 운송 후에 박스를 열어서 세어 보면 오렌지의 정확한 개수를 쉽게 확인할 수 있다. 이제 당신이 오렌지를 파는 사람이라고 가정해 보자. 당신은 구매자에게 상자 안의 총 오렌지 개수를 공개해야 할까? 당신은 공개하지 않아야 한다고 생각할 수도 있다. 왜냐하면 다른 판매자보다 오렌지가 더 적게 들어 있다면 불리해지기 때문이다.

그러나 게임 이론에 따르면 판매자는 오렌지의 개수를 공개해야 한다. 왜 그럴까? 만약 상자 안에 오렌지 100개가 들어 있다면, 당신은 이를 잠재 구매자에게 공개하면 시장에서 유리할 것이다. 그렇게 하면 당신은 매력적인 판매자가 된다. 이에 부합해, 당신 상자에 99개의 오렌지가 들어 있고, 100개의 오렌지가 든 상자를 판매하는 모든 판매자가 구매자에게 오렌지의 수를 공개한다면, 당신은 상자에 있는 오렌지의 수를 공개해야 한다. 그렇게 하지 않는다면, 잠재 구매자가 당신을 0개에서 98개 사이의 오렌지를 파는 사람들과 뭉뚱그려 같이 취급할 위험이 있다. 다시 말해, 상자에 가장 많은 수의 오렌지가 있는 사람이라면 이 정보를 공유하기 때문에, 구매자는 상자에 있는 오렌지의 수를 공유하지 않는 사람에 대해 최악을 가정하는 경향이 있다. 하지만 당신 상자에 99개의 오렌지가 들어 있다는 사실을 공개하면, 같은 논리가 98개의 오렌지를 가진 사람에게 적용될 것이고, 같은 논리는 상자 안에 1개의 오렌지가 들어있는 판매자에게까지 적용될 것이다. 이것은 실제 정보를 해명하는 것이다. 상자에 오렌지 하나만 있는 판매자는 구매자에게 이 사실을 공개하지 않겠지만, 판매자들은 시장에서 작동하고 있는 유인책에 의해 결국 공개할 수밖에 없다.

이러한 종류의 해명은 이미 고용 시장에서 일어나고 있다. (고객 등급을 강제로 공유하도록 강요받는 우버 운전기사나 학생 등급에 대한 정보를 공유해야 하는 교수에게 물어보기만 하면 된다.) 그리고 이는 일에 대한 경쟁이 갈수록 치열해짐에 따라 앞으로 증가할 것이다. 우리 자신에 대한 가치 있는 정보가 많을수록, 우리는 고용가능성을 유지하기 위해 이런 정보를 잠재 관리자에게 공개하면 유리하게 된다. 최고의 정보를 가진 사람은 자발적으로, 그리고 기꺼이 그런 정보를 공개한다. 하지만 궁극적으로 모든 사람들은 잠재적으로 열등할 수 있는 다른 근로자와 차별화하기 위해서라도 자신의 현 정보를 공개해야 한다. 게다가 디지털 감시 기술은 사람들이 이러한 해명에 더 쉽게 참여할 수 있게 한다. 스마트 기기에서 직접 업로드된 데이터를 사람들에게 제공함으로써, 당신은 사람들이 당신에 대한 고품질이고 쉽게 확인할 수 있는 정보의 원천이라고 **인식하는** 것을 제공한다. 스콧 페펫은 이러한 추세가 '완전 공개(full disclosure)'를 숭배하는 미래라고 주장한다. 즉 개인 디지털 서류에서 우리 자신에 대한 시시콜콜한 것까지 포함해 모든 것을 공유하는 미래이다.

갈 길이 좀 더 남았다. 당분간 내가 말하고 싶은 것은, 해명이 일에 의한 삶의 식민지화 힘과 일의 구조적 나쁨 모두를 완벽하게 보여준다는 것이다. 왜냐하면 해명은 사람들이 자신에 대한 많은 정보를 공유한다는 것을 의미할 뿐만 아니라, 또한 자신에 대한 많은 긍정적인 정보를 **생성하도록**, 즉 항상 고용가능성 자격을 쌓도록 장려될 것임을 의미하기 때문이다. 이것은 악의에 찬 상사나 사악한 기업 관리자와는 무관하다. 온갖 피해를 입히는 것은 사악한 관리자가 아니라 다름 아닌 시장의 유인책 구조이다. 곧 일에 대한 손아귀에서 벗어날 수 없고, 우리 모두는 벗어나기를 바랄 것이다. 이것이 현대에 일에 대한 막연한 불안의 핵심인 '개인과 사회의 최선 불일치 문제'이다.

일이 구조적으로 나쁜 이유 ⑤
일하는 사람들이 불행하다고 느낀다

일의 구조적 나쁨을 뒷받침하는 마지막 주장은 대다수의 사람이 일을 할 때 행복하지 않는다는 것이다. 즉 일할 때 만족하지 못하고 불행감을 느낀다는 것이다. 이 주장은 앞의 주장과 구별된다. 지금까지는 일에 대한 철학적, 윤리적 반대 의견을 숨기고 있었다. 지금까지의 반대 의견은 근로자 자신이 일에 대해 어떻게 생각하느냐가 아니라, 일의 부정적인 구조적 특성에 초점을 맞추었다.

기억할지 모르겠지만 나는 일을 사랑하면서도, 일반적으로는 일을 사랑한다고 느끼는 것이 잘못된 일이라고 말하면서 이 장을 시작했다. 나는 지금의 체제를 그렇게 나쁘게 만드는 일의 구조적 특성이 항상 근로자의 관심을 받는 것은 아니라는 것을 잘 알고 있다. 지금까지의 내 목표는 근로자로 하여금 무엇이 문제인지를 알도록 하기 위해 근로자의 의식을 고양시키는 것이었다. 그러나 만약 사람들이 일에 대해 실제로 어떻게 느끼는지를 완전히 무시한다면 근로자의 의식을 고양시킨다는 것은 거만하고 권위적이며 잘난 체하는 일일 뿐이다. 근로자들의 느낌도 일의 나쁨을 전반적으로 평가할 때 포함되어야 한다. 다행히도, 이런 느낌에 대한 증거는 일이 구조적으로 나쁘다는 일반적인 주장을 뒷받침한다.

여론조사 업체인 갤럽(Gallup)은 매년 <글로벌 일터 상태(State of the Global Workplace)> 조사를 실시하고 있다. 이 조사는 보통 150개국 이상의 국가에서 20만 명 이상의 응답자가 참여할 만큼 대규모로 이루어진다. 그리고 여러 가지 업무 관련 문제를 평가한다. 갤럽의 2013년 보고서에, 전 세계적으로 업무에 '열의를 보이는' 근로자는 13%에 불과하고 일을 '회피하는' 근로자는 24%를 넘는다는 조사 결과가 나오자, 이러한 조사 결과는 전 세계 미디어의 헤드라인을 잠식했다.[73] 갤럽은 12개의 설문 항목에 대한 사람들의 반응을 분석하여 업무 열의(engagement)

를 측정한다. 이러한 설문 항목은 근로자의 동기, 소속감, 그리고 일의 목적을 다룬다. 이는 일과 관련된 만족도와 행복을 평가하는 그럴듯한 방법이다.

2017년 설문조사를 다시 실시했을 때 갤럽은 전 세계 근로자의 15%가 업무에 열의를 보인다고 보고했다. 이는 2013년에 비해 소폭 상승한 것이었다.[74] 이런 수치는 나라마다, 그리고 회사마다 다르다. 예를 들어, 갤럽은 '최고 성과 기업'에서 일하는 근로자 중 70%가 업무에 열의를 보인다고 '위풍당당하게' 말한다.[75] 그럼에도 불구하고 전반적인 추세는 부정적이다. 업무 열의 비율이 40%를 넘는 나라는 없으며 일부 지역에서는 충격적일 정도로 낮다. 아시아에서는 6%, 서유럽에서는 10%의 근로자만이 업무에 열의를 보인다. 이는 노동력이 가장 높은 업무 열의를 보이는 것으로 평가되는 미국의 30% 이상과 비교된다.[76]

이런 수치는 지금까지의 논의에 함축되어 있던 점을 강조하는 데 도움이 된다. 현대의 업무 시스템은 많은 경쟁력과 불안을 부추긴다. 좋은 일자리는 얻기 어렵고, 스스로 고용 자격을 갖기 위해서는 유난히 열심히 일해야 하고, 열심히 해도 하는 일에 대해 반드시 공정한 보답을 제공하는 것이 아닌 시스템에 갇히게 된다. 이 모든 불안과 경쟁력은 무엇을 위한 것일까? 당치도 않다는 것이 답인 것 같다. 갤럽 조사에 따르면 일을 찾는 대다수의 사람은 일을 즐기지 않거나 더 잘할 수 있다고 생각하지 않는다. (유사한 데이터세트에 기반을 둔) 다른 연구도 이 관점을 뒷받침한다. 예를 들어 승진하고 돈을 많이 번다고 해서 일상생활에서 행복의 감정이 늘어나는 것 같지는 않다. 오히려 행복의 감정이 최고조에 달하는 소득의 문턱 값이 있는데, 2010년 미국에서 약 7만 5,000달러(약 1억 원)로 추정된다. 물론 이 문턱 값은 국가별 생활비에 따라 다르다. 기본 욕구와 필요를 충족시킬 만큼 충분히 벌어야 하지만, 그 이상을 벌면 골치만 아플 것 같다.[77]

그렇다고 해서 경제 활동에서 이루어지는 모든 일이 행복의 감정을 높이는 데 아무 기여도 하지 않는다는 말은 아니다. 국민 소득과 생산성의 증가는 행복과 삶의 만족도의 증가와 상관성을 이루며, 혁신과 생산성은 (식품과 의료와 같은) 중요한 상품과 서비스의 분배에 분명히 도움이 된다.78 그러나 중요한 질문은 생산성을 높이기 위해 모든 일을 인간이 해야 하는가이다. 내 대답은 만약 우리가 행복하지 않다면, 그리고 그 시스템이 앞 절들에서 논의한 네 가지 다른 특성(지배적 영향의 문제, 일터 파편화와 불안정성의 문제, 불공평한 분배의 문제, 삶의 식민지화 문제)을 가진다면,● 우리 인간이 높은 생산성을 위해 모든 일을 해야 하는 것은 아니라는 것이다.

● 대부분의 근로자에게 일을 나쁜 것으로 만드는 다섯 가지 특징을 제시했다. 마지막이, 대부분의 사람들이 자기 일에 만족하지 않고 일을 할 때 행복하지 않다는 '불행의 문제'이다. 나머지 네 가지 특징은 일로 인해 근로자의 자유가 현저히 훼손된다는 '지배적 영향의 문제', 직장이 점점 파편화되고 근로자의 근로 조건이 점점 더 불안정해진다는 '파편화와 불안정성의 문제', 소득이 불공평하게 분배된다는 '불공평한 분배의 문제', 이어 우리의 삶을 식민지화한다는 '삶의 식민지화 문제'이다.

3장_3절   일의 나쁨 주장에 반대할 수는 있지만

지금까지 일의 구조적 나쁨에 대한 다섯 가지 이유를 살펴보았다. 그렇지만 이 일의 구조적 나쁨 주장에 반대하는 이들도 있다.

첫 번째 반대는 이른바 '구조적 좋음(structural goodness)' 주장이다. 이것은 지금까지 내가 제시했던 견해와 반대되는 것이다. 나는 일을 나쁜 것으로 만드는 구조적 특성을 장황하게 설명했다. 하지만 확실히 일을 좋은 것으로 만드는 구조적 특성은 없을까? 도덕철학자이자 정치철학자인 앵카 게우스(Anca Gheaus)와 철학자이자 사회과학자인 리자 헤르조그(Lisa Herzog)는 <일의 장점>(The Goods of Work)[79]이라는 논문에서 이와 같은 견해를 옹호했다. 이들은 일이 수입의 원천이고, 돈은 사람들로 하여금 필수적인 재화와 서비스를 지불하게 하므로 일은 좋은 것이라는 점에서 출발한다. 그러나 이들은 복지 제도를 개혁하여 사람들에게 다른 방법으로 소득을 줌으로써 일을 '좋은 것으로 만드는 (good-making)' 특성을 다시 손질할 수 있다는 것을 인정한다. 그래서 그들은 소득과 무관한, 일을 좋은 것으로 만드는 특성을 고려하는 것으로 넘어간다. 이들은 다음과 같은 네 가지 특성을 제시한다.

<u>소득과는 무관한, 일을 좋은 것으로 만드는 것</u>

____**통달(Mastery)** : 일은 일정한 기술에 통달할 수 있는 특권을 부여한다. 사람들은 이 과정에서 많은 보람을 느끼며 존재론적으로 살아 있다는 느낌을 얻는다.

____**기여(Contribution)** : 일은 사람들이 사회에 긍정적인 기여를 하는 주된 방법이다.

____**공동체(Community)** : 일은 사람들이 교류하고 협업할 수 있는 공동체를 제공한다.

____**지위(Status)** : 일은 사람들이 사회적 지위와 존경을 얻는 주된 방법으로서, 그들에게 큰 자긍심을 준다.

게우스와 헤르조그의 주장은 일의 공평성(또는 불공평성)에 대해 논의할 때 일을 좋은 것으로 만드는 이런 특성을 진지하게 받아들여야 한다는 것이다. 만약 누군가가 이제 고용되지 않은 상태라면, 이런 질문을 해야 한다. 그런 사람은 소득과 무관한 일의 장점을 잃은 것에 대해 적절하게 보상받고 있는가?

나는 기술 통달, 사회적 기여, 공동체 참여, 지위 확보 등이 일의 구조적 장점이라는 게우스와 헤르조그의 주장에 어느 정도 동의한다. (물론 사회적 지위가 일의 구조적 장점이라는 주장은 해석에 따라 달라질 수는 있다.[80]) 그리고 나는 한발 더 나아가 이런 네 가지 특징이 일의 구조적 나쁨을 평가하는 요인으로서 포함되어야 한다는 주장 또한 전적으로 받아들일 용의가 있다. 하지만 나는 게우스와 헤르조그가 말하는 기술 통달, 사회적 기여, 공동체 참여, 지위 확보 등과 같은 일의 구조적 장점이 일과 매우 긴밀하게 연결되어 있다고는 생각하지 않는다. 일을 제거한다고 해서 이런 장점을 더 이상 얻을 수 없는 것은 아니다. 게우스와 헤르조그도 현재 일이 이러한 장점을 실현하기 위한 '특권' 장(場)이라는 것을 지적할 때 이를 암묵적으로 인정한다. 일이 이러한 장점을 실현하기 위한 특권 장이라는 것이 확실히 사실이지만, 이는 대개 우리의 삶을 식민지화하는 일의 장악력 때문이다. 우리가 기술 통달, 사회적 기여, 공동체 참여, 지위 확보를 위해 일에 의지하는 것은 일을 하고 계획하고 걱정하는 데 너무 많은 시간을 보내기(보내야 하기) 때문이다. 이런 장점을 직장 밖에서 얻는 것이 불가능한 것은 아닌 것 같다. 사람들은 취미와 소일거리로 기술 통달을 달성하고, 자원봉사와 자선을 통해 사회에 기여하며, 그 과정에서 다른 사람들과 협력하고 공동체 의식을 형성한다. 이러한 다른 장(場)은 현재 우리 삶에서 일이 엄청나게 중요하기 때문에 접근성이 떨어질 뿐이다. 일이 특권 지위를 잃으면 이런 장들이 열릴 것이다.

요컨대, 의심할 여지없이 일과 관련된 구조적 장점이 있지만, 그런 장점은 일의 구조적 나쁨만큼 일 시스템에 단단히 박혀 있지 않다. 만약 더 광범위한 일의 자동화를 장려한다면 더 널리 이용 가능할 수 있는, 이런 장점을 위한 다른 실행 가능한 방법이 있다. 나아가 소득과 관련이 없는 이 네 가지 장점이 현재의 일 시스템 안에서 분배되는 방식에 상당한 불공평이 있음을 기억해야 한다. 어떤 직업은 다른 직업보다 기술 통달, 사회적 기여, 공동체 참여, 그리고 지위 확보를 위한 훨씬 더 많은 기회를 제공한다.[81] 따라서 이 네 가지 장점은 양날의 칼이 된다. 소득의 불공평한 분배와 마찬가지로, 현재의 시스템 내에서 이런 장점의 불공평한 분배는 실제로 일의 구조적 나쁨에 힘을 보탤 수 있다.

구조적 나쁨 논제에 대한 두 번째 일반적인 반대는 이른바 "나랑 무슨 상관이지?"라고 말하는 반대이다. 구조적 나쁨 논제의 핵심 특징이 특정 직업이 아니라 일 시스템 자체가 문제라는 점을 기억해야 한다. 어떤 사람은 자신의 관점에서 매우 좋은 직장에서 일한다. 앞서 언급했듯이, 나도 그런 사람이다. 나는 보수가 꽤 좋고 나 자신의 이익을 추구할 수 있는 자유를 주는 직업을 가지고 있어서 행운이다. 왜 나와 같은 상황에 있는 사람이 변화를 원하겠는가?

이 질문에는 두 가지로 대답할 수 있다. 하나는 우리의 도덕적, 사회적 정의라는 상식에 호소하는 것이다. 편견 없는 '무관점의 관점(view from nowhere)'●을 채택하는 것은 종종 도덕적인 사람이 되기 위한 필수 요소로 여겨진다.[82] 도덕적인 사람은 자신의 사회와 공동체(그리고 어쩌면 세계 전체)에 소속된 모든 사람의 행복에 관심을 가져야 한다. 그들은 누군가를 희생하면서 누군가에게 보상을 해주는 일 시스템에 만족해서는 안 된다. 하지만 모두가 도덕적인 사람이 되고 싶어 하는 것은 아니므로, 위 질문에 대한 두 번째 대답은 '현명한 이기심(enlightened self-interest)'●에 호소하는 것이다. 현재의 일 시스템 내에서 자신의 만족은 깨지기 쉽다. 기술에 의해 쉽게 대체되는 일자리가 반드시 최악의 급여를 받고 최악의 조건을 가진 일자리인 것은 아니다. 앞서 지적한 내용을 반복하자면, 정보기술에 의해 황폐화된 중간 소득인 중간 기술 직장은 그 안에서 일하는 사람들에게 견고하고 신뢰할 수 있으며 삶을 지탱할 수 있는 직장이었다. 그렇지 않을 때까지 이 사람들에게 모든 것은 그럭저럭 괜찮았다. 그런데 재무 분석, 거래, 과학 실험, 법률 연구, 의료 진단 등의 복잡한 인지적 업무가 모두 점진적으로 자동화되고 있으며, 직장 파편화, 근로자 불안정성, 삶의 식민지화 등이 다른 직종 근로자를 괴롭히고 있다. 이런 가운데 자동화는 이제 급여 및 조건 스펙트럼의 상위 항목으로 슬금슬금 다가오고 있다. 현재의 일 시스템 안에서 좋은 보상을 받는 사람이라면 누구나 "하느님의 은총이 없었다면 누구라도 이런 상황에 처하게 될 수 있었을 것이다(there but for the grace

---

● 무관점의 관점(view from nowhere) : 우리는 자신의 일상생활을 바라볼 때, 대개 일인칭적, 주관적, 실천가적, 행위자적 관점을 가진다. 즉 이러한 관점을 가지고 자신의 생명, 건강, 직장, 가족 등에 그 무엇과도 비교할 수 없는 중요성과 의미를 부여한다. 그리고 지극한 진지함을 가지고 이를 보살핀다. 하지만 우리는 호기심 어린 눈으로 모래 위를 부지런히 움직이는 개미를 유심히 관찰할 때의 시선, 그런 무심하고 냉정한 삼인칭 관찰자의 시선으로 어떤 대상을 바라볼 수도 있다. 이를 '무관점의 관점'이라고 한다. 무관점의 관점은 어떤 특정한 관점에서 분리된 객관적이고 중립적인 관점을 가리키는 철학적 개념이다. 이 개념은 저널리즘, 과학 및 기타 분야에서 객관성에 대한 개념과 관련이 있으며, 이러한 분야가 열망해야 하는 이상으로 간주된다.

● 현명한 이기심(enlightened self-interest) : 개인과 조직은 장기적으로 자신에게 이익이 될 뿐만 아니라 공동의 이익에도 기여하는 결정을 내려야 한다는 것이다. 이 개념은 종종 '이해관계자 이론'의 개념과 관련이 있다. 이 이론은 조직이 의사 결정을 할 때 모든 이해관계자(직원, 고객, 공급자, 투자자, 공동체)의 이익을 고려할 책임이 있다고 주장한다.

145

of God go I)"라는 사고방식을 채택해야 한다. 더 이상 현실에 안주해서는 안 된다. 이들은 자신의 삶이 시스템 밖에서 더 나아질 수 있다는 생각을 기꺼이 받아들여야 한다.

일의 구조적 나쁨 논지에 대한 세 번째 일반적인 반대는 '기회비용 (opportunity cost)'● 반대이다. 지금까지 무엇이 일을 나쁜 것으로 만드는지에 대해서는 많이 말했지만 대안에 대해서는 많은 언급이 없었다. 왜 그런 대안이 더 나을 것이라고 가정하는가?

일은 현재 상태 그대로 꽤 끔찍할 수 있지만, 일이 없는 세상은 훨씬 더 나빠질 수 있다. 박탈감, 무기력함, 사회적 갈등, 목적 결핍 등의 세계일 수도 있다. 이는 일반적인 디스토피아적 믿음이다. 삶의 다른 측면에 일의 자동화가 미치는 결과를 무시하면서 자동화의 바람직함에 대한 주장을 펼 수는 없다. 소박한 직업 생활 반대 관점은 단순히 일 이후의 포스트워크 세계가 모두에게 더 나을 것이라고 가정한다. 그러나 포스트워크 세계는 사람들이 일로부터 사회적 목적과 의미를 얻는 세상에서 당연하게 여겨지지 않는다. 포스트워크 세계는 면밀한 평가와 방어가 필요한 부분이다. 나도 이에 동의한다.

● 기회비용(opportunity cost) : 의사 결정을 할 때 포기된 기회 또는 대안적 선택의 비용이다. 즉 특정한 행동 방침을 추구하기 위해 포기해야 하는 대안의 가치이다. 예를 들어, 당신이 특정 주식에 돈을 투자하기로 선택했다면, 기회비용은 당신이 다른 주식이나 다른 투자에 투자함으로써 얻을 수 있었던 수익이다. 기회비용은 개인과 조직이 그들의 이익에 가장 부합하는 결정을 내리는 것을 돕기 때문에 경제학에서 중요한 개념이다. 기회비용은 금전적인 측면 외에도, 시간, 개인적 만족도, 또는 사회적 영향 등의 다른 요소들의 측면에서 측정될 수도 있다.

3장_결론 '일' 시스템을 폐기하는 것이 낫다

일이 나쁘다는 것이 이제 충분히 납득되었기를 바란다. 그렇다면 다시, 앞에서 일의 구조적 나쁨이라는 개념을 어떻게 정의했는지 생각해 보자. 나는 일이 '평형 패턴으로 자리를 잡는다면' 구조상 나쁜 것으로 간주된다고 말했다. 이런 평형 패턴은 많은 사람에게 일을 매우 나쁜 것으로 만들고, "일을 나쁜 것으로 만드는 특성을 제거하는 방식으로는 개량하거나 개선하기가 매우 어렵다."

앞에서 요약한 다섯 가지 일의 특징이 이러한 구조적 나쁨의 조건을 충족시키는 것은 당연하다. 이런 특징은 각각 어떤 개인이나 그룹보다 더 큰 힘의 산물이며, 개인이 개혁하기는 매우 어려운 것이다. 예를 들어, 직장 파편화와 삶의 식민지화 문제는 기본적인 경제적 힘(수익과 고용 가능성의 필요성)과 이러한 힘에 특정한 방식으로 대응할 수 있게 하는 기술 변화(감시와 통제력 강화)에 기인한다. 직장 파편화와 삶의 식민지화 문제는 개별 관리자와 근로자가 내린 선택의 산물로서, 이러한 선택은 개별 관리자와 근로자의 관점에서는 완벽하게 합리적이다. 하지만 이러한 선택이 산업이나 사회 전체의 차원으로 증식되면 모든 근로자에게 더 나쁜 시스템을 초래한다. 이것은 전형적인 '개인과 사회의 최선 불일치 문제'이다.

마찬가지로, 자유를 침해하는 지배적 영향과 불공평한 분배의 문제는 기술 혁신과 함께 오랜 법적, 사회적 규범의 결과이다. 결과적으로 지배적 영향과 분배 불공정의 문제를 다루기 위해서는 자본주의의 기본 규칙을 개혁하고, 널리 사용되는 기술을 어느 정도 억제하거나 금지하며, 그리고 일에 적용되는 법적, 사회적 규범을 개혁할 필요가 있다. 이는 근로자와 관리자가 혼자서 쉽게 고칠 수 있는 것이 아니다.

하지만 다음 단계로 넘어가기 전에 확실히 해두자. 일의 이러한 구조적 특징이 전혀 수리할 수 없는 것은 아니다. 누군가는 내가 지금까지 했던 말을 다 받아주고도 다시 나에게 와서 다음과 같이 말할 수 있다. "그냥 그것을 안 좋게 만드는 특징만 개량하는 게 어떤가요?" 내가 이런 사람에게 하고 싶은 말은 그렇게 개량하는 일이 막대하다는 사실을 인식하는 것이 중요하다는 것이다. 그런 일은 우리의 현재 사회 시스템의 여러 차원에 걸친 중대한 변화를 필요로 하고, 그런 변화는 다시 상당한 협력과 조정을 필요로 한다. 나는 이 과제를 기후 변화를 다루는 과제에 비유하고 싶다. 설령 모든 사람이 기후 변화 문제와 해결책에 동의한다고 해도, 만약 현 시스템을 영구화함으로써 얻을 수 있는 이득이 단기적이라면, 그 사람들에게 그 해결책을 따르도록 하는 것은 대단히 어렵다. (일부 근로자와 관리자에게 확실히 그러하다.)

이 때문에 나는 일 시스템을 폐지하고 경제적으로 가장 생산적인 노동의 자동화를 받아들이자는 보다 급진적인 대안을 고려할 가치가 있다고 주장한다. 여기에는 세 가지 이유가 있다. 일하지 않는 것이 모든 것을 고려할 때 인간의 윤택함을 위해 더 낫다. 이 급진적인 대안은 어느 정도 현재의 기술 변화의 궤적에 내포되어 있다. 그리고 달성하는 데 상당한 사회적 협력과 조정을 필요로 하는 한, 이 대안은 현 시스템을 개혁하는 것보다 더 큰 과제는 아닌 것 같다.

이 책의 나머지 부분에서는 포스트워크 세계의 다른 형태를 평가하고 방어하는 데 전념할 것이다. 어떤 형태는 엄청난 잠재력을 가지고 있고, 또 어떤 형태는 덜 매력적이라고만 말하는 것으로 충분하다. 올바른 종류의 포스트워크 미래를 만드는 것은 이 책에서 지금까지 옹호한 논점, 즉 일의 자동화가 가능하면서도 바람직하다는 논점을 입증하는 열쇠가 될 것이다.

Wassily Kandinsky, 〈작은 세계 VI(Kleine Welten VI)〉 (1922)

삶의
자동화는
—
바람직하지
않다

4장_1절   윤택하고 뜻있는 삶이란 무엇일까?

2008년 개봉한 ≪월-E≫(Wall-E)는 내가 가장 좋아하는 영화이다. 이 영화는 미래의 지구에 사는, 상사병에 걸린 로봇에 관한 애니메이션이다. 이 영화에서 지구의 환경은 완전히 황폐해졌다. 로봇 '월-E'는 산더미 같은 산업 폐기물을 뒤지며 하루하루를 보낸다. 지구에서 도망친 사람들은 별 사이를 여행하는 대형 유람선에 탑승해 살면서 새로운 보금자리를 찾고 있다. 이 유람선에서는 기술이 모든 문제를 해결해 준다. 사람들은 손가락 하나 '까딱' 움직일 필요가 없지만 생활에는 어떤 부족함도 없다. 사람들은 엄청난 비만인데 전동식 안락의자를 타고 떠다니며 오락을 즐긴다. 그리고 이러한 삶에 만족하며 넋이 빠져 있고 고분고분하다.

≪월-E≫는 의심할 여지없는 풍자 영화이다. 하지만 이 영화는 완전히 자동화된 포스트워크 미래의 풍경을 실감나게 보여준다. 그런데 여기에서 이 영화가 보여주는 미래 풍경은 유토피아와는 거리가 멀다. 사실 완전히 디스토피아적인 것처럼 보인다. 즉 완전히 자동화된 미래가 어떻게 우리에게서 최고의 상황이 아닌 최악의 상황을 만들어내는지를 보여준다. 우리가 진정으로 일의 세계에서 탈출하는 혜택을 누리려면 이런 최악의 상황을 피해야 한다.

이 장의 목적은 바람직한 포스트워크 미래를 확보하기 위해 피해야 할 위협에 대한 현장 가이드를 개발하는 것이다. 이 현장 가이드의 개발 과정에서, 제1장에 제시한 네 가지 주요 논점 중 두 번째 논점을 옹호할 것이다. 제1장에서 제시한 논점 2는 다음과 같다.

___논점 2 : 삶의 자동화는 바람직하지 않다.
　(일 이외 영역에서의) 삶의 자동화는 대개 바람직하지 않다. 일상생활에 자동화 기술이 사용되면서 인간의 행복(well-being), 뜻있고 (meaning) 윤택한(flourishing) 인간의 삶에 중대한 위협이 제기된다. 이러한 위협을 제한하기 위해 기술과 우리의 관계를 신중하게 관리해야 한다.

이 논점을 옹호하기 위해 나는 3단계로 진행할 것이다. 첫째, 인간이 윤택한 삶을 누리기 위해 필요한 것이 무엇이며, 일 이후의 포스트워크 미래에 우리의 윤택함을 지속하기 위해 보존하고 개선해야 할 것이 무엇인지를 설명할 것이다. 둘째, 자동화 기술이 우리의 윤택함에 제기할 수 있는 위협에 대해 생각할 수 있는 이론적 틀을 제시할 것이다. 셋째, 다섯 가지 위협이 존재한다고 주장할 것이다.

윤택하고 뜻있는 삶의 조건
주관주의 학파와 객관주의 학파의 견해

좋은 삶(good life)●이란 무엇일까? 이것은 철학자들 사이에서 끊임없이 제기되는 질문이다. 많은 고대 철학 학파(스토아학파, 에피쿠로스학파, 냉소주의 등)는 이 질문에 집중적으로 답하려고 했고, 그 사이에 수천 년 동안 서로 다른 답을 내놓는 많은 글들이 발표되었다. 여기에서

● 좋은 삶(good life) : 철학적 논의, 특히 도덕성과 관련한 논의에 쓰이는 영어 good은 종종 '선(善)'이라는 말로 번역된다. 하지만 이 책에서의 good은 도덕성과 관련한 의미로 는 쓰이지 않으로 보기 힘들다. 이에 따른 번역에서는 good를 좋음 이라는 글로 번역 한다.

이 모든 입장들을 공정하게 다룰 수는 없고, 방대한 철학적 문헌에 독창적인 이론을 더 보탤 수도 없다. 내 목표는 좀 더 소박하다. 무엇이 좋은 삶에 기여하는가라는 질문에 대해 지금까지 나온 최고의 연구를 활용하여, 자동화 기술이 좋은 삶을 살 수 있는 우리의 능력에 도움이 되는지 아니면 방해가 되는지 파악하고자 한다.

윤택하고 뜻있는 존재를 위한, 일반적이고 널리 받아들여지는 조건을 뽑아내면서 자동화 기술이 좋은 삶을 사는 데 도움이 되는지의 여부를 밝혀볼 것이다. 이런 시도를 다음 장에서 제시할 틀과 결합하면 '좋은' (또는 유토피아적인) 포스트워크 미래의 가능성을 추상적으로 그려볼 수 있을 것이다. 그러고 나서 이런 그림을 사용하여 포스트워크 미래의 다양한 관점을 평가하고 비교할 것이다. 이렇게 하면 테크노 유토피아주의자(techno-utopianism)●와 낙관주의자의 글에서 흔히 나타나는 생각지 않은 위험을 피할 수 있다. 그 위험이란 이상적인 미래의 모습이 어떠해야 하는지에 대해 구체적이고 의미 있는 것을 말하지 못한다는 것이다.1

우선 이 장과 이 책의 나머지 부분에서 사용할 용어 몇 가지를 명확하게 규정할 필요가 있다. 지금부터는 '윤택하고 뜻있는 존재(flourishing and meaningful existence)'의 필요성에 대해 자주 이야기할 것이다. 나는 좋은 삶의 서로 다른 측면을 가리키기 위해 이 두 용어를 사용한다. 한 개인의 삶이 **그 자신에게** 얼마나 잘 되어 가는지를 가리키기 위해, 즉 그들의 행복(well-being)●●을 가리키기 위해 '윤택함(flourishing)'이라

● 테크노 유토피아주의(techno-utopianism) : 이는 과학과 기술의 발전이 유토피아를 가져올 수 있고 또 그래야 한다는 전제에 기반을 둔 모든 이념을 말한다. 이런 이념을 받아들이는 사람을 테크노 유토피아주의자라고 한다. '기술적 유토피아주의(technological utopianism)'라고도 할 수 있다.

●● 행복(well-being) : 영어 well-being은 보통 영어 발음 '웰빙'으로 번역된다. 일반적으로 사용되는 웰빙은 육체적, 정신적 건강의 조화를 통해 행복한 삶을 추구하는 삶의 유형이나 문화를 뜻한다. 즉 웰빙의 궁극적인 목표는 행복한 삶을 추구하는 것이다. 이에 이

는 용어를 사용한다. 그리고 항상 행복으로 환원될 수는 없는 좋은 삶의 부가적인 성분, 즉 개인의 삶에서 무엇보다 중요한 의의나 가치를 가리키기 위해 '뜻있음(meaningful)'이라는 용어를 사용한다.

잠시 후 살펴보겠지만 이 두 개념 윤택함과 뜻있음 사이에는 어느 정도 겹치는 부분도 있다. 하지만 또한 얼마간의 적절한 차이가 있다. 두 가지 속성 모두에는 정도가 있다. 개인의 삶은 다소 윤택할 수 있고 다소 뜻있을 수 있다. 또한 서로 다른 기간에 걸쳐 이런 특성을 측정할 수도 있다. 누군가의 삶이 짧은 기간(한 시간, 하루, 일주일) 또는 긴 기간(몇 년, 수십 년, 전체 수명)에 걸쳐 '윤택하고 뜻있다'고 판단할 수 있다. 대부분의 철학자들이 관심을 갖는 것은 더 긴 기간, 특히 '전 생애' 평가인데, 이는 개인의 운명이 그들의 삶 동안 증대하고 쇠약해질 수 있기 때문이다. 우리가 보통 알고 싶은 것은 삶이 특정 순간이 아닌 '최종적인 점수에서' 또는 '합계해서' 얼마나 좋은(good)가 하는 것이다.[2]

'윤택한 삶'을 산다는 것이 어떤 의미인지 이해하기 위해서는 인간 행복의 본질에 대한 철학적 논쟁에 익숙해져야 한다.[3] 이 논쟁에는 두 가지 주요 학파가 있다. 하나는 행복을 즐거움이나 선호 충족과 같이 주관적으로 결정되는 존재 상태로부터 발생하는 것으로 보는 **주관주의(subjectivism)•** 학파이다.[4] 다른 하나는 행복이 객관적으로 결정되는 존재 상태를 충족해서 발생하는 것으로 보는 **객관주의(objectivism)••**

책에서는 웰빙을 '행복'으로 번역한다. 이는 우리말에서 웰빙이라는 말이 흔히 '건강과 관련된 활동'을 뜻하는 말로 축소되어 쓰이는 것과 구분하기 위해서이기도 하다.

• 주관주의(subjectivism) : 지식과 가치가 사람들의 믿음과 경험으로부터 독립해서 존재하는 객관적인 사실이 아니라 개인적인 해석과 판단의 문제라고 주장한다. 주관주의는 종종 지식과 가치가 객관적이거나 사람들의 믿음과 경험으로부터 독립적이라고 생각하는 객관주의와 대조된다. 주관주의는 회의주의, 허무주의, 상대주의를 포함한 다양한 철학적 전통의 중심 사상이다. 주관주의는 미학, 윤리학, 심리학을 포함한 다양한 다른 분야에도 영향을 미쳤다. 그러나 주관주의는 객관적 지식의 가능성을 해소하고 지식에 대한 책임과 존중의 부족을 초래할 수 있다는 비판의 대상이 되기도 했다.

학파이다.5● 객관주의 학파에 속하는 이론은 흔히 행복을 보장하기 위해 충족해야 하는 조건을 나열하기 때문에 때때로 '객관적 목록 이론(objective list theory)'이라고도 한다. 이런 조건으로는 교육, 지식, 우정, 공동체 의식, 건강, 소득 등이 있다.6 가장 잘 알려져 있는 객관적 목록 이론은 시카고대학교 철학과 교수 마사 누스바움(Martha Nussbaum, 1947~)과 인도 출신 경제학자 아마르티아 센(Amartya Sen, 1933~)의 '역량 이론(capabilities theory)'●●이다. 이 이론은 인간의 기본적인 역량을 발전시키는 것이 윤택함의 열쇠라고 본다.7

'뜻있는 삶'을 산다는 것이 어떤 의미인지 이해하기 위해서는 또한 '삶의 뜻있음(또는 삶의 의미)'에 대한 철학적 논쟁에 익숙해져야 한다.8 이 철학적 논쟁에서 학파들 사이의 입장 차이는 조금 복잡하다. 하지만 세 가지 주요 학파로 단순화시킬 수 있다.9

뜻있음을 주관적으로 결정되는 존재 상태를 충족하고, 흔히 욕구를 충족시키거나 성취감을 달성하는 것에서 비롯되는 것으로 보는 **주관주의** 학파가 있다.10 또한 뜻있음을 객관적으로 결정되는 상태를 충족하는 것에

●● 객관주의(objectivism) : 지식과 가치가 사람들의 믿음과 경험으로부터 독립적으로 존재한다고 주장하는 철학적 사상이다. 이 견해는 진실하거나 가치 있는 것이 개인적인 해석이나 주관적인 판단에 근거하는 것이 아니라 객관적으로 검증될 수 있는 사실과 증거에 근거한다고 본다. 객관주의는 현실주의, 자연주의, 경험주의를 포함한 다양한 철학적 전통의 중심 사상이다. 객관주의는 또한 과학, 윤리, 그리고 법을 포함한 다른 분야에 영향을 미쳤다.

● (지은이 주) 내가 '객관적으로 결정되는 존재 상태'라는 어색한 표현을 사용하는 것은 해당 상태가 여전히 개인에게 일어나고 그들이 주관적으로 경험하는 것이기 때문이다. 다만 만족 여부에 대한 평가는 객관적으로 결정되는 부분일 뿐이다.

●● 역량 이론(capabilities theory) : '역량'은 한 사람이 타고난 능력과 재능인 동시에 정치, 경제, 사회 환경에서 선택하고 행동할 수 있는 기회의 집합을 의미한다. 각각의 개인은 서로 다른 능력을 가지고 있기 때문에 같은 재화가 주어져도 그로부터 늘어나는 후생은 개인마다 다를 수 있다. 따라서 이 이론은 개인의 삶의 질을 평가하는 기준은 단순히 물질의 배분보다는 개인의 역량에 초점이 맞추어져야 한다고 본다.

서 비롯되는 것으로 보는 **객관주의** 학파도 있다. 뜻있는 삶에 대한 객관주의 학파와 윤택한 삶(즉, 행복)에 대한 객관주의 학파의 큰 차이는 중요한 것으로 간주되는 객관적 조건과 관련이 있다. 뜻있는 삶의 논쟁에서 개인의 삶이 객관적으로 뜻있는 것으로 간주되기 위해서는 세상에 **가치를 더해야** 한다. 다시 말해, 개인은 인간 지식의 총계를 증가시키거나, 도덕적 문제를 해결하거나(또는 개선하거나), 예술적 의미를 지닌 작품을 창조하는 일에 착수해야 한다. 그래서 가령, 알버트 아인슈타인(Albert Einstein, 1879~1955)은 상대성 이론을 전개했기 때문에 뜻있는 삶을 살았고, 마틴 루터 킹 주니어(Martin Luther King Jr., 1929~1968)●는 미국에서 시민권이라는 대의를 촉진시켰기 때문에, 그리고 볼프강 아마데우스 모차르트(Wolfgang Amadeus Mozart, 1756~1791)는 훌륭한 오페라를 작곡했기 때문에 뜻있는 삶을 살았다. 객관적으로 뜻있는 삶으로 가는 이 세 가지 길은 때때로 진리임(Truth), 선함(Good), 아름다움(Beautiful)이라고 일컬어지며 인간 사상사에서 중요한 역할을 했다.11

윤택하고 뜻있는 삶에 대하여
하이브리드 학파의 '알맞춤 성취 이론'

주관주의와 객관주의 학파 외에도, **하이브리드(hybridist)** 학파라는 세 번째 학파가 있다. 이 학파에 따르면, 누군가가 뜻있는 삶을 살기 위해서는 주관적 상태와 객관적 상태의 조합이 충족되어야 한다. 이것은 보통 개인의 마음과 그들이 세상에 더하는 객관적 가치 사이에 어떤 적절한

● 마틴 루터 킹 주니어(Martin Luther King Jr., 1929~1968) : 미국 애틀랜타에서 태어났다. 성장기에 흑인이 백인으로부터 받는 차별과 폭행을 지켜보며 인종 차별을 없애야겠다는 생각을 갖게 되었다. 보스턴대학교에서 신학을 공부했고 1955년 목사가 되었다. 흑인 차별에 맞서 비폭력 저항 운동을 이끌었으며, 개개인의 법의으로 취인트이 붙여들을 개선하기 위해 노력했으며 1964년에 노벨평화상을 수상했다.

연관성이 필요하다는 것으로 귀결된다. 예를 들어, 노스캐롤라이나대학교 철학과 교수인 수전 울프(Susan Wolf, 1952~)는 뜻있는 삶이 **알맞춤 성취**(fitting fulfillment)● 의 삶이라고 주장한다.12 뜻있는 삶은 객관적 가치가 있는 프로젝트를 추구하고 그것에 기여함으로써 개인이 주관적으로 성취감을 느끼는 삶이다.●●

이 점에서 수전 울프의 하이브리드 이론은 순전한 주관주의 이론의 명백한 결점을 바로잡는다. 우리는 많은 사소한 일을 함으로써 주관적으로 성취감을 느낄 수 있다는 것이 주관주의 이론의 결점이다. 안경 닦는 것을 정말 좋아하고 그것에 가능한 한 많은 시간을 보내는 사람을 생각해 보자. 그런 사람은 주관적으로 성취감을 느낄 수도 있지만 뜻있는 삶을 사는 것은 아니다.

알맞춤 성취의 관점은 뜻있는 삶을 살기 위해 필요한 것이 무엇인지를 이해하는 일에 관한 핵심 이론이다. 그러나 "포스트워크 세계에서 좋은 삶을 이해하는 것과 관련된 뜻있음"에 대한 몇 가지 조건이 있다. 예를 들어 신의 존재를 삶의 의미와 연결시키는 오랜 사상적 전통이 있다.13 이러한 종교 이론은 개인이 자신의 삶을 뜻있는 것으로 간주하기 위해서는, 세계를 위해 가치 있는 기여를 해야 한다고 주장한다. 그러므로 이

● 수전 울프의 ≪Meaning in Life and Why It Matters≫(2012)을 우리말로 번역한 ≪LIFE : 삶이란 무엇인가≫(2015)에서는 이 용어를 '수정된 성취'로 번역했다. 영어 fitting은 '적당한, 어울리는, 꼭 맞는'을 뜻한다. 물론 꼭 맞추고 어울리게 하기 위해서는 수정을 해야 하겠지만 '수정'이라는 표현은 뭔가 잘못된 것을 바로잡는다는 뉘앙스가 강하므로 이 책의 번역에서는 '알맞춤'이라는 용어를 사용한다.

●● 수전 울프는 알맞춤 성취의 관점으로 삶의 의미를 가장 잘 이해할 수 있다고 설명한다. 수전 울프는 이렇게 말한다. "삶의 의미는 가치 있는 활동에 대한 '적극적인 관여(active engagement)' 과정에서 얻을 수 있는 것이다. 이런 차원에서 '주관적인 이끌림(subjective attraction)'이 '객관적인 매력(objective attractiveness)'을 만났을 때 삶의 의미가 비로소 모습을 나타낸다." 이 말에서 중요한 세 가지는 '적극적인 관여', '주관적인 이끌림', '객관적인 매력'이다. 울프 교수의 관점에 따르면 사람들은 성취를 갈망하며, 가치 있는 대상에 관심을 기울이고 몰두하는 삶을 선망한다.

이론은 사실 객관주의 학파의 이론으로 분류된다. 다만 이 경우 '가치 있는 것'은 '구원을 위한 하느님의 계획에 기여하기'나 '하느님 숭배하기'와 비슷한 것이다.

또한 죽음이나 우주의 최종적인 열사(heat-death ; 熱死)●가 일생 동안 행한 귀중한 공헌을 없앨 수 있으므로 뜻있음은 무의미하다고 주장하는 사상적 전통이 있다.[14] 이것으로 몇몇 사람들은 불멸과 영원한 존재가 뜻있음을 위해 필요하다고 제안한다.[15] 덜 극단적인 형태의 이러한 우려는 사람들이 삶에서 가치의 취약성을 걱정할 때 발생한다. 즉, 우리 삶에서 가치 있게 여기는 것이 전쟁, 자연 재해, 건강 악화 등에 의해 운명이 쉽게 뒤바뀐다는 것이다.[16] 이전에 내가 발표한 글에서, 나는 취약성에 대한 이러한 걱정을 다루기 위해 내가 제시하는 삶의 의미에 대한 이론에 역경으로부터 회복하는 '실존적 강건성(existential robustness)'●● 조건을 추가하자고 제안했다.[17] 다시 말해, 뜻있는 삶을 살기 위해서는 우리의 삶이나 프로젝트가 쉽게 붕괴되지 않아야 한다.

● 열사(heat-death ; 熱死) : 모든 물질이 최대 엔트로피 상태에 도달한 미래의 우주 상태를 말한다. 이 상태에서는 모든 에너지가 고르게 분배되어 더 이상 할 수 있는 일이 없을 것이다. 결과적으로 우주는 별, 행성, 생명체와 같이 현재 존재하는 복잡한 구조와 과정을 유지할 수 없을 것이다. 열사의 개념은 고립계의 총 엔트로피가 시간이 지남에 따라 감소하지 않는다는 열역학 제2법칙에 기초한다. 이것은 우주가 결국 모든 에너지가 고르게 분포되어 일을 할 수 없는 최대 엔트로피 상태에 도달할 것이라는 것을 의미한다. 열사 시나리오는 과학자들과 철학자들이 제안한 우주의 가능한 미래 중 하나이다. Big Freeze 또는 Big Chill이라고도 한다.

●● 실존적 강건성(existential robustness) : 중대한 도전이나 위협에 직면했을 때 시스템이나 실체가 효과적으로 기능하며 자신을 유지할 수 있는 능력을 의미한다. 철학과 윤리학의 맥락에서 실존적 강건성은 죽음, 고통, '삶의 무의미' 등과 같은 실존적 위기에 직면하여 뜻있음과 목적의식을 유지하는 개인이나 사회의 능력을 의미할 수 있다. 실존적 강건성은 역경으로부터 회복하는 능력으로 볼 수 있다. 변화에 적응하고, 장애물을 극복하며, 어려움에도 불구하고 계속해서 번영할 수 있는 능력을 포함한다. 실존적 강건성에 기여할 수 있는 요소는 정서적 회복력, 사회적 지지, 삶의 목적이나 의미감 등 다양하다. 실존적 강건성을 구축하는 것은 문제 해결, 비판적 사고, 감정 지능과 같은 기술을 개발하는 것뿐만 아니라 다른 사람들로부터 지원을 구하고 한 사람이 삶에서 의미와 목적을 찾는 것을 포함할 수 있다.

___표) 좋은 삶, 윤택하고 뜻있는 삶의 조건

◉ 윤택함

→ 개인의 삶이 바라던 대로 되게 하는 것, 즉 개인의 행복에 기여하는 것을 말한다.

● 주관주의 학파
→ 윤택함을 위해서는 주관적 존재 상태를 충족시켜야 한다.
• 쾌락주의(즐거움)
• 선호의 충족

● 객관적 목록 이론
→ 윤택함을 위해서는 객관적 존재 상태를 충족시키고 특정한 역량을 개발해야 한다.
• 교육
• 건강
• 가족
• 우정
• 공동체
• 지식
• 실용적 이유
• 인지 능력

◉ 뜻있음

→ 개인의 삶을 뜻있게 만드는 것, 즉 삶을 가치 있게 만드는 것을 말한다.

● 주관주의 학파
→ 뜻있음을 위해서는 특정한 주관적 존재 상태를 충족시켜야 한다.
• 욕구 충족
• 성취감(목표 달성)

● 객관주의 학파
→ 뜻있음을 위해서는 세상에 가치 있는 것을 더해야 한다.
→ 진리임, 선함, 아름다움에 조금이나마 기여해야 한다.

● 하이브리드 학파
→ 주관적 상태와 객관적 상태의 조합이 충족되어야 한다. 즉 개인의 주관적 마음과 세상에 더하는 객관적 가치 사이에 연관성이 필요하다.
• 알맞춤 성취 이론

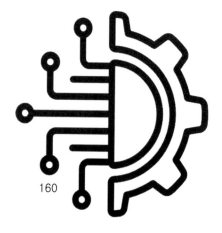

※ 이 표는 지금까지의 논의에서 이야기한 '좋은 삶(good life)'의 구성 요소를 요약한 것이다.

앞에서 언급했듯이, 나는 무엇이 좋은 삶에 기여하는가에 대한 나만의 독창적인 입장을 제시하는 것이 아니라 지금까지 나온 입장들 중에서 가장 좋은 입장으로부터 안내를 받을 것이다. 따라서 나는 앞서 기술한 여러 이론을 일반적으로 다룰 것이다. 윤택하고 뜻있는 삶을 살기 위해서는 주관적 조건과 객관적 조건의 어떤 조합을 충족시킬 필요가 있다고 가정할 것이다. 이러한 조건은 윤택함의 경우 즐거움, 교육, 건강, 우정, '발달된 인지 능력' 등을 포함한다. 그리고 뜻있음의 경우 달성, 성취, '진리임과 선함과 아름다움에 대한 기여' 등을 포함한다.18 이러한 조건이 더 많이 충족될수록 평균적으로 더 좋은 삶이라고 여길 것이다.

다음 장에서는 주관적 또는 객관적 조건만 충족되면 삶이 윤택하고 뜻있을 수 있는 정도를 좀 더 자세히 살펴본다. 다른 이론에서 호소하는 객관적 조건의 정밀한 본질도 다루겠지만, 지금은 둘 다 필요하다고 가정한다. 그리고 여기에 덧붙여 특히 뜻있는 삶을 살기 위해서는 객관적 조건과 주관적 조건 간의 **연관성**이 어느 정도 요구된다고 가정한다.

이 시점에서 나는 종교적, 초자연적 조건은 단호하게 거절한다. 여기에는 세 가지 이유가 있다. ⓘ 나는 개인적으로 신앙심이 깊지 않으므로 이런 조건이 적절하거나 설득력 있다고 생각하지 않는다. ⓘⓘ 특히 자동화 기술과 우리의 관계에 대한, 특정한 종교적 세계관의 구체적인 설명을 두고 이견이 너무 많다. ⓘⓘⓘ 내가 호소하는 대부분의 세속적 조건은 또한 세계의 선도적인 일부 종교적 전통에서 두드러지게 나타나므로 그러한 종교적 전통의 구성원들에게 호소해야 하는 조건이다.19 마지막으로, 앞의 장들에서 제시한 주장들도 좋은 삶을 위한 조건에 대해 중요한 것을 말한다고 가정할 것이다. 예를 들어 개인적 자유(그리고 지배의 부재)는 어느 정도의 분배적 / 사회적 정의와 마찬가지로 중요하다. 이것들은 행복에 필요한 객관적 목록의 일부로 여겨진다.

요약하자면, 포스트워크 미래가 인간이 행복한 삶을 누릴 수 있는 미래

인지 평가할 때, 미래가 우리에게 윤택함과 뜻있음의 주관적 조건과 객관적 목록을 어느 정도 충족시켜줄지를 고려하는 것은 중요하다. 또한 미래가 이 두 가지 조건 사이의 연관성을 촉진하는 정도를 고려하는 것도 중요하다. 이를 효과적으로 수행하기 위해서는 자동화 기술과 우리의 관계를 이해할 수 있는 좋은 정신적 모델을 갖추어야 한다.

4장_2절 세상과 인간, 자동화 기술의 관계

1991년 초, 프랑스의 철학자이자 언론이론가인 장 보드리야르(Jean Baudrillard, 1929~2007)●는 "걸프전쟁은 일어나지 않았다"고 주장하는, 세 편의 자극적인 에세이를 발표했다.[20] 그런데 1991년 초는 '제일차걸프전쟁'이 실제로 한창 벌어지고 있을 때였다. 미국이 이끄는 국제연합군은 공중 폭격과 해군 공세에 이어 최종적으로 육상 침입을 통해, 쿠웨이트를 침공한 이라크를 격퇴하느라 분주했다. 결과적으로, "걸프전쟁은 일어나지 않았다"는 장 보드리야르의 주장은 대단히 이상해 보였다.

이후 여러 해 동안 장 보드리야르가 정확히 무슨 의도로 말했던 것인지를 두고 다양한 해석이 나왔다. 하지만 나는 그가 문제 삼고자 했던 것은 언론을 통해 걸프전쟁을 서구에 소개하는 방식이었다는 해석을 선호한다. 그가 전쟁이 실제로 발생했다는 사실을 부정하려고 했던 것은 아니라는 것이다. 제일차걸프전쟁은 전쟁 중에 군대와 함께 언론인들이 파견되어 전장(戰場)에서 전쟁을 생중계한 최초의 사례라는 점에서 주목할 만했다. 보드리야르는 전쟁의 이러한 미디어 연출이 실제 현실을 왜곡하

● 장 보드리야르(Jean Baudrillard, 1929~2007) : 프랑스의 철학자이자 사회학자, 언론이론가이다. 모사된 이미지가 현실을 대체한다는 시뮬라시옹(Simulation) 이론, 더 이상 모사할 실재가 없어지면서 실재보다 더 실재 같은 하이퍼리얼리티(극사실, 극실재)가 만들어진다는 이론으로 유명하다. 우리가 소비하는 것은 물건의 기능이 아니기 기호라를 주장한다.

163

고 잘못 전달한다고 주장했다. 우리가 서구에서 경험한 것은 실제 전쟁이 아니라 전쟁의 시뮬레이션이었다는 것이다.

세계와 인간의 관계를 변화시키는 기술
도끼 발명 전(前)과 후(後)의 인간은 다르다

내가 이를 언급하는 이유는 기술이 세계와 우리의 관계에 미치는 중요하고도 명백한 영향을 설명하기 위해서이다. 기술은 우리 환경에서 새로운 **행위 유발성(affordance)**●을 만들어서 우리와 우리 주변 세계의 관계를 **매개한다.**21 우리의 먼 조상들은, 아슐리안(Acheulean)기 주먹도끼를 만들었을 때(약 100만 년 전)●● 주변 세계와의 상호 작용과 행동을 위한 새로운 가능성을 창조했다. 그들은 그 도끼로 이전의 자기 조상들이 결코 하지 못했던 방식으로 동물을 사냥했다. 이후 인간은 수많은 새로운 기술을 만들어내고, 이러한 기술은 주변 세상과 우리의 관계를 변화시켰다. 변화한 시내 중심가를 돌아다니기만 해도 이를 쉽게 볼 수 있다. 시내 중심가는 고도로 구축된 환경이다. 사람들은 자동차를 운전하고, 자전거를 타며, 스마트폰 화면을 뚫어져라 쳐다본다. 순수하고 매개되지 않은 형태의 환경과 상호 작용하는 사람은 아무도 없다. 사람들은 기술 생태계에서 숨 쉬며 살고 있는 것이다.

● 행위 유발성(affordance) : 심리학과 인간-컴퓨터의 상호 작용 분야에서 행위 유발성은 개인이 행동을 수행할 수 있도록 하는 물체 또는 환경의 속성이다. 예를 들어 의자는 앉을 수 있고, 문은 여닫을 수 있으며, 바닥은 지지를 제공한다. 행위 유발성은 물리적일 수도 있고 기능적일 수도 있다. 물리적 행위 유발성은 개체의 크기, 모양, 질감과 같은 개체와 상호 작용할 수 있는 개체의 특성을 말한다. 기능적 행위 유발성은 펜으로 글을 쓰거나 스토브로 요리하는 등 개체가 수행할 수 있도록 허용하는 행위를 말한다. 이 용어는 심리학자 제임스 깁슨(James Gibson, 1904~1979)이 만들었다.

●● 아슐리안(Acheulean)기 주먹도끼는 한쪽은 둥글고 반대쪽은 뾰족하게 날을 세운 좌우대칭형 뗀석기를 말한다. 인류가 이 주먹도끼를 처음 만든 것은 약 176만 년 전이라는 주장도 있다.

기술의 매개 효과는 윤택하고 뜻있는 삶을 살 수 있는 우리의 능력에 중요한 영향을 미친다. 기술은 외부 세계와 우리의 관계를 변화시키고 행동에 있어서의 새로운 가능성을 제공함으로써, 윤택함과 뜻있음의 주관적 조건과 객관적 조건을 충족시키는 능력을 변화시킨다. 또한 주관적 조건과 객관적 조건 사이의 관계를 변화시킨다. 많은 경우에 기술의 효과는 최종적으로 따져 보면 긍정적이다. 기술은 종종 목표 달성에 대한 장애물을 제거한다. 집에서 도심부까지 이동하고 싶다면 걷는 것보다 대중교통을 이용하는 것이 훨씬 더 편하다. 호주에 사는 동생과 대화를 하고 싶다면 편지나 전통적인 전화보다 인터넷 전화가 훨씬 더 편하다. 기술은 행동에 대한 장애물을 제거함으로써 종종 좋은 삶의 객관적 조건과 주관적 조건을 충족시키는 데 도움을 준다.

하지만 가끔은 너무 지나치기도 하다. 앞에서 소개했던 영화 ≪월-E≫에 나오는 미래 인간에 대한 예는 이를 잘 보여준다. ≪월-E≫의 세계에서, 기술은 행동에 대한 장애물 제거를 너무 잘하는 것 같다. 기술은 다른 것에 피해를 줄 정도로 인간에게 (음식과 여흥에 대한) 즐겁고 즉각적인 욕망을 매우 쉽게 충족시켜준다. 이러한 인간의 삶은 매우 주관적으로 만족스러울 수 있지만, 윤택함(행복)과 뜻있음에 대한 객관적인 평가에서는 점수가 낮을 것이다. 기술은 인간을 게으르고 멍청하게 만들었던 것이다.

이것은 오랜 고민거리였다. 서양 철학의 대작 중 하나는 플라톤의 대화편 ≪파이드로스≫(The Phaedrus)●이다. 이 책에서 소크라테스는 글쓰기의 발명을 애석하게 여기며, 사람들이 자기 생각을 종이(또는 파피루스)에 적어두는 데 너무 많은 시간을 쏟으면 기억력을 잃고, 마음은

● ≪파이드로스≫(The Phaedrus) : 플라톤의 대화편 가운데 철학적 깊이와 문학적 서정성을 두루 갖춘 수작으로 꼽힌다. 다른 어떤 대화편에도 없는 아름다운 자연 풍광에 대한 묘사에 있니지 하며, 인간을 이끄는 것에 이성이다는 것과 그리고 있어내 없는 것 얽히는 독특함을 지닌다.

시들고 위축된다고 주장한다. "자신의 일부가 아닌 외부 인물이 만든 글쓰기에 대한 신뢰는 자신의 기억 사용을 방해할 것이다 …… 그들은 교육 없이 많은 것을 읽을 것이고, 따라서 그들이 대부분 무지하고 잘 지내기 어려울 때 많은 것을 아는 것처럼 보일 것이다. 왜냐하면 그들은 현명한 것이 아니라 단지 현명하게 보일 뿐이기 때문이다."22

현대인들이 보기에 소크라테스의 한탄은 지나친 것 같다. 정말로 글쓰기의 발명으로 소크라테스의 한탄처럼 많은 것을 잃었을까? 사실, 얻은 것은 없는가? 글쓰기는 새로운 형태의 문화적 전달과 학습, (성문법을 통한) 새로운 형태의 제도적 통치, 복잡하고 정교한 사고 등을 가능하게 했다. 소크라테스는 이러한 장점을 간과했고 보지 못했다. 돌이켜보면 그는 근시안적이었던 것 같다. 그의 실수를 다시 저지르지 않으려면, 자동화 기술이 세계와 우리의 관계에 미치는 영향에 대해 신중하고 엄격하게 생각할 필요가 있다.

이를 엄격하게 생각할 수 있는 방법이 있는가? 나는 있다고 생각한다. 상황적 인지 이론(theory of situated cognition)● 또는 분산 인지 이론(theory of distributed cognition)●●이 인간과 기술의 이런 관계에 대해

● 상황적 인지 이론(theory of situated cognition) : 인지 과정이 일어나는 물리적, 문화적 맥락의 중요성을 강조하는 인지과학의 관점이다. 이 이론에 따르면, 우리의 인지 과정은 추상적이고 환경으로부터 독립적인 것이 아니라, 인지 과정이 발생하는 특정한 맥락에 의해 형성된다. 예를 들어 우리가 새로운 도구를 사용하거나 작업을 수행하는 방법과 같은 새로운 기술을 배울 때, 우리는 흔히 환경의 물리적 특징과 우리가 사용할 수 있는 자원에 의존한다. 우리는 또한 우리가 사용하는 언어와 의사소통 도구, 그리고 우리가 배우는 공동체나 문화의 공유된 지식과 같은 사회적, 문화적 요소에 의존한다. 이 모든 요소는 우리가 생각하고 정보를 처리하는 방식에 영향을 미치고 형성하며, 우리의 인지 과정에 필수적이다.

●● 분산 인지 이론(theory of distributed cognition) : 인지 과정이 사회적 또는 문화적 맥락에서 개인과 인공물에 걸쳐 분산될 수 있다는 생각을 말한다. 즉 인지 과정이 개인의 마음 안에서만 일어나는 것이 아니라 언어, 글쓰기, 도표, 심지어 다른 사람들과 같은 외부 자원과 도구의 사용을 포함할 수 있다는 생각이다. 예를 들어 한 그룹의 사람들이 문제를 해결하기 위해 함께 일할 때, 그들은 생각하고 문제를 해결하는 과정을 용이하게

체계적이고 엄격하게 생각할 수 있는 틀을 제공한다. 이 이론의 본질은 인간의 인지 활동(그리고 문제 해결과 목표 달성을 포함하여 인지와 연관된 인간의 모든 활동)이 뇌에만 기반을 둔 현상이 아니라는 것이다. 오히려 인간의 인지는 분산되고 상황으로 변화된 현상이다.● 인간의 인지는 인간과 환경 사이의 상호 작용에서 발생하며, 여기에서 말하는 '환경'은 인지적 처리를 돕기 위해 만들어진 기술적 인공물도 포함한다.23

간단한 일상의 예를 들어보자. 분산 인지 활동은 펜과 종이의 도움으로 수학 문제를 푸는 것이다. 이 예에서 수학 문제 풀이는 인간의 마음속에서만 일어나는 것이 아니라, 마음, 펜, 종이 사이의 역동적이고 상호 의존적인 관계의 결과로도 일어난다. 분산 인지 이론의 본질적인 통찰력은 이러한 상호 작용이 예외가 아니라 흔히 만연해 있다는 것이다. 이러한 기본적인 통찰력은 수년간 복잡한 이론적 틀로 다듬어졌으며, 그중 몇 가지 측면은 지금의 이 연구에 유용하다.

분산 인지 이론의 특히 유용한 측면은 우리에게 좋은 삶을 추구할 때 이른바 **인지적 인공물(cognitive artifact)**●●이 중요하다고 생각하게 한다는 점이다. 인지적 인공물은 인지적 과제의 수행을 돕는 도구, 물체 또는 과정으로 정의된다.24 인지적 인공물은 풍부하고 인간 생활에 필수적이다. 철학자 리처드 히어스민크(Richard Heersmink, 1981~)는 이렇게

하기 위해 공유된 지식, 언어, 도구와 같은 다양한 자원을 사용할 수 있다. 이 경우 문제 해결과 관련된 인지 과정은 개인과 그들이 사용하는 자원에 걸쳐 분산된다. 분산 인지는 심리학, 사회학, 인류학, 교육학 등 다양한 분야에서 연구되어 왔으며, 우리가 인지 과정을 이해하고 연구하는 방법에 중요한 의미를 갖는다.

● 인간의 집단적 활동을 가능하게 하고 구체화하는 자원들이 사람들, 인공물, 그리고 상황 전체에 분산 배치되어 있다는 개념이다.

●● 인지적 인공물(cognitive artifact) : 인간의 인지 능력을 확장하거나 지원하도록 설계된 도구 또는 장치를 말한다. 여기에는 연필, 종이와 같은 물리적 물체나 컴퓨터 및 소프트웨어 응용 프로그램과 같은 디지털 도구가 포함될 수 있다. 인지적 인공물은 인간이 기교를 기피하고 표현하는 데 기에 중요한 역할을 하며, 학습, 기억, 문제 해결 등의 능력에 상당한 영향을 미칠 수 있다.

말한다. "우리는 항해할 지도, 기억할 노트, 측정할 눈금자, 계산할 계산기, 디자인할 스케치북, 계획할 의제, 학습할 교과서 등을 사용한다. 이러한 인공물이 없다면 우리는 동일한 인지적 행위자가 되지 못할 것이다. 왜냐하면 인지적 인공물은 우리로 하여금 다른 식으로는 수행할 수 없는 인지적 과제를 수행할 수 있게 해주기 때문이다."[25]

인지를 돕는 인지적 인공물의 유형
주판, 종이와 연필, 디지털 계산기

인지적 인공물은 여러 가지 이유로 중요하다. 인지적 인공물은 사고의 비용을 줄여 준다. (즉 정신적 집중을 덜 하게 하고 시간 소모를 줄여준다.) 새로운 형태의 인지 능력을 활성화하고 촉진하는 데도 도움이 된다. 인지적 인공물은 정보를 참신하고 독특한 방식으로 표상하고 구성하고 결합하기 위한 외부 플랫폼을 만듦으로써 이런 도움을 준다.[26] 그러나 모든 인지적 인공물이 동일한 것은 아니다. 어떤 인지적 인공물은 진정으로 인간의 능력을 향상시킴으로써 도움을 주고, 또 다른 어떤 인지적 인공물은 오히려 인간의 능력을 왜곡하거나 훼손함으로써 도움을 준다.

그리고 분산 인지 이론은 왜 이런 일이 일어나는지 이해할 수 있는 도구를 제공한다. 분산 인지 이론에는 이 점에서 중요한 두 가지 특징이 있다. 첫째, 이 이론은 우리가 서로 다른 유형의 인지적 인공물을 알아차리고, 이러한 다른 유형의 인지적 인공물이 어떻게 우리의 윤택하고 뜻있는 삶을 살 수 있는 능력을 지지하거나 약화시킬 수 있는지를 볼 수 있게 해 준다. 둘째, 이 이론은 인지적 인공물이 인간이 수행하는 인지적 과제를 더 좋은 방향으로든 더 나쁜 방향으로든 변화시키는 다양한 방법에 대해 생각할 수 있게 해준다. 이 두 가지 특징에 대해 좀 더 자세히 살펴보자.

인지적 인공물의 다양한 유형에 관해, 복잡성 이론가● 데이비드 크라카우어(David Krakauer, 1967~)는 AI와 자동화의 발전이 인간 인지에서 어떤 역할을 하는지 이해할 수 있게 하는 분류법을 고안했다.27 여기서 나는 그의 분류법을 보완해 제시한다. 이 분류법은 인지적 인공물의 세 가지 유형을 구분한다.

인지적 인공물의 세 가지 유형

____**향상용 인공물(Enhancing Artifact)**

이것은 뇌에 기반을 둔 선천적인 인지 능력을 향상시키는 인지적 인공물이다. 데이비드 크라카우어가 말하는 대표적인 예는 계산용 주판(籌板)이다. 주판은 수학적 연산을 나타내고 수행하기 위한 외부 플랫폼을 만든다. 주판 교육을 받은 사람은 종종 수학 문제를 유난히 빠르고 능숙하게 푼다. 게다가 주판 자체는 학습 단계에서 매우 귀중하지만, 주판을 치울 수 있다. 그리고 숙달된 개인은 이 주판이라는 인공물 없이도 연산을 거의 똑같이 잘 수행할 수 있다. 이러한 방식으로, 향상용 인공물은 능숙해지면 떼어낼 수 있는 보조 바퀴처럼 기능한다.

____**보완적 인공물(Complementary Artifact)**

이것은 선천적인 뇌 기반 인지 능력을 향상시키지만 인간과 인공물 사이의 지속적인 상호적, 인과적 상호 작용을 요구한다. 펜과 종이로 수학 문제를 푸는 것이 그 예이다. 이를 통해 인간은 수학 문제를 푸는 데 필요한 알고리즘의 외부 표상을 만들 수 있지만 연산을 수행하기 위해서는 항상 외부 표상이 필요하다. 결과적으로 인간과 인

● 복잡성 이론(complexity theory) : 복잡하고 대단히 혼란스러운 체계에서 어떻게 질서가 발생할 수 있는지를 밝힌다. 이 이론에 따르면 아주 상세한 사전 계획보다는 몇 가지의 기본 원칙만을 지키는 것이 문제 해결에는 더 효과적이다. 예를 들어 건물에 화재가 발생했을 때를 떠올려보자. 어디로 어떻게 탈출할지를 아주 상세하게 미리 계획하는 것보 ██ ████ ███ ███ ██ ████ █████ ███ ████ ███ ███ ███ ███ 생명을 살린다.

공물 사이에는 진정한 보완적 상호 의존성이 있다. 이는 단순히 치워버릴 수 있는 보조용 바퀴 같은 것이 아니다.

경쟁적 인공물(Competitive Artifact)

이것은 인지적 과제를 수행하는 데 도움을 주는 인공물이지만, 인지를 대체하기 때문에 반드시 인간의 인지 능력을 돕는 것은 아니다. 대표적인 예로는 디지털계산기가 있다. 디지털계산기는 사람보다 더 빠르고 정확하게 수학 문제를 풀게 하지만, 그 인공물이 어려운 일을 모두 한다. 인간은 명령만 입력한다. 이것은 종종 사람들이 스스로 수학적 연산을 잘하지 못하고 인공물에 더 의존하게 만들기 때문에 향상용 인공물과 정반대의 효과를 낸다.

이 책에서 내가 펼치는 주장이자 데이비드 크라카우어의 주장은 AI와 로봇공학이 이 '인지적 인공물의 세 가지 유형' 스펙트럼에서 경쟁적 인공물의 끝단을 향해 나아간다는 것이다. AI와 로봇공학은 인지적 과제를 수행할 때 인간을 돕고, 때로는 보완적이거나 향상적인 방법으로 돕는다. 하지만 종종 인간 인지를 대체하는 경향이 있다. 크라카우어는 이것이 기술적 의존성을 낳고, 이런 의존성이 우리의 선택 자율성과 회복력에 연쇄 반응을 일으키기 때문에 나쁘다고 생각한다. 나는 이를 아래에서 좀 더 자세히 고찰하겠다. 당분간은 기술적 의존성을 이유로 자동화 인공물을 일반적으로 비난하지는 말라고 권고하고 싶다. 우리는 자동화 기술이 좋은 삶을 추구하는 데 미치는 영향에 대해 너무 편협하게 생각함으로써 오류에 빠질 수 있다. 우리는 우리가 그리스 철학자 소크라테스처럼 '파이드로스 오류(Phaedrus fallacy)'●에 빠질 위험에 대해 다시

● 파이드로스 오류(Phaedrus fallacy) : 플라톤의 대화편인 《파이드로스》에서 소크라테스는 글쓰기의 발명으로 사람들이 기억력을 잃고 마음은 시들고 위축될 것이라고 한탄한다. 하지만 글쓰기는 새로운 형태의 문화적 전달과 학습, 새로운 형태의 제도적 통치, 더욱 복잡한 사고 등을 가능하게 했다. 소크라테스가 글쓰기의 이러한 장점을 간과한 것을 파이드로스 오류라고 한다.

한번 경계할 필요가 있다. (소크라테스는 글쓰기의 발명으로 사람들이 기억력을 잃을 것으로 잘못 생각했다. 이를 '파이드로스 오류'라 한다.)

여기에서는 분산 인지 이론의 두 번째 요소가 도움이 될 수 있다. 캘리포니아대학교 인지과학과 명예교수인 도널드 노먼(Donald Norman, 1935~)은 1991년 인지적 인공물에 대한 중요한 논문을 발표했다. 노먼 교수의 이 논문은 두 가지 수준에서 우리와 인지적 인공물의 상호 작용에 대해 생각할 필요가 있다고 지적한다.

하나는 **시스템 수준**(system level)(우리의 뇌와 몸에 인공물을 더한 것)이고, 다른 하나는 **개인 수준**(personal level)(우리가 인공물과 상호 작용하는 방식)이다.[28] 시스템 수준에서 인지 활동은 종종 인지적 인공물에 의해 향상된다. 펜과 종이를 활용하는 나는 펜과 종이가 없는 나보다 수학을 더 잘하고, 스마트폰이 있는 나는 스마트폰이 없는 나보다 전화번호를 더 잘 기억한다. 그러나 일반적으로 개인 수준에서 수행되는 **인지적 과제를 변경**함으로써 이러한 시스템 수준이 증강된다. 개인 수준에서 인지적 과제를 변경한다는 것은, 머릿속에서 숫자를 상상하고 정신적으로 표현된 알고리즘을 사용하여 숫자를 더하거나 빼는 대신 알고리즘을 쉽게 적용할 수 있는 형식으로 페이지의 숫자를 시각적으로 표현하는 것이 한 가지 예이다. 그리고 전화번호를 정신적으로 인코딩하고 불러내는 대신 스마트폰 화면에 검색어를 입력하는 것이 있다. 따라서 인지적 인공물은 하나의 인지적 과제를 다른 (일련의) 인지적 과제로 변화시킨다.

두 수준 모두에서 인지적 인공물을 자동화함으로써 생기는 변화에 대해 생각해 보아야 한다. 시스템 수준에 초점을 맞추면 자동화 기술의 순효과는 압도적으로 양(陽)의 효과이다. 즉 자동화 기술을 통해 우리는 적은 노력으로 많은 과제를 수행하고 원하는 것을 많이 얻을 수 있다. 실제로, 양의 순효과는 제2장과 제3장의 많은 주장에 동기를 부여한 것이다.

하지만 개인 수준에 초점을 맞추면 양의 효과가 크게 나오지 않는다. 즉 개인 수준에서는 순효과가 양의 효과일 수도 있고 음(陰)의 효과일 수도 있다. 인지적 인공물은 우리가 수행해야 하는 과제를 변화시킬 수 있다. 이는 (a) 우리를 새롭고 더 나은 경험 / 상호작용을 하게 하고, 우리의 능력을 한계까지 시험하며, 우리의 윤택함과 뜻있음을 촉진하는 방식으로 우리의 과제를 변화시킬 수 있다. 또 (b) 노력과 입력을 거의 필요로 하지 않으므로 자기만족과 의존성을 발생시키는 방식으로 변화시킬 수 있다. 자동화 기술이 우리에게 좋은 삶을 살 수 있게 하는지의 여부에 대해 생각할 때 두 가지 가능성 모두에 민감하게 반응할 필요가 있다.

4장_3절 기술이 삶을 망친다는 '기술 비관론'

이 정도면 이 장의 목적을 논의할 수 있는 분위기를 조성하는 데 충분할 듯하다. 이제 이 장의 목적으로 시선을 돌려보자. 자동화 기술이 윤택하고 뜻있는 인간의 삶에 미치는 영향을 비관하는 주장이 있다는 사실은 앞에서 잠깐 언급했다. 이른바 '기술 비관론'이라 할 만한 것이다.

여기서는 기술 비관론의 다섯 가지 주장을 제시하고자 한다. 이런 주장은 완전히 자동화된 포스트워크 세계에서 좋은 삶을 살 수 있는 우리의 능력에 심각한 의심을 던진다. 각각의 주장은 특히 뜻있음과 윤택함의 주관적, 객관적 조건과 우리가 관련되는 방식을 바꿈으로써, 자동화 기술의 광범위한 가용성이 우리 주변 세계와의 관계를 매개하고 변화시키는 서로 다른 방식에 초점을 맞춘다. 이 주장은 앞장에서 옹호했던 일에 대한 반대 주장과 함께 해석되어야 한다. 다시 말해, 내가 여기서 말하는 모든 것은 일이 정말로 나쁘고, 더 나빠지고 있다는 것을 전제로 한다. 하지만 우리는 일 이후의 포스트워크 세계로 서둘러 가기 전에, 잠시 멈춰서 우리가 어떤 세계로 향해 가고 있는지 생각해 볼 필요가 있다. 이는 그런 세계의 암울한 모습을 그려보려는 시도이다. 오직 이러한 잠재적인 암울함을 완전히 인정해야만 다음 장에서 옹호할 낙관적인 견해를 받아들일 수 있다.

다섯 가지 기술 비관론 주장에 들어가기 전에, 포스트워크 세계에서 박탈 문제(deprivation problem)에 대해 잠시 언급할 필요가 있다. 분명히 유급 노동의 필요성이 없어진 세계는 높은 비율의 인구가 생존에 필요한 기본 상품과 서비스에 돈을 지불할 능력을 잃을 위험이 있는 세상이 된다. **현재** 이런 상품과 서비스를 위해서는 안정된 수입이 필수이다. 그리고 이것이 없으면 우리는 멸망한다. 이것이 내가 말하는 "박탈 문제"이다. 대량 박탈이 현실인 세계는 자동화된 세계이든 아니든 인간의 윤택함과 뜻있음에 도움이 되지 않는다. 사람들이 진정으로 윤택하고 뜻있는 삶의 프로젝트를 추구하기 위해서는 건강과 행복의 기본 플랫폼이 필요하다. 결과적으로, 제 몫을 다하는 포스트워크 세계라면 박탈 문제를 해결해야 한다.

하지만 이 책에서는 박탈 문제를 해결하거나 해결책을 제시하지는 않을 것이다. 이런 해결책을 찾은 일은 이 책의 목표가 아니다. 나는 박탈 문제를 해결한다고 해도 이 박탈 문제보다 근본적인 어떤 문제가 일어날 것이라고 생각한다. 그러므로 과연 어떤 일이 일어날지 생각해 보고자 한다. 이는 이렇게 하는 것이 더 흥미로운 탐구라는 인상을 주기 때문이다. 이 경우 우리는 자동화된 미래에 인간이 된다는 것이 무엇을 의미하는지에 대한 근본적인 질문에 직면하게 된다. 그러나 그런 질문에 실질적으로 맞서기 위해서는 기본적인 경제재와 서비스의 박탈과 관련된 논제를 고려 대상으로 삼지 않아야 하고, 이것들이 옆으로 미뤄야 할 큰 논제라는 것을 인정해야만 한다. 하지만 박탈 문제는 해결할 수 있다고 생각하기 때문에 그렇게 할 자신이 있다.

낙관하는 이유는 두 가지이다. 첫째, 인간의 노동력을 대체하기 위해 사용하는 기술은 **풍요(abundance)**의 세계를 만드는 데 도움을 주어야 한다. 풍요의 세계란 극도로 저렴한 상품과 서비스의 세계를 말한다. 당신이 세계 최고의 AI 의사, 변호사, 건축가 등을 스마트폰으로 쉽게 접속할 수 있고, 버튼 한 번으로 원하는 물건을 찍어낼 수 있는 세상을 상상해 보라. 그런 세상은 우리가 자동화 기술로 구축하고 있는 세상이다. 우리가 그 잠재력을 완전히 깨닫고 분배하는 데는 시간이 걸리겠지만, 그렇게 기술로 촉진된 풍부함은 실현 가능하다. 둘째, 소득의 부족과 관련된 여타의 모든 문제는 변화된 복지 제도를 통한 **재분배**로 해결할 수 있다. 그중 가장 분명하고 널리 논의되는 것이 기본 소득 제도(basic income guarantee)의 도입이다. 내가 할 수 있는 것보다 풍요의 가능성과 기본 소득 제도의 실행 가능성을 모두 주장하는 더 훌륭하고 포괄적인 연구를 제시하는 책들이 이미 많이 출간되었다. (관심 있는 독자는 이런 책을 보기 바란다.29)

그렇다면 이제 박탈 문제를 해결한다 하더라도 여전히 남아 있는, 자동화가 인간의 좋은 삶에 비관적인 영향을 미친다는 다섯 가지 주장을 검토해 보자. 이러한 주장을 제시할 때 전제와 결론에 번호를 매기는 철학적 관행에 의존할 것이다. 이는 분석의 용이성과 각 논법의 강점과 약점을 명확히 파악하기 위해서이고, 단순히 결론을 옹호하는 것이 아니라 결론에 대해 어떻게 생각해야 하는지를 보여주기 위해서이다. 그러기 위해서는 미래에 대한 나의 낙관적 관점이 치워야 할 장애물에 대해 정직하고 솔직하고자 한다.

기술 비관론을 주장하는 이유 ①
인간과 현실 사이의 연결 고리를 끊는다

기술 비관론에 대한 첫 번째 주장은 가장 일반적인 것이다. 이 주장은 '**연결 고리 단절(severance)**' 문제라고 부를 만한 것이다.

이 문제는 자동화 기술의 광범위한 가용성(可用性)으로 인해 생긴다. 자동화 기술의 가용성으로 인해 인간과 객관적 현실 세계 사이의 연결 고리가 끊어질 것이라는 말이다. 이것이 나쁜 것은 인간과 객관적 세계 사이의 연결 고리가 윤택함과 뜻있음에 꼭 필요하기 때문이다. 예를 들어 내가 실제로 내 주변 세상을 조사하고 해석하고 반응하지 않는다면 과학적 지식에 유의미한 기여를 할 수 없고, 그 안에서 행동하지 않는다면 세상의 도덕적 문제를 해결하지 못한다. 자동화 기술의 분명한 한 가지 특징은 자동화 기술이 인간이 행동해야 할 필요성을 제거한다는 것이다. 자동화 기술은 특별히 힘든 일을 하지 않고도 결과를 얻을 수 있게 해준다. 실제로 이것은 제2장에서 요약한 일의 자동화에 대한 모든 주장의 밑바탕이 되는 가정이다. 즉 기계가 최소한의 인간 도움으로 경제재와 서비스를 생산할 수 있다는 것이 그 가정이다.

좀 더 공식적인 용어로 표현하면 기술 비관론에 대한 이 주장은 다음과 같다.

___**주장 1 : 인간과 현실 사이의 연결 고리를 단절한다.**
　　(1) 인간이 윤택하고 뜻있는 삶을 살아가려면, 인간이 하는 일과 인간 및 그 주변 세계에 일어나는 일 사이에는 의미심장한 연결 고리가 분명히 있어야 한다.
　　(2) 자동화 기술의 광범위한 가용성으로 인해 인간이 하는 일과 인간 및 그 주변 세계에 일어나는 일 사이의 의미심장한 연결 고리가 끊어진다.
　　(3) 그러므로 자동화 기술의 광범위한 가용성으로 인해 인간이 윤택하고 뜻있는 삶을 살 수 있는 능력이 훼손된다.

각각의 전제를 좀 더 자세히 고려해 보자. 이미 '의미심장한 연결 고리'의 개념을 언급했지만, 좀 더 정확하게 할 필요가 있다. 누군가가 하는 일과 그에게 일어나는 일 사이에 의미심장한 연결 고리를 가능하게 하는 것은 무엇일까? 철학자 수전 울프(Susan Wolf)의 연구에서 논의한 '알맞춤 성취'● 연결성을 고려하는 것으로 시작해 보자. '알맞춤 성취' 연결

● 뜻있는 삶에 대한 하이브리드 학파의 이론에 따르면, 누군가가 뜻있는 삶을 살기 위해서는 주관적 상태와 객관적 상태의 조합이 충족되어야 한다. 즉 개인의 마음과 그들이 세상에 더하는 객관적 가치 사이에 어떤 적절한 연결성이 필요하다는 것이다. 수전 울

성에 대한 설명은 객관적으로 좋은 것에 대한 주관적 즐거움에 초점을 맞춘다. 표면상, 이것은 성취감을 느끼는 사람이 꽤 많은 노력이나 아주 힘든 활동을 해야 하는 것이 아니다. 나는 가만히 앉아서 기계가 만들어 내는 세상의 새로운 과학적 발견, 새로운 질병 치료, 고통의 현격한 감소 등 객관적으로 놀라운 성취를 얻으면서 여전히 알맞춤 성취감을 느끼는 삶을 살 수 있다.

중요한 것은 내가 객관적 세계의 변화에 적절하게 **반응하는●** 것이다. 이 는 자동화 기술의 발전이 무엇이든 간에 가능해 보인다.[30] 그리고 이는 흥미로운 사실을 드러낸다. 즉 윤택함과 뜻있음에 대한 주관주의 이론이 객관주의 이론보다 완전히 자동화된 미래를 더 쉽게 포용할 수 있다는 것이다. (물론 주관주의 이론은 객관주의 이론에 반응해야 한다.) 이런 주관주의 이론은 윤택함과 뜻있음을 추구할 때 반드시 인간 활동이 필요 하다는 생각을 부정하거나 감쇠시킴으로써 이런 추구를 한다.●● 이것은 전제 (1)에서 호소하는, 의미심장한 연결 고리가 있어야 한다는 주장에 반(反)한다.

이 책의 뒷부분에서는 주관주의 이론에 대해 더 많이 논의할 것이다. 하 지만 지금은 "그냥 굿이나 보고 떡이나 먹는다"는 생각을 가장 싫어한다 는 태도를 가지고자 한다. 좋은 삶을 살기 위해서는 객관적 세계에 대한 단순한 반응성 이상의 무엇인가가 필요하다. 우리는 실제로 우리의 알맞

프의 '알맞춤 성취'라는 개념은 이 하이브리드 학파의 이론을 대표한다. 객관적 가치가 있는 프로젝트를 추구하고 그것에 기여함으로써 개인이 주관적으로 성취감을 느끼는 삶을 살 수 있다는 것이 이 개념이 뜻하는 바이다.

● 알맞춤 성취라는 개념은 뜻있는 삶을 살기 위해서는 주관적 상태와 객관적 상태가 적 절하게 조합되어야 한다는 것이다. 이 두 상태가 서로 조화되고 연결되기 위해서는 개 인이 객관적 상태에 주관적으로 반응을 보여야 한다는 점에서 지은이는 '반응'하는 일을 강조하고 있다.

●● 하이브리드 학파에서는 구체적인 요구나 성취의 달성을 위해 반성 닦는 것과 같은 사소한 인간 활동이 꼭 필요한 것은 아니라고 했다.

춤 성취로 이어지는, 객관적 세계의 변화를 일으킬 필요가 있다. 세상을 더 나은 곳으로 만들었다고 말할 수 있어야 한다. 간단히 말해, 우리에게 알맞춤 성취감을 주는 객관적 세계에서 무엇인가를 **성취**했다고 말할 수 있어야 한다.

미국 라이스대학교 철학과 교수 그웬 브래드포드(Gwen Bradford)에 따르면, 오직 세 가지 조건이 충족될 때만 이렇게 말할 권리가 있다. ⓘ 우리가 관심 있는 결과를 **생산하는 과정**을 어느 정도 따랐다. ⓘⓘ 이 과정은 **충분히 어렵다.** ⓘⓘⓘ 이 과정은 **운이 따라주는 것이 아니다**(즉, 우리 입장에서 기술 또는 역량이 필요하다)가 이 세 가지 조건이다.31 방금 마라톤을 완주했는데 기분이 좋다고 생각해 보자. 이는 이 세 가지 조건을 만족시키므로 정당한 성취이다. 나는 그 결과를 만들어낸 과정(훈련 / 달리기)을 따랐다. 그 과정(수개월 간의 힘든 신체 단련과 마지막 경주)은 어려웠다. 그리고 그 과정은 운이 따라주는 것이 아니었다. (42.195km를 달리는 것은 그냥 요행수로 할 수 있는 것은 아니었다.) 복권을 사서 복권에 당첨되는 것과 마라톤 완주를 대조해 보라. 복권 당첨은 결과를 만들어낸 과정이 특별히 어렵지 않았고(복권을 사는 것은 쉽다), 그 결과는 순전히 운의 문제이므로(내 숫자가 우연히 나왔다) 복권 당첨은 성취가 아니다.

성취는 전제 (1)을 충족시키기 위해 필요한 의미심장한 연결 고리이다. 자동화 기술의 발전으로 가장 위협받는 것은 이것이다. 왜 그럴까? 자동화 기술은 성취에 필요한 세 가지 조건 중 두 가지를 저해하기 때문이다. 즉 ⓘ 자동화 기술은 인간의 활동 과정을 기계의 생산 과정으로 대체하고, ⓘⓘ 관련 결과를 훨씬 더 쉽게 생산한다. (스위치를 딸깍 켜거나 음성 명령을 내리는 것만으로도 충분하다.) 자동화 기술은 결과를 순수한 운의 문제로 만드는 것은 아니지만, 인간의 역량과 기술을 덜 필요한 것으로 만들고 또 더 약화시킨다. 그렇다고 해서 성취가 완전히 훼손된 것은 아니다. 기계의 생산자와 설계자는 기계의 성취에 대한 정당한 권리를 가질 수 있지만, 만약 기계가 스스로 배우고 발전한다면 생산자와 설계자의 권리는 미미할 것이다. (이는 시간이 지남에 따라 부모가 자녀의 성취에 대한 권리를 적게 갖게 되는 것과 마찬가지이다.) 자동화 기술에 의해 그 성취가 대체되는 많은 사람들에 비해 이런 생산자와 설계자는 그 수가 상대적으로 적을 것이다.[32] 이는 그 다음에 전제 (2)를 지지한다. 자동화 기술의 폭이 넓어지고 그 위력 또한 강해지면서 인간의 성취는 훼손된다. 그리고 이로 인해 윤택하고 뜻있는 삶을 살기 위해 필요한 연결 고리가 단절된다. (이렇게 생각할 이유가 있다.)

당신은 연결 고리 단절 주장이 제2장에서 요약한 기술 의거 실업에 대한 일반적인 논법과 상당히 유사하다는 것을 알아차렸을지도 모른다. 두 가지 모두 인간 활동을 대체할 수 있는 자동화 기술의 힘에 대해 거창한 주장을 하며, 결과적으로 둘 다 같은 종류의 반대에 취약하다. 기술 의거 실업이 발생한다는 주장을 지지하는 사람들이 러다이트 오류를 처리해야 한다면, 연결 고리 단절 주장을 지지하는 사람들도 매우 유사한 오류를 처리해야 한다.

추정되는 오류는 다음과 같다. 방금 간략하게 기술한 연결 고리 단절 주장의 예를 무작위로 하나 들어보면, 의료 진단과 신약 개발(둘 다 객관적 선)이라는 특정 활동 영역에서 인간의 성취도가 훼손될 수 있다는 것을 성공적으로 보여주어야 한다. 하지만 자동화 기술이 인간의 활동 영역을 대체했다고 해서, 확실히 인간이 윤택하고 뜻있는 삶을 추구할 수 있는 또 다른 활동 영역이 모두 사라지는 것은 아니다. 또한 이러한 활동 영역 중 일부는 자동화 기술의 가용성으로 보완될 수 있다. 예를 들어, 자동화 기술이 나 대신 단조롭고 힘든 실험 작업을 할 수 있다면, 나는 좀 더 훌륭하고 창의적인 과학자가 될 수 있을 것이다.

상상할 수 있겠지만, 러다이트 오류 주장에 대한 일부 응수가 여기에도 적용된다. 특히 우리는 현재 윤택함과 뜻있음에 필요한 활동에 접근하기 위해 노동 시장에 의존하기 때문이다. 그렇긴 하지만 자동화 기술이 일의 필요성을 감소시킨다면, 우리는 윤택함과 뜻있음에 도움이 되는 다른 (비경제적으로 보상받는) 활동 영역을 자유롭게 선택할 것이다. 예를 들어 모호하고, 겉으로 쓸모없어 보이는 과학적 연구 분야에 시간과 에너지를 집중할 수 있다. 실제로 이는 연구의 시장 가치에 집착하는 시대에 잃어버렸던 과학적 연구의 이상으로 되돌아가는 길일지도 모른다.

그래서 나는 두 가지 새로운 논점을 이야기해 보고자 한다. 내 생각에 이런 논점은 만연한 자동화의 세계에서 우리의 능력을 의심하는 이유를 제공한다. 여기서 우리의 능력은 인간의 성취를 위한 새로운 기반을 찾을 수 있는 능력을 말한다.

첫째, 자동화 기술의 향상을, 인간의 윤택함과 뜻있음에 적합하지 않은 일만 대체하는 방식으로 억제하는 것은 어렵다. 사실 그 반대일 수도 있다고 생각할 만한 충분한 이유가 있다. 자동화에 가장 쉽게 취약해지는 활동은 우리가 대부분의 의미와 만족을 도출하는 활동일 수 있다. 윤택함 및 뜻있음과 가장 일반적으로 연관된 활동 영역(참된 영역, 선한 영역, 아름다운 영역)에 대해 폭넓게 생각한다면, 이미 자동화가 침해한 증거를 볼 수 있다. 예를 들어, 질병, 고통, 불평등 등 많은 기본적인 도덕적 문제33●는 인간의 불완전함에 의해 야기되고 더 나은 자동화된 시스템을 통해 다루어질 수 있다. 자율주행차를 둘러싼 많은 흥분은 무책임한 인간 운전자가 야기하는 도로의 대학살을 줄일 수 있다는 믿음에서 비롯된다. 그 고리에서 인간을 제거하게 되면 세상은 모두를 위한 더 낫

● 기본적인 도덕적 문제 : 자동화 기술의 발전에 따른 도덕적 문제 중 가장 대표적인 것은 트롤리 딜레마(Trolley dilemma)이다. 트롤리 기차가 열 명의 사람을 향해 무서운 속도로 돌진하고 있다. 당신은 이 트롤리 기차를 다른 선로로 바꿀 수 있는 레버 근처에 서 있다. 선로를 바꿀 경우 트롤리 기차는 한 사람만 죽게 할 것이다. 당신은 손을 놓고 가만히 있겠는가, 아니면 레버를 당기겠는가? 강력하고 자율적인 AI의 또 다른 형태인 운전자 없는 자율주행차가 이런 임박한 사고에 직면하여 비슷한 결정을 내려야 할 때, 이 자동차는 어떻게 해야 하는가?

거나 적어도 더 안전한 곳이 될 수 있다. 이 논리는 질병 진단이나 형사 선고를 위해 자동화된 시스템을 사용하려는 결정에 적용되고, 의료나 부동산과 같은 공공재(公共財)●와 서비스를 어떻게 분배할지를 결정하는 데에도 적용된다.

그렇다고 해서 현재 속출하는 자동화된 시스템이 반드시 세상을 더 나은 곳으로 만들고 있다는 것은 아니다. 이러한 자동화된 시스템의 사용과 관련된 편견과 의도되지 않은 결과라는 문제가 있으며, 이런 문제에 대해서는 관련 증거가 많다.34 다만 기본적인 도덕적 문제를 해결하기 위해 자동화 기술을 활용하려는 의지와 바람이 높아지고 있다는 말이다. 이는 이러한 기술의 발달로 인해 선한 삶의 도덕적 측면이 그 범위가 축소될 가능성이 높다는 것을 의미한다.

지식의 추구와 진리의 발견도 마찬가지이다. 과학은 현재 진실로 가는 주요 통로이며 점점 더 기계의 도움으로 진행되고 있다. 제1장에서 웨일스의 연구팀이 만든 아담(ADAM)과 이브(EVE)라는 로봇 과학자를 설명하면서 몇 가지 예를 들었다. 이는 빙산의 일각에 불과하다. 과학은 점점 더 인간 연구원 팀이 이론에 사용하는 데이터를 해석하고 처리하고 이해하기 위해 기계에 의존한다. 과학 연구는 이제 빅데이터 기획과 분석으로 변화하고 있다. 개인적 성취의 여지는 크게 축소되었고, 점점 높아지는 탐구의 복잡성과 기계 보조의 필요성으로 인해 개인이 실제로 발견에 영향을 줄 수 있는 능력은 약화되었다.

이로써 아름다움(美)만이 인간의 윤택함을 위한 잠재적인 활동 영역이 된다. 심지어 최근 몇 년 동안 많은 로봇 미술가와 음악가가 만들어지는 등 이런 영역에서도 자동화의 침해를 목격할 수 있다.35 그렇긴 하지만,

---

● 공공재(公共財) · 사회 구성원 모두에게 공평하게 분배되어야 할 기인을 만한다. 공공 부문에서 사회적으로 해결하는 것이 효율적이다. 사회재(社會財)라고도 한다.

여기에서는 과학(진리임)과 도덕(선함)이라는 다른 두 영역에서보다 우려할 만한 이유가 적을 수 있다. 창작할 수 있는 예술 작품은 무궁무진하며, 하나의 가치가 다른 것의 가치나 중요성을 떨어뜨리지는 않는다. 나는 희곡을 쓸 수 있고 기계도 희곡을 쓸 수 있으며, 아마도 내가 희곡을 쓰면서 이룬 성취가 기계의 성취에 의해 훼손되지 않을 만큼 충분히 이 두 가지 희곡은 다를 것이다. 과학과 도덕에 관해서는 그렇지 않다. 케케묵은 상투적 비유를 사용하자면 이렇다. "윌리엄 셰익스피어 (William Shakespeare, 1564~1616)가 태어나지 않았다면 우리는 ≪햄릿≫, ≪오셀로≫, ≪맥베스≫에 경탄하지 못했을 것이다. 하지만 아인슈타인(Albert Einstein)이 태어나지 않았다 해도 누군가는 특수 상대성 이론과 일반 상대성 이론을 내놓았을 것이다."36● 다른 사람의 과학적 업적이나 도덕적 업적을 모방하는 것은 재미있을 수 있지만, 처음으로 그렇게 하는 것은 완전히 같은 것이 아니다. 그래서 우리는 스스로에게 아름다움(美)이 우리의 윤택함과 뜻있음에 대한 주요 원천인 세상이 괜찮은지 물어야 한다. 이것이 바로 자동화 기술이 증가하면서 우리가 나아갈 수 있는 세상이다.

내가 던지고자 하는 두 번째 논점은 원칙적으로 우리의 윤택함과 뜻있음에 도움이 되는 다른 활동 영역이 있고, 이런 영역이 자동화 기술에 의해 우리에게 개방될 수 있다는 것이 사실일지라도, 이런 영역에 접근하는 것이 얼마나 실현 가능한지를 물어야 한다는 것이다. 자동화 기술의 다른 특징은 진정으로 윤택하고 뜻있는 삶을 살기 위해 필요한 활동으로부터 우리를 갈라놓거나, 그런 활동에 참여할 수 있는 능력을 훼손할 수 있다. 아래에서 논의할 주장은 실제로 그렇다는 것을 암시한다. 결과적으로, 성취의 새로운 지형을 발견할 가능성에 대한 낙관주의는 실제로 유지하기 어려울 것이다.

● (지은이 주) 실제로 아인슈타인은 일반 상대성 이론을 형식화하기 위해 데이비드 힐버트(David Hilbert)와 경쟁했다.

이것이 바로 연결 고리 단절 문제이다. 이 단절 문제는 이 장에서 논의하는 문제들 중에서 가장 기본적이고 근본적인 문제이다. 나머지 네 가지 문제는 이 단절 문제를 보완한다.

기술 비관론을 주장하는 이유 ②
집중 방해와 주목 조작의 문제

기술 비관론의 두 번째 주장은 집중 방해와 주목 조작의 문제에 초점을 맞춘다. 이 주장의 요지는 이렇다. 지난 반세기 동안 우리가 만들어 온 기술 인프라는 우리의 주목(attention)을 빼앗기 위해 설계된 인프라이다.[37] 페이스북, 트위터, 유튜브, 구글 같은 명백한 장본인뿐만 아니라 엄청나게 많은 앱과 서비스가 있다. 이들 소셜 미디어와 디지털 콘텐츠 플랫폼은 주로 광고 수익 모델을 기반으로 구축된다. 이런 플랫폼은 서비스 비용을 청구하지 않는다. 대신 광고주에게 사용자의 주목(과 개인 데이터)을 판매한다. 이렇게 하기 위해 광고주에게 이익이 되도록 주목을 조작하고 통제해야 한다. 주목의 내용과 능력은 모두 윤택함과 뜻있음에 필수이기 때문에 주목 조작은 윤택하고 뜻있는 삶을 살 수 있는 인간의 능력을 훼손한다.

자동화가 좋은 삶을 망친다는 기술 비관론의 두 번째 주장은 다음과 같다. (번호 붙이기는 이 장의 이전 주장에 이어 계속된다.)

____주장 2 : 우리의 집중을 방해하고 우리의 주목을 조작한다

  (4) 주목은 좋은 삶에 필수적이다. 올바른 것에 주목을 기울이는 우리의 능력은 이후 오랫동안, 우리의 삶이 얼마나 윤택하고 뜻있는지를 결정하는 데 큰 영향을 미친다.

  (5) 자동화 기술은 (a) 오랫동안 주목을 기울이는 능력을 망가트리고 (b) 잘못된 일에 주목을 집중하도록 한다.

(6) 그러므로 자동화 기술은 윤택하고 뜻있는 삶을 살 수 있는 우리의 능력을 훼손한다.

이 주장은 내가 앞장에서 옹호했던 '일의 나쁨' 이념의 기초가 되는 무언의 가정을 정면으로 겨냥한 것이어서 흥미롭다. 그 가정이란 일로부터의 자유가 우리의 윤택함에 더 도움이 되는 활동을 추구할 기회를 만든다는 것이다. 이 주장은 디지털 기술이 더 높은 추구를 방해하므로 우리의 윤택함에 더 도움이 되는 활동을 추구할 기회를 만드는 일이 일어나지 않는다고 말한다. 이런 전제를 좀 더 자세히 고려해 보자.

전제 (4)는 상식이다. 우리는 모두 의식의 흐름 속에 살고 있다. 이런 의식의 흐름은 꽤 혼란스럽고 다층적이다. 우리는 이 의식의 흐름에 침입하는 외부 세계의 자극으로부터 끊임없이 공격을 받는다. 이러한 공격을 받으면 불규칙한 생각의 파편들이 우리의 의식으로부터 삐죽삐죽 솟아오른다. 우리의 잠재의식은 외부의 자극에 반응하여 생각이라는 형태로 나타난다. 책상에 앉아 타이핑하다 보면 지나가는 차량 소리, 형광등이 머리 위에서 깜박이는 소리, 손가락 아래에서 키보드가 찰칵거리는 느낌, 어제 친구와 나눈 대화의 생각들로 폭격을 받는다. 이런 것들은 내 의식의 흐름 속 소용돌이이다. 그러나 나는 그중 일부만 어렴풋이 알게 된다. 나의 의식적 경험은 층층이 쌓이고 분화된다. 어떤 경험은 중심 무대를 차지하고, 어떤 경험은 배경으로 사라진다. 지금 나에게 정말 중요한 것은 타이핑하고 있는 글자와 다음에 타이핑하고 싶은 생각이다. 이것들은 나의 집중적인 의식적 자각의 일부이다. 그곳은 내 주목이 놓여 있는 곳이다.

주목은 여러 가지 이유로 좋은 삶에 필수적이다. 우리의 주목을 빼앗는 것은 우리 삶의 질에 중대한 영향을 미친다. 이것은 주관적인 요소를 포함하는 어떤 윤택함과 뜻있음의 이론에도 해당된다. 예를 들면 내 주변에서 아주 멋진 일들이 일어난다고 해보자. 사람들이 암을 치료하고 숨이 멋을 듯한 예술품을 창작하며 새로운 과학적 발견을 한다고 해보자. 그리고 심지어 이러한 결과에 내가 부분적으로라도 영향을 미쳤다고 생각해 보자. 만약 나의 주목 능력이 너무 왜곡되고 흐트러져서 이를 깨닫지 못한다면, 내 삶은 훌륭하지 못할 것이다. 주목하지 못하기 때문에 나는 윤택하지 못할 것이다. 내 주목이 파멸과 우울함에 대한 생각, 고통과 불안, 슬픔의 경험으로 쏠린다면, 이번에는 '주목하기' 때문에 나는 윤택하지 못할 것이다.[38]

예를 들어 고대 철학의 스토아학파(Stoicism)●는 당신 통제 내에 있는 것에 집중하고 그렇지 않은 것은 무시하는 등 당신의 주목을 관리하는 것이 윤택함에 반드시 필요하다고 주장한다. 이런 생각은 또한 최근에 심리학과 행동과학으로부터 지지를 받는다. 행복의 심리학에 대한 몇몇 연구는 주목이 가장 중요하다고 제안한다. 행동과학 저널리스트 위니프레드 갤러거(Winifred Gallagher)는 ≪몰입 : 생각의 재발견≫(Rapt : Attention and the Focused Life)●●이라는 책에서 주목이 행복에 필수라는 인식에 대해 자세히 이야기한다. 이로 인해 갤러거는 주목의 중요성에 대한 과학 문헌을 조사하게 되었고, '주목의 능숙한 관리'가 좋은 삶의 필수 조건이라는 결론을 내리게 되었다.[39]

하지만 이것은 순전히 주목의 **내용**(content)에만 집중한다. 주목이 중요한 또 다른 이유는 지속적인 시간 동안 주목을 기울이는 **능력**(capacity)과 관련이 있다. 이는 현대 생활의 스트레스와 긴장을 관리하기 위한 열

● 스토아학파(Stoicism) : 개인이 지혜, 정의, 용기, 자기 통제와 같은 덕목을 개발하기 위해 노력하고, 차분하고 이성적인 마음을 길러야 한다고 가르친다. 또한 이성과 우주의 자연적 질서에 따라 사는 것의 중요성을 강조한다. 고대 그리스에서 기원한 철학적 전통이다.

●● ≪몰입 : 생각의 재발견≫(Rapt : Attention and the Focused Life) : 주목과 몰입의 메커니즘을 알기 쉽게 풀어낸다. 신경과학에서부터 인지심리학에 이르기까지 전방위적으로 주목 관한께 몰입 관리의 메커니즘을 조명한다. 미키걸 우 ㅈ, 고키루트, 빌 클린턴 등 몰입을 통해 성공을 이룬 사람들에 대한 분석들을 통해 쉽게 설명한다.

쇄로 자주 권유되는 불교의 마음챙김(mindfulness)● 명상에서 중심 개념이다.40 규칙적인 마음챙김 연습은 (편협한 판단을 피하면서) 현재의 순간에 관심을 집중시키는 능력을 길러준다. 그리고 지속적인 주목을 위한 능력에는 이 외에 다른 무엇인가가 더 있다. 지속적인 집중은 성취에 필수적인 기술과 능력을 개발하는 데도 도움을 주며, 종종 강렬한 즐거움과 만족감으로 보상받는다. 심리학자 미하이 칙센트미하이(Mihaly Csikszentmihalyi, 1934~2021)는 자신이 '흐름(flow ; 몰입)'이라고 불렀던 이 느낌에 대한 선도적인 연구로 유명하다.41 몇 차례의 연구에서, 칙센트미하이는 사람들이 자신의 능력을 한계에 이르게 하는 일에 깊이 몰입할 때 가장 높은 수준의 성취감과 행복감을 보고한다는 것을 보여주었다. 지속적인 주목을 위한 강력한 능력 없이는 흐름(몰입)이 불가능하다.

이 모든 것은 전제 (4)에 대한 근거가 강하다는 것을 암시한다. 전제 (5)는 어떨까? 왜 자동화 기술은 주목을 기울이는 우리의 능력을 망가트리고, 우리에게 윤택함과 뜻있음에 도움이 되지 않는 것에 주목을 기울이게 한다고 생각할까?

어떤 의미에서, 이것은 단지 현재 우리가 처한 곤경의 명백한 특징이다. 앞의 예를 반복하자면, 번화한 시내 중심가를 걷다 보면, 스마트폰 화면을 뚫어지게 쳐다보고, 이 소셜 미디어 앱에서 또 다른 소셜 미디어 앱으로 휙휙 지나가며, 서로 부딪치지 않을 정도로만 가끔 위를 올려다보는 많은 사람들이 눈에 들어올 것이다. 이러한 기기와 서비스를 제어하는 회사가 사람들에게 이런 기기와 서비스에 골똘하게 집중하게 하면

● 마음챙김(mindfulness) : 자신의 생각, 감정, 감각에 비(非)반응적이고 비(非)판단적인 방법으로 주의를 기울이는 일이다. 명상, 요가 등과 같은 마음챙김 연습을 통해 성취될 수 있다. 마음챙김은 우리의 마음이 과거나 미래에 대한 생각에 사로잡혀 종종 방황하고, 이것이 스트레스, 불안, 그리고 다른 부정적인 감정들을 초래할 수 있다는 생각을 근거로 한다. 현재의 순간에 집중함으로써, 마음챙김은 개인들이 차분하고 명확한 감각을 발달시키는데 도움을 줄 수 있고, 정신적 행복감을 향상시킬 수 있다.

회사에 상당한 금전적 인센티브가 생긴다. 이런 회사는 이렇게 돈을 번다. 이런 회사는 이런 기술을 완성하기 위해 상당한 시간과 노력을 기꺼이 투자한다. 이들은 행동 과학에서 나온 잘 알려진 비결과 기술을, 사람들이 기기와 서비스에 소비하는 시간을 최대화하기 위해 활용한다. 최신 페이스북 또는 전자메일 알림의 즐겁지만 불규칙한 '핑' 하는 소리는 새로운 자극 / 보상에 대한 부가적인 약속과 함께 도박용 슬롯머신의 현대판 같다. 실제 보상은 적지만, 우리가 계속 확인을 하도록 할 만큼 충분히 가끔씩이고 즐겁다. 이는 부분적으로 그 서비스가 종종 인간의 마음에 자연스럽게 호소하는 사회적 상호 작용(좋아요, 리트윗, 댓글, 리더보드 등)을 가장한 우리의 활동에 대한 지속적인 피드백을 제공하기 때문이다.[42]

따라서 기술이 우리의 주목을 끌지 못했다고 주장하는 일은 우리의 일상적인 경험과는 완전히 모순된다. 기술은 우리의 주목을 사로잡는다. 그런데 이 기술은 우리의 주목 능력에 파괴적인 부작용을 일으키는 방식으로 우리의 주목을 사로잡는다. 명백하지 않을 수도 있지만 확실히 이런 암시를 부정할 수는 없다. 우선, 기술이 사로잡는 주목은 본래 현저하게 얕고 조각난 것이라고 지적된다.[43] 당신의 페이스북이나 트위터 피드를 열게 되면 소화 호스에서 쉴 새 없이 쏟아지는 물을 마시는 것과 같이 감당하기 어려운 만큼 많은 정보를 받게 된다. 끊임없이 이어지는 새로운 콘텐츠, 새로운 알림 및 새로운 가능성이 있으며, 이 모든 것은 당신의 주목을 끌기 위해 경쟁하고 있다. 우리는 오랫동안 한 가지에만 집중하기 어렵게 된다. 클릭 한 번이면 잠재적으로 더 나은 디지털 콘텐츠를 얻을 수 있다.

의심할 여지없이 약간 구식이긴 하지만, 이 문제에 대한 내가 가장 좋아하는 예는 ≪포틀랜디아≫(Portlandia)라는 시트콤에 나온다. 이 시트콤은 미국 오레곤 주의 포틀랜드 지역을 배경으로 다양한 삶의 모습을 패러디로 풍자한 코미디이다. 여기에서는 한 주인공이 새로운 전자메일,

고양이 비디오, 페이스북 업데이트, 리스티클(listicle)●, 넷플릭스 쇼 사이에서 끊임없이 앞뒤로 휙휙 지나가고, 결코 한 가지를 정하지 못하는 '기술 루프(technology loop)'●●에 갇힌다.

나는 이러한 기술 루프에서 내 인생의 많은 날을 잃었다. 더군다나 어떤 것에 몇 초 이상 주목을 기울인다 하더라도 우리가 주목을 기울인 그것은 행복에 도움이 되지 않는다. 온라인상의 사회적 상호 작용은 종종 미미하고 얕으며(좋아요, 업보트), 사람들이 성공은 공유하고 실패는 감추는 경향이 있으므로 자주 불안을 조장한다. 늘 존재하는 광고주의 시선은 그 상황을 더 증가시킨다. 광고주의 목표는 우리의 요구를 확인하고 우리의 필요를 창조하며 우리에게 더 나은 우리 자신의 모습을 약속하는 것이다. 현재를 살고, 자신이 하는 일에 몰두하고 행복해지는 일은 허용되지 않는다. 이것은 주목 끌기의 부정적인 정치적 결과에 대해서는 아무 말도 하지 않는 것으로서, 이런 결과는 양극화 심화, 가짜 뉴스 및 음모론 확산, 공적 공간의 탈취 등으로 드러난다.

그러므로 기술이 파괴적인 방식으로 우리의 주목을 사로잡는다는 주장에 타당한 논거를 만들 수 있다. 파괴적인 방식으로 그렇게 한다는 것은 기술이 궁극적으로 윤택하고 뜻있는 삶을 살 수 있는 우리의 능력을 저해한다는 것이다. 그렇긴 하지만 이 주장에는 두 가지 중대한 반대가 있다.

● 리스티클(listicle) : 어떤 물품, 사람의 이름, 또는 일의 내용 따위를 일정한 순서로 나열하여 보여주는 기사를 말한다. 영어 list와 article을 합친 말이다.

●● 기술 루프(technology loop) : 기술의 채택과 사용이 새로운 기술의 개발로 이어지고, 이는 다시 기술의 채택과 사용을 더욱 촉진하는 과정이다. 이 과정은 기술의 개발과 사용이 상호 강화되어 신속하고 잠재적으로 기하급수적인 기술 변화로 이어지는 피드백 루프를 만들 수 있다. 기술 루프는 기술 발전의 방향과 속도를 형성하는 데 중요한 역할을 할 수 있다. 예를 들어, 인터넷의 발전은 전자 상거래, 소셜 미디어, 클라우드 컴퓨팅과 같은 새로운 기술과 서비스의 창조로 이어졌고, 이는 다시 인터넷의 추가적인 채택과 사용을 주도했다. 마찬가지로 스마트폰의 발전은 새로운 앱과 서비스의 창출로 이어졌고, 이는 스마트폰의 기능과 인기를 더욱 높였다.

첫 번째는 내가 이 주장을 자동화 기술에 대한 비판으로 틀을 짰지만, 자동화 기술이 이 문제와 거의 관련이 없을 수도 있다는 것이다. 피해를 입히는 것은 인터넷, 특히 스마트폰과 디지털 콘텐츠 제공업체이다. 로봇공학과 AI는 문제가 아니다. 이 반대는 매력적이긴 하지만 오해의 소지가 있다. 로봇공학이나 AI가 주목 끌기 문제에 꼭 **필연적인** 것은 아니지만, 이 문제를 악화시키고 심화시킬 가능성이 높다. 이는 이러한 기술의 본질적 특성 때문이 아니라 이 기술이 활용되고 예측 가능한 미래에 활용될 방식 때문이다.

가장 즉각적으로 영향을 미치는 방식으로 이러한 기술을 구현하는 것은 주목 경제(attention economy ; 관심 경제)●에 많은 투자를 하는 기업이다. 우린 이미 이러한 것을 경험하고 있다. 소셜 미디어 플랫폼은 디지털 감시와 기계 학습을 중심으로 서비스의 중독성 잠재력을 나갔으며, (구글의 비서와 아마존의 알렉사를 포함해) 최근 몇 년간 시판된 소셜 로봇과 AI 비서의 대부분은 '감시 자본주의(surveillance capitalism)'●●의 시스템에 소속된 주요 장본인이 만든 것이다.[44] 여기에는 매우 타당한 이유가 있다. AI 발전의 중심에 있는 인상적인 기계 학습 프로그램의 성공은 광범위한 감시와 주목 끌기에 달려 있다. 미래의 자동화 기술은

● 주목 경제(attention economy) : 현대 세계에서 사람들의 주의에 대한 가치가 증가하는 것을 설명하기 위해 사용되는 용어이다. 정보가 풍부한 오늘날의 사회에서 사람들의 시간과 관심에 대한 수요가 증가하고 있으며, 이러한 수요는 종종 경제적, 전략적 고려에 의해 주도된다는 사실을 말한다. 주목 경제에서 기업과 조직은 제품과 서비스를 판매하거나 아이디어와 메시지를 홍보하기 위해 사람들의 관심을 얻기 위해 경쟁한다. 이 경쟁은 광고, 마케팅, 소셜 미디어 캠페인을 포함하여 많은 형태를 취할 수 있다. 주목 경제는 조작과 착취의 가능성, 정신 건강과 복지에 미치는 영향, 불평등과 사회적 분열의 가능성을 포함하여 많은 우려를 제기한다.

●● 감시 자본주의(surveillance capitalism) : 개인별 맞춤형 광고 및 기타 상업적 메시지로 대상화하기 위해 개인에 대한 데이터를 수집하고 분석하는 관행을 말한다. 감시 자본주의에서 기업과 조직은 검색, 클릭, 소셜 미디어 상호 작용을 포함한 개인의 온라인 활동에 대한 데이터를 수집하고 분석한다. 이 데이터는 개인의 상세한 프로필을 만드는 데 사용되며, 개인화된 광고 및 기타 마케팅 노력으로 개인을 공략하는 데 사용될 수 있다.

다음 장에서 논의할 기술 시스템과 사회 시스템 모두에서 근본적인 변화가 있을 경우에만 이 문제를 피할 수 있다.

두 번째 반대는 자동화 기술 이전에 우리의 주목을 사로잡았던 역사적 선행물이 있다는 사실에서 출발한다. 자동화 기술이 우리의 주목 능력을 훼손하는 최근의 상황은 몹시 암울한 듯 보인다. 그러나 종교와 국가 등 다른 사회 조직은 이미 오래 전부터 우리의 주목을 사로잡으려고 노력했고 급기야는 광신과 전쟁 따위를 낳기까지 했다. 이런 점을 돌이켜보면 자동화 기술에 의한 최근의 주목 포착 시스템이 더 나쁜 것은 아닐 수도 있다.45 이러한 두 번째 반대에는 분명히 무엇인가가 있다.

우리가 기술 세계에서 등장한 새로운 특징을 평가할 때 현상 유지 편향(status quo bias)●을 피해야 하는 것은 분명한 사실이다.46 그럼에도 불구하고, 현재의 환경에는 역사적 선행물보다 환경을 현저히 더 나쁘게 만드는 두 가지 특징이 있는 것으로 보인다. ⓘ 기술은 훨씬 더 널리 퍼지고 세밀하게 조정된 주목 포착을 가능하게 하고, ⓘ 종교와 국가가 제공하는 콘텐츠보다 광고 콘텐츠가 좋은 삶에 도움이 된다고 생각할 이유는 훨씬 적다. (우선은 그렇다.) 특징 ⓘ에 대해 분명히 하자면, 나는 다음 장에서 명확해지기를 희망하지만 내 철학적 성향은 조금도 종교적이거나 국가 총체주의적이지 않다. 두 기관에 대해 당신이 말하고 싶은 것이 무엇이든, 그래도 이런 기관들은 적어도 진리임, 선함, 아름다움에 대한 자신들의 관점에 대해 말하면서 사람들에게 좋은 삶의 특정한 모델을 제시하려고 노력했다. 광고는 이것을 하는 것처럼 보이지 않는다. 광고

● 현상 유지 편향(status quo bias) : 사람들이 현재의 상황을 선호하고 변화에 저항하는 경향이다. 이것은 인지적 편향인데, 이는 현상 유지 편향이 사람들의 판단에서 발생하는 규범이나 합리성에서 벗어나는 체계적인 패턴이라는 것을 의미한다. 현상 유지 편향은 여러 가지 방법으로 사람들의 의사 결정에 영향을 미칠 수 있다. 예를 들어, 다른 옵션이 더 나을 수도 있지만, 사람들은 그들이 현재 하고 있는 옵션을 선택할 가능성이 더 높을 수 있다. 또한 그들은 현재의 상황에 익숙하고 변화의 잠재적 결과에 대해 불확실할 수 있으므로 그것이 최선의 이익이 될 때조차도 변화에 더 저항할 수 있다.

는 무엇이 진리이고 선하고 아름다운지에 대한 잘 뒷받침된 주장을 하려는 것이 아니라 욕구와 불안을 조장한다.

기술 비관론을 주장하는 이유 ③
우리에게 무지의 베일을 덮어씌운다

자동화가 윤택하고 뜻있는 삶을 망친다는 기술 비관론에 대한 세 번째 주장은 불투명성(opacity)의 문제에 초점을 맞춘다.

이 문제를 이야기하기 위해 먼저 하나의 상황을 설정해보자. 과학적 통찰력이 부족하고, 보이지 않는 신이 자연을 통제한다고 믿었던 고대 사회에서 사는 것이 어떤 일이었을지 잠시 생각해 보자. 고대 사회에서는 어떤 사건을 이해하고 이 사건을 통제한다는 환상을 만들어내기 위해 기상천외한 의식과 제물에 빈번하게 의존했다.[47]

당신도 어쩌면 분명한 이유로 그런 풍습에 의존할 것이다. 세상은 복잡하고 예측할 수 없으며, 당신은 이런 복잡한 세상에 대해 어느 정도 힘을 갖고 싶을 것이다. 이러한 욕망은 인류 문화와 역사 어디에서나 볼 수 있다. 인간은 우리가 하는 일과 우리에게 일어나는 일 사이에 어떤 상관관계라도 필사적으로 파악한다. 이런 상관관계를 파악하면 우리는 방향감과 목적의식을 갖게 된다. 행동심리학자 B. F. 스키너(B. F. Skinner, 1904~1990)는 이러한 필사적인 상관관계 파악이 인간만의 것이 아님을 증명했다. 스키너가 통제된 환경에서 비둘기를 대상으로 진행한 몇 차례의 실험에서 보여주듯이, 비둘기조차도 실험자가 보상해 줄 것이라고 기대하면 춤을 추고 곡예를 부린다.[48]

물활론(animism)●을 믿는 우리 조상들의 분투와 스키너의 상자 속 비둘기는 불투명성의 문제를 보여준다. 불투명성의 문제란 세계가 신비롭고 겉으로 주술화된 것처럼 보이고 무지의 베일에 가려져 있다는 것이다. 그래서 우리에게 어떤 일이 발생하지만 그 이유를 알 수 없다는 것이다. 분명히 하자면, 이 불투명성의 문제가 자연계에 대한 우리의 이해와 관련해서만 발생하는 것은 아니다. 사회적 세계도 불투명할 수 있다. 관료제는 신비롭고 미로처럼 복잡할 수 있다. 실존주의 작가 프란츠 카프카(Franz Kafka, 1883~1924)●의 소설 ≪심판≫(The Trial)●●에서 요제프 K(Josef K)의 곤경에 대해 생각해 보자. 친구들과 동료들의 동기는 비뚤어지고 어두컴컴하다. 우리는 의심할 여지없이 유체 역학●●●을 이해하는 것보다 친구와 동료들이 무슨 일을 꾀하고 있는지를 직관적으로 더 잘 파악하지만, 불투명성의 문제는 우정이라는 친숙한 세계에서도 여전히 추악한 권모술수의 고개를 치켜 들 수 있다. 우리는 항상 현실에 대한 모호하거나 불완전한 관점을 갖게 된다.

● 물활론(animism) : 동물, 식물, 자연물과 같은 비인간적 실체가 영혼이나 영혼을 가지고 있으며 의도와 대리 능력이 있다는 믿음이다. 이 믿음은 종종 전통적인 토착 문화와 관련이 있으며 종종 자연계에 거주하는 많은 신들이나 영혼들이 있는 다신교의 한 형태로 보인다. 물활론은 자연계에 영적인 에너지가 주입되어 있고, 모든 생물과 비생물이 상호 연결되어 상호의존적이라는 생각에 기반을 두고 있다. 그것은 종종 환경에 대한 존중과 모든 생명의 상호 연결에 대한 믿음과 연관된다. 물활론은 전 세계의 많은 문화에 의해 실행되어온 고대의 믿음 체계이다. 그것은 종종 자연계와 그것을 형성하는 힘을 이해하고 설명하는 방법으로 여겨지며, 많은 전통 문화와 영적 전통에서 중요한 역할을 해왔다.

● 프란츠 카프카(Franz Kafka, 1883~1924) : 20세기 실존주의 문학을 대표하는 독일 작가이다. 인간의 소외와 허무를 깊이 있게 다룬 것으로 유명하다. 무력한 인물들과 이들에게 닥치는 기이한 사건들을 통해 현대 사회의 불안과 소외를 폭넓게 암시하는, 매혹적인 상징주의를 이룩했다는 평가를 받는다.

●● ≪심판≫(The Trial) : 실존주의 작가 프란츠 카프카의 대표작이다. 카프카가 죽은 후인 1927년 친구인 막스 브로트가 편집해 출간했다. 이유 없이 기소된 은행원 요제프 K의 이야기를 통해 인간 존재의 근원적인 모습을 파헤친다. 요제프 K는 서른 번째 생일에 이유 없이 체포당하지만, 무슨 죄인지, 그를 단죄한 사람은 누군지, 자신을 어떻게 변호할지는 알 수 없다. 기묘하게도 체포당했음에도 불구하고 일상생활은 계속 허용된다.

●●● 유체 역학 : 정지해 있거나 운동하는 유체에 관한 과학으로서, 유체의 변형, 압축, 팽창, 속도, 가속도, 압력 등을 연구한다.

불투명성이 지속적인 문제이긴 하지만 여기서 내가 말하고 싶은 것은 자동화 기술이 불투명성의 문제를 악화시켜 자연계, 특히 사회계를 이해하기 더 어렵게 만들 수 있다는 것이다. 이것은 우리가 윤택하고 뜻있는 삶을 살 수 있는 능력을 현저하게 저해할 것이다. 이 주장은 다음과 같다.

____주장 3 : 자연과 사회를 불투명하게 만든다

(7) 자연계와 사회계가 불투명할수록 우리가 윤택하고 뜻있는 삶을 살 수 있는 역량은 줄어든다.

(8) 자동화 기술은 자연계와 사회계를 더욱 불투명하게 만든다.

(9) 그러므로 자동화 기술은 윤택하고 뜻있는 삶을 살 수 있는 우리의 능력을 저해한다.

이 주장은 많은 함축을 담고 있다. 전제 (7)부터 시작해 보자. 이 전제가 윤택함과 뜻있음을 위해 불투명성이 전혀 없어야 한다는 것을 말하는 것은 아니다. 자연계는 물활론을 믿는 우리 조상들에게 꽤 불투명했지만, 나는 적어도 일부 조상들은 좋은 삶을 살았다고 믿어 의심치 않는다. 게다가 불투명성의 완전한 부재가 실현 가능한지도 의심스럽다. 현실에는 언제나 어느 정도의 미스터리가 있다. 어떤 맹목적인 사실은 설명되지 않고 원인 불명인 채로 남아 있다.[49] 그래서 오히려 불투명성을 줄이는 것이 우리의 윤택함에 중요하고 결정적이다. 지난 몇 세기 동안, 특히 과학 혁명이 시작된 이래로, 우리는 무지의 베일 속에서 빛의 틈을 열어왔다. 우리는 우리의 세계를 더 많이 **이해**하게 되었다. 이러한 이해는 좋은 삶에 중요하며, 자동화 기술의 결과로 세계에 대해 이처럼 이해할 수 있는 능력이 감소할 가능성이 있다는 점은 우리에게 불안감을 안겨 준다.

세계에 대한 이해가 좋은 삶에 중요하다는 것에는 두 가지 이유가 있다. 첫 번째 이유는 세계에 대한 이해가 하나의 패턴이기라도 한 것처럼 세계에 대한 강화된 통제와 맞물려 있으며, 이는 다시 우리에게 윤택함과 뜻있음에 도움이 되는 세상의 변화를 이끌어낼 수 있게 하기 때문이다. 예를 들면 이렇다. 일단 농작물이 어떻게 자라는지 알게 되면, 수십억 명을 먹여 살릴 수 있는 정제된 번식 및 수정 기술을 개발할 수 있다.50 질병이 어떻게 발생하고 퍼지는지를 이해하면 질병을 통제하고 치료할 수 있다. 이해를 통해 진리임, 선함, 아름다움을 성취할 수 있는 역량을 개발할 수 있다. 그 발판을 마련할 수 있다.

두 번째 이유는 이해는 그 자체로 좋은 것이기 때문이다. 이해에는 그 목적과는 무관하게 우리의 삶을 더 좋게 만드는 무엇인가가 있다. 이해와 지식은 다르다. 이해는 통합하고 설명한다. 물리학자 아이작 뉴턴(Isaac Newton, 1642~1727)● 이전에는 당구공이 특정한 방식으로 서로 충돌하고, 물체가 특정한 패턴으로 땅으로 떨어지며, 행성이 특정한 호를 따라 하늘을 통과한다고 알고 있었다. 이는 지식의 측면이다. 뉴턴 이후에는 이 모든 별개의 관측을 하나의 설명 틀 아래로 통합했다. 마침내 우리는 이해했던 것이다. 이는 이해의 측면이다.

이해가 왜 좋은 삶에 매우 중심적인지는 여러 가지로 설명할 수 있다.51 어떤 설명은 본질상 순전히 주관적이다. 예를 들어 미국의 철학자 린다 자그제브스키(Linda Zagzebski, 1946~)는 이해는 세상의 '의식적 투명성'을 증가시키므로 가치가 있다고 주장한다. 일단 이해하면 우리는 이전에 보지 못했던 것을 보고 파악하면서 조금 더 편안해지고, 그래서 우리의 삶에 더 만족하게 된다.52 다른 이론들은 이해가 주관적인 것과 객관적인 것을 어떻게 융합시키는지에 따라 이해의 가치를 이용한다. 다시 말해 이해는 내재적으로 가치 있는 당신의 머릿속 세상과 머리 밖 세상

● 아이작 뉴턴(Isaac Newton, 1642~1727) : 영국의 물리학자이자 수학자이다. 1687년 발간된 ≪자연 철학의 수학적 원리≫에서 뉴턴의 3가지의 운동 법칙과 만유인력의 기본 원리를 제시했다. 그는 케플러의 행성 운동 법칙과 그의 중력 이론 사이의 지속성을 증명하는 방법으로 그의 이론이 어떻게 지구와 천체 위 물체들의 운동을 증명하는지 보여주었다. 그리고 이로써 태양중심설을 결정적으로 폐기시켰다.

사이에 연결을 만들어낸다. 특히 주관적인 것과 객관적인 것 사이의 '깊은 미러링(deep mirroring)'●의 관점에서 이 생각을 설명할 때 이런 생각은 신비롭게 보일 수 있지만, 더 쉽게 이해할 수 있는 이론들도 있다. 예를 들어 캘리포니아대학교 철학과 교수인 던컨 프리처드(Duncan Pritchard, 1974~)는 주로 이해가 일종의 성취, 특히 **인지적 성취(cognitive achievement)**●●라는 사실에 그 가치가 있다고 주장한다.53 사물을 이해하면 인지적 장애물이 극복되고 인지 능력이 증명된다. 이로써 이해는 앞에서 논의한 뜻있음에 대한 일반적인 '성취' 이론의 핵심이 된다. 나는 이해라는 성취의 선(善)을 어떻게 범주화해야 하는지에는 관심이 없다. 나의 목적상 이해가 가치 있으며, 윤택하고 뜻있는 삶을 사는 데 필요하다는 것을 말하는 것만으로 충분하다.

이것은 이 주장의 전제 (8)로 이어진다. 왜 자동화 기술이 이해의 능력을 저해한다고 생각해야 하는가? 몇 가지 메커니즘이 작용한다. 어떤 메커니즘은 사회 문화적이고, 어떤 메커니즘은 기술적이며, 어떤 메커니즘은 인간 인지와 기계 지능의 불일치의 산물이다.54 제1장에서 주요 주제로 다룬 것처럼 복잡성을 효율적으로 관리하기 위해 자동화 시스템이 도입되는 경우가 많다. 디지털 감시 및 빅데이터의 증가로 다양한 연구 및 정책 배경에 사용되는 동적으로 업데이트되는 대규모 데이터세트가 형성되었다.

예를 들어 실시간 교통 관리 시스템은 공공 부문 근로자가 주요 도시 중심지의 교통 문제를 다룰 수 있게 한다. 이러한 시스템은 인간 데이터

● 깊은 미러링(deep mirroring) : 머릿속 세상에 있는 주관적인 것과 머리 밖 세상에 있는 객관적인 것이 심오하게 서로를 반영한다는 뜻이다.

●● 인지적 성취(cognitive achievement) : 사람이 학습과 경험을 통해 습득한 지식, 기술, 능력을 말한다. 문제 해결, 비판적 사고, 의사 결정 등 다양한 인지 능력은 물론 특정 주제 영역에 대한 지식과 이해력을 담고 있다. 인지적 성취는 종종 시험과 평가를 통해 평가되며, 인지, 교육, 개인 노력의 다양한 인지 요인에 의해 영향을 받을 수 있다.

관리자가 개인적으로 이해하기에는 너무 크고 복잡한 정보 수집 네트워크에 의존한다. 이러한 시스템은 인간을 돕도록 정보를 분석하고 조직하며 일괄하기 위해 데이터 마이닝 알고리즘(data-mining algorithm)● 의 도움을 필요로 한다. 이는 자동화 시스템이 이해를 감소시키기보다는 증가시킨다는 인상을 줄 수 있지만 그렇지 않다. X번가의 교통량이 너무 많으니 Y번가로 교통량을 분산시켜 문제를 줄이라는 것처럼, 데이터 마이닝 도구는 결과와 권고안을 인간 사용자에게 제시하지만 해당 권고안의 논리나 근거는 설명하지 않는다. 다른 영역에서도 마찬가지이다. 예를 들어, 예측적 치안 또는 선고 알고리즘을 사용하면 경찰관 및 판사가 복잡한 데이터 흐름을 관리하고 즉시 사용할 수 있는 권고를 기반으로 결정을 내리는 데 도움을 주지만, 그 이유를 자세히 설명하지는 않는다.55 당신 또한 이 현상에 익숙할 것이다. 당신은 아마도 알고리즘에 의해 어떤 제품이나 서비스를 추천받았지만, 그 이유를 정확히 알지 못한 채 그러한 시스템에 의해 무엇인가를 하도록 유도된 적이 있을 것이다.

그런데 이런 시스템은 복잡성을 관리하는 데 도움이 되지만, 깊이 있는 이해가 아닌 실행 가능한 정보만 제공할 뿐이다. 이런 시스템은 인간 사용자와 심층 현상 사이에 불투명성의 층을 만들어낸다. 이는 특정한 방식으로 인간 사용자에게 이득이 될 수 있지만, 인간이 복잡성을 이해하지 못하게 막는다. 빅데이터 과학의 지지자 중 일부는 이를 찬양한다. 예를 들어, 옥스퍼드대학교 '인터넷 연구소'에서 인터넷 관리 규제를 강의하는 빅토르 마이어 쇤버거(Viktor Mayer-Schonberger, 1966~)와 빅데이터에 관한 저명한 논평가인 케네스 쿠키어(Kenneth Cukier,

---

● 데이터 마이닝 알고리즘(data-mining algorithm) : 패턴, 추세, 관계를 발견하기 위해 대량의 데이터를 추출, 처리, 분석하는 데 사용되는 기술 및 도구이다. 이러한 알고리즘은 기업이 데이터를 기반으로 정보에 입각한 결정을 내릴 수 있도록 해준다. 비즈니스, 과학, 엔지니어링을 포함한 다양한 분야에서 사용된다. 다양한 유형의 데이터 마이닝 알고리즘이 있으며, 각 알고리즘은 특정 유형의 데이터 및 분석 요구를 해결하도록 설계되었다.

1968~)는 빅데이터 지원 과학의 한 가지 이점이 인과적 이해(causal understanding)●를 상관적 지식(correlative knowledge)●●으로 대체하는 것이라고 주장한다. 이것은 놀랄 것도 없이 전통적인 과학적 연구의 지지자로부터 큰 호응을 얻지 못한 전망이다.56

'컴퓨터 매개 커뮤니케이션(Computer-mediated Communication)' 전문가인 제나 버렐(Jenna Burrell)은 이 자동화된 불투명성에는 세 가지 주요 원인이 있다고 주장한다.57 첫째는 많은 자동화된 시스템이 지적재산권 보호를 위해 의도적으로 불투명하게 설계된다는 점이다. 이런 시스템을 만드는 기업은 이렇게 해서 이익을 얻고 싶어 하고, 소스 코드●●●가 공공의 지식이면 이익을 얻지 못한다고 걱정한다. 많은 나라의 법 제도와 정치 제도는 이러한 **의도적** 불투명성을 촉진하는 데 공모한다.

불투명성의 두 번째 원인은 자동화된 시스템을 사용하고 그 영향을 받는 사람들 사이의 디지털(기술) 문맹이다. 소스 코드가 공개되더라도 이를 이해하는 데 필요한 기술적 역량을 갖춘 사람은 상대적으로 적다.58 사람들에게 자동화된 과정에 대한 이해를 줄이도록 촉진하는 특정한 심리적 편견 때문에 이는 더욱 심해진다. 예를 들어, 사람들이 겉보기에 잘 작동하는 자동화된 시스템을 사용할 때마다 슬금슬금 들어오는 잘 알려

● 인과적 이해(causal understanding) : 서로 다른 사건이나 현상이 서로 어떻게 관련되어 있는지, 그리고 한 사건이나 현상이 다른 사건이나 현상을 어떻게 유발하거나 영향을 미칠 수 있는지 이해하는 일을 말한다. 인과적 이해는 인간 인지의 근본적인 측면이며 우리 주변의 세상을 이해하는 데 필수적이다. 이를 통해 미래의 사건에 대한 예측을 할 수 있고, 계획을 세우고 결정을 내릴 수 있으며, 다양한 시스템과 과정이 어떻게 작동하는지 이해할 수 있다.

●● 상관적 지식(correlative knowledge) : 두 가지 이상의 사물이 어떻게 서로 관련되어 있는지를 이해하는 것을 의미하지만, 반드시 그들 사이의 인과 관계를 이해하는 것은 아니다.

●●● 소스 코드 : 컴퓨터 소프트웨어의 제작에 사용되는 설계 파일이다. 개념만 나타낸 ㅋㅋㄱ인 설계도가 아니며, 곧장 컴퓨터에 입력된 이런 민새로 프로그램을 만들 수 있는 매우 세밀하고 구체적으로 짜인 설계 파일이다.

진 자동화 편향(automation bias)●이 있다. 이것이 어떤 것인지 감을 잡기 위해 스스로에게 질문을 던져보라. 구글 지도의 라우팅 알고리즘(routing algorithm)●●에 대해 얼마나 많이 예측해 보았는가? 이러한 자동화 편향은 사람들이 자동화된 시스템의 권고안으로 부정적인 영향을 받아서 끔찍한 불공평으로 이어질 수 있다. 이는 사람들이 종종 자동화 시스템의 작동 방식을 잘 이해하지 못하고 그 알고리즘의 인정된 지식에 도전하지 않으려고 하기 때문이다.59 이것은 일리가 있다. 이해는 인지적으로 비용이 많이 든다. 그렇지 않다면 성취가 되지 않을 것이다. 그리고 사람들은 선천적으로 인지적 부담을 줄이려는 경향이 있다. 즉, 만약 기계가 모든 힘든 일을 할 수 있다면, 왜 군이 내가 신경 써야 할까?60 이는 사람들이 편의상 기계에 맡기는 것에서 시작하다가 결국 인지 능력이 떨어져 기계에 도전하지 못하게 되는 양의 피드백 순환●●●으로 이어질 수 있다.61

자동화된 불투명성의 세 번째 원인은 기술 자체에 **내재적**이다. 일부 자동화된 시스템은 역공학(reverse engineering)●●●●적으로 분해하여 모방

● 자동화 편향(automation bias) : 사람들이 자동화된 시스템에 너무 많이 의존하고, 부정확하거나 결함이 있을 수 있는 경우에도 이러한 시스템의 출력에 과도한 가중치를 부여하는 경향을 말한다. 이러한 편견은 사람들로 하여금 잘못된 결정을 내리고 당면한 업무와 관련이 있을 수 있는 중요한 정보를 간과하게 할 수 있다.

●● 라우팅 알고리즘(routing algorithm) : 라우팅이란 각 메시지에서 목적지까지 갈 수 있는 여러 경로 중 한 가지 경로를 설정해 주는 과정이다. 라우팅 알고리즘은 데이터 또는 기타 정보를 한 위치에서 다른 위치로 라우팅하기 위한 가장 효율적이거나 최적의 경로를 결정하는 데 사용되는 규칙 또는 절차의 집합이다. 라우팅 알고리즘은 컴퓨터 네트워크, 교통 시스템 및 물류를 포함한 다양한 상황에서 사용된다. 라우팅 알고리즘에는 다양한 유형이 있으며, 각각 고유한 규칙 집합과 최적화 기준이 있다.

●●● 최초의 변화가 어떤 다른 변화를 일으키고 이 다른 변화가 최초의 변화를 증폭시킨다면 양(陽)의 피드백 순환이라고 할 수 있다. 여기서는 인지 능력이 떨어지는 최초의 변화가 기계에 도전하지 못하는 변화에 의해 계속 인지 능력을 떨어뜨리며 증폭된다는 점에서 양의 피드백으로 이어진다고 표현한 것이다.

●●●● 역공학(reverse engineering) : 제품, 시스템, 프로세스를 복제하거나 개선하기 위해 분석하고 이해하는 과정이다. 특정한 기능을 내는 기계를 만들어보고 싶은데 내부 구조

하는 것이 대단히 어렵다. (물론, 이는 어쩌면 불가능할 수도 있다.) 신경망에 의존하는 기계 학습 시스템은 가령, 안면 인식과 음성 인식 등 특정 종류의 문제를 해결하는 데 매우 능숙해졌지만, 매우 불투명하고 해석 불가능한 방식으로 그렇게 한다. 이러한 기술적 불투명성의 문제는 많은 자동화된 시스템이 다른 코드로부터 함께 접목되고, 복잡하고 예측할 수 없는 방식으로 다른 알고리즘과 상호 작용한다는 사실에 의해 더욱 심해진다.[62]

이 모든 것을 통해 전제 (8)이 잘 뒷받침되고, 따라서 자동화된 불투명성이 윤택함과 뜻있음에 심각한 장애가 될 수 있다는 결론이 나온다. 하지만 당신은 이 결론에 저항할 수 있다. 당신은 자동화된 불투명성의 문제를 극복할 수 있기 때문에 전제 (8)이 생각만큼 설득력이 없다고 주장할 수 있다. 우리는 의도적 불투명성을 촉진하고 장려하는 법을 폐지할 수 있고, 디지털 문해력(digital literacy)●를 보장하기 위해 교육 교과 과정을 바꿀 수 있으며, 내재적으로 불투명한 시스템 사용에 대한 규제와 금지를 도입할 수 있다. 실제로 이미 이런 부분에 대한 노력이 이루어지고 있다. 초등학교 및 중등학교에서 프로그래밍을 가르치려는 시도가 있으며, EU의 새로운 '일반 개인 정보 보호법(General Data Protection Regulation)'의 결과로 자동화된 의사 결정에 대한 많은 논의가 있다.[63]

하지만 이런 노력에도 불구하고 비관적이어야 할 만한 이유가 있다. 불투명성을 만들고 촉진하는 법 체제를 폐지하기 위해서는 상당한 집단

를 알 수 없을 때 분해하여 분석한 결과를 가지고 어떻게든 동일한 기능을 하도록 새로 만들어 내는 과정을 말한다. 즉 앞으로 제작할 것이 아니라 이미 제작된 것을 설계하는 셈이다.

● 디지털 문해력(digital literacy) : 현재의 디지털 세계에 효과적으로 참여하기 위해 정보 통신 기술(ICT)을 사용하고 이해하고 평가하는 능력을 말한다. 디지털 콘텐츠에 대한 접근, 이용, 생성 등에 필요한 이해 소비인프로 소통이고 필요하는 능력을 포함한 다양한 기술과 지식을 포함한다.

의지가 필요하고, 사람들이 자동화된 시스템을 이해하도록 진정으로 돕는 교육 프로그램을 시행하는 것은 엄청나게 어렵다. 시민 의식이나 수학 능력을 가르치려는 현재의 노력은 비참할 정도로 불충분하다. 게다가 특정 기술적 시스템의 내재적 불투명성을 규제하는 것에 관해서라면, 나는 이미 "소가 외양간에서 달아나버린 것 같아" 두렵다. 즉 이러한 시스템은 이미 나와 있고 생산적인 목적에 사용되고 있다. 그 사용을 금지하기 위해서는 이 시스템을 사용함으로써 얻을 수 있는 이익을 희생해야 한다. 이전 연구에서 나는 이것이 자동화된 미래에 우리가 직면하게 될 비극적인 거래가 된다고 주장했다. 우리는 가장 효율적인 자동화 시스템을 원하는가, 아니면 가장 이해하기 쉬운 자동화 시스템을 원하는가?64

당신은 또한 내가 자동화된 불투명성이 이해에 미치는 영향을 너무 과장한다고 반대할 수도 있다. 사회계와 자연계는 자동화를 통해 다소 불투명해질 수 있지만, 이해에 대한 풍부한 기회를 갖게 될 수도 있다. 우리는 여전히 친구들과 가족들을 이해할 수 있고, 그들과의 상호 작용을 즐길 수 있다. 더군다나 과거 인간 탐구로 우리에게 전해진 모든 이해는 여전히 이용 가능하고, 그런 인간 탐구를 이용하는 것에는 좋은 점이 있다. 피타고라스 정리가 어떻게 도출되었는지 배울 수 있고, 수 세기 동안 증명에 저항해 온 추측을 현대의 컴퓨터가 증명한 방법을 반드시 이해하지 않고도 이런 이해로부터 이익을 얻을 수 있다.65

그러나 여기에는 비극적인 무엇인가가 있다. 연결 고리 단절 문제와 관련하여 논의했던 것과 동일한 문제가 불거진다. 즉, 우리는 이해의 새로운 영역과 새로운 국경으로부터 차단된다는 것이다. 우리 주변 세상을 이해하는 우리의 역할은 끝날지도 모른다. 우리가 해야 할 일은 우리 자신을 이해하는 것뿐이다.

기술 비관론을 주장하는 이유 ④
스스로 선택할 수 있는 자율성 침해

기술 비관론에 대한 네 번째 주장은 자동화 기술이 자율성과 자유에 미치는 영향에 초점을 맞춘다.[66] 직장에서의 지배적인 영향력 문제를 논의한 제3장에서 이미 자율성과 자유의 중요성에 대해 언급했다. 다시 말하자면 자율성과 자유는 현대 자유주의 사회의 중심재이다. 자율성을 보호하고 존중하는 것이 종종 자유주의 통치 제도의 정당성을 보장하는 첫 단계라고 한다.[67]

이로써 자율성은 그 용도와는 상관없이 그 자체로 좋은 것이라는 의미에서 내재적 선(善)처럼 들린다. 극단으로 가면, 이 입장은 다소 불안한 함축을 가질 수 있다. 자율적으로 선택한 행위 자체가 나쁘더라도 그 행동에 얼마간 선한 점이 있다는 뜻으로 받아들여질 수 있다.[68] 천국에서 노예가 되는 것보다 지옥에서 군림하는 것이 낫다. 하지만 자율성의 중요성을 받아들이기 위해 이렇게 극단적이 될 필요는 없다. 자율성은 본질상 좋은 것이 아니라 다른 선을 제공하기 때문에 보호할 가치가 있다고 주장하는 도구주의적(instrumentalist) 관점을 취할 수 있다. 자율성이 특히 개인의 윤택함을 제공한다는 것이다. 사람들이 자신의 삶을 통제한다면 더 윤택한 삶을 누릴 가능성이 있다는 것이 이 주장이다.[69]

어떤 관점을 취하든 간에, 자율성이 선이고, 윤택하고 뜻있는 존재에 중요한 역할을 한다는 것에 일반적으로 의견이 일치한다. 실제로 자율성의 상실이 뜻있음에 미치는 영향을 다루는 것은 중요한 도전이라고 생각된다. 만약 인생에서 자신의 길을 선택할 자유가 없다면, 우리의 존재에 무익함이나 허무주의의 분위기가 더해지지 않을까? 애초에 이러한 목적을 추구할 자유가 없다면, 어떤 것을 성취하려고 하거나 어떤 것을 이해하려고 하는 것이 무슨 소용이 있을까?[70] 이것이 맞다면, 다음과 같은 주장에 동기를 부여하는 데 도움을 얻을 수 있다.

_____주장 4 : 자동화는 개인의 선택 자율성을 침해한다.

(10) 선택 자율성은 윤택하고 뜻있는 존재에 중요한 역할을 한다.

(11) 자동화 기술은 개인이 자신의 길을 선택할 수 있는 자율성을 침해한다.

(12) 그러므로 자동화 기술은 윤택하고 뜻있는 삶을 살 수 있는 능력을 저해한다.

전제 (10)을 옹호하기 위해서는 더 말할 필요가 없다. 이로써 전제 (11)은 논의의 진행을 막는 난제가 된다. 왜 자동화 기술이 자율성을 침해한다고 생각해야 하는가? 이에 답하려면 자율성의 본질을 더 깊이 파고들 필요가 있다. 자율성은 자치(自治)를 위한 능력이다. 진정한 자치주의자가 되기 위해 정확히 무엇이 필요한지에 대해 많은 연구가 있었다. 여기서는 법철학자 조셉 라즈(Joseph Raz, 1939~2022)가 처음 소개하고 옹호한 자율성의 개념을 채택한다. 그는 이렇게 말했다.

> 만약 어떤 사람이 자기 삶의 제작자나 저자가 되려면 충분히 복잡한 의도를 형성하고 그 실행을 계획할 수 있는 정신적 능력이 있어야 한다. 여기에는 최소한의 합리성, 목표를 실현하는 데 필요한 수단을 이해하는 능력, 행동을 계획하는 데 필요한 정신적 능력 등이 포함된다. 어떤 사람이 자율적 삶을 즐기기 위해서는 실제로 이러한 능력을 사용하여 어떤 삶을 살지를 선택해야 한다. 다른 말로 하면, 그가 선택할 수 있는 적절한 선택지가 있어야 한다. 마지막으로 그의 선택은 다른 사람들의 강요와 조작(造作)으로부터 자유로워야 하며 독립적이어야 한다.71

✦ 조셉 라즈(Joseph Raz), 《자유의 도덕성》(The Morality of Freedom)

이 인용 구절은 ⓘ 합리성을 위한 능력, 특히 복잡한 의도를 형성하고 실행하는 능력, ⓘⓘ 이 능력을 행사할 때 선택할 수 있는 적절한 범위의 선택지, ⓘⓘⓘ 다른 사람들의 간섭, 조작, 강요의 부재라는 자율성의 세 가지 조건을 확인해준다. (여기에 제3장의 주장에 따라 '지배'의 부재를 추가할 수도 있다.) 이 세 가지 조건은 합리적 사고력을 뜻하는 **합리성**(rationality), 적절한 선택지를 뜻하는 **선택성**(optionality), 독립적인 판단력을 뜻하는 **독립성**(independence)이라고 부를 수 있다. 우리는 자동화 기술이 자율성에 미치는 영향을 평가하기 위해 이 세 가지 조건을 테스트 기준으로 이용할 수 있다. 자동화 기술이 자율성에 영향을 미치는가라는 일반적이고 모호한 질문 대신, 우리는 자동화 기술이 세 가지 조건에 부정적인 영향을 미치는가라고 좀 더 정확하게 질문할 수 있다.

만약 니콜라스 카(Nicholas Carr, 1959~)●와 같은 기술 비판가의 주장을 따른다면, 자동화 기술은 우리가 합리적 사고력의 일부를 잃을 정도로 우리의 인지 능력을 저하시킬 수 있기는 하다.72 그러나 나는 자동화 기술이 복잡한 의도를 계획하고 실행하는 우리의 능력을 완전히 훼손할 가능성이 없어 보이기 때문에 합리성 조건은 무시한다. 대신 나는 특히 자동화 기술이 선택성과 독립성 조건에 영향을 미칠 수 있다고 주장한다. 합리적 사고력에 대한 니콜라스 카의 비관론에도 불구하고, 자동화 기술이 사용되면 이용할 수 있는 선택의 범위가 제한되고, 우리의 의사 결정의 독립성이 영향을 받는다고 생각하는 것이 훨씬 더 타당하다는 것이 내 생각이다.

우선 선택지의 한계부터 고려해 보자. 이 장 앞부분에서 언급한 데이비드 크라카우어는 특히 AI 의사 결정 지원 도구의 광범위한 이용과 관련하여 이에 대해 약간의 우려를 표명했다. 그는 AI '추천' 시스템이 적절한 범위의 선택지를 탐색할 우리의 기회를 빼앗아간다고 우려한다.73 우리는 매일 그러한 시스템으로부터 추천을 받는다. 아마존에서 쇼핑할 때 즉시 추천 상품 목록을 받는다. 넷플릭스에서 영화를 볼 때, '현재 유행

● 니콜라스 카(Nicholas Carr, 1959~) : 세계적인 경영컨설턴트이자 IT 미래학자이다. 정 보기술이 우리 사회와 경제에 미친 영향을 이해하는 데에 도움을 주는 인공지능에 관한 칼럼을 발표해 왔다.

중', '강한 여성 주인공의 영화들' 등과 같은 제목의 다양한 선택 메뉴를 받는다. 그리고 낯선 도시에서 길을 찾고자 할 때, 구글 지도는 가야 할 길과 도착 예정 시간을 알려준다. 이것은 추천 시스템의 작은 샘플에 지나지 않는다. 앞에서 언급한 바와 같이, 유사한 시스템들이 기업과 정부에도 널리 사용된다.

이러한 추천 시스템은 모두 우리가 선호하는 선택지를 고르는 '선택 설계(choice architecture)'를 디자인함으로써 작동하기 때문에 선택성 조건에 확실히 부정적인 영향을 미칠 수 있다.[74] 이에 대한 한 가지 주요한 우려는 그러한 추천 시스템을 통한 선택지의 범위가 상당히 제한적일 수 있으며, 우리가 선호하는 자아 개념(self-conception)●에 적합하지 않을 수 있다는 것이다. 선택지는 추천 시스템을 제어하는 기업의 필요와 이익을 더 많이 반영한다. 극단적인 경우에는 선택 설계가 너무 제한적이어서 '당면한' 옵션만 제공한다. 구글 지도는 선호 경로를 강조하는 방식으로 인해 이러한 효과를 나타내기도 한다. 더 극단적인 경우, 추천 시스템은 이용 가능한 옵션 중에서 선택하지 못하게 완전히 차단하고 단순히 우리 대신에 선택을 할 수도 있다. 이것은 여러 가지 면에서 모든 자동화 기술을 신격화하고, 인간 활동의 필요성을 제거하는 것이다.

그러나 자동화 기술이 선택성 조건에 미치는 부정적 영향을 지나치게 강조하지는 않아야 한다. AI 추천 시스템이 선택지를 필터링하고 미리 선택함으로써 자율성을 증진하는 데 도움이 되는 방법들이 있다. 다양한 가치 있는 선택지를 갖는 것은 그 자체로는 좋지 않다. 즉 그 선택지를 탐색하고 선호하는 선택지를 선택할 때 판단을 할 수 있어야 한다. 선택

● 자아 개념(self-conception) : 자신의 특성, 능력, 가치를 포함하여, 자신에 대한 개인의 믿음과 이해를 의미한다. 자아 개념에는 개인적 자아(성별, 나이, 외모 등의 특징을 포함한다), 사회적 자아(가령, 역할과 관계를 포함한다), 이상적 자아(개인의 목표와 열망을 반영한다)를 포함한 몇 가지 다른 차원이 있다. 이 개념은 개인 정체성의 중요한 측면이며 행동, 태도, 그리고 목표에 영향을 미칠 수 있다. 자아 개념은 유전, 초기 삶의 경험, 문화적 사회적 영향을 포함한 다양한 요소들에 의해 형성된다.

지가 너무 많으면 실제로 이렇게 하는 데 방해가 된다. 우리는 넷플릭스에서 무작위로 배열된 천만 편의 영화를 보고 금세 압도당할 수도 있다. 현대판 뷔리당의 당나귀(Buridan's Ass)●처럼 선택 설계에 갇혀서 모든 가능성 사이를 맴돌지도 모른다. 심리학자 배리 슈워츠(Barry Schwartz, 1947~)는 이를 '선택의 역설(paradox of choice)'●●이라고 불렀고, 그를 비롯한 여러 학자들은 몇 차례의 실험 연구에서 선택의 역설을 조사했다. 어떤 연구는 선택의 역설이 우리의 선택 능력에 중대한 영향을 미친다고 제안하고, 다른 연구는 더욱 온건한 영향을 미친다고 제안한다.75 어느 쪽이든 AI 추천 시스템은 우리의 선택지를 제한하고 우리가 선택 설계를 통해 더 쉽게 탐색할 수 있도록 하여 선택의 역설을 극복하는 데 도움이 된다.

뿐만 아니라 AI 시스템이 선택 설계에 미치는 영향을 평가하는 것에 관해 현상 유지 편향(status quo bias)도 경계해야 한다. 정부, 종교, 그리고 다른 문화 기관이 오랫동안 우리의 선택지를 제한하는 역할을 했다는 것을 기억해야 한다. 만약 당신이, 가톨릭교회가 국가 기구와 밀접하게 연관되어 있던 20세기 중반 아일랜드(내 고향)에서 자랐다면, '단정하지 못한' 품행을 조장한다고 생각되는 피임, 포르노, 그리고 비슷한 여러 의료 서비스에 대한 접근을 제한하기 위해 엄청난 에너지를 쏟는 것에 좌

● 뷔리당의 당나귀(Buridan's Ass) : 같은 거리에 같은 양, 같은 질의 건초를 놓아두면 당나귀는 어느 쪽을 먼저 먹을까 망설이다가 굶어 죽는다는 궤변적 논리이다. 의사 결정 마비의 개념을 보여주는 철학적 사고실험이다. 이 용어는 14세기 프랑스 철학자 장 뷔리당(Jean Buridan)의 이름을 따서 지었다. 어려운 선택에 직면했을 때에도 결정을 내릴 수 있는 것의 중요성을 강조하고, 우유부단한 상태에 머무르기보다는 결정을 내리고 행동하는 것이 더 낫다는 것을 시사한다.

●● 선택의 역설(paradox of choice) : 선택지가 너무 많으면 의사 결정이 마비되고 불안감과 불만감이 생길 수 있다는 생각이다. 사람들은 과도한 선택에 직면했을 때 압도당하고 결정을 내리는 것을 더 어렵게 느낄 수도 있다는 것이다. 결국 만족스러운 선택을 하더라도 이는 우유부단함과 후회로 이어질 수 있다. 선택의 역설이라는 개념은 심리학자 배리 슈워츠이 2004년 저서 《선택의 역설》(The Paradox of Choice)에서 시작한 이후 대중화되었다.

절하고 말 것이다. 이런 점에서 AI 추천 시스템은 전혀 새로운 것이 아니다. 차이가 나는 것은 누가 AI 추천 시스템을 통제하고, 얼마나 널리 퍼져 있으며, 우리의 선택 설계를 구성하는 데 얼마나 선택적일 수 있느냐에 있다.

자동화 기술이 독립성 조건에 가장 의미심장한 영향을 미칠 가능성이 높은 이유도 여기에 있다. 표면적으로는 우리를 돕기 위해 사용된다 하더라도, 자동화 기술이 광범위하게 배치되면서 우리의 삶에서 조작, 강요, 지배에 대한 새로운 가능성이 생긴다. 자동화 기술은 특정한 가치와 믿음을 받아들이도록 우리를 '세뇌'하여 우리의 선택을 조작하는 데 사용될 수 있고, 우리의 의지에 반하는 일을 하도록 강요하는 데 사용될 수 있다. (가령, 우리에게 일어나서 운동하라고 말하거나 의료 보험이나 정부가 지원하는 의료 서비스에 대한 접근 권한을 잃는 위험을 감수하라고 말한다.)76 또는 기술 회사나 심지어 AI 자체에 의한 지배라는 새로운 형태의 지배를 우리 삶에 도입할 수 있다.

버밍엄대학교의 법학과 교수 카렌 영(Karen Yeung)은 최근 자동화 조작 문제와 관련해 AI 의사 결정 지원 툴의 한 가지 특징이 '하이퍼넛지(hypernudging)'• 능력이라고 주장했다.77 넛지(nudge)••는 행동경제학자 리처드 탈러(Richard H. Thaler, 1945~)와 법률가 캐스 선스타인

• 하이퍼넛지(hypernudging) : 넛지(nudge)는 선택의 자유를 제한하지 않고 특정 방향으로 사람들의 행동에 영향을 미치는 것을 목표로 하는 미묘한 신호 또는 자극물이다. 넛지는 종종 사람들이 그들 자신의 이익에 부합하거나 조직이나 사회의 목표와 일치하는 결정을 하도록 격려하기 위해 사용된다. 하이퍼넛지(hypernudging)는 단순히 도움이 되는 지침을 제공하는 것이 아니라, 침입적이거나 조작적인 것으로 인식되는 방식으로 넛지를 사용하는 것을 말한다. 그것은 지나치게 공격적이거나 불합리하거나 비윤리적으로 보이는 방식으로 사람들을 특정 선택으로 몰아가는 노출의 사용을 포함할 수 있다.

•• 넛지(nudge) : '사람들의 선택을 유도하는 부드러운 개입'을 뜻하는 행동경제학 용어이다. 영어 nudge는 원래 '팔꿈치로 슬쩍 찌르다', '주위를 환기시키다'라는 뜻을 가지고 있다.

(Cass R. Sunstein, 1954~)이 행동과학과 정책에 처음 도입한 개념이다.78 탈러와 선스타인은 사람들이 항상 이성적으로 행동하거나 장기적인 이익에 부합하는 방식으로 행동하지는 않는다는 것을 암시하는 행동과학 실험에 정통했다. 사람들은 장기적인 관심사에 반하는 행동을 하도록 조장하는 선천적 편견과 인지적 '휴리스틱(어림짐작)'을 가지고 있다. 탈러와 선스타인은 사람들을 올바른 방향으로 부드럽게 밀면서 이러한 선천적인 편견을 극복할 수 있는 관행을 설명하기 위해 '넛지'라는 용어를 사용했다. 예를 들어 이들은 대부분의 사람이 퇴직을 위해 충분한 돈을 저축하지 않지만, 옵트인(opt-in) 대신 옵트아웃(opt-out) 방식으로 만들어서 퇴직 저축을 유도할 수 있다는 것을 알아챘다.●

자동화된 의사 결정 지원 시스템은 비슷한 넛지 같은 관행에 관여하는 듯하다. 즉 이런 시스템은 특정 선택지를 부각하여 더 두드러지고 매력적으로 만들면서 다른 선택지를 감추고 무시한다. 탈러와 선스타인은 이것이 그런대로 괜찮다고 주장한다. 왜냐하면 만약 제대로 한다면, 넛지는 자율성을 보존하기 때문이다. 즉 넛지는 항상 사람들에게 그들이 선호하지 않던 선택지(가령, 은퇴를 위해 저축하지 않는 것)를 고르도록 할 수도 있다. 모든 사람이 이 논리에 감명 받은 것은 아니다. 넛지가 자유를 침해하는 조작의 한 형태라고 주장하는 사람들도 많다. 전통적인 넛지와 관련하여 자유를 침해하는 조작의 진실이 무엇이든 간에, 카렌 영은 자동화된 넛지가 강력한 넛지 같다고 주장한다.

전통적인 넛지의 경우, 정책 입안자는 특정한 의사 결정을 하도록 하는 선택 설계를 통해 사람들을 편향시킬 수 있지만, 이 설계는 대개 상당히

● 옵트인(option in)은 어떤 방식이든 동의를 해야 절차가 완료되는 방식을 말한다. 예를 들어 웹사이트에서 회원 가입 시 약관에 동의하는 의사 표시(체크 등)를 해야 하는 방식이다. 옵트아웃(option out)은 동의를 하지 않아도 절차가 완료되는 방식을 말한다. 이미 동의가 기본값으로 설택되어 있기 때문이다. 예를 들어 '배달이파족'에서 '수건 불패요'가 이미 선택된 것과 같은 방식이다.

느리게 업데이트되고 변경된다. 더군다나 동일한 선택 설계가 동시에 많은 사람에게 부과된다. 이는 사람들에게 그 시스템이 어떻게 작동하는지 배우고 편견을 피하거나 우회하기 위한 전략을 개발하고 공유할 수 있는 기회를 준다. 자동화된 넛지 시스템은 실시간으로 개별화 및 업데이트가 가능하기 때문에 다르다. 이것은 선택 설계가 사람들이 저항 전략을 개발할 만큼 충분히 안정적이지 않을 수 있다는 것을 의미한다. 이것이 바로 하이퍼넛지의 문제이다.79

자동화된 지배의 문제는 어떤가? 앞에서 본 것처럼 당신의 삶을 좌우할 권력을 가지고 있고, 당신이 걱정 없는 삶을 살기 위해 환심을 사야 하는 주인이나 신 같은 어떤 행위자가 있는 곳에서 지배가 발생한다는 것을 생각해 보라. 이런 주인은 실제로 당신의 선택을 방해하거나 조작하지 않을 수 있다. 그들이 그렇게 할 수 있다(그렇게 할 수 있는 권위가 그들에게 '스며들' 수 있다)는 사실만으로도 충분하다. 라에덴대학교 교수인 메튜 호예(J. Matthew Hoye)와 칼턴대학교의 제프리 모나한(Jeffrey Monaghan)은 최근 자동화 기술에 필요한 대량 감시 시스템이 우리 삶에 새로운 지배 모드를 도입한다고 주장했다.80 자동화 기술이 광범위하게 보급되는 것에 따른 최종 결과는 우리가 디지털 세계의 원형감시탑(panopticon)에 살게 된다는 것이다. 이런 원형감시탑에서는 대열에서 벗어나게 되면 다시 대열로 밀어 넣고자 기다리는, 애정이 깃든 은총의 기계가 우리 모두를 감시한다. 그러므로 자동화 기술은 우리가 인식하지 못하는 사이에 자율성의 공간을 둘러싸고 제약한다.

다시 말하지만, 여기서 그 문제를 과장하지 않는 것이 중요하다. 인간은 서로를 조종하고 강요하고 지배한 파란만장한 긴 역사를 가지고 있다. 문제는 이런 유형의 간섭에 대한 우리의 자연스러운 저항을 자동화된 시스템이 압도할 수 있다는 것이다. 즉 이미 너무 많은 시스템이 있으며 우리와 같은 존재가 쉽게 이해할 수 없는 형태와 시간 척도에서 작동한다. 이런 시스템은 우리의 삶에 스며들기 시작했고 아마 계속 스며들 것이다. 자동화된 조작의 한 가지 원천을 제거하더라도 또 다른 원천과 빠르게 마주하게 된다. 마치 자동화된 히드라(Hydra)●처럼 말이다. 더욱이 이러한 시스템의 성장은 그것을 통제하는 사람의 손에 권력을 집중시키는 데 도움이 되며, 따라서 제3장에서 요약한 불평등 문제가 악화된다. 과장해서는 안 되지만 안주해서도 안 된다. 자율성의 침식은 자동화된 미래를 비관하는 주된 이유이다.

기술 비관론을 주장하는 이유 ⑤
도덕적으로 능동적인 '행위성'을 억누른다

기술 비관론에 대한 다섯 번째 주장은 앞의 주장들에서 흘러나온 것이다. 지금까지의 주장에서는 우리의 윤택함과 뜻있음을 위협하는 자동화 기술의 특징에 대해 확인하고 검토했다. 이런 특징은 우리에게 좋은 삶을 추구하지 못하게 차단하거나 저해하는 메커니즘을 말한다. 이러한 특징으로는 우리의 행위와 우리에게 일어난 사건 사이의 연결 고리를 단절시키는 힘, 정말 중요한 것을 보지 못하도록 우리의 집중력과 주의력을 방해하는 힘, 우리가 이해하기 힘들도록 자연과 사회 세계를 불투명하게 만드는 힘, 간섭 없이 선택할 수 없도록 우리의 자율성을 침해하는 힘 등이 있다.

이러한 각각의 특징은 자동화 기술이 인간에게 미치는 공통적인 효과, 즉 우리의 (도덕적으로 능동적인) '행위성(agency)'을 훼손하고 도덕적 '수동성(patiency)'을 강조하는 경향과 관련이 있다. 이런 경향은 자동화에 대한 비관론의 또 다른 이유이다.[81] 이 주장에서 사용하는 개념은 중요하고 이해할 필요가 있다. 도덕철학자들은 종종 도덕적으로 능동적인

● 히드라(Hydra) : 아홉 개의 머리를 가진 괴물 뱀. 머리 하나를 자르면 그 자리에 새로 두 개의 머리가 생긴다고 한다. 그리스 신화에 나온다.

행위자(agent)와 도덕적으로 수동적인 수동자(patient)를 대조하여 말한다.82 행위자는 자율적인 행동을 할 수 있는 능력을 가진 사람이다. 즉 자유롭고 독립적으로 목표를 추구하고, 복합적인 의도를 실행하며, 선택지 중에서 고를 수 있는 능력을 가진 사람이다. '도덕적' 행위자는 (a) 행동에 대한 도덕적 이유를 인식하고 이 이유에 따라 행동하며, (b) 도덕적 실패와 성공에 대한 책임을 질 수 있는 능력을 가진 사람을 말한다.83 도덕적 수동자는 이러한 도덕적 행위자와는 다르다. 도덕적 수동자는 도덕적 관심의 대상이 되는 사람이다.84

도덕적 행위자와 도덕적 수동자는 모두 도덕적 지위(moral status)●를 갖는다. 이는 누군가가 이들에게 한 일 때문에 해를 입거나 이익을 얻을 수 있고, 의무를 질 수도 있다는 것을 암시한다. 같은 사람이 도덕적 행위자이자 도덕적 수동자가 될 수도 있다. 예를 들어, 대부분의 성인은 도덕적 행위자이자 도덕적 수동자이다. 그들은 도덕적 관심의 대상이지만, 도덕적 이유에 따라 행동하고 자신의 행동에 책임을 질 수도 있다. 도덕적 행위성과 도덕적 수동성이라는 두 속성은 분리될 수도 있다. 어린아이가 도덕적 관심의 대상이고 우리가 어린아이의 행동에 대한 의무를 지고 있다는 점에서 어린아이는 도덕적 수동자이다. 하지만 어린아이의 행동에 책임을 지우지는 않는다는 점에서 어린아이는 아직 도덕적으로 능동적인 행위자는 아니다. 비슷하게, 비록 논란이 많긴 하지만, 대부분의 사람들은 인간이 아닌 동물이 도덕적 수동자일 수 있지만 도덕적 행위자가 될 수는 없다는 것에 동의한다.85

● 도덕적 지위(moral status) : 어떤 존재가 도덕적 지위를 갖는다는 것은 우리가 이 존재를 도덕적으로 고려해야 한다는 뜻이다. 가령, 어린아이는 도덕적 지위를 가지므로 우리는 그 아이에게 고통을 가해서는 안 된다. 하지만 그 아이가 가지고 노는 장난감에는 도덕적 지위가 없다. 실수로 그 장난감을 밟아 망가뜨렸다면 그 장난감을 소유한 아이에겐 사과할지언정, 장난감에게 잘못을 느낄 필요는 없다. 이는 그 장난감 자체가 도덕적 지위를 갖기 때문이 아니라 그 장난감이 그 아이에게 어떤 가치가 있기 때문이다. 즉 그 장난감은 그 자체가 도덕적 지위를 갖는 사람에게 유용하기 때문에 도덕적 지위를 갖는 것이다.

철학자들 사이의 공통된 견해는 도덕적 행위성과 수동성이 당신에게 있을 수도 있고 없을 수도 있는 특성이라는 것이다. 즉 '이것 아니면 저것'이라는 점에서 이분법적이다. 만약 당신이 도덕적 행위자가 될 능력이 있다면, 당신을 무력하게 만들 우발적 사고를 제외하면 이 능력은 당신에게서 제거되지 않는다. 그러나 동시에 이러한 도덕적 행위자로서의 특성은 일생 동안 그 표출이 증가하거나 감소할 수 있다. 이는 매우 명확하다. 우리는 도덕적으로 능동적인 행위자라기보다는 수동적인 사람처럼 보일 때도 있고, 그 반대로 보일 때도 있다. 예를 들어 우리가 어린아이일 때는 수동적인 사람처럼 보이지만, 부모의 역할을 맡을 때는 능동적인 행위자처럼 보인다. 분명히 말하자면 도덕적 행위성과 수동성이 증가하거나 감소하는 일은 수동성보다는 능동성의 특성에 주로 적용된다. 고통을 받고 느끼는 능력을 잃지 않는 한, 우리는 최소한의 의미에서 항상 도덕적 수동자로 간주된다.[86]

하지만 행위성의 특성은 상당히 계발하거나 계발할 수 없는 기술에 가깝다. 비유가 도움이 될 것이다. 나는 피아노를 칠 줄 안다. 어렸을 때 배웠고, 아직도 기본적인 음계와 곡을 암기하고 있다. 그리고 시간이 충분하다면 악보를 읽을 수도 있다. 따라서 나는 피아노 연주자로서의 속성을 가지고 있다. 문제는 내가 피아노를 연주하지 않은 지 꽤 오래되었다는 것이다. 그 기술은 잠자고 있고 다시 불붙여야 한다. 우리의 도덕적 행위성도 마찬가지이다. 도덕적 행위성을 인식하고 평가하며 책임질 수 있는 능력은 계발되어야 하고 지속적인 실천이 없으면 위축된다.[87]

도덕적 행위성이 좋은 삶에 중심적이기 때문에 이는 의미심장하다. 도덕적 수동자는 삶의 많은 기쁨을 경험할 수 있지만, 실제로 그런 기쁨에 참여하고 기쁨을 성취하고 기쁨에 책임을 지기 위해서는 행위성이 결정적이다. 윤택함에 대한 객관적 목록 이론●은 종종 건강, 실용적 이유, 교

● 객관적 목록 이론 : 윤택한 삶과 행복이 객관적으로 결정되는 존재 상태를 충족해서

육 등 행위성 관련 역량을 개발하는 데 초점을 맞춘다. 그리고 뜻있음에 대한 객관주의 이론●과 하이브리드 이론●●은 진리임, 선함, 아름다움에 기여하기 위해서는 당신의 행동(당신이 책임지는 행동)을 통해 세상을 변화시키는 능력이 필수라고 말한다. 도덕적 행위성을 소중히 여기는 다른 이유도 있다. 그것은 좋은 삶의 '덕 윤리(virtue ethics)'●●● 이론의 중심이고, 자유민주주의 국가의 기본 가정이다. 그리고 도덕적 진보의 역사는 다른 사람들, 특히 여성과 인종 또는 국적이 다른 사람들의 도덕적 행위성을 인정하는 역사로 이해될 수 있다.[88]

자동화 기술의 문제점은 도덕적으로 능동적인 행위성을 억누른다는 것이다. 자동화 기술은 우리의 수동성 특성을 전면에 내세우고 능동적 행위성을 무시하도록 부추긴다. 자동화 기술은 우리의 행위와 우리에게 일어난 사건의 연결 고리를 단절하고, 프로젝트와 중대한 관심사에 주목하지 못하도록 우리를 산만하게 만들며, 우리와 같은 생명체에게 세계를 잘 이해

발생하는 것으로 보는 행복에 대한 객관주의 이론에 속한다. 이 이론은 흔히 윤택한 삶과 행복을 보장하기 위해 충족해야 하는 조건을 나열하기 때문에 때때로 이렇게 불린다. 이런 조건으로는 교육, 지식, 우정, 공동체 의식, 건강, 소득 등이 있다.

● 뜻있음에 대한 객관주의 이론 : 뜻있음이 객관적으로 결정되는 상태를 충족하는 것에서 비롯되는 것으로 본다. 개인의 삶이 객관적으로 뜻있는 것으로 간주되기 위해서는 세상에 가치를 더해야 한다. 다시 말해, 개인은 인간 지식의 총계에 합해지거나, 도덕적 문제를 해결 또는 개선하거나, 예술적 의미를 지닌 작품을 창조하는 일에 착수해야 한다.

●● 뜻있는 삶에 대한 하이브리드 이론 : 누군가가 뜻있는 삶을 살기 위해서는 주관적 상태와 객관적 상태의 조합이 충족되어야 한다고 본다. 즉 개인의 마음과 그들이 세상에 더하는 객관적 가치 사이에 어떤 적절한 연결성이 필요하다는 것이다.

●●● 덕 윤리는 도덕적 행동의 핵심 요소로서 인격과 덕을 강조하는 윤리학에 대한 철학적 접근법이다. 동양에서는 공자와 맹자, 서양에서는 플라톤과 아리스토텔레스의 윤리학을 기원으로 하는 덕 윤리는 의무론과 공리주의와 같은 현대 규범 윤리학을 대표하는 이론들 중 하나이다. 덕 윤리에서 초점은 도덕적 행위자의 행동의 결과나 그들이 따라야 하는 규칙과 의무보다는 그의 성격에 있다. 덕 윤리에 따르면, 좋은 사람은 정직, 연민, 용기, 그리고 공정함과 같은 다양한 덕목을 소유하고 예시하는 사람이다. 이러한 미덕은 사람이 선한 삶을 살 수 있게 하고 도덕적으로 선하게 행동할 수 있게 해주는 습관이나 기질로 여겨진다.

하지 못하게 만들고, 우리의 자율성을 살짝 밀어내거나 침해한다. 이로써 행위성을 억누르도록 부추긴다. 만약 이러한 문제의 범위가 한정되었거나 한 번에 하나의 문제씩 직면했다면, 그 문제는 다루기 쉬웠을 것이다. 하지만 인간 활동의 큰 영역에서 모든 문제를 한꺼번에 다루는 것이 진짜 문제이다. 그렇다고 자동화 기술이 우리를 위해 멋진 일을 할 수 있다는 것을 부정하는 것은 아니다. 자동화 기술은 더 저렴하고 더 좋은 상품과 더 빠르고 더 안전하고 더 효율적인 서비스를 제공할 수 있다. 그러나 이때 행위성의 희생이 따른다면 이 거래는 재고해봐야 한다.

이는 영화 ≪월-E≫ 속에 나오는 인류의 미래에 대한 묘사와도 관련이 있다. 이 묘사가 과장되고 풍자적일 수도 있지만, 우리의 능동적 행위성이 완전히 억눌린 세상에서 어떤 일이 벌어질지 감을 잡고 싶다면 더 찾아볼 것도 없다.

자동화 기술에 대한 또 다른 비판
초지능형 AI의 등장, 권력 재할당

나는 이 장에서 자동화 기술이 인간의 윤택함과 뜻있음에 미치는 위협에 대해 솔직해지고자 했다. 무엇보다도 체계적이고 포괄적인 방법으로 그렇게 하려고 했다. 그럼에도 불구하고, 자동화 기술에 대한 몇 가지 명백한 비판에는 별 관심을 기울이지 않았다. 사실 거의 무시하다시피 했다. 예를 들어, 초지능형(superintelligent) AI●가 인류의 생존에 위협이 될 수 있다고 주장하는 이들의 우려를 대충 보아 넘겼다.[89] 이런 초지능형 AI는 너무 똑똑하고 강력해져서 설계상의 작은 실수 하나가 인간에게 치명적인 해를 끼칠 수 있다. 이러한 관점은 일론 머스크(Elon Musk,

---

● 초지능형(superintelligent) AI : 초지능이란 AI가 지능 폭발을 일으켜 만들어낼 궁극의 기능을 말한다. 기능 폭발은 AI기 스스로 연세하인 계략을 톤베 디욕 디 반단인 AI기 되고 이로 인해 인류의 지능을 월등히 뛰어넘는 수준으로 발달한다는 개념이다.

____표) 자동화의 다섯 가지 위협(기술 비관론)

○ 기본 주장

→ 자동화 기술은 윤택하고 뜻있는 삶을 살 수 있는 우리의 능력을 심각하게 훼손한다.

○ 자동화의 다섯 가지 위협

❶ 연결 고리 단절
→ 자동화 기술은 인간과 객관적인 현실 세계 사이의 연결 고리를 끊는다.

❷ 집중 방해와 주목 조작
→ 오래 집중할 수 있는 능력을 방해한다. 잘못된 일에 주목(注目)하도록 조작한다. (끊임없이 우리를 자극하며 주목을 빼앗아 가는 SNS)

❸ 불투명한 세계에 대한 이해력 악화
→ 세계를 더욱 불투명하게, 즉 더욱 이해할 수 없게 만든다. 알고리즘은 과정을 보여주지 않고, 우리는 이를 볼 능력이 없다. 이는 얼마나 신비로운가?

❹ 선택 자율성 침해
→ 선택지를 제한하고 새로운 형태의 조작, 강요, 지배를 도입한다. 이로써 우리가 독립적으로 선택할 수 있는 자율성을 침해한다.

❺ 능동적 행위성 훼손
→ 도덕적으로 능동적인 행위성을 훼손하고 도덕적인 수동성을 강조한다.

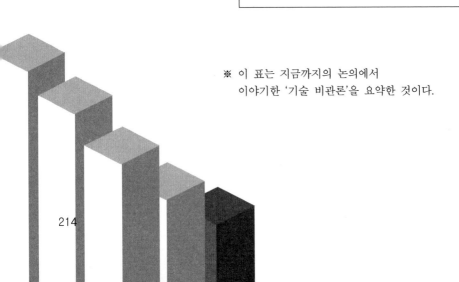

※ 이 표는 지금까지의 논의에서 이야기한 '기술 비관론'을 요약한 것이다.

1971~)와 얀 탈린(Jaan Tallinn, 1972~)과 같은 기술 산업의 주요 인사들에게도 영향을 미쳤다. 만약 이 종말론이 맞다면 분명히 인간의 윤택함과 뜻있음에 영향을 미칠 것이다. AI로 인한 생존 위험에 대한 논쟁에 참여한 사람들 사이에서 많이 알려진 사고실험을 예로 들어보자. 초지능형 AI가 우리 모두를 종이클립으로 바꾼다면,● 우리는 좋은 삶에 작별을 고해야 할지도 모른다.

왜 나는 이러한 주장을 거의 무시하다시피 했을까? 크게 두 가지 이유가 있다. 첫째, 나는 이 종말론적 학파를 지지하는 몇 가지 인식론적 원칙에 의문이 들었다. 간단히 말해, 그 지지자들이 기꺼이 받아들이는 논증을 고려하면, 그 견해가 옳은지 아닌지를 결정하는 것은 매우 어렵다. 둘째, 그 관점이 차원이 다른 압도적인 초지능형 AI 기계를 만들 가능성에 달려 있다는 점을 고려하면, 보다 즉각적이고 훨씬 낮은 수준의 기계 능력에서 발생하는 윤택함과 뜻있음에 대한 위협을 탐구할 가치가 있어 보인다. 이 장에서 요약한 주장들은 정확히 이런 위협을 탐구한다. 이러한 주장은 기존의 많은 기술에 적용되며, 미래 발전에 대한 추측을 요청하는 경우에도 현재보다 훨씬 더 높은 수준의 기계 능력을 필요로 하지 않는다. 많은 경우, 이런 주장은 기계 능력을 더 많이 필요로 한다.

내가 어물거리며 넘어간 또 다른 명백한 비판은 정치적 비판이다. 확실히, 여기에서 말하는 나의 몇 가지 주장에는 정치적 배경이 있으며, 선택 자율성의 침해, 불투명한 세계에 대한 이해력 악화, 능동적 행위성 훼손 등과 같은 법적 뉘앙스의 개념이 포함되어 있다.

● 닉 보스트롬이 2003년 진행한 사고실험이다. 만약 로봇의 목표가 가능한 한 많은 종이클립을 만드는 것이라고 하자. 로봇은 처음에는 매우 생산적이지만, 점점 더 많은 종이클립을 만들기 위해 로봇이 다른 물건을 종이클립으로 만들고자 결심하는 때가 온다. 이때는 더 많은 종이클립을 만들려는 목표에 방해된 경우 인간이들 인간이들 모두 제거하는 일이 벌어질 수도 있다는 것이다.

하지만 이런 내 주장에서는 많은 사람들이 자동화 기술의 향상에 따른 가장 큰 문제는 다루지 않았다. 그 문제란 기술 기업이 우리 삶에 미치는 영향을 집중시키고 향상시킴으로써 자동화 기술이 '권력을 재할당한다'는 문제를 말한다. 이것은 의심할 여지없이 주목해야 할 문제이다. 누가 통치하고 누가 권력의 통로(또는 네트워크)를 통제하는지는 매우 중대한 일이다. 기술 기업의 거대한 힘을 우려할 수 있으며 이러한 우려를 제기하는 것은 정당하다. 기술 기업은 누구의 이익에 기여하는가? 민주적 절차를 조작하고 훼손하는가? 새로운 형태의 기술 독재 정권을 가능하게 하는가? 특정 집단의 사람들을 차별하고 편협함을 조장하는가? 이런 질문을 고려하는 것이 중요하다.

나는 인간의 윤택함과 뜻있음에 대한 논의에서 이런 질문이 지엽적이라고 생각하므로 이런 질문을 내 논거에서 중심축으로 삼지 않았다. 논란의 여지가 있는 주장처럼 들릴 수도 있으니 분명히 하겠다. 내 견해는 사회가 어느 정도의 지배 구조를 필요로 한다는 것이다. 지배 구조는 몇몇 개인과 조직에게 권력을 분배하는 경향이 있다. 심지어 작은 부족이나 가족 같은 사회에도 이와 같은 권력 분배가 있다. 이러한 권력의 분배는 사회에 안정의 척도를 가져오므로 필요하고 종종 좋은 것이다. 결과적으로, 자유주의 / 무정부주의 국가에서 살고 싶지 않은 한(이는 제7장에서 논할 것이다), 어떤 집단이 사회에서 상당한 힘을 가지고 있다는 사실만으로는 문제가 되지 않는다. 중요한 것은 이런 집단이 이 상당한 힘을 어떻게 행사하느냐, 더 정확히는 어떻게 개인의 행복과 안녕에 대한 효과로 그 힘을 전환하느냐, 그리고 이 전환된 효과와 관련하여 어떤 책임을 지느냐 하는 것이다. 이 장에서는 이러한 효과에 초점을 맞추었다.

다만 정치적 질문이 그 초점과 연결되어 있는 경우에는 무시하지 않았다. (예를 들어, 선택 자율성에 대해 조사할 때는 권력의 집중화에 대한 우려를 논의했다.) 하지만 윤택함과 뜻있음에 관한 한 정말 중요한 것은 권력이 삶에 영향을 미치는 방식이므로, 더 넓은 정치적 질문은 내 관심사에 부차적이다.

윤택함과 자율성에 대한 위협을 두고 내가 묘사한 내용이 정확하다면, 나의 묘사는 무엇을 의미할까? 이러한 위협을 완화하고 최소화하기 위해 노력해야 한다는 것을 의미한다. 즉 자동화 기술이 우리의 윤택함을 방해하는 것이 아니라 도움을 준다는 것을 보장하려고 노력해야 한다는 것이다. 이건 말처럼 쉽지 않다. 앞에서 제시한 위협 중 일부를 저지하기에는 너무 늦었다. 이미 이런 위협은 고착화되었다. 다른 위협을 다루기 위해서는 기술 개발에서 현재의 궤적을 멈추고 그것을 가능하게 하는 기관을 해체해야 한다. 이 중 어떤 것도 불가능한 것은 없지만 쉽지는 않다. 게다가 해당 노력의 종류를 감안하여 제2장과 제3장에서 일과 자동화에 대한 내 주장과 같은 맥락에서, 현재의 삶의 방식을 보존하려고만 하지 않고 보다 급진적인 사회 개혁으로 우리의 에너지를 쏟는다면 형편이 더 나아질 것이다.

그것이 이 책의 나머지 부분에서 두 가지 가능한 포스트워크 유토피아를 약술하고 평가하면서 고려하고 싶은 것이다.

4장_결론 우리의 인지 활동을 기계에게 넘겨야 할까?

이 책의 후반부를 준비하는 차원에서, 이 장에서 밝힌 문제를 이해하기 위한 마지막 은유로 마무리하고자 한다. 이 은유는 진화심리학에서 나온 것이다. 이 연구는 과학적으로 논쟁의 여지가 있고 비판의 여지가 있다. 이 은유를 사용하는 이유는 과학적 정확성을 방어하기 위해서가 아니라, 우리가 어디서 왔고 어디로 가고 있는지에 대해 생각할 수 있는 유용한 방법을 제공하기 때문이다.

진화심리학자들이 던지는 한 가지 질문은 현생 인류(인간)의 기원에 관한 것이다. 우리는 어떻게 진화해서 지금의 창조물이 될 수 있었을까? 진화 이론에서 유기체는 생태적 적소(ecological niche)●를 차지하기 위해 진화한다. 옛날, 모든 생명체는 바다나 그 주변에 살았다. 그러나 특정 종의 물고기가 지금은 물속에서 생활하지만 긴 진화적 역사 중 언젠가는 육지에서 생활했을 수도 있었다. 그래서 현대의 육상 식물, 현대의 포유류와 파충류의 조상들은 이용 가능한 생태적 적소를 이용하기 위해 육지로 진출했다. 공중에서도 할 수 있는 생활이 있다는 것이 밝혀졌고, 그래서 현대의 새의 조상들도 그렇게 하는 방법을 발견했다.

● 생태적 적소(ecological niche) : 생물학에서 말하는 생태적 적소란 생태계 내에서 특정 생물 종(유기체)이 차지하는 역할이나 지위를 말한다. 이는 특정 종이 어떻게 먹이와 은 신처를 얻는지, 다른 종과 어떻게 상호작용하는지, 그리고 그 종이 생태계의 전반적인 기능에 어떻게 기여하는지를 묘사한다. 적소는 또한 빛, 기온, 습도, 산성도, 토양 등 특정 종이 차지하는 미소(微小) 서식 환경 같은 물리적인 공간을 가리키기도 한다. 생물 종의 적소는 주어진 환경에서 해당 종의 성공과 생존을 결정하는 중요한 요인이다.

그렇다면 현생 인류는 어떤 적소를 차지하기 위해 진화했을까? 인지과학자인 스티븐 핑커(Steven Pinker, 1954~)•를 비롯한 여러 학자들은 인간이 '**인지적 적소(cognitive niche)**'••를 차지하기 위해 진화했다고 주장했다.90 대부분의 생명체는 제한되고 타고난 행동 목록을 가지고 있다. 만약 그들 환경이 극적으로 변한다면, 흔히 그 결과로 고통을 받고 죽는다. 복잡한 문제를 해결할 수 있는 유연한 능력을 갖춘 큰 뇌는 차지되기를 기다리고 있는 명백한 적소였다. 현대 인류의 조상은 그런 적소를 차지했다. 큰 전두엽과 그룹 내 협력 및 조정 능력이 향상되면서 비범한 문제 해결 능력을 개발했다. 그들은 문제를 해결하는 지식을 다음 세대로 전달하기 위한 복잡한 문화적 의례와 제도를 개발했다.91 그들은 더 이상 유전자가 따라잡을 때까지 기다릴 필요가 없었다. 그들은 진화시간의 제약에서 어느 정도 벗어날 수 있었다.

우리의 윤택함과 뜻있음에 중심적인 것의 많은 부분은 이러한 진화적 발달에서 비롯된다. 이 장에서 강조한 현실과의 연결 고리, 집중과 주목, 불투명한 세계에 대한 이해, 선택의 자율성, 능동적 행위성이라는 메커니즘은 모두 우리의 인지적 체계에 의해 가능하다. 또한 과학, 기술 및 혁신을 중심으로 우리가 개발한 인상적인 제도적 틀과 결부해서, 바로 이 동일한 체계가 자동화 기술의 개발을 가능하게 한다.

• 스티븐 핑커(Steven Pinker, 1954~) : 세계적 권위와 영향력을 가진 심리학자이자 인지과학자로 꼽히고 있다. 하버드대학교 교수로 재직하고 있다. 인간의 마음과 언어, 본성과 관련한 심도 깊은 연구와 대중적 저술 활동으로 유명하다.

•• 인지적 적소(cognitive niche) : 인지과학에서 말하는 인지적 적소란 동물의 환경과 행동이 인지 능력에 의해 형성되는 방식을 설명하기 위해 사용되는 용어이다. 인지적 적소는 한 동물의 인지 능력이 다른 동물들이 할 수 없는 방식으로 환경에 적응하고 이용할 수 있게 하는 방법을 말한다. 예를 들어, 어떤 동물은 도구를 사용하거나 복잡한 방식으로 서로 의사소통할 수 있는 인지 능력을 가지고 있다. 이러한 능력은 이 동물을 위한 인지적 지위를 만들 수 있고, 이 동물이 자원에 접근하거나 다른 동물들이 할 수 없는 방법으로 문제를 해결할 수 있게 한다.

하지만 여기서 상황이 흥미로워지고 다소 역설적이게 된다. 인지 활동은 항상 비용이 많이 드는 일이다. 우리의 뇌는 매일 섭취하는 칼로리의 4분의 1이 넘는 엄청난 양의 에너지를 소비하며, 인지적 노동을 다른 사람에게 아웃소싱(위탁)함으로써 그 비용을 최소화하는 것은 항상 유혹적이다. 이것은 우리가 자동화 기술을 만드는 한 가지 이유이다. 지금까지 인지적 적소에 대한 우리의 일은 실제로 위협받은 적이 없다. 그런데 이제는 변하기 시작했다. AI와 로봇공학이 점점 더 인상적인 발전을 이루면서 인지적 적소에 대한 우리의 지배력은 더 이상 보장되지 않는다. 우리는 천천히 밀려나고 있다.

결과적으로 우리는 인간의 주체적 존재성과 관련한 근본적인 질문에 정면으로 맞서야 한다. 우리는 인지 활동에 계속 참여하기를 원하는가? 아니면 우리의 인지 활동을 AI에게 넘겨주고 그만두기를 원하는가? 인지적 적소를 똑똑한 기계에게 양도하고 윤택함과 뜻있음을 다른 곳에서 찾고 싶은가? 아니면 우리의 지배력을 계속 유지하고 싶은가?

이 책의 후반부에서는 두 가지 가능성을 모두 고려할 것이다. 제5장에서 유토피아 프로젝트에 대한 일반적인 성찰부터 시작해 제6장(사이보그 유토피아)과 제7장(가상 유토피아)에서 인류의 두 가지 독특한 유토피아 관점을 자세히 살펴볼 것이다.

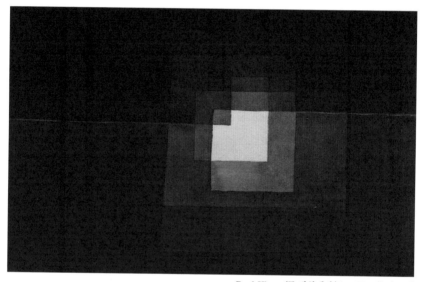

Paul Klee, ⟨두 방향에서(Two Ways)⟩ (1932)

포스트워크 유토피아를

찾아서

5장_1절   유토피아를 어떻게 정의할 것인가?

지금까지 나는 어느 정도 신중하긴 했지만, 일 이후의 포스트워크 개념을 받아들여야 한다고 주장했다. **올바르게 이해한다면** 그런 미래는 유토피아일 수 있다. 하지만 올바르게 이해한다는 것은 정확히 무슨 뜻인가? 미래가 어떻게 유토피아일 수 있는가? 이 장에서는 독자에게 미리 위험에 대한 경고를 하기 위해 들려주는 이야기로 시작하면서 이 질문에 답할 것이다.

≪유토피아로 가는 9번 버스≫(The No. 9 Bus to Utopia)는 영국의 작가, 음악가, 방송인 데이비드 브램웰(David Bramwell, 1968~)이 쓴 현대판 유도피아 여행기이다. 브램웰은 여자친구가 자신에게 결별을 선언하고 '더 어리지만 더 성숙한' 사람에게 가버리자 여행을 떠나기로 했다. 그는 오랫동안 자신의 삶에 얕고 불완전하며 쓸모없는 무엇인가가 있다는 것을 깨달았다. 그는 그것을 바꾸고 싶었다. 그는 공유된 가치관을 중심으로 형성된 소규모 사회인 '의도적 공동체(intentional community)'● 에 관한 책을 몇 년 동안 읽고 있었다. 브램웰은 현대판 유토피아를 찾기 위한 노력으로 12개월 동안 가능한 한 많은 곳을 가보기로 했다. 이 책

● 의도적 공동체(intentional community) : 공동의 목표를 달성하기 위해 공유 공간에서 함께 살며 공유 자원을 활용해 함께 일하기로 선택한 사람들의 집단이다. 이러한 공동체는 환경적 지속 가능성, 영적 성장, 사회적 정의, 단순한 삶과 같은 다양한 가치관에 기초할 수 있다. 의도적 공동체는 코하우징(공동 거주), 커뮴(함께 살면서 책무, 재산 등을 공유하는 집단), 에코 빌리지 등을 포함하는 여러 가지 형태로 만들어질 수 있다.

에서 즐거운 어조로 전하는 바에 따르면 그는 시원한 바람이 부는 스코
틀랜드 해안에서부터 강렬한 햇빛이 내리쬐는 캘리포니아의 절벽까지
여행을 갔다. 그러던 중 나이 든 히피, 자유연애 실천가, 영적 치유자, 열
정이 바닥 난 사업가, 사이비 종교 지도자 등 다양한 캐릭터의 인물을
만났다.[1]

모든 가능한 사회 중 가장 좋은 사회

데이비드 브램웰은 찾고 있던 것을 찾았을까? 파리가 들끓는 체코의 수
용소 여행은 분명 최악의 순간이었다. 이처럼 그의 많은 경험은 이상적
이지는 않았고, 그의 책에는 전반적인 실망감이 스며들어 있다. 여러 공
동체의 유토피아적 이상은 실제로 전혀 감동적이지 않은 것처럼 보인다.

그럼에도 불구하고, 한 곳의 현대판 유토피아는 데이비드 브램웰의 극찬
을 받는다. 그곳은 캘리포니아 주의 빅서(Big Sur)에 있는 온천 휴양지
에살렌(Esalen)이다. 에살렌은 1950년대와 1960년대에 잭 케루악
(Jack Kerouac, 1922~1969)과 같은 작가들의 휴양지가 되었고, 소유
주인 마이클 머피(Michael Murphy, 1938~)가 이곳을 '인간 잠재력 개
발'의 중심지로 바꾸기로 결정하면서 주목을 받았다.[2] 요즘 에살렌은 태
평양을 내려다보는 뜨거운 욕조로 대표되는 값비싼 고급 리조트이다. 이
곳에서는 영성, 자기 계발, 요가 수업 등 원하는 강좌를 수강해 들을 수
있다. 브램웰은 뜨거운 욕조에 몸을 담그던 경험을 이렇게 묘사했다. "나
는 곧 나의 완벽한 일과를 발견했다. 아침 식사 전에 뜨거운 욕조에 몸을
담그고, 점심 식사 전에 또 한 번 담갔다. 그리고 저녁에는 은하수가 밤
하늘을 가로질러 얇은 구름으로 구불구불 나아갈 때 또 다시 뜨거운 욕
조에 앉아 있곤 했다."[3]

하지만 데이비드 브램웰은 현대판 유토피아에도 어두운 면이 있다는 것을 발견한다. 숲을 헤매고 있는 나이 든 한 히피는 브램웰에게 유토피아에 대한 탐험이 잘못되었으며 에살렌의 호화로움에 너무 집착해서는 안 된다고 경고한다. "에살렌의 아름다움을 즐기고 난 뒤 앞으로 나아가세요, 데이비드. '더없는 행복 마니아'가 되지 마세요. 그렇지 않으면 여기서 가르치던 늙은이들처럼 될 겁니다. …… 언제든지 이용 가능한 이 모든 아름다움과 즐거움? 싸울 이유가 없어요? …… 그들은 죽을 때까지 술을 마셨어요."[4]

나이 든 히피의 경고에는 흥미로운 주장이 담겨 있다. '언제든지 이용 가능한 즐거움'이라는 생각은 처음에는 유혹적이지만, 많은 사람에게 반(反)유토피아라는 인상을 준다. 그것은 유명한 유토피아 소설과 철학 작품에서 찾을 수 있는 것과는 확실히 거리가 멀다. 일반적으로 서양 철학에서 최초의 유토피아 작품으로 여겨지는 플라톤(Platon)의 ≪국가론≫(Republic)[5]에서는 이상 사회가 엄격하고 카스트와 같은 군대식의 통치 구조를 가진 사회라고 주장한다. 모든 사람에게는 정해진 위치와 역할이 있고, 이에 따라 살아가는 법을 배워야 한다. 헛된 쾌락을 위한 시간은 거의 없다. '유토피아'라는 말을 실제로 처음 사용한 토마스 모어(Thomas More, 1451~1530)의 ≪유토피아≫(Utopia)[6]●에서는 삶의 짐을 덜어주는 기술적 향상(인공 인큐베이터와 첨단 전쟁 무기)을 가지고 있는 사회이긴 하지만 엄격하고 고도로 조직되고 범주화된 어느 정도의 봉건 사회도 묘사한다. 언제든지 이용 가능한 호화로움과 즐거움은 이런 작품이 말하는 유토피아의 분명한 특징이 아니다.

하지만 언제든지 이용 가능한 호화로움과 즐거움이 유토피아의 본질이 아니라면 정확히 무엇이 유토피아의 본질인가? 앞의 장에서는 미래의

● (지은이 주) 'utopia(유토피아)'라는 단어의 어원에 주목할 가치가 있다. 이 단어는 그리스어 단어 'ou'와 'topos'의 합성어에서 유래했으며, 대략 'no place'로 번역된다. 이는 토마스 모어가 자신의 호칭을 아이러니하게 사용했음을 암시한다.

포스트워크 유토피아가 무엇이 아닌지를 어느 정도 짐작하게 했다. 자동화가 인간의 윤택함과 뜻있음에 미치는 다섯 가지 위협은 우리가 이상적인 세상을 만들고자 한다면 피하거나 최소화해야 하는 함정을 어느 정도 암시한다. 하지만 유토피아에는 부정적인 것을 피하는 것보다 더 많은 것이 있어야 한다. 분명 긍정적인 모습도 있을 것이다. 그런 긍정적인 모습이란 어떤 것일까?

우선 이 단어 자체의 의미를 명확히 해보자. 일상적인 용어로 쓰이는 '유토피아'는 보통 이상(理想) 사회와 동의어이다. 이런 사회는 존재할 수 있는 모든 가능한 사회들 중에서 가장 좋은 사회를 말한다. 철학적, 학술적 용어로 쓰일 때 '유토피아'라는 말은 좀 더 복잡한 용법을 가지고 있다. 유토피아는 특정한 형태의 이상 사회이며, 보통 지금의 현실보다는 낮지만 여전히 실제로 달성할 수 있는 사회를 일컫는다.7

문학과 문화사에서 유토피아주의를 가장 널리 논의한 학술 연구는 영국의 역사가인 J. C. 데이비스(J. C. Davis, 1940~2021)가 1981년에 집필한 ≪유토피아와 이상 사회≫(Utopia and the Ideal Society)이다.8 이 책에서 데이비스는 이상 사회의 유형을 제시하며, 실제로 다섯 가지 이상 사회가 있는데, 유토피아가 그중 하나라고 주장한다. 데이비스가 제시하는 첫째 유형의 유토피아는 코케인(Cockaygne)●이다. 코케인은 부족함이 없고, 우리가 원하는 모든 음식과 자원이 있으며, 사회 기관은 전혀 없는 초현실적으로 윤택한 사회이다. (이 이름은 풍요로운 땅에 관한 중세 시 '코케인(Cockaygne)'에서 유래했다.)9 둘째는 아르카디아(Arcadia)로서, 가족을 제외하고는 아무런 제도가 없는, 음식과 자원이 충분하지만 지나치게 풍부하지는 않은 사회이다. 여기에서 사람들은 자연계와 조화를 이루고 산다. 셋째는 완벽한 도덕적 사회(Perfect Moral

---

● 코케인(Cockaygne) : 이곳은 특히 음식의 천국인데 빵과 고기가 가득한 마을들 사이로 꿀과 우유의 ꡒꡒꡒꡒ 강이 흐른다. ꡒꡒꡒꡒꡒꡒ 때에 ꡒꡒꡒ 이집 ꡒꡒꡒ 민중의 ꡒꡒ 비온 말이다.

Commonwealth)로서, 보편적으로 합의된 제도로 통치하고 그들 스스로 완벽해진(즉, 보통 종교적 훈련을 통해 내면의 악마를 정복하고 더 나은 본성이 번성하도록 한) 인간이 관리하는 사회이다. 넷째는 천년왕국(Millennium)으로서, 신이 개입하여 인간을 불완전함에서 구출하는 (그리고 대략 이상 사회에 대한 기독교적 이해와 일치하는) 사회이다. 그리고 마지막은 유토피아(Utopia)로서, 사회-기술적 제도가 개선되어 (신의 도움 없이) 결함과 불완전함으로부터 인간을 구하도록 돕는 사회이다.

J. C. 데이비스는 이상 사회에 대한 영어 문헌을 철저히 범주화하기 위해 이 분류법을 사용한다. 나는 이 분류법이 특정한 목표에서 성공적인지는 판단하지 않는다. 나는 이상 사회의 모습에 대한 독특한 견해를 이 분류법이 설명하는지를 판단한다. 그리고 그런 견해들을 모두 '유토피아'로 뭉뚱그리는 것이 혼란스럽다는 것을, 이 분류법이 암시하는지 판단한다. 더군다나 나는 이상 사회에 대한 우리의 모든 상상물 중에서, 어떻게 진정으로 유토피아적인 상상물이 지금의 현실에 가장 가까운지를 강조하기 위해 이 분류법을 사용한다. 그런 유토피아적 상상물은 세계의 미래와 그 안에서 우리의 위치에 대한 공상적 추측을 가장 적게 필요로 한다. 그리고 그런 유토피아적 상상물의 성공을 위해 어떤 초자연적 구세주에게 의존하지 않는다. 그런 상상물은 실질적으로 달성 가능한 사회 개혁 및 기술 발전에 초점을 맞춘다.

그렇다고 유토피아가 현재 사회 질서의 급진적 개선이 아니라는 것은 아니다. 대부분의 유토피아 소설과 글의 핵심은 급진적 개선 가능성이다. 캐나다 랑가라대학교(Langara College) 철학과 교수 크리스토퍼 요크(Christopher Yorke)는 유토피아 개념에 대한 정의에서 유토피아적 사고에서의 급진적 개선 가능성을 포착한다. 나는 이 책의 나머지 부분에서 이를 사용할 것이다.

크리스토퍼 요크의 유토피아 정의

유토피아 = "급진적인 사회-정치적 개선에 대한 곧 달성할 수 있는
계획으로서, 일단 이 계획이 이루어진다면 영향을 받는 모든 사람들
의 권리를 존중하면서도 형편이 더 낫고 형편이 더 나빠지지 않게
할 것이다."10

이 정의에는 많은 중요한 개념들이 담겨 있다. 첫째, 유토피아는 반드시
"곧 달성할 수 있어야" 한다. 이는 유토피아를 실현하는 것이 실질적으
로, 그리고 기술적으로 가능해야 한다는 것을 의미한다. 순전히 사색적
이고 그림의 떡인 이상 사회는 좋지 않다. 둘째, 세계의 변화가 유토피아
를 향한 변화로 간주되기 위해서는 '급진적'이어야 한다. 크리스토퍼 요
크가 나와의 대화에서 말했듯이, 모든 사람이 일요일에 공짜 아이스크
림을 먹는 것과 같은 정도의 작은 개선이 있는 현재의 세상을 유토피아
로 간주하기에는 충분하지 않다.11 지금의 현실과 급진적인 단절이 필
요하다.

셋째, 다른 사람들을 괴롭혀서 유토피아를 성취해서는 안 된다. 즉 유토
피아는 모든 사람의 권리를 존중하고 그들의 형편이 더 나아지도록 해야
한다. 이는 (아래에서 더 상세히 논의할) 유토피아 프로젝트에 대한 큰
걱정을 다루는데, 그 걱정은 종종 상상된 유토피아로 가는 길에서 겪는
큰 고통을 정당화한다는 것이다. 그렇긴 하지만, 요크의 정의는 모든 사
람이 변화에 의해 형편이 더 나아져야 한다고 말한다는 점에서 도가 지
나칠 수도 있다. 모두가 형편이 나아지는 것이 열망으로서 아무리 가치
가 있다고 하더라도, 그렇다는 것을 증명하거나 보증하는 것은 아마도
매우 어렵다. 모두의 권리를 존중하는 것, 즉 모두가 유토피아 프로젝트
에 참여하고 도전하고 보상을 받을 수 있도록 보장하는 것이 훨씬 더 중
요하고 실질적으로 달성 가능한 것처럼 보인다.

유토피아를 어떻게 정의할 것인가?
급진적 개선이 이루어지는 '가능 세계'

유토피아를 가능 세계로 생각하는 것은 유토피아에 대한 이해를 풍부하
게 만들어 준다. 이런 생각은 진정한 유토피아를 만들기 위해 무엇이 필
요할지 고려할 때 큰 도움을 준다.

'가능 세계(possible world)'●는 철학계에서 널리 논의되는 개념이다.
대략적으로, 가능 세계는 논리적으로 일관성 있고 설명 가능한 세계를
말한다. 철학자들의 사유에는 세계가 작동하고 기능하는 방법을 설명하
는 명제가 자리잡고 있다. 여기서 명제란 곧 참과 거짓을 구분할 수 있는
것이다. 철학자들은 이 명제의 목록을 가지고 가능 세계를 생각한다. 명
제의 목록이 합리적이고 모순이나 부조리가 없는 한 묘사된 세계는 가능
세계이다.

가능 세계의 수는 무한하다. 세계를 묘사하고 논리적으로 일관성 있는
명제의 목록을 변화시키는 방법은 무한하다. 우리의 실제 세계, 즉 우리
가 지금 살고 있는 세계는 논리적으로 가능한 세계 중 하나일 뿐이다.
우리 자신의 세계와 아주 비슷하고 매우 가까우며, 사소하게 차이가 나
는 다른 가능 세계가 있다. (가령, 내가 왼손잡이가 아닌 오른손잡이이거
나 하루 늦게 태어난 세계가 그런 가능 세계이다.) 이런 가능 세계는 실

● 가능 세계(possible world) : 가능 세계는 과거에 존재할 가능성이 있었거나 미래에 존
재할 가능성이 있는 가상의 세계이다. 가능 세계는 다른 가능한 결과나 시나리오를 탐구
하는 방법으로 사용되며, 종종 실제 세계에서 실제로 발생하지 않은 사건이나 상황에
대한 진술인 반사실적 진술에 대한 토론에서 사용된다. 예를 들어, 누군가가 "내가 더
열심히 공부했더라면 더 좋은 점수를 받았을 것이다"라고 말한다면, 그는 더 열심히 공
부해서 더 좋은 점수를 받을 수 있는 가능 세계에 대해 반사실적 진술을 하고 있는 것이
다. 이 경우 가능 세계는 그 사람이 더 열심히 공부하는 세계이며, 이 가능 세계는 그
사람이 그만큼 열심히 공부하지 않은 실제 세계와 다르다고 주장하는 것이다. 가능 세계
는 실제적이지 않지만, 다른 선택이나 사건의 의미를 이해하는 데 도움이 될 수 있다.

재의 차원에서 그리고 기술의 차원에서 가능한 세계이다. 적어도 우리가 현재 물리학 법칙에 대해 알고 있는 것을 고려할 때, 물리적으로 불가능한 세계도 있다. (가령, 우리가 빛의 속도보다 빠르게 여행하거나 태양계 주위를 순간 이동할 수 있는 세계가 그렇다.) 어떤 철학자는 모든 가능 세계가 실제로 존재한다고 생각한다. 대부분의 철학자는 이 말에 동의하지 않고 다른 대상과 속성의 본질과 기능을 더 잘 이해하기 위해 다른 가능 세계에 대해 생각하는 것이 유용하다는 입장을 갖고 있다.12

인류의 미래를 생각하면서 다른 가능 세계에 대해 생각하는 것은 특히 유용하다. 왜냐하면 우리의 미래가 본질상 다른 가능 세계의 풍경이기 때문이다. 현재의 우리는 미래라는 가능 세계의 지평선을 향해 나아가는 여행가와 같다. 우리가 어떤 가능 세계에 도착해 있을지는 여러 가지 변수에 따라 달라진다. 어떤 기술이 언제 개발되는지에 따라 우리가 나아갈 미래라는 가능 세계가 바뀐다는 말이다.13● 만약 초지능형 AI가 개발된다면, 그런 미래는 초지능형 AI가 발명되지 않는 미래와는 매우 다를 것이다. 우리가 별 사이 우주여행을 발명하는지의 여부도 마찬가지이다.

미래학자의 일은 가능한 미래 세계의 풍경에서 우리가 어떤 경로를 택할지 알아내는 일이다. 어떤 세계가 더 가능성이 높은가? 어떤 세계가 기술적으로 더 실현 가능한가? 그리고 그 세계는 전체적으로 어떻게 보일까? 이러한 질문에 답하는 것은 쉬운 일이 아니다. 미래학자들은 편협한 사고의 함정에 빠지기 일쑤이다. 그들이 지금의 현실을 묘사하는 명제 목록에서 한두 가지 변화를 상상한다면 가능한 미래를 묘사하기는 비교

● (지은이 주) 이것은 형이상학적 결정론이 참인지 거짓인지에 대한 가정을 하지 않는다. 결정론에 따르면, 가능한 미래는 단 하나뿐인데, 이것은 일이 전개될 수 있는 유일한 방법이 하나뿐임을 의미한다. 설령 이것이 사실일지라도 우리는 이것이 무엇이 될지 완벽하게 예측할 수 없다고 고른다. 그래서그로 아니니 긴극뿐니 현심에서 비신이 가능한 여러 미래가 있다.

적 쉽다. 하지만 어떤 하나의 변화라도, 특히 초지능형 AI의 개발과 같은 중요한 변화에 관련된 것이라면, 예측하기 어려운 수백, 수천 개의 작은 변화를 그 가능 세계에 일으킬 가능성이 있다. 이 모든 것(또는 적어도 상당 부분)을 상세하고 꼼꼼하게 상상할 수 있을까? 최고의 미래학자들은 반드시 그렇게 해야 한다. 이것은 내가 이 책의 나머지 부분에서도 꼭 해야 할 일이다. 나는 우리가 나아갈 수 있는 다른 가능한 미래를 풍부하고 그럴듯한 세부 내용으로 상상하고 평가해야 한다.

'가능 세계' 개념은 유토피아주의를 생각할 때도 유용하다. 특히 크리스토퍼 요크의 유토피아 정의와 결합해서 생각할 때 더욱 그러하다.14 유토피아 이론은 주로 인간의 윤택함과 뜻있음을 극대화하기 위해 사회-규범적 질서가 급진적으로 변화될 수 있는 여러 가능한 방법을 약술하는 것에 중점을 둔다. 다시 말해, 제도, 시민, 기술 등 현재 세계의 주요 특징들 중 일부를 가져와서 어떻게 혁신하고 개선하여 근본적으로 더 나은 세상을 형성할 수 있을지를 상상하는 것이다. 상상된 가능 세계가 우리 세계와 더 가까울수록, 더 실질적으로 성취할 수 있을 것이다. (여기서 저기까지 가는 것이 더 쉬워질 것이다.) 더 다를수록, 더 어려울 것이다. 크리스토퍼 요크가 정한 조건●을 충족시키기 위해서는 급진적 개선과 실질적 성취 사이에서 균형을 이루어야 하며, 현재 세상을 크게 개선하되 타인의 권리를 짓밟지 않는 세계로 가는 길이 있어야 한다.

이 책에서는 포스트워크 유토피아에 대해 생각하는 방식 중에서 '가능 세계' 방식을 채택할 것이다. 나는 먼저 현재 세계의 두 가지 중요한 변화를 마음에 그릴 것이다. 특히 그것은 기술 인프라와 관련된 변화이다. 그런 다음 이러한 변화의 실용성뿐만 아니라, 이러한 변화가 인간의 윤택함과 뜻있음에 미칠 연쇄 반응을 묘사하고 평가할 것이다. 이 방법은

● 크리스토퍼 요크가 정한 조건은 다음과 같은 세 가지로 요약된다. 유토피아는 곧 달성할 수 있어야 한다. 유토피아는 급진적이어야 한다. 유토피아는 모든 사람의 권리를 존중하고 그들의 형편이 더 나아지도록 해야 한다.

특히 가능 세계의 언어로 꾸며질 때 꽤 과장된 것처럼 들리지만 사실은 그렇지 않다. 이 방법은 매우 현실적이고 다루기 쉽다.

이에 대해 생각할 수 있는 한 가지 방법이 있다. 철학자 오웬 플래나간 (Owen Flanagan, 1949~)은 ≪도덕의 지리학≫(The Geography of Morals, 2016)•에서 우리의 현재 세계가 이미 여러 가능한 도덕적(가치론적) 세계로 세분화되었다고 지적한다.15 우리의 진화는 모든 인간이 우리의 도덕 체계를 위한 공통의 토대를 공유한다는 것을 의미한다. 우리가 관심을 갖는 제한된 범위의 사물이 있고, 우리의 윤택함에 도움이 되는 제한된 범위의 사물이 있다. 그러나 이러한 공통의 토대가 사회의 가능한 도덕적 배열에 그렇게 엄격한 한계를 부과하는 것은 아니다. 한 번만 주위를 둘러봐도 이를 알 수 있다. 세계는 서로 다른 나라, 사회, 부족, 그리고 사이비 종교로 분열되어 있다. 이러한 그룹은 종종 서로 다른 도덕규범을 가지고 있고, 가치관의 순위를 매기고 우선순위를 정하는 방법이 서로 다르다. 이들 사회 중 일부는 이상적이지 않은 '평가적 평형 (evaluative equilibrium)'••에 익숙해졌다. 즉, 도덕규범과 가치관에 우선순위를 정하는 방식이 인간의 윤택함과 뜻있음에 도움이 되지 않는다는 것이다.

매우 불안정하고 부패가 만연해 있으며 곧 혁명이 일어날 것 같은 사회도 있다. 그럼에도 불구하고 전 세계에 넓은 그물을 던지면, 즉 세계를 더 넓게 본다면 우리는 급진적인 가능성들을 볼 수 있다. 이런 가능성은

• ≪도덕의 지리학≫(The Geography of Morals) : 서로 다른 문화권이 가진, 서로 다른 도덕적 가능성에 대해 탐구한다. 유가(儒家), 도가(道家), 불교(佛敎), 힌두교, 자이나교, 이슬람교, 아메리카 전통, 아프리카 전통 등의 문화권은 각각 나름의 도덕적 생태계와 삶의 철학을 가지고 있다. 플래나간은 부유한 서구 산업 사회는 이들 문화권으로부터 인간 본성, 도덕의 원천, 선한 삶 등과 관련하여 배울 것이 있다고 생각한다.

•• 평가적 평형(evaluative equilibrium) : 개인의 신념, 가치, 태도의 균형 또는 안정 상태를 가리키는 용어이다. 개인이 자신의 가치와 신념에 부합하는 결정을 내린 시점을 기준으로 말하기 때문에 의사결정의 맥락에서 자주 사용된다.

우리가 '이상' 또는 '선호'에 대한 특정한 문화적 시각으로 한정하면 숨겨지게 된다. 이러한 더 넓은 관점은 우리가 현재와 미래의 서로 다른 가능 세계들 사이에서 일어날 수 있는 충돌, 격돌, 불일치를 고려할 때 특히 가치 있다. 우리에게 이질적으로 보이는 사회들은 실제로 중요한 도덕적 향상을 이룬 곳일 수 있을까? 우리의 도덕적 평형(moral equilibrium)을 이런 이질적 사회의 도덕적 평형으로 전이하는 것이 가능할까?

오웬 플래나간이 이 생각을 설명하기 위해 사용한 한 가지 예시는, 분노와 관련된 도덕적 인식이 세계의 서로 다른 문화권에서 서로 다른 평형을 이룬다는 사실이다.16 비록 대부분의 문화가 화가 극단으로 치달았을 때 나쁘다는 것에 동의하는 듯하지만, 어떤 사람들은 특정한 분노가 좋다고 믿는다. 예를 들어 서구의 자유주의 문화에서, 정의로운 분노는 보통 좋은 것으로 여겨진다. 그런 정의로운 분노는 세상의 부당함에 대한 정당한 대응이고, 복수, 보복, 개혁 등 올바른 행동을 자극하고 도덕성을 향상시키는 중요한 촉매제이다. 불교 문화(뿐만 아니라 스토아학파와 도가의 더 오래된 전통)는 다소 다르게 본다. 이들은 화를, 나쁘고 우리 삶의 방식에서 반드시 제거되어야 하는 것으로 본다. 불교 문화는 이에 동의하지 않는 사람들과는 관계를 맺는 일조차 꺼려한다. 이성, 규율, 명상의 조합을 통해 화를 제거하는 것이 가능하다고 이들은 말한다. 그리고 정의로운 분노와 관련된 추정상의 많은 선이 분노의 부재에서 달성될 수 있다고 주장한다.

이 각각의 도덕적 가능 세계에 대한 주장을 평가하고, 이런 주장을 보편적 이성의 법칙에 따라 면밀히 조사하며, 각 사회의 핵심 신념과 실천을 배경으로 하여 이런 주장을 측정함으로써, 우리는 하나의 평형에서 다른 평형으로 전이하는 지혜를 얻을 수 있다. 한때는 터무니없는 것으로 여겨졌던 것이 갑자기 바람직해 보일 수도 있다. 오웬 플래나간은 자신의 책에서 이 방법론을 따르며, 비록 분노에 대한 불교의 접근법을 열렬하게 지지하지는 않지만, 도덕적 가능 세계의 풍경에서 서구 자유주의 사회가 불교 문화의 접근법에 더 가까이 가야 한다는 생각에 강하게 동조한다.[17]

이 예는 제6장과 제7장에서 논의할 '사이보그 유토피아'와 '가상 유토피아'에 대해 생각하는 데 유용한 모델을 제공한다. 이러한 유토피아는 다른 도덕적 가능 세계이다. 즉 우리의 세계와는 다소 다른 가치관과 우선순위를 가진 가능 세계이다. 이러한 가능 세계에 대해 알게 되면, 당신이 가진 현재의 가치관(가령, 인간의 능동적 행위성 및 선택 자율성과 관련된 가치관)이 우선순위가 떨어지거나 제거될 것이다. 언뜻 보기에, 이것은 세상을 어떤 유토피아적 열망과도 대조되는 것처럼 보이게 할 수 있다. 그러나 마음을 열고 꼭 그렇지 않을 수도 있다는 가능성을 고려에 넣는 것이 중요하다. 우리가 현재 소중히 여기는 어떤 것을 제거하거나 우선순위를 아래로 내리는 데에는 그럴만한 이유가 있다.

실제로 이것은 제3장에서 배울 수 있는 명백한 교훈이다. 제3장에서 나는 서구 자유주의 사회가 현재 일과 직업윤리에 많은 가치를 두고 있지만, 그렇게 하는 것은 잘못되었다고 주장했다. 즉 일 없는 가능 세계가 우리가 현재 살고 있는 세상보다 훨씬 더 괜찮을 수 있다는 것이다. 처음에는 그 생각이 터무니없다고 생각했겠지만, 내 주장을 읽어본 뒤 이 주장에 어느 정도 설득력 있는 지혜가 있다는 것을 보았기를 바란다. 향후에도 마찬가지이다. 다른 가능한 포스트워크 유토피아가 언뜻 보면 이상하거나 특이해 보일 수 있지만, 그렇다고 해서 그런 유토피아가 믿을 수 있고 그럴듯한 유토피아가 아니라는 것은 아니다. 우리는 도덕적 가능성의 더 넓은 지형에 마음의 문을 열어야 한다.

요약하자면, 유토피아는 가능한 것이지만 실제로 성취할 수 있고, 현재 세계를 넘는 급진적인 (도덕적) 향상을 나타내는 세계이다. 미래의 잠재적 유토피아를 상상하고 평가할 때 우리는 편협함과 파벌주의를 피할 필요가 있다. 그리고 윤택하고 뜻있는 삶에 대해 기존에 이해하고 있던 일부 요소가 유토피아에서는 제거되거나 다시 구상될 필요가 있다는 점을 고려해야 한다. 다시 말해, 가능한 미래 유토피아의 풍경은 처음에 생각했던 것보다 더 넓을 수 있다.

5장_2절   포스트워크 유토피아의 추가 기준

지금까지는 순조롭다. 유토피아가 무엇이고, 가능한 포스트워크 유토피아의 풍경을 어떻게 탐구할지에 대한 명확한 개념이 있다. 이러한 탐구를 계속하기 위해서는 다음과 같은 세 가지 제약 사항을 명심해야 한다. ⓘ 폭력을 행사하고 싶은 유혹을 피하고, 부정적 유토피아주의(negative utopianism)●의 유혹을 제대로 이해해야 한다. ⓘⓘ 우리가 구상한 유토피아는 안정성과 역동성 사이의 균형을 유지해야 한다. 그리고 ⓘⓘⓘ 현재 세계와 가능한 미래 유토피아 사이의 문화적 격차를 메워야 한다. 이 세 가지 제약을 좀 더 자세히 고려해 보자.

포스트워크 유토피아의 추가 기준 ①
유토피아는 폭력을 낳는 경향이 있으므로

첫 번째 제약을 이해하기 위해서는 유토피아주의의 가장 유명한 비판가 중 한 사람이었던 과학철학자 칼 포퍼(Karl Popper, 1902~1994)●●의

● 부정적 유토피아주의(negative utopianism) : 이상적인 것으로 인식되지만 실제로는 바람직하지 않거나 심지어 '해로운 이상 사회'에 대한 생각을 가리키는 개념이다. 부정적 유토피아주의는 처음에는 매력적으로 보이지만, 궁극적으로 약속을 이행하지 못하거나 부정적인 결과를 초래하는 사회적 시스템을 묘사하는 데 종종 사용된다. 예컨대 완벽한 사회를 만들겠다고 약속하는 정치 이념이 개인의 자유를 억압하거나 소수집단을 박해하는 것으로 이어진다면 부정적 유토피아로 보일 수도 있다.

●● 칼 포퍼(Karl Popper, 1902~1994) : 20세기의 가장 영향력 있는 과학철학자로 손꼽힌

연구를 살펴볼 필요가 있다. 칼 포퍼는 유토피아적 사고에 대해 두 가지 걱정을 했다. 첫 번째는 유토피아 프로젝트가 폭력과 권위주의를 낳는 경향이 있다는 것이고, 두 번째는 유토피아주의를 버리고 소극적 공리주의(negative utilitarianism)●를 채택하는 것이 더 낫다는 것이었다.18

칼 포퍼의 첫 번째 걱정은 부분적으로 '유토피아주의'에 대한 자신의 정의에서 비롯되었다. 포퍼는 유토피아주의는 일종의 정치철학이라고 말한다. 이 정치철학에 따르면 "우리는 궁극적인 정치적 목적에 대해 가능한한 명확해야 하고, 그 후에야 이 상태를 실현하는 데 가장 도움이 되는 수단을 결정할 수 있다."19 유토피아를 이렇게 이해하는 것은 앞에서 채택한 크리스토퍼 요크의 유토피아 정의와는 상당히 다르다. 포퍼는 유토피아 개혁에 바치는 정치 운동에 초점을 맞추고, 요크는 이 정치 운동의 실제 목표(그들이 열망하는 유토피아 사회)에 초점을 맞춘다. 이 두 가지는 분명히 연결되어 있다. 그러므로 왜 요크의 유토피아주의는 폭력으로 이어지는 경향이 있다고, 포퍼가 생각하는지 검토해볼 필요가 있다. 하지만 이 두 가지는 또한 개념적으로 구별된다. 이를 기억해야 한다.

유토피아주의가 폭력을 지향하는 주된 이유에 대해 칼 포퍼는 유토피아 정치 프로젝트가 이상 사회의 특정한 청사진을 중심으로 이루어지기 때문이라고 말한다. 이런 청사진에서는 인간 사회를 위한 어떤 이상적인

다. 고전적인 관찰과 귀납의 과학방법론을 거부하고 과학자가 개별적으로 제시한 가설을 반증하는 방법을 통해 과학이 발전한다고 주장했다. "반증이 가능하다면 이것은 과학적인 진술이다"라고 말했다. 사회철학, 정치철학 분야에서도 중요한 공헌을 남겼다.

● 소극적 공리주의(negative utilitarianism) : 공리주의는 올바른 행동 방침이 전체적인 효용이나 행복을 극대화하는 것이라고 주장하는 광범위한 윤리 이론이다. 공리주의는 즐거움이나 행복을 증가시키는 데 초점을 맞추느냐, 고통을 감소시키는 데 초점을 맞추느냐에 따라 적극적이거나(적극적 공리주의) 소극적일(소극적 공리주의) 수 있다. 소극적 공리주의자들은 고통이 쾌락의 부재보다 더 불쾌하고 해롭기 때문에 고통의 감소가 쾌락의 촉진보다 더 중요한 도덕적 목표라고 주장한다. 이들은 고통은 쾌락의 부재보다 더 불쾌하고 더 해롭고 큰 도덕적 악이기 때문에 도덕적 의사 결정에서 고통의 감소를 우선순위를 두어야 한다고 주장한다.

목적 원인(telos)● 또는 최종 상태(가령, 플라톤의 공화국이나 마르크스의 공동 부락)가 있고, 우리는 그 최종 상태에 도달하기 위해 무엇이든지 해야 한다. 어떤 장애물도 우리를 막아서게 해서는 안 된다. 이러한 사고는 자연스럽게 폭력을 조장한다. 이는 역사적 증거로 확인된다. 포퍼는 이런 비판에서 파시즘과 공산주의의 결과에 특히 주목한다.

그러나 포퍼는 자신의 주장을 펼치면서 역사적 증거를 넘어서기를 원한다. 그는 폭력에 대한 충동이 단순한 역사의 우연에 의한 것이 아니라 모든 유토피아 운동이 이미 폭력에 대한 충동을 내재적으로 포함하고 있다고 주장한다. 이런 충동은 인간 사회가 작동하는 방식의 세 가지 기본 특징인 **다원성(plurality)**, **충돌 유발성(conflict)**, **비(非)합리성(irrationality)**의 자연스러운 결과이다.

'다원성'이란 인간의 여러 집단들마다 이상 사회에 대한 서로 다른 청사진을 가지고 있다는 사실이다. (즉 각 집단마다 유토피아에 대한 서로 다른 개념을 가지고 있다.) '충돌 유발성'은 적어도 어떤 경우에는, 그리고 아마도 많은 경우에 그들의 다른 유토피아 관점이 다른 집단과 직접적인 충돌을 일으킨다는 사실이다. 그러므로 그 집단들이 서로 조화롭게 사는 것은 불가능하다. '비(非)합리성'은 이처럼 조화를 이루지 못하는 집단들이 합리적인 방법으로 갈등을 해결하는 것이 항상 가능한 것은 아니라는 사실이다. 종종 폭력은 갈등을 없애는 유일한 방법이다. 인간 사회의 이 세 가지 특징은 하나의 묶음으로서 유토피아 사상의 폭력에 대한 내재적 경향을 나타낸다. 이러한 특징들 중 하나 이상의 진실을 부정해야만 이러한 경향을 극복할 수 있다.

● 목적 원인(telos) : 아리스토텔레스가 운동의 원인을 설명하기 위해 사용한 용어이다. 목적이 있기 때문에 이 목적을 실현하기 위한 운동이 일어나므로, 목적을 운동의 원인으로 본 것이다. 아리스토텔레스가 운동의 원인으로 생각한 것은 목적 원인 외에, 질료 원인, 형상 원인, 능동 원인 등이 있다. 이 네 가지를 건물 짓는 과정에 비유하면, 각각 건축 재료(질료 원인), 설계도면(형상 원인), 노동자(능동 원인), 의도(목적 원인)라고 할 수 있다.

칼 포퍼의 주장이 맞을까? 유토피아 청사진의 다원성과 충돌 유발성은 논란의 여지가 없는 것 같다. 사람들마다 이상 사회의 개념이 서로 다르고, 확실히 이러한 개념들은 서로 충돌할 수 있다. 공산주의와 무정부-자본주의● 사이, 또는 세속적 인본주의●●와 급진적 이슬람교●●● 사이의 갈등을 생각해 보자. 이들은 이상 사회에 대한 관점이 서로 다르고 이 관점은 양립하지 않는다. 그렇긴 하지만 다원성과 충돌 유발성 자체가 폭력으로 이어질 필요는 없다. 모두가 동의할 수 있는 가치관의 객관적 위계가 있다면, 명백한 갈등은 합리적 주장으로 해결할 수 있다. 하지만 포퍼는 비(非)합리성의 논점을 바탕으로, 인간이 갈등을 합리적 주장으로 해결할 수 있다는 생각에 반박한다. 인간의 가치관은 과학적 조사와 분석의 대상이 아니라는 것이 포퍼의 주장이다. 이는 인간의 가치관이 과학적 사실과 같은 종류의 객관적(또는 상호주관적)●●●● 합의에 이를 여지가 없다는 것을 의미한다. 포퍼의 말처럼, "정치적 행동의 궁극적 목적이 과학적으로 또는 순전히 합리적인 방법으로 결정되는 것은 아니므로, 이상 국가의 모습에 대한 의견 차이가 항상 합리적 논법으로 제거되는 것은 아니다."[20]

이것은 타당하게 들릴지 모르지만, 이는 오히려 문제를 키우는 주장이다. 결국, 포퍼는 유토피아주의에 반대하는 주장으로 무슨 논리를 펼치

● 무정부-자본주의(anarcho-capitalism) : 경제적인 문제에 국가의 개입 자체를 거부하는 자본주의이다. 말 그대로 국방, 경찰, 사법 제도조차도 정부가 아닌 민간 기업에서 제공해야 한다고 본다.

●● 인본주의 : 인간의 존엄성과 가치를 인정하고 인간을 모든 것의 중심으로 생각한다.

●●● 이슬람교 : 전지전능한 유일신인 알라(Allah)의 가르침이 대천사 가브리엘을 통해 무함마드에게 계시되어 나타났다. 인간과 우주는 진화한 것이 아니라 이것을 존재하도록 한 어떤 실체에 의해 창조된 것으로 본다. 그리고 그 어떤 실체를 창조주로 정의하고 기정사실화하면서 창조주에 대한 믿음과 창조주가 인간에게 내린 법전을 통해서 제시한 의무 사항에 대한 실천을 요구한다.

●●●● 상호주관(intersubjectivity) : 주관(主觀)이란 개인이 가지는 견해나 관점이다. 모든 사람은 각자의 주관을 가지고 있는데, 여러 사람의 주관을 모으면 서로 공통적으로 인정되는 부분이 있다. 이를 상호주관이라고 한다.

려는 것일까? (비합리성을 말하며 합리적인 갈등 해결을 부정했던) 그는 다시 합리적 방법을 통해 유토피아 갈등을 해결하려 한다. 즉 유토피아주의의 폭력성 때문에 유토피아주의의 유혹을 피해야 한다고 주장한다. 포퍼는 자신이 합리적 방법을 통해 유토피아 갈등을 해결하고 있다는 것을 인정한다. 포퍼는 단기적으로 유토피아 프로젝트에 대한 일종의 합의나 조율을 확보하는 것이 가능할 수도 있다고 생각한다. 단지 시간이 지나면 우리의 가치관과 우선순위가 바뀌기 때문에 장기적으로 불합리한 갈등의 문제가 다시 불거진다는 것이 포퍼의 생각이다. 특정한 역사의 시기에 특정한 집단에게 바람직해 보였던 것이 이후의 역사적 시기에 또 다른 어떤 집단에게는 바람직해 보이지 않을 수도 있다. 그 자신은 미래 변화의 가능성을 안고 사는 것이 행복하지만, 현재의 유토피아주의자는 이런 가능성을 안고 살 수 없다고 생각한다. 절대 반대이다.

어쨌든 현재의 유토피아주의자는 이상 사회에 대한 자신의 청사진이 옳다고 생각한다. 이들은 미래 세대가 와서 모든 것을 망치는 것을 원하지 않는다. 따라서 포퍼는 이런 유토피아주의자가 어떤 대안적 견해를 타파하고, 반대되는 이념을 말살하기 위해 선전전(그리고 다른 사악한 관행)에 참여하는 자연스러운 경향을 가진다고 주장한다. 이것은 엄청난 권위주의적 억압과 폭력으로 이어질 것이다.

지금까지 칼 포퍼의 폭력과 억압에 대한 우려를 좀 더 구체적으로 설명했다. 왜냐하면 포퍼의 이런 우려가 나와 같은 미래 유토피아의 주민에게는 생각할 기회를 주기 때문이다. 포스트워크 유토피아주의를 추진하려면 그것이 부추길 수 있는 잠재적 폭력과 여기서 그곳으로 가는 여정에서 발생할 수 있는 비용을 고려해야 한다. 분명히 이것은 크리스토퍼 요크의 '유토피아' 정의를 채택함으로써 내가 이미 피하려고 했던 것이다. 요크의 정의는 타인의 권리를 짓밟거나 더 큰 선을 위해 희생해서는 유토피아를 달성할 수 없다는 것을 조건으로 한다. 하지만 조건을 거는 것은 인색한 것이다.

그렇다고 다원성, 충돌 유발성, 비합리성에 대한 포퍼의 주장이 타당성이 떨어진다는 것은 아니다. 그렇긴 하지만 칼 포퍼의 주장에는 몇 가지 문제점이 있다. 이 문제점 때문에 유토피아적 사고에 대한 그의 비판은 설득력이 떨어진다. 한 가지 문제는 포퍼가 자신의 비판에서 폭력의 정의를 지나치게 확장했고 그 결과 유토피아 정치 프로젝트의 주요 문제를 잘못 진단한 과실이 있다는 것이다. 소설가 올더스 헉슬리(Aldous Huxley, 1894~1963)●가 ≪1984≫●●21를 쓴 조지 오웰(George Owell, 1903~1950)●●●에게 한 유명한 말처럼, 정말로 음흉한 것은 선호하는 관점을 강요하기 위해 폭력을 사용하는 것이 아니라, 그들의 관점에 동의하도록 마인드 컨트롤의 기술을 사용한다는 것이다. 이것은 여전히 문제이며, 특정 정치 프로젝트의 어느 유토피아주의와 비교 검토되어야 할 문제이지만, 나는 이것이 폭력에서 비롯된 문제는 아니라고 생각한다.

이것은 사고의 자유와 자율성을 지켜야 한다는 데서 비롯된 문제이다. 이 두 가지 모두 제4장에서 논의했으며, 자동화가 인류의 윤택함에 미칠 영향에 대한 심각한 우려로 제기되었다. 폭력에 대한 포퍼의 우려에서 또 다른 문제는 유토피아주의에 대한 그의 정의 자체가 오해의 소지가 많다는 것이다. 유토피아는 항상, '이상 사회가 어떤 모습이어야 하는지를 하나의 청사진과 같이 정확하게 명시하는 것'으로 만들어진다고 가정

● 올더스 헉슬리(Aldous Huxley, 1894~1963) : 재치와 풍자로 가득 차 있을 뿐 아니라 무궁무진한 지적 정보까지도 동시에 전해주는 천재적인 작품들을 남겼다. 1932년 작품 ≪멋진 신세계≫는 과학의 발달로 인하여 인간이 모두 인공적으로 제조되는 미래 사회를 풍자적으로 그리고 있으며, 20세기 미래 소설 가운데 가장 현실감 있는 작품으로 손꼽힌다.

●● ≪1984≫ : 예리한 사회의식과 풍자 정신이 빛나는 조지 오웰의 대표적인 소설이다. 언어와 역사가 철저히 통제되고 획일화와 집단 히스테리가 난무하는, 인간의 존엄성과 자유가 박탈된 미래의 전체주의 사회를 그리고 있다. 전체주의라는 거대한 지배 시스템 앞에 놓인 개인이 어떻게 저항하고 파멸해 가는지를 적나라하게 보여준다.

●●● 조지 오웰(George Owell, 1903~1950) : 영국의 작가이다. 현대 사회의 전체주의적 경향이 도달할 미래 사회의 모습을 묘사한 ≪1984≫, 소비에트연방의 독재 체제를 풍자한 ≪동물농장≫과 같은 소설을 쓴 것으로 유명하다.

하는 한 오해의 소지가 많은 것이다. 대부분의 현대 유토피아 사상은 이 개념을 거부한다. 이상 사회를 위한 정확한 청사진은 없다. 오히려 이상 사회는 역동성과 시간에 따른 변화를 가능하게 하는 사회이다. 이에 대해서는 아래에서 더 자세히 논의할 것이다.

유토피아주의에 대한 칼 포퍼의 두 번째 걱정●은 어떤가? 이는 걱정이라기보다는 유토피아주의의 대안적 형태를 주장하는 것이고, 이상 사회 건설에 대해 어떻게 생각해야 하는지에 대한 추가적인 지침을 주므로 고려할 가치가 있다. 비록 유토피아 프로젝트를 무시하지만, 포퍼는 정치 영역에서 이상주의의 역할이 있다고 생각한다. 포퍼는 인간 사회의 미래에 대해 낙관적인 경향이 있다. 이런 낙관주의가 어디로부터 생겨났을까? 이런 낙관주의는 사회가 (유토피아주의가 함축하는 바처럼) 미래에 행복과 안녕의 최적 상태를 실현하는 것을 목표로 해서는 안 된다는 포퍼의 믿음에서 비롯되었다. 오히려 포퍼는 사회가 지금 당장 여기에서 '구체적 폐해'를 없애려고 노력해야 한다고 생각한다. (즉 사회는 소극적 공리주의를 채택해야 한다.) 그런 폐해를 없애는 것이 정치적 이상주의가 번성하는 데 필요한 전부이다.

당신은 이런 '구체적 폐해 근절' 전략이 칼 포퍼가 비판하는 유토피아주의와 실질적으로 다른 것인지 궁금할 수 있다. 결국 그 둘은 모두 세상을 근본적으로 더 나은 곳으로 만드는 일에 관한 것처럼 보인다. 그러나 포퍼는 그것이 매우 다르다고 주장한다. 이는 자신의 글에서 두드러지게 나타나는 인식론적 이유 때문이다. ⓘ 우리는 구체적 폐해를 직접적이고 즉각적으로 익히 알고 있으므로 그런 폐해를 제거하기 위해 무엇이 필요한지를 더 잘 알고 더 잘 이해한다. 우리가 알고 있는 이상적 상황은 대부분 모호한 상상을 통해서만 우리에게 알려진 것이다. ⓘ 무엇이 이상

● 유토피아주의를 버리고 '소극적 공리주의'를 채택하는 것이 더 낫다는, 유토피아에 대한 칼 포퍼의 입장을 말한다.

적인지에 대한 상호주관적 합의보다, 가장 심각한 구체적 폐해에 대한 상호주관적 합의가 더 크다.

이 두 가지 이유 모두 짚고 넘어가 보자. 지금 이 순간 여기에도 구체적 폐해는 존재한다. 그런 폐해는 단지 가상적이거나 상상된 것이 아니다. 전쟁, 질병, 기아, 추방 등으로 고통 받는 사람들이 있다. 그리고 우리 자신이 고통 받고 있지 않더라도, 미디어와 직접적인 이야기를 통해 다른 사람의 고통을 쉽게 알 수 있다. (우리가 그런 고통을 기꺼이 알고자 한다면 말이다.) 마찬가지로 아무도 이상 사회에서 사는 것이 어떤 것인지 직접적으로 알지 못한다. 게다가 사람들은 오늘날 세계에 존재하는, 주요한 구체적 폐해에 대해 대체로 동의하는 것 같다.

그렇긴 하지만 이것을 유토피아적 사고의 대안, 또는 실제로 유토피아적 사고에 대한 심각한 제약으로 보는 것에는 여전히 문제가 있다. 우선 폐해 제거와 이상 실현 사이의 거리는 칼 포퍼가 생각하는 것만큼 멀지 않다. 구체적 폐해를 파악하기 위해서는 종종 이상적인 것이 어떤 의미를 함축하는지에 대한 합의가 필요하다. 다시 말해, 만약 X가 구체적 폐해라면 'X 아닌 것'은 이상 사회를 위한 청사진에서 필요한 요소가 될 것이다. 만약 'X 아닌 것'을 충분히 끌어 모으면, 유토피아적 정치 프로젝트와 매우 비슷하게 보이는 것이 제시될 것이다. 코케인의 땅과 같은 이상 사회에 대한 전통적인 중세 개념은 대체로 이런 방식으로 구축되었다. 우리는 결핍이 없는 세상, 즉 음식, 음료, 섹스, 사회성, 지식 등이 부족하지 않은 세상을 상상해야 한다. 이와 비슷하게, 이상적인 자동화 사회를 상상할 때, 현 존재의 제약과 단조롭고 고된 일이 없는 세상을 상상해야 한다.

그렇다고 해서 구체적 폐해를 없애는 것과 이상을 실현하는 것 사이에 개념적 또는 실질적 구분이 없는 것은 아니다. 만약 큰 육체적 고통이 구체적 폐해라고 받아들인다면, 이것의 반대(이상적 상태)는 큰 육체적 즐거움이나 기쁨과 같은 것이 될 것이다. 그것은 마치 구체적 폐해를 식별할 때 (반드시) 이상에 대한 개념을 드러내는 것처럼 보일지도 모른다. 그럼에도 불구하고 큰 육체적 고통을 제거한다고 해서, 그 자체로 큰 육체적 즐거움을 가져오려고 하는 것은 아니다. 이상을 이루지 않고도 고통이 없는 중간적인 존재 상태가 있다. 이는 다음 페이지의 그림에서 설명된다. 칼 포퍼는 자신의 정치적 프로젝트가 이러한 중간 상태를 목표로 하며, 이것이 유토피아 프로젝트와 구별되게 한다고 주장한다.

하지만 이것은 다른 문제로 이어진다. 이러한 중간 상태를 목표로 하는 것이 유토피아주의의 과실을 피하기 위한 것이라면 성공할 가능성이 낮다. 어쨌든 중간 상태를 목표로 하는 것은 여전히 유토피아를 볼 때 칼 포퍼가 우려했던 충돌 유발성, 다원성, 비(非)합리성, 그리고 가치관의 역동적 변화라는, 같은 문제점에 봉착하게 된다. 포퍼의 주장과 달리, 오늘날 사회가 해결해야 할 구체적 폐해의 위계에 대한 올바른 합의가 이루어지지 않았다. 유토피아 프로젝트를 방해하는 가치관 위계들이 서로 양립하지 못하는 것처럼, 소극적 공리주의 프로젝트를 방해하는 반(反)가치관의 위계들도 서로 양립하지 못한다. 그룹마다 종종 무엇이 우선시되어야 하는지를 두고 의견이 일치하지 않는다.

우리는 개발도상국에서 말라리아와 기아를 완화해야 할까? 아니면 세계 자본주의의 종말을 위해 캠페인을 해야 할까? 두 견해 모두 지지자들이 있다. 게다가 구체적 폐해는 시간이 지남에 따라 변한다. 옛날에는 괴롭힘과 성희롱이 사회의 가장 큰 도전 목록에 끼지도 못했다. 하지만 지금은 가장 중요한 위치에 있다. 이것은 좋은 일이지만, 심지어 스펙트럼의 부정적 끝단에서도 우선순위가 얼마나 쉽게 바뀔 수 있는지를 보여준다.

그렇다고 가상의 이상 국가에 대한 생각을 지양하고 대신 구체적 폐해를 없애는 데 집중하라는 칼 포퍼의 조언이 나쁜 조언이라는 뜻은 아니다. 그저 포퍼의 소극적 공리주의가 유토피아주의와 구별되는 것이 아니라

____그림) 칼 포퍼의 소극적 공리주의

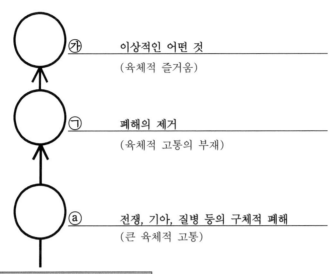

㉮ 이상적인 어떤 것

(육체적 즐거움)

㉠ 폐해의 제거

(육체적 고통의 부재)

ⓐ 전쟁, 기아, 질병 등의 구체적 폐해

(큰 육체적 고통)

● ⓐ에서 ㉠으로
도달하고자 시도한다.

→ 우리는 구체적 폐해를 익히 알고
  있기 때문에 그런 폐해를
  제거하기 위해 무엇이
  필요한지를 더 잘 알고 더 잘
  이해한다.

→ 무엇이 이상적인지에 대한
  상호주관적 합의보다, 가장
  심각한 구체적 폐해에 대한
  상호주관적 합의가 더 크다.

※
구체적 폐해가 어떤 위계를
가지고 있는지(무엇을 먼저
해결해야 하는지)에 대한
광범위한 합의가 이루어지지
않았다.

● ㉠에서 ㉮로
도달하고자 시도하지 않는다.

→ 우리가 알고 있는 이상적 상황은
  대부분 모호한 상상을 통해서만
  우리에게 알려진 것이다.

※
㉠과 ㉮의 거리가 생각하는
것보다 가까울 수 있다.

일종의 유토피아 프로젝트 그 자체로 이해하는 것이 최선이라는 뜻이다. 포퍼의 추종자들은 잇따른 구체적 폐해를 제거하는 데 초점을 맞춤으로써 이상 사회가 어떤 모습이어야 하는지를 정확히 묘사하는 일에 착수하지 않고도 이상 사회를 향해 '점점 가까워질' 수 있다. 그들은 무엇을 찾고 있는지 정확히 알지 못한 채 유토피아를 향해 슬금슬금 나아갈지도 모른다. 사실 이것은 포스트워크 유토피아를 실질적으로 달성할 수 있게 만드는 것에 대해 생각하는 매우 좋은 방법일 수 있다. 이것은 다음 두 장에서 논의하는 서로 다른 유토피아 관점을 평가할 때 유념할 가치가 있다.

요약하자면, 칼 포퍼가 유토피아를 비판한다고 해서 유토피아 탐구에 착수하는 일을 단념해서는 안 된다. 포퍼의 비판은 어떻게 그런 탐구에 착수할지에 대한 추가적인 지침을 제공하는 것으로 봐야 한다.

포스트워크 유토피아의 추가 기준 ②
결코 닿을 수 없는, 확장되는 지평선처럼

앞에서 언급한 바와 같이, 유토피아는 때때로 사회의 안정적인 종착점을 나타내는 것으로 생각된다. 흔히들 지금은 투쟁의 한복판에 있지만, 유토피아 프로젝트를 끈기 있게 진행하면 결국 유토피아 이상에 도달하게 되고 그러면 투쟁은 끝날 것이다. 사회는 안정적이고 영구적인 평형으로 자리잡을 것이다. 경제학자이자 철학자인 칼 마르크스(Karl Marx, 1818~1883)의 유토피아 프로젝트는 이러한 사고방식을 명확하게 보여준다.

마르크스에 따르면, 공산주의 이전의 모든 사회는 갈등과 혁명의 반복적인 순환을 특징으로 한다. (봉건제와 자본제 같은) 생산 체제는 각각 그 자체의 체제 안에 파괴의 온상을 포함하고 있다. 그 안에는 결국 붕괴로 이어질 긴장과 모순이 내포되어 있다.22 자본가의 이윤 극대화를 위한 약탈은 근로자를 한계점으로 내몰고 혁명이 일어날 것이다. 그러나 이 혁명의 순환은 공산주의 유토피아가 달성되면 끝나고, 그 지점에서 이상적이고 안정적인 평형이 형성될 것이다. 이 새로운 세계는 같은 종류의 모순에 취약하지 않을 것이다.

유토피아가 어떤 모습일지에 대해 내가 지금까지 말한 모든 것은 비슷한 관점을 전제로 하는 것 같다. 그리고 갈등을 제거하고 안정을 달성하는 것이 왜 유토피아주의자에게 매력적인지 쉽게 알 수 있다. 갈등은, 이상 사회와는 정반대의 고뇌와 고통의 분명한 원천이다. 이상 사회에는 고뇌와 고통이 더 이상 존재하지 않는다. 혁명가는 갈등과 사회 붕괴에 의해 에너지를 얻지만, 이는 단지 그들이 갈등과 사회 붕괴를 더 나은 무엇인가를 위한 전조로 보기 때문이다. 만약 삶이 갈등과 혁명에 불과하다면, 그들은 그런 삶에 금방 염증이 날 것이다. 철학자 토마스 홉스(Thomas Hobbes)는 안정화를 추구하는 정부가 없을 때 발생할 모든 것에 맞서는 영원한 전쟁을 논의하면서 이를 가장 설득력 있게 포착했다. 홉스는 이러한 세계에는 "산업, 지구 문화, 항해, 건축, 지식, 예술, 문학, 사회"가 존재하지 않으며, '인간의 삶'은 "고독하고 가난하고 끔찍하고 야만적이고 짧다"고 주장한다.23 철학자 임마누엘 칸트(Immanuel Kant, 1724~1804) 역시 가장 유토피아적 작품인 <영원한 평화를 위하여>(To Perpetual Peace)에서 인류가 안정된 최종 상태를 열망해야 한다고 생각했다.24 이 에세이에서 칸트는 전쟁과 갈등이 인간의 (유럽식) 확장과 혁신에 끼친 역할을 인정하면서도, 일단 우리가 성장해서 지구상의 모든 영토를 차지한다면 서로 화해하고 조화롭게 살도록 합리적으로 강요받기를 희망한다.

그러나 안정성에는 유토피아적 열망과는 반대되는 어두운 면도 있다. 현재에 대한 불안감이 없다면, 그리고 개선의 목표와 열망이 없다면, 아침에 침대에서 일어날 이유가 없을 것이다. 만약 유토피아가 진정으로 사회 발전의 안정적인 종점이라면, 그런 유토피아는 꽤 지루할 것이다. 정치경제학자 프랜시스 후쿠야마(Francis Fukuyama, 1952~)는 ≪역사의 종언≫(The End of History)에서 이러한 무감각증을 잘 포착했다. 베를린 장벽이 무너지며 냉전 체제가 막을 내릴 무렵 글을 쓴 그는 서구 자유민주주의와 소비에트연합(소련) 공산주의의 갈등이 끝난 것이 '역사의 종언'을 나타낸다고 주장했다. 이런 역사의 종언은 가까운 미래 동안 지속될 안정적 평형을 말한다. 후쿠야마는 역사의 종언을 환영하는 대신 풀 죽은 것처럼 쓸쓸하게 묘사했다.

> 역사의 종언은 매우 슬픈 시간이 될 것이다. 인정을 받기 위한 투쟁, 순전히 추상적인 목표를 위해 목숨을 걸고자 하는 의지, 대담함, 용기, 상상력은 힘을 잃을 것이다. 이상주의가 불러온 세계적인 이념 투쟁은 경제적 계산, 기술적 문제와 환경 문제의 끝없는 해결, 복잡한 소비자 요구의 충족 등으로 대체될 것이다. 역사의 종언을 뜻하는 역사 이후의 시대에는 예술도 철학도 없이 인류 역사박물관의 끊임없는 보살핌만 있을 것이다.[25]
> ✦ 프랜시스 후쿠야마(Francis Fukuyama), ≪역사의 종언≫(The End of History)

마지막 문장은 특히 무엇인가를 환기시킨다. 그 문장은 지속적인 갈등에 대한 토마스 홉스의 우려와 모순된다. 뿐만 아니라, 한때 자랑스럽고 역동적인 인간성이 단순한 보살핌으로 환원된다는 이미지는 뇌리를 떠나지 않는다.

물론 프랜시스 후쿠야마는 역사가 소련의 붕괴로 어느 정도 안정된 종점에 이르렀다는 주장으로 인해 조롱을 받았다. 그 사이의 세월은 인류에게 아직 많은 싸움이 남아 있음을 암시한다. 그럼에도 불구하고, 무감각증을 유발하는 안정성의 성질에 대한 그의 두려움은 진지하게 받아들여야 한다. 이런 두려움에 대해서는 이미 이 책에서 여러 번 언급했다. 우리에게 해야 할 일이 남아 있지 않을 것이라는 생각은, 사람들이 일의 종말과 관련하여 느끼는 가장 큰 두려움 중 하나이다. 앞에서 언급한 영화 ≪월-E≫의 디스토피아에서 무서운 것 중 하나는 그런 디스토피아가 우리를 무관심하고 뚱뚱하고 게으른 존재로 격하시킨다는 것이다. 데이비드 브램웰이 호화 휴양지 에살렌에서 겪었던 경험을 잠시 되짚어보면, 더없는 행복 마니아가 되는 것을 피해야 한다는 조언은 근거가 확실한 것 같다. 우리가 열망하는 더 큰 목표가 있어야 하고, 우리는 그런 목표로부터 의미와 목적을 도출할 수 있다.[26]

그래서 안정성은 매력적이지만 어두운 면도 있다. 우리는 이 명백한 역설을 어떻게 해결하고, 이 역설은 유토피아 프로젝트에 무엇을 의미할까? 답은 간단하다. 우리는 올바른 영역(갈등, 박탈, 고통의 감소)에서 안정성을 달성함과 동시에 다른 영역(혁신, 발견, 발달)에서는 역동성을 유지해야 한다. 런던대학교의 행성과학 및 우주생물학 교수인 이안 크로포드(Ian Crawford, 1961~)의 표현처럼, 우리는 "살아야 할 신나는 곳, 평화롭지만 그 역사가 아직 열려 있는 문명"인 사회를 이루고자 한다.[27] 정확히 어떻게 그 일을 할 것인가는 내가 당분간은 답을 미루는 질문이지만, 유토피아 관점이 사회의 안정적인 종점을 상정해서는 안 된다는 이 생각이 유토피아 사상에 오랫동안 등장해 왔다는 점에 주목할 가치가 있다.

아일랜드 태생의 작가 오스카 와일드(Oscar Wilde, 1854~1900)●는 이런 말을 자주 했다. "유토피아가 그려지지 않은 지도가 있다면, 그런 지도는 쳐다볼 하등의 이유가 없다. 왜냐하면 그런 지도는 인류가 항상 상륙하고 있는 나라를 빠뜨리기 때문이다. 그리고 인류가 그곳에 도착하면, 세상을 둘러보다가 더 좋은 나라가 눈에 띄면 또 다시 닻을 올린다. 진보란 유토피아를 실현하는 것이다."[28] 과학 소설의 아버지라 불리는 허버트 웰스(Herbert George Wells, 1866~1946)●●는 '모던' 유토피아

● 오스카 와일드(Oscar Wilde, 1854~1900) : 아일랜드 작가이다. 소설 ≪도리언 그레이의 초상≫(The Picture of Dorian Gray)으로 유명하다. 이 소설은 미모의 청년 도리언이 쾌락의 나날을 보내다 악덕의 한계점에 이르러 파멸하는 이야기이다.

를 논의하면서 이렇게 말했다. "모던(Modern) 유토피아는 정적인 것이 아니라 역동적이어야 하고, 영구적 상태가 아니라 희망이 있는 하나의 단계가 긴 상승 단계들로 이어지는 것으로 형성되어야 한다."[29]

크리스토퍼 요크는 유토피아적 사고를 두 가지로 명확하게 구별해야 한다고 말한다. 이 두 가지는 '청사진 유토피아주의' 모형과 '지평선 유토피아주의' 모형이다.[30]

유토피아주의의 두 가지 모형

___**청사진 유토피아주의(Blueprint Utopianism)**

이것은 인류를 위한 안정적이고 이상적인 최종 상태를 달성하는 데 초점을 맞춘 유토피아주의이다.

___**지평선 유토피아주의(Horizonal Utopianism)**

이것은 인류를 위한 욕망의 지평선을 끊임없이 바꾸는 것에 초점을 맞춘 유토피아주의이다. 이는 인류에게 안정적인 최종 상태를 나타내는 단 하나의 이상적인 청사진은 없다는 생각을 전제로 한다. 오히려 유토피아는 항상 지평선 너머에 있다. 유토피아는 우리가 목표로 하지만 결코 성취하지 못하는 것이다.

청사진 유토피아주의는 칼 포퍼가 비판한 유토피아주의와 유사하고, 지평선 유토피아주의는 포퍼 자신이 지지한(또는 그가 지지하는 것으로 해석되는) 모형과 유사하다. 나 또한 지평선 유토피아주의 모형을 선호한다. 지평선 모형은 안정성 및 무감각증과 관련된 함정을 피한다. 또한 포퍼가 말하는 폭력에 대한 두려움과 함께 다른 사람의 권리를 짓밟는

●● 허버트 웰스(Herbert George Wells, 1866~1946) : 영국의 작가이자 문명비평가이다. ≪타임머신≫(The Time Machine), ≪투명인간≫(The Invisible Man)과 같은 공상 과학소설을 썼다. 제인키세계대전 이후에는, 대인 세계 극기를 구상했고 ≪세계사 대계≫(The Outline of History)를 썼다.

일을 피하는 데도 도움이 된다. 일반적으로 사람들은 이상 사회에 대한 매우 구체적인 관점을 실행하려고 할 때 '몇 마리의 양을 도살하여 희생하는 것'이 정당하다고 느낀다. 사람들은 일단 이상을 달성하면 갈등이 끝날 것임을 알고 있다. 만약 달성해야 할 단 하나의 안정적인 이상이 없다면, 그리고 만약 투쟁이 무기한으로 계속된다면, 폭력에 대한 이러한 정당성은 쉽게 얻기 어려울 것이다.

다음 장에서는 이 유토피아의 지평선 모형을 사용하여 사이보그 유토피아 관점과 가상 유토피아 관점을 평가할 것이다. 다시 말해, 미래에 존재할 수 있는 이 두 가지 특정한 관점 중 하나가 가능성의 지평을 넓힐 수 있는지 확인할 것이다.

<u>포스트워크 유토피아의 추가 기준 ③</u>
현재와 유토피아 사이의 문화적 격차 해소

다른 포스트워크 유토피아를 평가하기 전에 명심해야 할 마지막 제약은 구상 중인 유토피아가 지금의 현실과 실제로 얼마나 급진적으로 단절되는지와 관련이 있다. 지금까지 나는 유토피아에 대한 탐구가 타당하다고 가정했다. 즉 가능 세계를 유토피아라고 부를 수 있는지 알기 위해 이런 가능 세계들을 합리적으로 비교하고 평가하는 것이 가능하다는 것이다. 하지만 이것은 의문시될 수 있다. 어떤 가능 세계는 우리의 지식 범위를 넘어서고, 그런 가능 세계의 유토피아적 잠재력을 결코 만족스럽게 평가하지 못할 수도 있다. 예일대학교 철학과 교수 로리 앤 폴(Laurie Ann Paul, 1966~)의 ≪변형적 경험≫(Transformative Experience)에서 인용한 다음의 사고실험을 생각해 보자.

    당신에게 뱀파이어가 될 기회가 있다고 상상해 보라. 당신은 빠르고
    고통 없이 한 번만 물리면 우아하고 멋진 밤의 창조물로 영원히 변신

할 것이다. 완전히 죽지 않는 뱀파이어 집단의 일원으로서, 당신의 삶은 완전히 달라질 것이다. 강렬하고 계시적인 새로운 감각 경험을 하고, 강하고 빠른 불멸의 힘을 얻을 것이다. 무엇을 입든 모든 것이 환상적으로 보일 것이다. 또한 피를 마시고 햇빛을 피해야 한다.31

✦ 로리 앤 폴(Laurie Ann Paul), ≪변형적 경험≫(Transformative Experience)

당신은 뱀파이어가 되고 싶은가? 로리 앤 폴은 이에 대해 우리가 합리적인 선택을 할 방법이 없다고 주장한다. 그 이유는 당신이 꼭 알아야 할 필수적인 정보를 놓치고 있기 때문이다.● 뱀파이어가 되는 것은 실제로 어떤 것일까? 영속하는 나날의 경험은 어떤 것일까? 물론 그렇게 바뀐 모든 친구들의 증언에 의존할 수 있겠지만, 뱀파이어의 관점에서 살아보기 전까지는 그런 경험이 어떤 것인지 알 수 없다.32 분명히 말하자면 뱀파이어의 예는 단지 재미를 위한 것이다. 로리 앤 폴이 꺼내 놓은 논점은 진지한 것이다. 그녀는 우리가 살면서 의사 결정 딜레마에 여러 번 직면한다고 주장한다. 누구와 결혼할지, 어떤 도시에 살지, 어느 직장에 다닐지, 그리고 아이를 가질지 말지에 대한 결정은 그런 결정을 안고 사는 것이 실제로 어떤 것인지에 대한 경험적 지식에 결정적으로 달려 있다. 그런데 우리는 결정이 내려지고 나서야 그런 경험적 지식을 가질 수 있으므로 합리적인 선택을 할 수 없다. 우리는 가능한 미래를 합리적으로 평가하지도 비교하지도 못한다.

로리 앤 폴의 이와 같은, 합리적 선택에 대한 회의론은 너무 지나치다.33 하지만 우리가 현재 있는 곳과 미래에 있을 것이라고 상상하도록 요청받는 곳 사이에 너무 먼 **인식적 거리**(epistemic distance)가 있다는 그녀의 말은 옳다. 인간이 더 이상 고통을 경험하지 않는 세상을 상상해 보라. 성별 같은 것이 없는 세상을 상상해 보라. 물질이 풍부하고 희소성이

● 로리 앤 폴(Laurie Ann Paul)의 ≪변형적 경험≫은 우리가 극적으로 새로운 경험을 선택해야 할 경우, 우리는 이것이 진실로 어떨지 판단에서 난관에 봉착하고 만다. 이 난관의 핵심은 우리가 스스로의 주관적 미래에 대해 거의 알 수 없다는 것이다.

없는 세상을 상상해 보라. 정말로 이런 세상을 상상할 수 있을까? 우리는 이런 가능 세계와 우리의 현재 세계를 합리적으로 비교할 수 있을까? 크리스토퍼 요크는 이것을 '문화적 격차(cultural gap)'의 문제로 언급하고, 이런 문화적 격차가 유토피아 이론화에 중요한 제약이라고 생각한다.[34] 험한 길을 끝까지 걸어가서 도달하기에는 너무 먼 인식적 거리가 있을 때, 특정 사회 모형의 유토피아에 대해서는 그 잠재력을 평가하고 인식하지 못할 수 있다.

당신은 우리가 이미 했던 것처럼, "미래의 이상 사회가 유토피아로 간주되기 위해서는 합리적으로 이해할 수 있어야 한다"●고 단순히 규정함으로써 이 문제를 해결할 수 있다고 생각할지도 모른다. 하지만 이것은 말은 쉽지만 실천하기는 어렵다. 때때로 유토피아에 대한 관점이 인식하기에 너무 멀리 떨어져 있는지의 여부는 세부 사항을 조사하기 전에는 구별하기 어렵다. 특히 테크노 유토피아의 비전을 평가할 때는 이 문제를 피하기 어렵다. 기술 혁신의 미래 동향을 상상하는 것은 종종 허황된 추측을 낳는다. 예를 들어 AI 같은 특정 기술을 가지고, 만약 그 기술의 발전이 초지능형 AI 단계로까지 진행된다면 어떤 일이 일어날지 상상해 보라. 이 특별한 상상 여행은 느끼기 쉽고 합리적으로 이해 가능한 것처럼 보인다. 그러나 이런 여행이 다른 기술과 문화적 규범 및 가치관에 미칠 영향과 이에 따른 많은 변화를 고려해야 한다. 이렇게 하면 합리적으로 이해 가능한 것으로 보였던 일들은 곧 합리적 비교의 영역을 벗어난다.

문화적 격차의 문제를 과장해서는 안 된다. 분노에 대한 불교의 태도와 서구 자유주의의 태도 사이에는 상당한 문화적 격차가 있지만, 앞에서

● 합리적 이해 가능성(rational intelligibility) : 철학에서 이 개념은 종종 현실의 본질이나 세계의 구조를 이해하는 생각과 관련이 있다. 신앙이나 직관에 의존하기보다는 이성과 논리적 논증을 통해 세상을 이해할 수 있다는 믿음이다. 합리적 이해 가능성은 과학, 수학, 철학을 포함한 많은 학문 분야에서 중요한 개념이다.

오웬 플래나간이 둘을 교차 비교할 수 있는 능력을 논할 때 언급했듯이 합리적인 비교가 불가능한 것은 아니다. 그 격차를 메우기 위해서는 많은 노력이 필요할 뿐이다. 하지만 문화적 격차의 문제에 무감각해서는 안 된다. 때때로 우리의 추측이 지나칠 수도 있고, 유토피아 탐구를 결실이 풍부한 탐구로 만들기 위해 상상적 제약을 발휘할 필요도 있다.

5장_결론   유토피아 여부를
              판단하는 평가표

이 장의 목표는 다음 두 장에서 탐색할 영역을 더 정확히 서술하는 것이었다. 다음 두 장에서 탐색할 영역은 우리가 열망할 수 있는 포스트워크 유토피아에 대해 더 자세히 고려하는 것이다. 요약하자면, 나는 크리스토퍼 요크를 따라서 유토피아를 우리의 현재 사회에 대한 급진적 개선을 나타내는, 합리적으로 곧 달성할 수 있는 사회로 정의해야 한다고 제안했다. 또한 다른 도덕적 가능 세계의 풍경이라는 관점에서 유토피아 탐구에 대해 생각해 볼 것을 제안했다. 우리는 가능한 미래 세계를 분리하고 묘사하며, 그런 세계의 유토피아적 잠재력을 평가하려고 노력하고 있다.

남은 장에서는 두 가지 가능 세계로 이런 노력을 이어갈 것이다. 하나는 사이보그 유토피아(Cyborg Utopia)라고 부를 만한 것이고, 다른 하나는 가상 유토피아(Virtual Utopia)라고 부를 만한 것이다. 사이보그 유토피아는 인간이 사이보그화를 통해 인지적 적소를 계속 지배하는 세계이고, 가상 유토피아는 인간이 인지적 적소를 기술에 양도하고 가상의 공간으로 후퇴하는 세계이다. 이 두 가능 세계에 대한 관점을 평가하면서 다음과 같은 사항을 염두에 둘 것이다.

유토피아 평가에서 염두에 둘 사항
____(a) 진정한 유토피아라면 제4장에서 논의한 **기술 비관론의 문제를 해결**하거나 완화한다.● 그렇다고 해서 이런 관점이 뜻있음과 윤택함에 대한 우리의 기존 태도를 완벽하게 보존해야 한다는 것은 아니

256

다. 우리는 더 다양한 도덕적 가능성을 순순히 받아들여야 한다. 하지만 이를 설명하고 정당화할 필요가 있다.

____(b) 진정한 유토피아라면 **폭력과 갈등의 문제를 방치하지 않는다.** 즉 이런 관점은 유토피아 프로젝트를 실현하기 위해 큰 폭력과 갈등을 정당화하지 않는다. (우리는 또한 유토피아 프로젝트를 소극적으로 구상해야 할 가능성, 즉 어떤 이상을 실현하는 대신 폐해를 점진적으로 제거해 나갈 수 있다는 가능성을 열어 두어야 한다.)

____(c) 진정한 유토피아라면 **사회의 안정성과 변화의 역동성 사이에서 올바른 균형을 유지**하려고 노력한다. 이상 사회를 구상하는 방식에 있어서 너무 고정적이거나 엄격해지지 않는다. 즉 가능성의 지평선을 열어 둔다.

____(d) 진정한 유토피아라면 **현재와 유토피아 사이의 문화적 격차를 이해할 수 있는 수준으로** 만든다. 즉 지금의 세계와 상상해야 하는 유토피아 세계 사이의 너무 먼 인식적 거리를, 우리가 횡단하도록 요구하지 않는다. 이는 이런 관점이 우리와 같은 생명체에게 합리적으로 이해 가능하다는 것을 의미한다.

이 네 가지 고려 사항은 모두 함께 각각의 유토피아 관점을 평가하고 비교하는 도구인 '유토피아 평가표'를 제공한다. 우리는 이를 주머니에 넣어두고 수시로 참고하면서 진행할 것이다.

● 기술 비관론의 다섯 가지 문제는 연결 고리 단절, 부틀면서에 대한 이해력 약화, 진중 방해와 주목 조작, 선택의 자율성 침해, 능동적 행위성 훼손 등이다.

Rudolf Bauer, 〈제목 없음(Untitled ; Abstract Forms)〉 (ca. 1913 – 15)

사이보그

유토피아에 대하여

6장_1절 　사이보그란 무엇인가? 누구인가?

닐 하비슨(Neil Harbisson, 1984~)은 영국의 아방가르드 예술가이다. 대부분의 예술가들과 달리 하비슨이 선호하는 표현 수단은 캔버스나 다른 외부 인공물이 아니라 자신의 몸이다. 하비슨은 자신의 몸을 실험하고 싶어 하며, 세상을 보고 해석하는 방법을 바꾸기 위해 기술을 사용한다. 만나 보면 알겠지만, 그는 꽤 준수한 외모를 가지고 있으며 사발을 뒤집어 씌워 놓은 듯한 금발은 예술가의 느낌을 물씬 풍긴다. 그러나 그의 머리에서 가장 눈에 띄는 것은 두개골 위로 호(弧)를 그리는 안테나이다. 이 안테나는 장식품이 아니라 그의 두개골에 박혀 있는 이식물이다. 그래서 하비슨은 자신을 '사이보그 아티스트(cyborg artist)'라고 부른다.[1]

닐 하비슨은 북아일랜드 벨파스트에서 태어나 스페인 바르셀로나 근방에서 자랐다.[2] 그는 일찍이 심한 색맹 진단을 받았다. 그에게 세상은 칙칙한 회색빛으로 보인다. 그는 이 두개골에 박혀 있는 안테나를 통해 색을 인식한다.[3] 이 안테나는 색 감각 데이터를 소리로 변환하는 칩에 연결되어 있다. 하비슨은 이렇게 말한다. "이 안테나는 빛의 색조를 감지하여 내가 음표로 들을 수 있는 주파수로 변환한다." 그는 이런 식으로 색깔을 듣는 것이다. 닐 하비슨은 미술관에서의 느낌을 시각적 경험이 아니라 청각적 경험으로 기억한다. 그는 이렇게 말한다. "워홀(Warhol)과 로스코(Rothko)의 그림이 선명한 음을 내므로 그들 그림은 듣기 좋지만, 다빈치(Da Vinci)나 벨라스케스(Velázquez)는 너무 근접한 음을 사용하므로 그들 그림은 듣기 어렵다. 마치 공포 영화의 사운드트랙처럼 들린다."[4]

닐 하비슨의 이식물은 선천적인 색맹만 보정해주는 것이 아니라, 평범한 사람이라면 하지 못하는 일도 하게 해 준다. 그는 평범한 인간은 보지 못하는 적외선과 자외선을 들을 수 있고, 주변 환경뿐만 아니라 전세계로부터 데이터를 받을 수 있으며, 자신의 두개골로 직접 전화를 걸고 받을 수도 있다. 하비슨은 이제 본래의 안테나를 넘어서서, 진동 칩으로 다른 사람들과 의사소통을 할 수 있게 해 주는 장치 등 자신의 능력을 더욱 확장하고 발전시키는 새로운 사이보그 이식물과 하루 동안 시간의 경과를 느낄 수 있게 하는 '솔라 크라운(Solar Crown)'●을 제작 중이다.

두개골에 안테나를 이식한 사람의 정체성

닐 하비슨은 사이보그로서 자신의 지위를 매우 진지하게 생각한다. 그는 사이보그 권리를 옹호하는 운동가이다. 2004년 여권 사진을 찍기 전에 안테나를 빼지 않았다는 이유로 자신이 신청한 여권은 발급이 거부되었다. 그는 안테나가 자신의 일부이며 제거해서는 안 된다고 주장했다. 그리고 이런 그의 주장이 받아들여졌다. 2010년 하비슨은 사이보그 권리를 옹호하고 홍보하는 사이보그 재단(Cyborg Foundation)을 공동으로 설립했다. 2017년에는 자신과 같은 '비(非)인간 정체성'을 가진 사람에

● 솔라 크라운(Solar Crown) : 시각화를 통해 시간을 감지하는 장치이다. 닐 하비슨이, 인간의 모든 감각은 한계 없는 기술적 변형에 열려 있어야 한다고 주장하면서 만들었다. 회전하는 열점이 하비슨의 머리 주위를 24시간 주기로 공전하는데, 이마의 중앙에서 열점을 느낄 때는 영국 런던의 정오 태양시이며, 오른쪽 귀에서 열점을 느낄 때는 미국 뉴올리언스의 정오이다. 하비슨의 목표는 시간 분산을 반들어 아인슈타인의 시간 상대성 이론을 실제로 구현하는 것이라고 한다.

대한 인식을 높이고 기술을 통해 자신의 몸을 재설계할 권리를 지지하는 '변경 종 협회(Transpecies Society)'를 공동으로 창립했다. 2014년 하비슨은 자신의 사이보그 정체성에 대한 견해를 다음과 같이 요약했다. "나는 10년 동안 사이보그였다. 나는 기술을 사용하고 있다고 느끼거나, 기술을 입고 있다고 느끼지 않는다. 나는 나 자신이 곧 기술이라는 느낌이 든다. 나는 내 안테나를 장치로 생각하지 않는다. 그것은 내 신체 부위이다."[5]

닐 하비슨은 야생에서 혼자 울부짖는 외로운 목소리가 아니다. 닐 하비슨 외에도 스스로 사이보그라고 말하는 사람들이 많이 있다. 하비슨의 예술적 협력자인 문 리바스(Moon Ribas, 1985~)는 지구에서 지진이 발생할 때마다 진동하는 파동 식별(Radio Frequency Identification ; RFID) 칩을 이식받았다. 그 칩으로 리바스는 우리가 살고 있는 세상과 더욱 연결되어 있다고 느낄 수 있다. 캐나다 출신의 엔지니어 스티브 만(Steve Mann, 1962~)도 자신의 사이보그 지위를 주장한다. 그는 1980년대 초에 이미 두개골에 '아이캠(eyecam)'을 이식했다. 그는 이 아이캠으로 매일의 상호 작용을 기록할 뿐만 아니라 적외선과 열 감지로 자연 시력(natural vision)도 좋아졌다. 그리고 '사이보그 혁명'을 선도하는 학술 연구원 케빈 워윅(Kevin Warwick, 1954~)이 있다. 워윅은 뇌-컴퓨터 인터페이스(Brain-Computer Interface ; BCI) 분야의 선구자이다. 그는 문을 열고 전등과 히터를 켤 수 있도록 최초로 자기 몸에 파동 식별 칩을 이식했다. 2002년, 워윅은 뇌에 전극 배열을 이식한 것으로 널리 이름을 알렸다. 인터넷의 경이로움 덕분에, 이 전극 배열로 워윅은 뉴욕의 컬럼비아대학교에서 영국의 레딩대학교에 있는 로봇 팔을 원격으로 조종할 수 있었다. 워윅은 이 묘기로 '캡틴 사이보그'라는 별명을 얻었고, 이 묘기는 중요한 개념 증명(Proof Of Concept ; POC)이었다. 이후 뇌-컴퓨터 인터페이스의 추가적인 발전으로 이 기술의 사이보그 잠재력은 다듬어지고 확장되었다.[6]

이런 사례는 사이보그 숭배자의 몇 가지 보기에 지나지 않는다. 지하실과 뒷마당에서 칩 이식과 사이보그 증강을 실험하는 바이오 해커(bio-hacker)●와 '공부벌레'는 수없이 많다. 이러한 자기 실험자들은 자신이 하고 있는 일이 명백히 유토피아적이라고 생각한다. 즉 자신의 일이 우리의 도덕적 지평을 넓히고 새로운 가능성 공간을 탐구하는 방법이며, 이렇게 하는 것이 필수라고 생각한다. 그리고 우리가 최적이 아닌 도덕적 평형에 사로잡혀 있으며, 우리의 생물학적 하드웨어●●가 우리를 가로막고 있다고 본다. 우리의 운명을 급진적으로 개선할 기회를 가지려면 업그레이드가 필요하다.

바이오 해커의 일원인 팀 캐넌(Tim Cannon, 1979~)은 저널리스트 마크 오코넬(Mark O'Connell, 1979~)에게 자신의 노력을 이렇게 설명한다. "(인간에게는) 인간을 윤리적으로 만드는 하드웨어가 없다. 즉 우리가 되고 싶은 것이 되게 하는 하드웨어가 없다. 우리가 가지고 있는 하드웨어는 아프리카 대초원에서 두개골을 깨서 여는 데는 정말 유용하지만, 현재 우리가 살고 있는 세계에서는 별로 쓸모가 없다. 우리는 우리의 하드웨어를 변경해야 한다."7 이 견해에서 가장 흥미로운 점은 팀 캐넌이 사이보그 프로젝트를 구성하는 방식이 제4장 뒷부분에서 내가 제안한 구성 방식과 유사하다는 것이다. 나는 인간이 인지적 적소를 차지하기 위해 진화했지만, 이 적소에 대한 우리의 지배력이 자동화 기술의 발전으로 위협받고 있다고 주장했다. 또한 이런 자동화 기술의 발전으로 인류에게 존재론적 위기가 다가오고 있다고 말했다.

● 바이오 해커(bio-hacker) : 바이오 해커는 바이오 해킹을 전문적으로 하는 사람을 일컫는다. 바이오 해킹(bio hacking)은 우리 몸을 구석구석 파악하고, 면밀하게 분석하며 수치화하는 것을 의미한다. 바이오 해킹은 전반적인 라이프스타일과 식단을 바꾸며 자신의 체질을 바꾸는 것을 목표로 한다. 건강과 신체 정보를 포함한 데이터를 수집하는데, 이때의 데이터는 음식뿐만 아니라 사고, 행동 등도 포함될 수 있다. 바이오 해커의 목적은 우리의 몸을 더 나은 에너지, 더 나은 신체 상태, 질병이 없는 상태, 즉 최적의 상태로 변화시키는 것이다.

●● 생물학적 하드웨어 : 인간이 진화하면서 갖게 된 몸을 말한다.

윤택하고 뜻있는 삶을 살기 위해 무엇이 필요한지 우리는 이미 많은 것을 이해하고 있다. 이러한 이해는 인지적 지배(cognitive dominance)●를 바탕으로 한다. 이제 이 인지적 지배는 새롭게 출현한 기계에게 포위된 상태이다. 우리가 만든 세상은 기계 인지가 우위에 있는 세상이다. 만약 그렇다면,8 우리는 더 이상 미래를 위해 최적화되어 있지 않다. 우리는 우리 자신의 하드웨어를 변화시켜 우리의 인지적 지배를 유지하고 확장하거나, 아니면 포기하고 다른 것을 시도해야 한다. 사이보그 숭배자는 첫 번째 옵션을 선호한다.

이 장의 나머지 부분에서는 사이보그 숭배자의 전략이 유토피아로 가는 신뢰할 만한 길을 제공하는지 검토할 것이다. 그렇게 하여 제1장에서 제시한 네 가지 논점 중 세 번째 논점을 옹호할 것이다. 제1장에서 제시한 세 번째 논점은 다음과 같다.

___논점 3 : 사이보그 유토피아는 위험을 수반할 수 있다.
기술과 우리의 관계를 관리하는 한 가지 방법은 사이보그 유토피아(Cyborg Utopia)를 건설하는 것이다. 하지만 사이보그 유토피아가 실제로 얼마나 실용적이고 유토피아적일지는 명확하지 않다. 기술과 우리를 통합하여 우리가 사이보그가 되는 것은 일 이외의 영역에서 인간 곁다리화로 향하는 행진을 되돌려 놓을 수 있다. 인간의 사이보그화에는 장점이 많지만, 생각보다 바람직하지 않은 실용적, 윤리적 위험이 수반될 수도 있다.

● 인지적 지배(cognitive dominance) : 개인이나 집단이, 다른 사람들이 생각하거나 상황을 인식하는 방식에 영향을 미치는 능력을 가리키는 용어이다. 이는 설득력 있는 언어의 사용, 정보의 조작, 다른 사람들의 의견이나 행동을 지배하기 위한 사회적 영향력의 사용을 포함할 수 있다. 인지적 지배는 정치, 광고, 대인 관계를 포함한 다양한 상황에서 발휘될 수 있다. 정보에 입각한 결정을 내리고 우리 자신의 자율성을 유지하기 위해서는 인지적 지배의 잠재력을 인식하고 우리에게 제시된 정보와 주장을 비판적으로 평가하는 것이 중요하다.

사이보그가 무엇인지에 대한 이해

기술적 사이보그, 개념적 사이보그

사이보그 유토피아를 이해하기 위해서는 사이보그가 무엇인지를 좀 더 명확히 이해해야 한다. '사이보그(cyborg)'라는 단어는 박식가(博識家) 맨프레드 클라이네스(Manfred E. Clynes, 1925~2020)와 약리학자 네이선 클라인(Nathan S. Kline, 1916~1983)이 1960년에 만든 조어(造語)이다. 'cybernetic(인공두뇌학)'과 'organism(유기체)'이라는 두 단어를 멋진 두 음절 꾸러미로 결합한 것이다.9

이 조어의 탄생에는 재미있는 뒷이야기가 있다. 클라이네스와 클라인은 사이보그에 대한 유명한 논문을 '미국 로켓 학회(American Rocket Society)' 저널에 실었다. 이들이 논문을 게재하기 3년 전 소련은 최초로 지구 궤도를 도는 위성(스푸트니크(sputnik) 1, 2호)을 성공적으로 발사하여 우주 개발 경쟁(Space Race)에 시동을 걸었다. 미국인들은 실추된 명예를 되찾기 위해 분투해야 했다. 가장 훌륭하고 가장 총명한 과학 인재들이 큰 뜻을 품고 집결했다. 클라이네스와 클라인은 그 요청에 답했다. 그러나 이들은 사람을 우주로 보내기 위한 실용적인 제안을 하는 대신, 좀 더 개념적인 시각을 제공했다. 이들은 우주 비행의 생물학적 도전에 대해 살펴보았다.

문제는 인간이 생물학적으로 우주에 적응하지 못한다는 것이었다. 인간은 지구의 대기권 밖에서 숨을 쉬지 못하고, 일단 지구의 자기권을 벗어나면 끔찍한 태양 복사의 공격을 받는다. 이런 문제를 해결하기 위해 무엇을 할 수 있을까? 표준공학적 접근법은 인간의 안전을 보장할 수 있는 국소 환경(mini-environment)을 우주에 만드는 것이었다. 이런 국소 환경이란 산소를 가득 채운 우주선과 초보호용 우주복을 말한다. 그러한 기술은 취약한 인사의 생물학적 조직과 우주의 가혹한 환경 사이에 일시적 호환성이 이루어지도록 할 수 있지만, 기껏해야 불안정하고 단기적인 해결책만 제공할 뿐이다.10 우주에서 더 많은 일을 하고 싶고, 태양계의 가장 먼 곳이나 그 이상으로 여행하고자 한다면 다른 접근법이 필요하다. 그것은 우리의 선천적 생물학의 기술적 이식물, 대체품, 확장을 통해 우리의 생리를 변화시키는 것이다.11 우주의 환경에 적응하기 위해 기술로 향상된 인간을 무엇이라고 불러야 할지 고민하던 중 클라이네스와 클라인은 '사이보그'라는 용어를 만든 것이다.

이후, '사이보그'라는 용어는 그 자체의 생명을 갖게 되었다. 이 용어는 현재 대중문화에 깊이 스며들어 있으며, 영화 ≪사이보그≫(Cyborg)의 제목뿐만 아니라 TV 시리즈 ≪스타 트렉≫(Star Trek)에 등장하는 악당(보그)의 이름도 줄인 형태로 제공한다. 이 용어는 생명공학, 철학, 인문학 분야에서 두드러지게 등장하며 학계에서도 영향력을 발휘한다. 이 용어의 어떤 학술 용법은 인간의 기술적, 과학적 재(再)프로그래밍이라는 사이보그의 개념에서 상당히 벗어난다. 실제로, 몇몇 학술 논평가는 "우리 모두는 이제 사이보그"이고, "항상 이미 사이보그"였으며, 종으로서 우리는 "자연에서 태어난 천부적인" 사이보그라고 주장한다.12

이걸 어떻게 이해할 수 있을까? 노던일리노이대학교 커뮤니케이션학 교수 데이비드 건켈(David Gunkel, 1962~)●은 사람들이 '사이보그'라는 용어를 사용할 때 항상 같은 것에 대해 이야기하는 것은 아님을 인식함으로써 이 용어를 이해할 수 있다고 주장한다.13 적어도, 정확히 같은 것에 대해 이야기하는 것은 아니다. 평범하지만 반드시 기억해야 할 이 용어의 두 가지 용법이 있다.14●●

● 데이비드 건켈(David Gunkel, 1962~) : 기술철학자이다. 정보통신기술(ICT) 및 뉴미디어 분야의 철학적 가정과 윤리적 결과에 대해 연구한다. 노던일리노이대학교(Northern Illinois University) 교수이다.

●● (지은이 주) 데이비드 건켈은 자신의 연구에서 제3의 의미인 존재론적 의미를 식별한다. 이것은 도라 해러웨이(Donna Haraway)와 여타 인문학자들의 연구에 바탕을 둔다. 해러웨이는 인간과 다른 실체 사이의 분류적 경계가 최근 점점 모호해졌기 때문에 우리가 존재론적 사이보그라고 주장한다. 해러웨이는 이것이 적어도 두 가지 측면에서 사실

'사이보그'라는 말의 두 가지 용법

___기술적 사이보그(Technical Cyborg)

이것은 원래 맨프레드 클라이네스와 네이션 클라인이 의미하고, 닐 하비슨이 자신을 사이보그라고 묘사하는 의미에서의 사이보그이다. 즉, 사이보그는 인간과 기술을 글자 그대로 융합한 것이다. 이는 일반적으로 하나의 단위로 기능하는 단일 기능적 하이브리드 시스템(사이보그)을 형성하기 위해 기술을 인간의 생물학적 조직에 통합할 것을 요구한다.

___개념적 사이보그(Conceptual Cyborg)

이것은 (이 장의 뒷부분에서 더 상세히 논의할) 앤디 클라크(Andy Clark)와 같은 확장된 마음 논지(extended mind thesis)의 지지자들이 선호하는 의미에서의 사이보그이다. 이런 사이보그는 인간과 기술적 / 인지적 인공물이 하나의 확장된 체계를 형성하는 것으로 간주될 수 있도록, 그들 환경에서 인간과 인지적 인공물 사이의 긴밀한 협력 관계에서 발생한다.

이런 구분의 요지는 기술적 사이보그에는 어떤 기술이 생물학적 조직에 직접 이식되거나 접목되어 있지만 개념적 사이보그는 그렇지 않다는 것이다. 즉 개념적 사이보그는 **어느 정도** 독립적인 존재론적 정체성을 유지한다. 이 정체성은 인간 존재로서의 정체성을 말한다. 그러나 기술적 사이보그와 개념적 사이보그 사이의 경계는 흐릿하다. 닐 하비슨이 머리에 안테나를 꽂지 않고 항상 손에 들고 다닌다면 정도가 덜한 사이보

이라고 주장한다. 첫째, 인간과 동물의 경계가 예전보다 훨씬 더 희미해졌다. 지각력, 합리성, 문제 해결, 도덕성 등의 능력은 전통적으로 인류에게 고유한 것으로 여겨졌지만, 현재 많은 사람들은 (a) 그러한 능력을 동물도 공유할 수 있고, 그리고 (b) 아마도 더 중요한 것은 모든 인간이 분명히 공유하는 것은 아니라고 주장한다. 그래서 인간과 동물의 경계가 허물어졌다. 둘째, 인간과 기계의 경계에서도 같은 일이 일어난다. 심심 더 많은 기세서 인쇄는 인산만이 알 수 있다고 생각되었던 일들을 할 수 있다. 이 책에서는 사이보그의 존재론적 의미는 논하지 않는다.

그일까? 그렇게 해도 그 장치의 전반적인 기능에는 큰 차이가 없다. 그는 여전히 색을 들을 수 있다. 그러나 그를 분류하는 방식에는 차이가 생긴다. 만약 '사이보그'라는 용어의 기술적 의미를 선호한다면, 안테나를 손에 들고 다니는 닐 하비슨은 사이보그로 여겨지지 않는다. 반대로 이 용어의 개념적 의미를 선호한다면 그는 여전히 사이보그로 분류된다. 사이보그 유토피아에 대한 서로 다른 해석이 갖는 유토피아 가능성을 고려할 때, 이러한 분류 문제가 중요하다는 점은 아래에서 더 명백해진다. 본격적인 논의에 앞서 다음과 같은 예비 질문을 다루고자 한다. 인간이 기술적 의미이든 개념적 의미이든 사이보그가 되는 것이 얼마나 실행 가능한가?

어떤 프로젝트의 실행 가능성은 최종 목표가 무엇인지에 달려 있다. 인간을 화성에 보내는 것이 가능할까? 만약 사체(死體)를 화성에 가져가는 것이 목표라면 그 답은 '예'이다. 마음만 먹으면 6개월 내에 그 임무에 착수할 수도 있다. 만약 인간을 화성에 안전하게 보내서 무기한 살 수 있게 하고, 원한다면 지구로 돌아올 수 있게 하는 것이 목표라면 그 답은 '아니오'이다. 그렇게 하는 데는 시간이 좀 더 걸린다. 그렇다면 사이보그 유토피아 프로젝트의 최종 목표는 무엇일까? 말하기 어렵다.

모든 사이보그 숭배자는 인간과 기계 사이의 긴밀한 인터페이스를 성취하고 싶어 한다. 이들은 기계가 목표를 달성하기 위해 사용되는 단순한 도구가 아니라 자신의 일부가 되기를 원한다. 그 일반적인 열망을 넘어서, 이들은 아마도 마음속에 서로 다른 최종 목표를 가지고 있는 것 같다. 닐 하비슨은 단지 기술적 이식물을 만지작거리고 새로운 형태의 경험과 상호 작용 방식을 창조하는 것만으로도 만족하는 듯하다. 팀 캐넌은 최대한 계몽된, 기계 같은 존재의 상태를 이루기 위해 인류 전체를 리부팅하려는 듯하다. 하비슨의 사이보그 프로젝트는 지금 당장은 꽤 실행 가능해 보이고, 캐넌의 것은 최소한 중단기적으로 좀 더 긴 시간이 필요한 것처럼 보인다.

인간의 것도 아닌, 기계의 것도 아닌 특징

이 장의 목적상, 사이보그 프로젝트의 최종 목표와 실행 가능성은 '사이보그인(人)'의 유토피아적 열망에 크게 좌우된다. 이들은 자신과 기계를 혼성해서 정확히 무엇을 얻을 수 있다고 생각하는가? 이들은 급진적으로 발전된 가능 세계를 가져오려고 하는가? 우리는 서로 다른 친(親)사이보그 주장의 기초가 되는 다양한 유토피아적 목표를 살펴보고, 그런 목표를 달성할 수 있는 가능성을 평가하면서, 이를 사례별로 받아들여야 한다. 그럼에도 불구하고, 여전히 사이보그 지위에 대한 개념적 경로나 기술적 경로의 실행 가능성에 대해 꽤 일반적인 말을 할 수 있다.

우선 개념적 경로에 초점을 맞추어 보자. 제4장에서 언급한 바와 같이 인간은 이미 일상생활 환경에서 기술적 인공물을 광범위하게 사용하고 있다. 이러한 인공물은 소박한 펜과 종이에서부터 정교한 스마트폰과 워치에 이르기까지 다양하다. 우리는 이러한 인공물과 끊임없이 교류하고 이것에 의지한다. 이러한 끊임없는 상호 작용으로 인해 철학자이자 앤디 클라크(Andy Clark, 1957~)●와 같은 사람은 우리가 '천부적인' 사이보그라고 주장하기까지 한다.[15] 우리의 기술 발전이 빠르게 진행됨에 따라, 이러한 상호 작용의 규모와 범위가 분명히 커질 것이다. 이 책에서는 지금까지 주로 이 상호 작용이 분명히 더 커질 것이라고 주장해 왔다. 까다로운 것은 이러한 상호 작용이 언제 진정으로 사이보그적인지를 결정하는 것이다. 또한 제4장에서 언급했듯이, 기술적 인공물과 우리의 관계는 때로는 **경쟁적**이고 때로는 **의존적**이다. 기술적 인공물은 우리**에게**, 그리고 우리를 **위해** 뭔가를 한다. 기술적 인공물은 우리의 일부가 아니다. 기

● 앤디 클라크(Andy Clark, 1957~) : 철학자이자 심리학자이다. 스코틀랜드 에든버러대학교 교수이다. 모리스 메를로-퐁티, 레프 비고츠키, 대니얼 데닛 등의 영향을 받았다. 그의 유명한 논제가 된 '확장된 마음 가설'은 인지과학자들 간에 다양한 논제을 불러일으켰다.

술적 인공물이 사이보그 지위를 가지기 위해서는 인간과 기술적 인공물 사이에 상호의존성(interdependency)과 보완성(complementarity)이 있어야 한다.

사이보그 지위는 어떻게 테스트할 수 있는가? 철학자들은 보완성과 관련하여 많은 지표를 개발했다. 예를 들어 에든버러대학교의 앤디 클라크와 뉴욕대학교의 데이비드 찰머스(David Chalmers, 1966~)●는 확장된 마음(extended mind) 가설●●을 옹호하면서 이렇게 주장한다. 인간과 기술적 인공물 사이에 **신뢰도**가 높다면, 그 인공물에 대한 **의존도**가 높다면, 그 인공물에 쉽게 **접근할** 수 있다면, 그리고 인간이 정신적 / 인지적 삶에서 그 인공물이 하는 역할을 **지지한다**면, 인간은 기술적 인공물과 함께 확장된 마음을 형성한다.16

그런데 이런 기준의 문제는 **상호의존성**이나 **보완성** 조건이 아닌 **의존성** 조건처럼 보인다는 것이다. 즉 이런 기준은 인간이 언제 기술적 인공물에 크게 의존하는지 결정할 수 있게 해 주는 것이지, 인간과 인공물이 하나의 확장된 체계를 형성하는지 여부를 결정하도록 하지는 않는다. 웨일스 카디프대학교(Cardiff University) 철학과 교수 오레스티스 팔레르모스(Orestis Palermos)는 더 유망한 접근법, 즉 논란의 여지가 있는 확장된 마음의 형이상학에 몰두하지 않는 접근법을 제안했다.17 그는 역동적 체계 이론(dynamical systems theory)●●●을 사용하여 두 개의 체계가

● 데이비드 찰머스(David Chalmers, 1966~) : 뉴욕대학교 철학 교수이다. 인지과학, 물리학, 기술철학, 언어철학 등과 관련한 '마음(의식)의 철학'에 관심을 가지고 있다.

●● 확장된 마음(extended mind) 가설 : 마음이 뇌나 몸 안에만 상주하는 것이 아니라 물리적 세계로 확장된다는 가설이다. 이 가설은 외부 환경 속에 있는 사물이 인지 과정의 일부일 수 있고, 그러한 방식으로 마음 자체의 확장으로 기능한다고 제안한다. 이러한 사물의 예로는 일기나 컴퓨터가 있다. 일반적으로 이런 사물은 정보를 저장하는 것과 관련이 있다. 이 가설은 마음이 물리적 수준을 포함해 모든 인지 수준을 포괄하는 것으로 간주한다.

●●● 역동적 체계 이론(dynamical systems theory) : 인간의 행위는 다양한 연관 체계가

하나의 '확장된 체계'를 형성한다고 말할 수 있는 시기와 그 여부를 평가한다.

인간과 인공물의 '확장된 체계' 형성 기준

____**확장된 체계** = 처음에 독립적인 두 체계 A와 B가 단일한 체계로서 확장된(또는 '결합된') C를 생성하려면 A와 B의 하위 성분 / 부분 사이에 (피드백 고리를 통한) 비선형적(非線形的) 상호 작용이 있어야 한다. 여기서 비선형적 상호 작용이란 확장된 체계에 이전의 독립적인 두 체계에는 없던 특성이 나타난다는 것이다.

팔레르모스의 주장은, 비선형적 상호 작용(nonlinear interaction)이 있다면 결합된 체계는 인간도 아니고 기계도 아닌 두 가지 모두의 혼합이라는 것이다. 또한 그 두 체계가 이처럼 기존의 독립적인 체계에는 없던 특성이 나타나는 방식으로 결합되면 전체 체계 C를 하위 체계로 분해하는 것은 더 이상 의미가 없다. A가 C에 이 효과를 제공하고, B가 C에 이 효과를 제공했다고 말할 수 없다. A와 B는 너무 상호의존적이어서 그러한 구별은 더 이상 타당하지 않다.

누군가가 기술적 인공물의 도움을 받아 인지적 과제를 수행하는 경우를 생각해 보자.[18] 예를 들어, 당신이 친구의 전화번호를 기억하려고 하고, 스마트폰에서 그 번호를 찾아보는 상황이라면, 이것은 당신과 스마트폰 사이에 비선형적 상호 작용을 발생시키는가? 아니다. 이런 상호 작용은 선형적이다. 스마트폰은 전화를 걸 때 사용하는 정보를 당신에게 제공한다. 당신과 스마트폰 사이를 오가는 앞뒤로의 움직임은 없다. 그런데 구글 지도를 사용하여 환경을 탐색할 때는 어떨까? 이때는 다르다. 앞뒤로

역동적으로 영향을 미친 결과라고 보는 이론이다. 이 이론에서는 인간의 신경계와 신체적 특징은 물론 환경 요인 또한 행위를 낳는 중요한 요소이다. 뇌는 신체와 역동적인 체계를 이루고, 신체는 다시 시시처 ▨허저 현겁게 여동저인 게게를 이런다고 ▟는 것이다.

의 움직임이 있다. 당신의 움직임은 매핑 알고리즘이 선택한 데이터에 영향을 미치며, 그러면 화면상에 나타난 당신의 표상은 변경된다. 이것은 당신이 목적지에 더 가까운지 아닌지를 알려 준다. 지속적인 피드백과 업데이트를 통해 당신은 결국 목적지에 도착한다. 여기에는 약간의 보완성과 상호의존성이 있다. 또 다른 예를 들면, 닐 하비슨과 그의 안테나 사이에는 확실히 진정한 보완성이 있다. (물론 그는 단순히 개념적 사이보그가 아니라 기술적 사이보그일 수 있다.) 그의 움직임은 안테나가 수신하는 광선에 영향을 미치며, 이는 다시 그가 듣는 색깔에 영향을 미친다. 하비슨도 안테나도 색깔을 듣지 않는다. 색깔을 듣는 것은 둘의 조합이다. 하비슨이 이 데이터를 사용하여 자신만의 그림을 만들 때, 즉 그가 듣는 '색깔 있는 소리 풍경(color soundscape)'을 표현하는 그림을 만들 때, 훨씬 더 큰 비선형적 상호의존성이 있다.

이 동적 체계 접근법은 의존성이 아닌 진정한 인간-기계 보완성의 사례를 식별하기 때문에 앤디 클라크와 데이비드 찰머스의 접근법보다 더 유망하다. 그렇긴 하지만 그 자체로 이 접근법은 너무 이분법적이고 지나치게 포괄적이다. 내가 구글 지도를 사용할 때 당신은 내가 (개념적) 사이보그라고 말할 수 있지만, 나는 확실히 그렇게까지 사이보그라고 느끼지 않는다. 그 앱 사용을 중단하면 나와 그 앱의 상호의존성이 빠르게 사라지고 나는 원래의 생물학적 형태로 돌아간다. 나에게 사이보그적인 것은 아무것도 없다. 그러나 비선형적 상호의존성에는 얼마간의 정도(程度)가 있다는 것을 명확히 함으로써 이를 설명할 수 있다. 누군가가 넘어서면 사이보그로 간주되는 상호 의존의 단순한 문턱은 없다. 오히려 기술과 보완적 관계를 형성하는 사람은 더 많은 보완적 관계를 형성할수록 개념적 사이보그로 서서히 변형된다.

틸뷔르흐대학교 철학과 교수 리처드 히어스밍크(Richard Heersmink, 1981~)는 이에 대해 복잡하지만 유용하게 생각하는 방법을 제시한다. 그는 이 과정과 관련된 통합과 보완성의 정도가 여러 차원을 따라 배열되어 있다고 주장한다. 이 각각의 차원은 인간과 기술적 인공물(아래 인용문의 기술적 '비계')의 상호 작용 유형에 관한 것이다.

> 이 스펙트럼의 양상으로는 행위자와 비계(飛階) 간 정보 흐름의 종류와 강도, 비계의 접근성, 행위자와 비계 사이의 결합 내구성, 비계가 제공하는 정보에 대한 사용자의 신뢰도, 투명도의 정도, 정보의 해석 용이도, 개인화의 양, 인지적 변형의 양이 있다.[19]
> ✦ 리처드 히어스민크(Richard Heersmink), <분산된 인지와 분산된 도덕성≫(Distributed Cognition and Distributed Morality)

이러한 차원은 앤디 클라크와 데이비드 찰머스가 제시한 기준과의 사이에 분명 어느 정도 중복이 있다. 하지만 리처드 히어스민크의 체제는 정보 흐름의 유형, 결합, 투명성, 개인화, 인지적 변형에 초점을 맞추면서 상호의존성의 필요성을 포착한다. 히어스민크의 접근법에 따라 구글 지도를 사용하면 내가 왜 사이보그처럼 느껴지지 않는지 쉽게 알 수 있다. (사용 방법에 따라) 상당히 접근성이 좋고 개인화가 가능하고, 그것에 많은 신뢰를 두지만, 정보 흐름의 강도, 인지적 변형의 양, 결합의 내구성에 대해서는 높은 점수를 받지 못한다. 반면에 닐 하비슨의 안테나는 모든 차원에서 높은 점수를 받는다.

그렇다면 요점은 사이보그 지위로 가는 개념적 경로가 상당히 실행 가능하다는 것이다. 우리는 일상생활에서 기술적 인공물을 널리 사용하며 앞으로도 그럴 것이다. 그럼에도 불구하고, 이 경로를 따라 사이보그 지위를 얻을지는 우리가 세계를 항해하고 이해하기 위해 사용하는 기술적 인공물과 우리 자신 사이의 보완성의 정도에 달려 있다. 보완성이 더 많을수록 우리는 더 사이보그처럼 된다.

사이보그 지위로 가는 기술적 경로는 어떤가? 이런 경로는 생물학과 기계의 직접적인 융합(融合)을 필요로 한다는 것을 기억해야 한다. 기술적 사이보그와 개념적 사이보그의 구별은 이미 시사한 바와 같이 그 자체로 사실 정도의 문제이다. 기술적 사이보그는 통합 스펙트럼의 가장 끝단에 있는 사람이라고 말할 수 있다. 이런 기술적 사이보그는 자신의 생물학적 시스템의 운명을 기술적 시스템에 직접 연결시켰다. 사실 닐 하비슨은 기술적 사이보그의 완벽하게 좋은 예이다. 하비슨의 안테나는 그가 상호의존적 피드백 관계를 형성하는 단순한 인공물이 아니라, 그의 몸에 직접 융합된 것이다. 두 시스템의 통합이 기술적 사이보그화로 간주되기 위해 되돌릴 수 없어야 하는 것은 아니다.

닐 하비슨은 기술적 사이보그가 가능하다는 것을 보여주는 개념 증명이다. 하지만 현재 가능한 기술적 통합의 정도에는 분명한 한계가 있다. 기계 같은 존재의 상태를 이루기 위해 인류 전체를 리부팅하려는, 팀 캐넌이 원하는 급진적 도약은 아직 불가능하다. 현재의 가능성과 한계를 알기 위해서는 기술적 사이보그가 되기 위한 다양한 방법과 수단을 고려해야 한다. 앞서 언급한 케빈 워윅은 현재 개발되고 있는 사이보그화의 세 가지 경로를 다음과 같이 설명한다.[20]

현재 개발 중인 사이보그화의 세 가지 경로
＿＿＿로봇의 배양된 뇌
이것은 실험실에서 배양한 (보통 설치류 동물에게서 가져온 것이지만 어떨 때는 인간에게서 가져온) 생물학적 뇌세포 망을 전극 배열에 연결하는 것이다. 이런 전극 배열은 생물학적 뇌세포 망이 외부 세계로 신호를 보내고 받을 수 있게 한다. 이 기술에 대한 초기 실험은 배양된 뇌세포 망이 로봇 몸을 제어하고 환경 자극에 반응하여 학습하고 행동하는 일이 가능하다는 것을 시사한다. 현재로선 실험실에서 배양된 뇌세포 망이 상대적으로 작고 행동 목록도 제한적이지만, 시간이 지나면 실험실에서 사람 크기의 뇌를 배양하여 로봇 몸에 끼워 넣을 수 있다. 이런 뇌는 로봇 몸을 지휘하는 센터가 된다.[21] 이러한 실체는 분명히 기술적 사이보그이다.

___뇌-컴퓨터 인터페이스(BCI), 이식물 및 보철물

이것은 전형적으로 신경 세포에서 나온 전기 활동을 추적하는 것이다. 이 전기 활동은 다른 전기 장치(가령 로봇 팔)를 제어할 수 있는 것으로 해독된다. 이 장치들 중에는 착용할 수 있는 것도 있고, 몸에 삽입할 수 있는 이식물도 있다. 어떤 것은 한 방향으로만 신호를 주고받고, 또 다른 어떤 것은 사용자와 장치 사이의 진정한 피드백을 포함한다. 다양한 유형의 뇌-컴퓨터 인터페이스가 널리 보급되었다. 예를 들어, 뇌 심부 자극기(deep brain stimulator)●는 수십만 명의 파킨슨병 환자에게 이식되었다. 인공 달팽이관과 인공 망막도 쓰이고 있다. 비록 이 기술들 사이에 약간의 차이가 있지만, 기본적으로는 모두 같은 생각을 공유한다. 즉 우리의 뇌세포로부터 어떤 기술적 인공물로, 그리고 그 반대 방향으로 직접 신호를 보낸다는 것이다.

___기타 비(非)신경 이식물 및 보철물

이것은 뇌와 기기 간 직접 통신을 수반하지 않는 모든 이식물 및 보철물을 포함한다. 파동 식별(RFID) 칩을 피부에 이식하는 것이 전형적인 예이다. 파동 식별 칩은 외부 장치와 직접 통신한다. 감지기 앞에서 손을 흔들면 피부에 이식된 파동 식별 칩이 문을 열 수 있다. 그 일을 하는 것은 칩 그 자체이다. 실제로 칩 이식의 진정한 장점이 무엇인지조차 명확하지 않다. 피부 표면에 착용해도 비슷한 효과가 있을 것이다. 하지만 (문 리바스의 지진 감지 파동 식별 칩의 경우처럼) 만약 이 칩이 진동하거나 다른 신호를 인간 조직으로 보낼 수 있다면, 어떤 현상학적 이득이 있을 수 있다. 다른 예로는 일부 생물학적 시스템을 직접 대체하거나 통합하지 않는 피하 자기 이식물(전자파를 조작하고 그것에 반응하는 데 사용할 수 있음) 또는 보철물이 있다. 닐 하비슨의 안테나가 이 범주에 속한다. 하비슨의 안테

___

● 뇌 심부 자극기(deep brain stimulator). 뇌 심부 자극술은 뇌의 특정 부위에 인위적으로 는 뇌 기저부에 전극을 삽입하여 신경 회로를 조절하는 수술 방법이다.

나는 그의 뇌세포와 직접 통신하지 않는다. 단지 그의 환경에서 빛의 파동을 감지하고 머리 주위에서 들을 수 있는 소리로 그 파동을 변환한다.

케빈 워윅이 말하는 이 세 가지 접근법에 다음과 같은 네 번째 접근법을 추가할 수 있다.

___바이오 메디컬 강화 기술

이것은 인지, 기분, 솜씨(및 기타 인간 능력)를 향상시키기 위한 약리학과 정신약리학을 사용하는 것뿐만 아니라 유사한 효과를 위해 유전공학적 방법을 사용하는 것이다. 이러한 기술이 인간과 기계의 융합이나 통합을 수반하지 않으므로 기술적 사이보그화처럼 보이지 않지만, 그래도 이렇게 분류하는 것이 옳다. 우선 한 가지 이유로, 이런 기술은 부분적으로 인간 생물학에 대한 혁신적이며 기계화된 이해에 기초한다. 즉 몸을 만지작거리고 최적화할 수 있는 기계로 본다. 다른 이유로 이런 기술은 사이보그화의 다른 기술적 방법을 보완하고 지원할 수 있다.

이 네 가지 방법이 완전한 목록은 아니지만 현재 우리에게 열려 있는 기술적 사이보그화의 주요 방법을 짐작하게 해 준다.

이런 방법은 얼마나 인상적이고, 인간-기계 하이브리드로 가는 길에서 우리를 어느 정도까지 사이보그로 만들까? 실험실에서 배양한 뇌가 로봇 몸을 통제하는 것과 같은 가장 기발한 방법은 우리를 상당한 정도까지 사이보그로 만들 것이다. 그러나 실험실에서 완전한 인간의 뇌를 배양하는 일은 아직 먼 미래의 일이다. 또 최종적으로 나온 사이보그가 몇몇 후속 종과 달리 진정한 인간-기계 하이브리드인지도 분명하지 않다. (이 장 후반부에서 이런 생각을 더 검토할 것이다.) 또한 이 방법은 우리 중 누구에게도 사이보그 지위로 가는 실질적으로 성취할 수 있는 경로를 제공하는 것이 아니다. 단지 미래 세대에게만 제공한다. 하지만 다양한 방법은 가까운 미래에 더 많은 희망을 주고 함께 사용될 수 있다. 이런 방법은 이미 태어난 인간이 기술적 사이보그가 되는 것을 가능하게 한다.

그러나 이러한 전환이 얼마나 중요한지는 그 시스템들이 얼마나 통합되고 얼마나 많은 기능을 수행하는지에 달려 있다. 현재 전극 배열이 얼마나 작을 수 있고 얼마나 많은 뇌세포와 상호 작용할 수 있는지에 대한 기술적 한계가 있다. 뇌-컴퓨터 인터페이스(BCI)를 사용하여 특정 기본 기능(가령 청각, 시각, 움직임)을 시뮬레이션하고 증강하고 복원할 수 있다. 하지만 인간과 기계 시스템 사이의 진정한 시너지를 얻기 위해서는 나노 기술이 더 발전해야 한다. 그렇지만 케빈 워윅과 같은 사람은 뇌-컴퓨터 인터페이스의 장기적인 잠재력을 낙관한다. 예를 들어, 그는 뇌-컴퓨터 인터페이스가 결국 인간이 기계와 같은 방식으로 세상을 생각하고 볼 수 있는 수준까지 발전한다고 생각한다.[22]

만약 케빈 워윅의 말이 옳다면, 장기적으로 기술적 사이보그화를 통해 인류의 완전한 하드웨어 재부팅이 가능하다. 만약 워윅의 말이 틀렸다면, 비록 단기적으로라도 인간-기계 통합의 발전이 여전히 가능하고, 이러한 발전은 우리에게 닐 하비슨이나 문 리바스 같은 사람들에게 이미 그랬던 것처럼 세상을 이해하고 교류하는 새로운 방법을 열어줄 것이다. 우리는 이제 이것이 포스트워크 유토피아에 대한 가능성을 제공하는지 질문해야 한다.

6장_2절 사이보그 유토피아를 찬성하는 주장

이제 (바로 앞의 제5장 끝에서 정리해 놓았던) '유토피아 평가표'를 꺼내야 할 시간이다. 나는 사이보그 혁명의 유토피아적 전망을 두 단계로 평가할 것이다. 먼저, 사이보그 유토피아에 찬성하는 다섯 가지 주장을 제시할 것이다. 이 주장들을 종합하면 그런 가능 세계의 삶이 어떨지에 대한 설득력 있는 그림이 그려진다. 그런 다음 사이보그 유토피아를 덜 매력적이게 보이도록 만드는 여섯 가지 반대 의견을 제시할 것이다. 나는 사이보그 유토피아가 비록 흥미롭고 유혹적이지만 우리가 찾는 유토피아는 아니라는 결론을 내릴 것이다.

사이보그화에 찬성하는 다섯 가지 주장부터 시작해 보자.

사이보그 유토피아에 대한 찬성 ①
현재의 가치를 보존할 뿐만 아니라

사이보그 유토피아에 찬성하는 첫 번째 주장은 조금 이상해 보인다. 사이보그화를 추구함으로써 우리가 현재 세계에서 소중하게 여기는 많은 것을 보존하고 확장할 수 있다는 것이 이 주장이다. 이 주장이 이상하게 보이는 이유는 현재 소중하게 여기는 것을 보존한다는 것이 본래 **보수적인**(conservative) 관점이기 때문이다. 유토피아주의는 급진적인 개선에 관한 것이고, 도덕적 가능성 지형의 이국적인 외곽 지대를 탐구하는 일에 관한 것이다. 그런데 방향을 바꾸어 급진적인 유토피아 프로젝트에 찬성하는 동시에, **보수적인** 주장을 하는 것은 완전히 잘못된 것처럼 보인다.

그러나 유토피아 프로젝트의 급진주의가 합리적 이해 가능성(rational intelligibility)에 의해 완화되어야 한다는 것을 기억해야 한다. 너무 급진적이면 문화적 격차 문제가 불거진다. 우리가 지금 있는 곳과 우리가 상상하는 미래 사이의 거리가 너무 멀면 안 된다. 만약 너무 멀다면, 유토피아 프로젝트를 이해하지 못할 것이다. 그러므로 유토피아주의의 급진주의는 어느 정도의 보수주의에 의해 균형을 맞추어야 한다. 이런 보수주의는 우리를 지금의 현실에 발붙이도록 한다.

그러나 낡은 보수주의가 필요한 것은 아니다.23● 필요한 것은 특정한 유형의 보수주의이다. 어떤 보수주의는 모든 급진적인 변화에 반대한다. 이런 보수주의는 그 자체로 안정과 질서를 선호하는데, 이는 대개 변화가 불확실하고 다루기 힘들기 때문이다.24 기술 발전에 있어서 불확실성과 난해함을 예방하는 접근법을 취하는 것이 현명할 수 있다. 하지만 보수주의를 이렇게 예방 관점에서 이해하는 것은 두 가지 문제에 직면한다. 첫째, 이런 예방적 이해는 사회의 다른 곳에서 급격한 변화의 문제에 직면해야 한다. 특정한 삶의 방식이나 제도적 질서가 다른 기술 발전에 의해 쓸모없거나 불필요해지면 보존하는 것은 의미가 없다. 예를 들어, 전자메일을 비롯한 여러 디지털 커뮤니케이션의 세계에서 아날로그 전보(電報) 시스템을 보존하고 유지하는 것은 우둔한 짓이다. 둘째, 어떠한 예방 조치에도 더 깊은 명분이 있어야 한다. 특히 무엇을 보존하고 변경할지를 결정할 때 이를 안내하는 가치 기준이 있어야 한다. 전자메

● (지은이 주) 여기서 주목할 점은 보수주의가 그 자체로 논쟁이 되는 이념이라는 것이다. 스스로를 '보수주의자'라고 부르는 사람들은 종종 도덕적 관점이 다르고 그것이 무엇을 의미하는지에 대한 '미래도 다르다. 어떤 사람에게는 본질적인 내용이 별로 없는 인식론적 생각이고, 또 다른 어떤 사람에게는 매우 구체적인 내용이 있다.

일 대 전보의 경우 정말 중요한 것은 인간의 의사소통이다. 우리가 원하는 것은 마찰 없이 서로 소통하는 일이다. 왜냐하면 의사소통은 본래 가치 있을 뿐만 아니라 다른 인간의 재화(가령, 사회적 협력과 대인 관계)를 가능하게 하기 때문이다.

쟁점이 되는 가치에 대해 명확하게 생각할 때, 의사소통의 새로운 형태로 전환하는 것이 분명히 올바른 것이다. 바람직하지 않은 부작용(지나친 이용, 스팸 메일 등)이 없지 않겠지만 말이다. 즉, 더 저렴하고 마찰이 없는 의사소통의 형태는 소통의 더 많은 장점이 부각되게 한다. 이처럼 기본적인 가치에 초점을 맞추면, 이러한 가치를 보호하기 위해서는 현재 상황에서 어느 정도 변화가 필요하다. 포괄적인 예방적 보수주의는 말이 되지 않는다.

그러나 전보(電報) 대 전자메일의 예는 진지하게 받아들일 가치가 있는 보수주의로 가는 길을 가리킨다. 이는 '가치 평가 보수주의(evaluative conservatism)'●를 말한다. 이것은 멸종될지 모르는 위험에도 불구하고 기존 가치의 근원을 보존하려는 보수주의이다. 가치 평가 보수주의라는 개념은 캐나다의 정치철학자 제럴드 코헨(Gerald Allan Cohen, 1941~2009)이 처음으로 사용한 것이다.25 코헨은 이를 사용하여 비록 우리가 (잠재적으로 또는 확실히) 더 나은 것을 약속받더라도 최소한 어떤 경우에는 기존 가치의 근원을 고수해야 한다고 주장했다.

● 가치 평가 보수주의(evaluative conservatism) : 새로운 정보나 상황을 평가할 때, 이전에 보유했던 신념이나 가치에 의존하는 경향을 가리키는 용어이다. 이러한 경향은 변화에 저항하거나, 새로운 아이디어 채택을 더디게 하거나, 익숙한 방식에 더 의존하는 것과 같은 다양한 방식으로 나타날 수 있다. 가치 평가 보수주의는 인지적 편향의 한 형태로 볼 수 있다. 이는 개인이 정보에 입각한 결정을 내리는 데 관련되거나 중요할 수 있는 새로운 증거나 관점을 간과하거나 무시하도록 이끌 수 있기 때문이다. 또한 개인이 정보를 어떻게 인식하고 해석하는지에 영향을 미쳐, 그들이 그들에게 도전하거나 모순되는 정보보다 그들의 기존 신념과 가치에 맞는 정보를 선호하도록 이끌 수 있다.

예를 들어, 나에게는 오래되고 낡은 ≪반지의 제왕≫ 책이 있다. 열한 살 때 사서 6개월 동안 읽었던 책이다. 내 인생에서 이 시기와 이 책의 반응에 대한 기억이 매우 강하다. 그 이후로 같은 판을 적어도 두 번은 더 읽었다. 표지는 몇 번이나 스카치테이프로 붙였다. 햇볕에 심하게 손상되어 표지가 상당히 색이 바랬다. 그럼에도 불구하고, 나는 이 책의 특정한 판을 몹시 좋아한다.26 누군가 나에게 다른 책으로 교환해 주겠다고 제안한다. 나는 낡아빠진 옛날 종이판과 완전히 새것인 호화 양장판을 교환할 수 있다. 호화판은 삽화가 풍부하고 ≪반지의 제왕≫ 영화의 모든 출연진의 사인이 있는 것이다. 게다가 오픈마켓에서 오래된 종이판보다 훨씬 더 가치가 있고, 결코 망가지지 않는다. 나는 그 책을 내 아이들에게 물려주고, 내 아이들은 다시 그 책을 자기 아이들에게 물려줄 수 있다. 유일한 단점은 그 판을 얻으려면 오래된 종이 표지판과 교환해야 한다는 것이다. 둘 다 가질 순 없다. 나는 교환을 해야 할까?

정치철학자 제럴드 코헨은 새로 나온 호화판이 더 낫다고 해도 옛날의 종이판이 내가 깊이 애착을 갖고 있는 기존 가치의 근원이므로 옛날 판을 고수하는 것이 당연하다고 주장한다. 두 책이 담고 있는 이야기는 한 마디 한 마디가 정확히 똑같지만, 그래도 그렇다. 옛날 판에 대한 깊은 애착과 이 애착이 내 삶에서 차지하는 역할이 나의 보수주의를 정당화한다. 코헨은 새롭고 객관적으로 더 나은 관계를 위해 기존의 관계를 포기하도록 요청받거나, 새롭고 객관적으로 더 나은 애완동물을 위해 사랑하는 애완동물을 포기하도록 요청받는 결정에도 같은 가치 평가 보수주의가 적용된다고 주장한다.27

사랑하는 애완동물을 새 애완동물과 교환하는 일은 아무도 상상조차 하지 않는다. 그렇기 때문에 이러한 예는 설득력은 있지만, 너무 지나칠 수도 있다. 가치의 기존 근원과 지탱물을 보존하고자 하는 것은 타당하지만, 어느 정도까지만 가능하다. 가치를 별개의 용어로 이해해서는 안 된다. 가치의 특정 근원과 지탱물은 항상 더 큰 가치 체계의 일부이다. 제4

장에서 이야기했듯이 단 한 가지 가치만이 윤택하고 뜻있는 삶에 도움이 되는 것은 아니다. 윤택함과 뜻있음에는 다양한 근원이 있다. 때때로 여러 근원은 서로 교환될 필요가 있다. 다른 가치를 유지하려면 하나의 가치를 포기해야 한다. 만약 나에게 더 새롭고 더 화려한 판만 제공된다면 내가 낡고 닳은 ≪반지의 제왕≫에 매달리는 것은 말이 된다. 하지만 내가 받는 거래가 다른 것이라면 어떨까? 만약 내가 그 책을 넘겨주지 않으면 머리에 총을 맞을 위험을 감수해야 한다면 어떨까? 그럴 때는 아마도 그 책보다는 내 생명(나에게 분명한 가치의 근원)에 매달릴 것이다. 더군다나 가치 평가 보수주의가 강력한 경우에도 자신이 소중히 여기는 것을 고수하기 위해서는 삶의 급진적 변화를 고려해야 한다. 따라서 다소 역설적이게도, 급진적 변화는 당신이 일관된 가치 평가 보수주의자가 되기 위해 필요한 바로 그것일 수 있다.28

이는 사이보그 유토피아에 대한 보수주의적 주장으로 이어진다. "현재 우리의 삶의 방식을 뒷받침하고 그것에 스며들어 있는 가치의 집합"이 있다.29 이런 가치의 집합을 평가적 평형(evaluative equilibrium)이라고 부를 수 있다. 이는 우리가 정착해 있는 가능한 도덕성의 세계이다. 이 평가적 평형의 어떤 측면은 부정적이다. 제3장에서 나는 일의 구조적 나쁨을 주장하면서 일과 직업윤리에 가치를 부여하는 일에 대해 부정적인 태도를 취했다. 그러나 일과 직업윤리의 어떤 측면은 긍정적이며 자동화의 발전으로 오히려 위협을 받는다. 제4장에서는 자동화 기술로부터 위협받고 있는 몇 가지 핵심 가치에 대해 검토했다. 현실 세계와의 연결 고리, 주목하고 집중하는 능력, 불투명한 세계에 대한 이해력, 선택 자율성, 도덕적으로 능동적인 행위성 등이 그것이다.

사이보그 유토피아에 대한 보수주의적 주장은 우리와 기계를 직·간접적으로 통합함으로써 평가적 평형에 대한 달갑지 않은 위협을 피할 수 있다는 생각에 달려 있다. 우리는 기계와 더욱 비슷하게 우리 자신을 변화시킴으로써 자동화 기술이 객관적 가치의 근원과 연결된 고리를 단절시키지 못하게 막을 수 있다. 그리고 외부의 가치 근원을 계속 이해하고 집중할 수 있으며, 만연한 자동화에 직면해서도 선택의 자율성과 능동적 행위성을 유지할 수 있다. 만약 제대로 된다면, 사이보그화는 기계가 모든 중요한 과학적 발견을 하거나 중요한 분배의 문제와 같은 정치적, 도덕적 문제를 해결하는 일에 대해 우리가 초조해 할 필요가 없다는 것을 의미한다. 기술 증대와 향상을 통해 우리는 현재의 가치 근원과의 접촉을 잃지 않을 수 있다.

물론 사이보그화가 현재의 평가적 평형을 보존하는 유일한 방법은 아니다. 기술 비관론자와 신(新) 러다이트●가 선호하는 전략을 고려해 보자. 그들 또한 가치 평가 보수주의자지만, 신기술에 저항하거나 거부하고 규제하는 것을 좋아한다.[30] 이들은 우리의 생활 방식을 현재와 같이 유지하기 위해 진보하는 기술 성장의 흐름을 멈춰 세우기를 원한다.

사이보그 유토피아를 지지하는 사람은 분명히 다르게 생각한다. 사이보그 유토피아 지지자는 디지털 이전과 AI 이전에 어떤 인류의 황금기가 존재했다고 생각하지 않는다. 당연히 이들은 그 이전으로 돌아가고자 하지 않는다. 이들은 기계에 저항하고 싶어 하는 것이 아니다. 그렇다고 이들이 순진한 테크노 낙관론자라는 것은 아니다. 보수주의적 주장은 제4장에서 제시한 기술 비관론에 뿌리를 둔다. 이것은 단지 그들이 더 큰 인간-기계 보완성의 단점과 함께 장점도 본다는 것을 의미한다. 그들은 사이보그 혁명에 올인하면 장점이 단점보다 크다는 것을 확실히 할 수 있다고 생각한다. 실제로, 이들은 기술 비관론이나 신(新) 러다이즘 (neo-Luddism)과 비교했을 때 전략으로서 사이보그 혁명에 적어도 세 가지 주요 이점이 있다고 생각한다.

● 신(新) 러다이트 : 1800년대에 공장 기계가 자신들의 일자리를 빼앗는다고 생각해 공장 기계를 때려 부수던 근로자 집단처럼, 세대 기술들이 일자리를 빼앗는다고 생각하며 AI를 때려 부숴야 한다고 생각하는 AI 기술 폐기론자들을 말한다.

첫째, 사이보그 유토피아를 추구하면 제4장에서 논의한 자동화 기술의 다섯 가지 위협●을 물리칠 수 있을 뿐만 아니라, 현재의 우리가 가진 생활 방식의 또 다른 주요 이점인 상대적 다원주의(pluralism)●●도 유지할 수 있다. 능동적 행위성과 선택 자율성을 양성하는 것은 다원주의를 양성하는 한 가지 방법이다. 이런 다원주의로 각 개인은 좋은 삶(good life)에 대한 자신만의 관점을 추구하는 데 필요한 능력을 개발하게 된다. 다원주의는 개인에게, 좋은 삶을 위한 단 하나의 명료한 청사진을 부과하지 않는다. 이러한 다원주의를 보존하는 것은 유토피아 평가표에 나와 있는 성공의 한 가지 기준이다. 이것은 칼 포퍼가 유토피아의 청사진 모델에 내포되어 있다고 경고한 갈등과 폭력을 피하는 방법이다. 결과적으로, 사이보그 유토피아는 능동적 행위성과 선택 자율성을 보존함으로써 다원주의를 보존할 수 있다. 기술 비관론과 신(新) 러다이즘은 좋은 삶에 대한 몇몇 관점을 의도적으로 무력화시키기 때문에 다원주의를 보존하지 못한다.

둘째, 사이보그 유토피아는 틀림없이 신 러다이트 전략보다 더욱 실재론적인 보수주의적 전략이다. 물론 '실재론(realism)'은 모호한 개념이다. 실재론에는 아마도 몇 가지 차원이 있고, 아래에서 주장하겠지만 사이보그 유토피아는 그중 일부에 대해 낮은 점수를 받는다. 그러나 장대한 역사의 영역에서 생각해 보면, 사이보그 유토피아는 신 러다이트 해결책보다 더 많은 희망을 준다.

● 기술 비관론의 다섯 가지 문제를 말한다. 즉 현실과의 연결 고리 단절 문제, 집중 방해와 주목 조작의 문제, 불투명한 세계에 대한 이해력 악화의 문제, 선택 자율성 침해의 문제, 능동적 행위성 훼손의 문제 등이 그것이다.

●● 다원주의(pluralism) : 가치관, 이념, 문화의 다름을 인정하고, 다양한 구성원의 공존을 추구하는 태도이다. 정치적 개념으로서의 다원주의는 국가 권력의 절대성, 혹은 단일한 제도나 체제 하의 권력 구조에 반대한다. 그리고 이익 집단 간의 민주적 타협과 협상, 이를 통한 정치와 정책 결정을 지지한다. 사회 문화적 측면에서의 다원주의는 민족, 종교, 언어, 이념 등의 다양한 문화적 정체성을 인정한다.

사회적 수준에서 진보의 흐름을 되돌리기란 어렵다. 기술로 인해 해직된 근로자 세대가 그 증거이다. 기술이 어느 정도 인지된 이점을 가지고 있다면, 이 기술의 추구나 실현을 막기란 거의 불가능하다. 개별적 저항은 효용성이 제한적이다. 법적 금지와 제한은 한동안 효과가 있겠지만, 유지하려면 상당히 지속적인 노력이 필요하다. 금지나 제한이 전 세계적으로 적용되어야 하는 경우 특히 그렇다. 이는 자동화 기술을 다루는 경우 거의 필연적이라고 보아야 할 부분이다. 만약 한 나라가 사이보그 기술을 금지한다면, 경제적, 군사적 차원에서 가져올 수 있는 경쟁적 이점 때문에 다른 나라는 이를 환영할 가능성이 높다. 핵무기에 관한 다양한 조약과 인간 복제 금지와 같은 예외는 이 규칙을 증명하는 경향이 있다. 만약 핵무기 개발에 어느 정도의 이점이 보인다면, 핵무기 개발을 저지하는 것은 대단히 어렵다. 그리고 전 세계에서 찾아볼 수 있는 인간 복제에 대한 많은 금지 사항으로는, 인간 조직과 신체의 일부를 복제하는 것을 포함해 다른 종류의 복제나 유전공학 등 인간 생명공학 분야의 다른 발전을 추구하는 것을 막지 못했다. 인간 복제에 많은 시간과 노력을 투자하기를 꺼리는 것은 인간 복제에서 확인된 이점이 거의 없다는 사실에 더 기인한다. 현재, 정부의 지원을 받아 연구되고 개발되고 있는 사이보그 기술과는 상황이 꽤 다른 것이다.

사회적 차원에서 그 조류를 저지하기란 어렵다. 늘어난 사이보그화를 받아들이는 것이 더 나을 것이다. 그렇다고 모든 사람이 사이보그가 되어야 한다는 것은 아니다. 오늘날 사람들이 산업 사회의 이점을 거부하고 은둔자처럼 자급자족하는 삶을 살 수 있는 것처럼, 개인은 자신이 적합하다고 보는 삶을 선택할 수 있는 선택권을 가져야 한다. 이것이 다원주의 정신이다. 이는 사이보그가 되고자 하는 사람을 사회 전체가 막지 않고 이를 지원한다는 뜻이다.

마지막으로, 신(新) 러다이트 해결책보다 사이보그 유토피아를 선호하는 것은 우리가 현재의 생활 방식에 대해 중요하게 여기는 것을 보존하는 것만이 아니라, 우리에게 그러한 가치를 확장하고 발전시킬 수 있게 한다. 즉 증대된 이해, 능동적 행위성, 선택 자율성을 기술적 한계까지 추구하게 한다는 것이다. 이것은 우리에게 근본적으로 향상된 삶의 가능성을 열어줄 것이다. 그래서 사이보그화의 보수주의적 장점은 급진적인 유토피아적 잠재력과 균형을 이룬다.

사이보그 유토피아에 대한 찬성 ②
생물학적 한계를 넘어설 수 있도록 해준다

사이보그 유토피아에 찬성하는 두 번째 주장은 급진적 가능성(radical possibility)●의 개념을 채택한다. 여기에서는 사이보그화를 추구하면 좋은 삶의 개선된 모델을 실현할 수 있다고 주장한다. 제4장에서 언급했던 것처럼 우리가 좋은 삶을 사는지의 여부는 뜻있음과 윤택함의 내적, 외적 조건을 충족하는지에 달려 있다. 뜻있고 윤택한 삶을 살기 위해서는 내가 하는 일에 주관적으로 만족해야 하고, 그렇게 할 수 있는 객관적 능력을 개발해야 한다. 뜻있음을 찾으려면 객관적 가치가 있는 프로젝트(진리임, 선함, 아름다움)를 성취하면서 주관적으로 충족되어야 한다. 우리는 무엇 때문에 윤택함과 뜻있음의 조건을 실현하지 못하는가?

항상 우리 자신이나 우리 환경 내에 있는 어떤 한계가 윤택함과 뜻있음의 조건을 실현하지 못하게 한다는 말은 옳다. 만약 내가 우울하거나 불평불만에 휩싸여 있다면, 내 주변 세상의 아름다움을 감상하지 못한다. 내가 이기적이고 사회적 불안감에 사로잡혀 있다면, 세상의 문제를 해결

● 급진적 가능성(radical possibility) : 불가능해 보일 수 있는 상황에서도 중대하고 혁명적인 변화가 가능하다는 개념을 말한다. 이 개념은 종종 희망, 낙관주의, 그리고 긍정적인 변화의 가능성에 대한 믿음과 같은 개념들과 연관된다. 급진적 가능성의 개념은 사회적·정치적 변화에 대한 논의에서 자주 인용되며, 사회 정의와 진보를 위한 운동의 원동력으로 볼 수 있다. 체념이나 패배주의에 대한 대항점으로 볼 수 있으며, 종종 변화를 추구하기 위해 대담하거나 파격적인 행동을 취하려는 의지와 연관된다.

하는 데 관심을 돌리지 못한다. 내가 머리가 둔하거나 상상력이 없다면, 내 주변 세상을 알지도 못하고 이해하지도 못한다.

비록 내가 이런 사람이 아니더라도, (불가능하겠지만) 내가 최적화된 인간이라 하더라도, 선천적 생물학으로 부과된 한계가 여전히 있다. 나는 이런 한계 때문에 특정 프로젝트와 특정 존재 상태를 추구하지 못하게 된다. 내 마음은 제한된 양의 정보를 관리하도록 진화했다. 나는 원자, 전자, 쿼크 따위로 이루어진 미시 세계는 보지 못하며, 초은하단, 암흑 에너지, 광년으로 이루어진 거대 세계 또한 마찬가지로 보지 못한다. 나는 중간 크기의 물체가 비교적 느린 속도로 움직이는 '중간 세계(middle world)'[31]●만 이해할 수 있다. 기계는 아주 쉽게 다차원 공간을 회전하고 분석하고 주성분으로 분해할 수 있지만, 나는 그렇게 하지 못한다.

그러므로 사이보그화는 특히 증강 프로젝트의 본질적인 부분으로서 더 큰 윤택함과 뜻있음에 대한 장애물을 제거하는 방법이다. 우리는 기계와 우리 자신을 융합함으로써 생물학적 능력을 향상시키고 한계를 극복할 수 있다. 물론 이것은 기술이 항상 하는 일이고, 사이보그 기술이 더 큰 윤택함과 뜻있음에 대한 장애물을 극복할 필요는 없다고 주장할 수 있다.[32] 손도끼와 같은 간단한 도구는 인간 손의 한계를 극복하는 데 도움을 준다. 자동화 기술도 비슷한 일을 한다고 주장할 수 있다. 자동화 기술은 목표 달성에 대한 내·외부의 장애물을 극복하도록 도와주는 도구이다. 이런 기계의 도움으로 우리는 다른 식으로는 할 수 없는 일을 할 수 있다.

● 중간 세계(middle world) : 진화 생물학자인 리처드 도킨스(Richard Dawkins)가 만든 용어이다. '쿼크와 원자로 이루어진 미시 세계'와 '별과 은하로 이루어진 거대 세계' 사이에 위치한 인간이 일반적으로 경험하는 영역을 설명하는 데 사용된다. 또한 사람들은 일반적으로 몇 분, 몇 시간, 몇 주 단위로 시간을 가리키며 한 세기의 일부분만 살기 때문에 피코 초(1/1,000,000,000,000초)와 수십억 년 등의 시간 개념을 인식하지 못한다. 우리는 우주의 양기 및 보기 부분에 대한 기계가 부적하다. 왜냐하면 인간이 ▮▯▯ 우리가 일상적으로 접하는 것을 가장 잘 이해하도록 진화했기 때문이다.

하지만 나는 이미 당신이 이런 스타일의 사고에서 오류를 깨달았기를 바란다. 자동화 기술이 장애물을 극복하는 데 도움이 된다는 것은 사실이다. 문제는 자동화 기술이 이 장애물 극복의 설계도에서 우리 인간의 존재를 제거한다는 것이다. 자동화 기술은 장애물 제거의 과정에서 뜻있는 삶을 원하는 인간의 참여를 촉진하지 않는다. 자동화의 논리적 극치는 영화 ≪월-E≫의 세계이다. 이 세계는 우리가 기계의 수혜를 받으면서 잘 먹고 마음 편하게 즐기는 세상이다. 사이보그 유토피아는 처음부터 인간의 참여가 포함되어 있다는 점에서 영화 ≪월-E≫의 세계와는 다르다.

하지만 사이보그화의 과정이 얼마나 많은 장애물을 제거할 것으로 예상할 수 있을까? 그 과정이 실제로, 언제든지, 곧, 더 큰 윤택함과 뜻있음을 가능하게 할까? 글쎄, 이미 어느 정도는 그렇게 하고 있다. 신경 보철과 뇌-컴퓨터 인터페이스는 어떤 기능을 상실했거나 애초에 그런 기능이 없었던 사람에게 그로 인한 한계를 극복할 수 있게 해 준다. 그리고 이는 단순히 잃어버린 기능을 대체하는 것이 아니라 새로운 것을 추가하고 한계를 극복하며 좋은 삶을 사는 새로운 방법을 여는 일에 관한 것이기도 하다. 닐 하비슨의 안테나는 완전히 새로운 형태의 미(美)적 경험을 가능하게 한다. 문 리바스의 지진 모니터링 칩은 새로운 형태의 윤리적 인식을 가능하게 한다. 케빈 워윅의 신경 이식물은 먼 거리에서 새로운 형태의 행동을 가능하게 한다.

특히 사이보그화의 다양한 방법을 함께 추구한다면, 그 가능성은 어마어마할 것이다. 즉 새로운 형태의 대인 의사소통과 친밀감 형성이 가능하고, 새로운 형태의 행동과 신체화가 실현되며, 새로운 형태의 증강된 기분과 경험적 인식이 표준이 될 것이다. 사이보그화는 우리가 이런 것이 있으리라고는 전혀 깨닫지 못했던, 좋은 삶을 살아가는 새로운 방식을 열어줄 것이다.

당신은 사이보그 유토피아에 대한 이 주장을 이상적 존재 방식에 대한 청사진을 스케치하려는 시도라고 비판할 수 있다. 하지만 이런 비판은 실수이다. 사이보그 유토피아에 대한 주장은 우리가 인간의 생물학적 한계를 극복한다면 어떤 최적의 최종 상태를 실현한다고 주장하는 것이 아니다. 내가 방금 말한 것으로부터 분명하게 드러나겠지만 사이보그화의 과정이 우리를 어디로 이끌지는 정확히 알 수 없다.

어떤 사람들은 이러한 발달이 이끌 목적 원인(telos), 오메가 포인트 (Omega point)●, 또는 끌개 상태(attractor state)●●가 있다고 추측한다. 예를 들어 뉴욕대학교 경제학 교수인 테드 추(Ted Chu)는 ≪인간 목적과 트랜스휴먼 잠재력≫(Human Purpose and Transhuman Potential)에서 인간 증강 기술이 언젠가 우리를 우주적 존재(Cosmic Being; CoBe)로 진화하게 한다고 생각한다.33 이러한 진화를 촉진하는 것이 오늘날 인간이 살아가는 목적이라는 것이다. 이렇게 말하면서, 테드 추는 종교철학자 피에르 테야르 드 샤르댕(Pierre Teilhard de Chardin, 1881~1955)이 ≪인간의 현상≫(The Phenomenon of Man)●●●34에서 내놓은 주장을 반영하고 업데이트하고 있다.

● 오메가 포인트(Omega point) : 우주가 그곳을 향해서 진화해 가는 최고 수준의 복잡성과 의식을 말한다. 인간의 약점을 극복한 로봇(사이보그) 후손들이 우주로 뻗어나가 도달하는 문명의 극치이다.

●● 끌개(attractor) : 천장에 연결된 실 끝에 돌멩이를 매달아 흔들면, 돌멩이는 가장 낮은 곳을 중심으로 오락가락 흔들리다가 가장 낮은 점에 멈춘다. 이처럼 어떤 운동을 안정된 지점으로 끌어들이는, 최종적인 점이나 선을 끌개라고 한다. (그런데 끌개는 동역학의 개념으로 '점이나 선'이 아닐 수 있다. '점이나 선'보다는 '상태' 또는 '상태의 구역'이라는 표현이 더 적절할 수 있다는 것이다.)

●●● 피에르 테야르 드 샤르댕(Pierre Teilhard de Chardin)의 사상은 다음과 같이 요약할 수 있다. 우주는 항상 진화 과정을 향해 움직이고 있으며 그 움직임은 더 큰 복잡성을 향해 달리고 있다. 이 복잡성을 향한 움직임과 나란히 한층 더 높은 의식을 향한 움직임이 있다. 우주의 전체적인 진화 과정은 몇 번의 위기를 맞게 되는데, 이 위기를 출발점으로 하여 새로운 단계로의 도약이 있곤 했다. 이와 같은 도약의 출발점은 지구상에서 생명이 빛이(빛이)를 만드 이쳤고, 이것에게 있어나는 급격적인 새로운 변화을 만들어 냈다.

하지만 사이보그화가 진행되는 과정을 보여 주는 호(弧)가 어떤 이상적인 최종 상태를 향해 휘어지고 있다고 가정하는 것은 실수이다. 기술 발전의 내부에는 매우 부정적이고 어떤 이상적인 상태로부터도 우리를 비껴갈 수 있는 경향이 분명히 존재하고, 사이보그화의 과정은 여러 가지 방식으로 펼쳐질 수 있다. 이 모든 것은 우리가 무엇을 강조하기로 선택하느냐에 달려 있고, 어떤 특정한 순간에 기술적으로 무엇이 가능한가에 달려 있다.

그래서 이 주장을 유토피아주의의 지평선 모형에 비추어 생각해 보는 것이 더 낫다는 것이 내 생각이다. 지평선을 물리적 / 지리적 용어로 생각하는 것은 항상 유혹적이다. 우리는 항상 새롭고 더 나은 삶의 방식을 찾는 우리 같은 탐험가와 미개척 분야 사람들을 새로운 물리적 영토로 밀어 넣는다. 그러나 지평선은 본질상 지리적일 필요는 없다. 지평선은 좀 더 추상적으로 생각할 수 있다. 생물학적 한계가 있는 인간의 몸은 일종의 지평선을 이룬다. 인간의 몸은 우리에게 무엇인가 가능한 것에 대한 제약으로 존재한다. 사이보그 유토피아는 이 제약의 지평선을 탐험하고 그 너머에 있는 것을 보고 경험하도록 해 준다. 정해진 목적지는 없다. 사이보그가 보여줄 수 있는 형태의 새로운 풍경이 펼쳐지고 있을 뿐이다.

사이보그 유토피아를 이렇게 생각하는 것에는 칼 포퍼가 갖는 두려움을 다룰 수 있는 장점이 있다. 칼 포퍼는 완벽하게 증강된 사이보그 인간의 이상적인 최종 상태를 달성하기 위해 사람들이 희생당한다고 우려했다. 이상적인 최종 상태가 없다면 다른 사람을 희생시킬 합당한 이유가 없다. 또한 사이보그 유토피아는 역동성과 안정성의 균형을 잘 유지할 수 있는 장점이 있다. 사이보그 유토피아는 인류를 위한, 끝없이 매혹적인 프로젝트를 제공한다. 이는 역사박물관의 먼지투성이 기록 보관소로부터 우리를 구할 수 있는 끊임없는 자기 초월의 프로젝트이다.

사이보그 유토피아에 대한 찬성 ③
우주 탐험을 가능하게 해준다

사이보그 유토피아에 찬성하는 세 번째 주장은 '사이보그'라는 말의 유래와 관련이 있다. 맨프레드 클라이네스와 네이션 클라인의 용어적 혁신은 인간을 우주로 보내려는 열망에서 촉진되었다. 그리고 실제로 우주 탐험은 오랫동안 유토피아적 사고에서 중요한 역할을 했다.

전형적인 포스트워크 유토피아의 모습은 여러 가지 측면에서, TV 시리즈인 ≪스타 트렉≫(Star Trek)[35]에 묘사되고 있는 행성 연방(United Federation of Planets)의 세계이다. 그 세계는 물질적 풍요의 세계이다. 버튼을 누르기만 하면 어떤 물건도 만들 수 있는 복제자가 있다. 또 우리의 모든 변덕과 욕망을 충족시킬 '가상 놀이터(holodeck)'가 있다. 그 세계는 노동에 대한 경제적 필요성이 사라진 세계이기도 하다. 행성 연방에서는 돈이 더 이상 존재하지 않는다고 한다.[36]● 그럼에도 불구하고, 연방 주민은 이미 얻은 명예에 의지하지 않고, ≪월-E≫에서 보는 흥분한 쾌락 중독자가 되지 않는다. 이들은 계속해서 우주 탐험의 프로젝트에 전념한다. 즉 최후의 국경이라는 큰 의미를 지닌 프로젝트에 전념한다.

그렇다고 ≪스타 트렉≫의 메시지가 끊임없이 유토피아적이라는 말은 아니다. 우주의 더 먼 곳에는 위험이 도사리고 있고, 행성 연방에서의 삶은 덜 이상적이다. (가령 여전히 출세 제일주의와 눈에 띄는 권력 엘리트가 만연해 있다.) 그래도 우주 탐험에 대한 이 관점에는 유토피아적 본능에 호소하는 무엇인가가 있다. 크리스토퍼 요크의 관찰에 따르면, 행성에서 벗어나는 것은 유토피아적 상상을 위한 풍부한 기회를 제공한

● (지은이 주) 다른 TV 시리즈와 마찬가지로 ≪스타 트렉≫의 세계에도 심각한 모순이 존재한다, 돈은 존재하지 않을 수 있지만, 무엇은 확실히 존재하며, 빛빛 공들은 돈을 사용한다.

다. 만약 사이보그화가 우주를 더 쉽게 탐험할 수 있게 해 준다면 유토피아적 세계 형성에 기여할 수 있다.[37]

하지만 이를 증명하기 위해서는 두 가지를 입증해야 한다. ⓘ 우주 탐험이 본질상 유토피아적임을 보여주어야 한다. ⓘ 사이보그화가 우주 탐험의 과정에 도움이 된다는 것을 보여주어야 한다. ⓘ은 까다롭다. 막연한 열망과 과학적으로 허구에 불과한 상상을 넘어 좀 더 구체적이고 철학적으로 그럴듯한 것으로 나아가야 한다. 나는 이렇게 할 수 있는 세 가지 방법이 있다고 생각한다.

첫 번째 방법은 단순히 앞의 절에서 나온 '지평선' 주장을 다시 적용하는 것이다. 열린 지평선이 좋은 것이라는 생각을 따를 때, 확실히 우주 탐험은 우리의 지평선을 열어 둔다. 이 경우의 지평선은 추상적인 것이 아니라 진정으로 지리적인 것이다. 우주는 상상할 수 없을 정도로 넓다. 탐사 깊이에 유의미한 제한은 없다. (물론 탐사할 수 있는 양에는 기술적, 생물학적 제한이 있을 수 있다.) 따라서 우주는 가능성의 지평선으로 끝없는 행진을 실연하는 궁극적인 무대이다. 우주는 사이보그 유토피아에 내재된 생물학적 가능성의 지평선으로 향하는 행진을 보완한다. 실제로 두 지평선 행진이 나란히 수행되어야 한다는 매우 현실적인 의미가 있다. 만약 우주의 외곽 지대를 탐험하고 싶다면, 아마도 인간 생물학의 외곽 지대를 탐험할 필요가 있을 것이다. 그리고 이러한 생물학적 지평선을 탐험하기 위해 동기 부여를 받고 싶다면, 어쩌면 지구 너머로 이동해야 할 수 있을 것이다. 가만히 있는 것은 포만감과 게으름을 조장할 뿐이다. 크리스토퍼 요크가 표현하듯이, "가장 기본적으로는 물리적 의미에서, 그러나 좀 더 중요한 측면에서는 심리학적 의미에서, 우주 탐험을 포기하는 것은 인류에게 고정된 지평선을 받아들이는 것이다."[38]

우주 탐험이 진정 유토피아적임을 보여주는 두 번째 방법은 이안 크로포드의 '지식과 창의성' 주장을 근거로 한다.[39] 이 주장에 따르면, 우주 탐험은 인간의 지식과 창의성의 지속적인 발전을 가능하게 한다. 이것은 이전 주장의 연속으로 간주된다. 즉 인간의 지식과 창의성의 지평선을 계속 열어 두자는 간청으로 간주된다. 이 주장에 대한 이런 해석은 존경할 만하며, 크로포드는 '열린' 미래를 보장할 필요성에 의해 이 주장을 분명히 표현한다. 그러나 이런 해석은 또한 우리의 지평선을 열어 둘 필요성과는 상관없는 독립적인 주장으로 볼 수 있다. 제4장을 보면, 진리임, 선함, 아름다움의 추구(객관적 가치를 가진 프로젝트)는 보통 좋은 삶에 필수적인 것으로 받아들여진다. 우주 탐험에 대한 이안 크로포드의 '지식과 창의성' 주장은 진리임, 선함, 아름다움에 대한 인간의 지속적인 추구를 보장하기 위한 시도로 이해된다. 이것이 어떻게 작용하는지 보려면, 이 주장 자체의 세부 사항으로 들어가야 한다.

이안 크로포드는 세 가지 주요 주장을 내놓았다. 이 중 한 가지는 우주 탐험이 새로운 형태의 과학적 조사와 발전을 가능하게 한다는 것이다. 이 주장은 부분적으로 과거에 우주 탐험이 과학적 발전을 가능하게 한 것처럼 역사에 기초를 두고 있으며, 부분적으로 우리가 우주를 여행한다면 무엇이 가능할지에 대한 그럴듯한 예측에 기초를 둔다. 크로포드는 우주 탐험을 통해 가능해질 수 있는 네 가지 유형의 과학적 연구를 언급한다. ⓘ 우주선을 관측 플랫폼으로 사용하는 물리학적, 천체물리학적 연구, ⓘⓘ 다양한 별과 별 주위 환경에 대한 천체물리학적 연구, ⓘⓘⓘ 행성체의 지질학 및 기타 연구, ⓘⓥ 생명체가 살 수 있는 행성에 대한 우주생물학적 연구 등이 그것이다.

다른 과학자들은 "왜 로봇이 이 모든 것을 하도록 하지 않는가?"라고 물을지도 모른다. 이에 대해 크로포드는 현장에서의 관측과 측정이 많은 경우에 훨씬 더 정확하며, 특히 다른 행성의 생명체를 찾는 데 필수적인 요소라고 주장한다. (멀리서는 그러한 행성들의 대기에 침투할 수 없다.) 그러나 로봇공학의 향상으로 크로포드가 호소하는 일부 한계가 극복되므로 이것은 설득력이 약한 주장일 수 있다.[40] 그럼에도 불구하고 그리고 이 장의 동기가 되는 전제에 따라, 만약 인간의 지속적인 윤택함을 보장하고 싶다면, 기계가 더 효과적으로 우주를 탐사할지라도 이 역할을 기계에게 넘겨주는 것은 최선의 방법이 아닐지도 모른다. 우리가 이러한 발견 프로젝트에 참여해야 한다.

이안 크로포드의 주장 중 또 다른 한 가지는 우주 탐험이 예술적 표현에 긍정적인 영향을 미친다는 것이다. 크로포드는 칼 포퍼가 내놓은 세 세계 이론(three-world theory)의 팬이다. 포퍼의 이 이론에 따르면 인간은 세 가지 세계의 교차점에 앉아 있다. (a) 물리적 사건의 세계인 세계 하나(World One), (b) 정신적 사건의 세계인 세계 둘(World Two), (c) 인간 지식과 표상(이론, 개념, 현실의 모형 등)의 세계인 세계 셋(World Three)이 그것이다. 이런 세계는 피드백 고리를 통해 서로 관련된다.41 크로포드는 예술이 세계 셋(인간 표상의 세계)에 속하지만, 물리적 세계(세계 하나)에 대한 관찰과 반응에서 비롯되는 인간의 주관성(세계 둘)을 표현한 것이라고 주장한다. 인간의 주관성(세계 둘)이 물리적 대상과 물질의 조작(세계 하나)을 통해 나타나서 새로운 인공물과 표상(세계 셋)을 창조할 때 예술적 표현이 가능하게 된다. 크로포드가 주장하는 바는 우주 탐험이 인간을 물리적으로 새로운 풍경 안에 위치시키고, 이 물리적 풍경이 다시 새로운 관찰과 주관적 반응을 촉진시키며, 이는 결국 새로운 형태의 예술적 표현을 촉진한다는 것이다. 크로포드는 또한 이것이 우리 마음의 '우주화', 즉 관점의 확장으로 이어진다고 주장한다. 이는 우리의 예술적 노력에 새로운 차원을 더한다. 칼 포퍼의 이론적 덮어 씌움이 없더라도 이 주장은 타당하다. 예술은 적어도 부분적으로 항상 우리가 살고 있는 세계에 대한 반응이었다. 우주 탐험이 우리에게 새로운 경험이나 새로운 현실과 접촉하게 한다면, 우리의 예술적 노력이 적절하게 반응할 것으로 예상된다.

이안 크로포드의 주장 중 마지막 한 가지는 우주 탐험이 도덕철학 및 정치철학의 새로운 발전을 촉진한다는 것이다. 왜 그럴까? 별 세계 탐사는 인간관계의 새로운 형태, 예를 들어 별 사이 경제나 식민지를 촉진하며, 이는 그들만의 정치적 규칙과 제도를 필요로 하기 때문이다. 그러한 기관을 설립하고 운영해 나가는 것은 철학자와 변호사에게 많은 기회를 제공한다. 또한 삶의 새로운 실험, 즉 새로운 도덕적 가능 세계를 건설하도록 한다. 또, 별 사이 탐사는 테라포밍(terraforming)●의 윤리, 다중 세대 우주선, 행성 식민지화, 인간과 기계의 관계, 삶을 지속하고 다양화할 의무, 그리고 인간과 외계 생명체 같은 서로 다른 (잠재적인) 도덕적 주체들 사이의 관계 등 새로운 윤리적 도전과 질문을 던질 것이다. 철학자들은 이미 이러한 문제를 탐구했지만, 야심찬 우주 탐험 프로그램에 착수한다면 지적 흥분은 크게 증가할 것이다.42

종합해 보면, 이안 크로포드의 세 가지 주장은 우주 탐험을 찬성하는 강력한 지적 주장을 뒷받침한다. 즉 우주 탐험은 진리임, 선함, 아름다움을 계속 추구하는 방법이다. 그리고 크로포드가 제기하는 지적 가능성은 현재 가능한 것들과의 급진적인 단절을 구성하기 때문에, 이것을 강한 유토피아적 주장으로 볼 이유가 있다.

이제 우주 탐험이 유토피아적이라고 생각하는 것에 찬성하는 마지막 방법을 살펴보자. 그것은 '생명 윤리(ethic of life)'●●43에서 나온 주장이다. 이 주장을 실행하는 가장 그럴듯한 방법은 인간이 종으로서 지속적

● 테라포밍(terraforming) : 인간이 거주하기에 적합하도록 천체의 환경을 의도적으로 변경하는 가상의 과정이다. 이것은 더 지구처럼 만들기 위해 천체의 대기, 온도, 그리고 표면을 조작하는 것을 포함할 수 있다. 테라포밍은 종종 화성과 같은 다른 행성이나 위성을 식민지화하고자 하는 맥락에서 논의된다.

●● 생명 윤리(ethic of life) : 우리가 인간의 생명에 어떻게 접근해야 하는지를 안내하는 일련의 원칙을 말한다. 이 원칙은 모든 인간의 고유한 가치와 존엄성에 대한 존중, 모든 사람은 그들의 삶을 최대한으로 살 권리가 있다는 믿음, 그리고 모든 사람들의 행복과 윤택함을 증진시킬 책임을 포함할 수 있다. 생명 윤리는 모든 사람들의 필요와 행복을 고려하도록 요구하는 데 포함이 되기 때문에, 사회사업, 보응 정책을 포함한 많은 분야에서 중요한 원칙이다.

인 생존에 관심이 있다고 지적하는 것이다. 유토피아 관점에서 볼 때, 인간 조건의 급진적 개선에 전념하는 어떤 프로젝트든 한 종으로서 인류가 지속적으로 생존해야 한다고 요구한다.44● 프로젝트의 이런 요구를 인정하더라도, 우주 탐험에 대한 유토피아적 욕구를 지지하는 상당히 강력한 주장을 할 수 있다.

만약 우리가 지구에 계속 머문다면, 자원 고갈, 유성 충돌, 그리고 궁극적인 태양 소진 등 인간의 생존을 위협하는 많은 위험에 직면할 것이다.45 우주 탐험은 이러한 위험을 해결한다. 우리 고향 행성 지구의 한계를 벗어나 위험을 완화하는 기술을 개발할 수 있다. 인류가 장기적으로 생존하고 윤택한 삶을 살기 위해서는, 우주 사업가 일론 머스크(Elon Musk)가 주장하는 것처럼 우리는 여러 행성에서 거주할 수 있는 다중 행성 종이 되어야 한다. 우주를 탐험하고 식민지로 만들지 못하는 것은 우리 종이 기회를 허비한 것이라는 닉 보스트롬의 비슷한 주장도 있다. 이것은 우주를 식민지로 만듦으로써 즐겁고 가치 있는 삶을 사는 지각력이 있는 인간의 수를 크게 늘릴 수 있다는 공리주의적 가정에 기초한다. 그래서 우리는 가능한 한 빨리 우주 탐험 프로젝트를 시작해야 한다.46

'생명 윤리' 주장을 전개하는, 덜 그럴듯한 방법도 있다. 이것은 우리가 모든 생물의 지속적인 생존을 보장하는 것에 강한 관심(또는 의무)을 가지고 있다는 믿음에 기초한다. 휴스턴다운타운대학교(University of

---

● (지은이 주) 여기에 한 가지 가능한 예외가 있다. 반출생주의(anti-natalism)로 알려진 입장에 따르면, 살아있는 것은 매우 나쁜 것이다. 삶은 인정받지 못한 고통과 해로움으로 가득 차 있다. 결과적으로 인류가 천천히 멸종한다면 더 나을 것이다. 고통의 제거가 유토피아적 프로젝트로 이해될 수 있다면, 이는 내가 이 책에서 옹호하는 친생존주의적 (pro-survivalist) 입장의 예외로 보일 것이다. 반출생주의는 특이한 견해이지만 헌신적이고 박식한 옹호자들이 있다. 내가 이를 여기서 무시하는 이유는 다음과 같다. 먼저 반출생주의는 직관에 반하는 것이다. 그리고 사이보그 유토피아를 지지하는 사람들이 우리의 하드웨어 기술 개혁을 통해 반출생주의 지지자들의 걱정거리인 고통을 없앨 수 있다는 가능성에 마음을 열어야 한다는 것이다.

Houston Downtown) 교수 크리스토퍼 케첨(Christopher Ketcham)은 우리가 살아있다는 것을 아는 유일한 종이며, 따라서 우리는 다른 모든 생명체에 대한 관리 의무를 가지고 있다는 것을 근거로 이 관점을 주장한다.[47] 만약 당신이 이를 받아들인다면, 우주 탐험에 대한 똑같은 본질적인 주장이 진행될 수 있다. 물론 이번에는 단지 우리의 생존을 보장하려는 것만이 아니라, 생명체 전체의 생존을 보장하려는 것이다. 이것은 분명 이상하고 직관에 어긋나는 생각처럼 보인다. 우리가 대장균의 생존을 보장할 의무가 있다는 것은 상상하기가 어렵다는 것이다. 그러나 우리의 생존 관심사를 현재의 종 경계 이상으로 넓히는 데는 이점이 있다. 우주 탐험의 과정은 그 자체로 우리 후손들이 포스트휴먼 종●으로 분기하게 할 수도 있다.[48] 포스트휴먼 종은 식민지 집단이 다른 행성들에 살고 (다른 선택 압력에 직면하는) 고립된 번식 집단을 형성할 때 발생할 수 있다. 또는 인간 생물학에 대한 의도적이고 규제된 기술적 개입을 통해 발생할 수 있다. 어느 쪽이든 비(非)인간 용어로 우리의 생존에 대한 관심을 생각해 보는 게 현명할지도 모른다.

이를 통해 사이보그 유토피아의 장점을 깔끔하게 짚어볼 수 있다. 나는 우주 탐험이 본질적으로 유토피아적이라는 생각에 찬성하는 세 가지 방법을 제시했다. 그러나 이 방법들은 그 어느 것도 사이보그화의 필요성에 대해서는 호소하지 못했다. 사이보그화의 필요성은 내가 앞서 언급했던 주장의 후반부에 해당하는 것이다.●● 다행히도, 이를 내가 방금 한 말에 비교적 쉽게 대입할 수 있다.

● 현재의 인간보다 더 확장된 능력을 갖춘 존재로서, 지식과 기술의 사용 등에서 현재의 인류보다 월등히 앞설 것으로 생각되는 진화된(진전된) 인류이다. 이런 인류는 생체학적인 진화가 아니라 기술을 이용한 진전으로 반영구적인 불멸을 이룰 것이라고 여겨진다.

●● 앞서 사이보그화를 통한 우주 탐험이 유토피아 상상의 기회를 제공한다고 주장했다. 그리고 이를 입증하려면 ⅰ 우주 탐험이 본질상 유토피아적임을 보여주어야 하고, ⅱ 사이보그화가 우주 탐험 과정에 도움이 된다는 것을 보여주어야 한다고 덧붙였다. 여기서 말하는 사이보그화의 필요성이란 바로 ⅱ항의 '사이보그화가 우주 탐험 과정에 도움이 된다는 것'을 가리킨다.

____표) 사이보그 유토피아와 우주 탐험

● 사이보그화가 우주
  탐험을 통해 유토피아
  기회를 제공한다

→ 이를 입증하려면,
  다음의 두 가지를
  보여주어야 한다.
❶ 우주 탐험이 본질상
  유토피아적임
❷ 사이보그화가 우주
  탐험에 도움이 됨

● 우주 탐험이 본질상 유토피아적임을
  보여주는(❶의) 세 가지 방법

① 우주 탐험은 인간의 지리적,
  생물학적 지평선을 열어주며, 인간은
  가능성의 지평선으로 끝없는 행진을
  거듭할 수 있다.
② 인간의 지식과 창의성을 발전시킨다.
  (이안 크로포드의 '지식과 창의성'
  주장)
─ 새로운 형태의 과학적 조사와 발전
  가능하게 한다.
─ 예술적 표현에 긍정적 영향을
  미친다.
─ 도덕철학 및 정치철학의 발전을
  촉진시킨다.
③ 인류가 지구라는 한계를 벗어나
  장기적으로 생존할 기회를 만들어
  준다.
─ '생명 윤리'에서 나온 주장이다.

● 사이보그화가 우주 탐험에
  도움이 됨(❷)을 보여주는 방법

─ 인간과 우주 사이에는 상당한
  생물학적 불협화음이 존재한다.
  인간은 생물학적 조직을 더
  튼튼하게 개량해야 한다.

우주 탐험에 관심이 있는 사람이라면 누구나 지금처럼 구성된 인간이 우주여행을 위한 준비가 잘 되어 있지 않다는 것을 알 것이다. 인간과 우주 사이에는 상당한 생물학적 불협화음이 존재한다. 우리는 너무 덥지도 춥지도 않은 환경인 특정한 서식지와 생태계에서 살아남고 번창하도록 진화했다. 지구는 우리에게 이를 제공한다. 지구상에서, 우리는 자기권에 의해 태양 복사로부터 보호된다. 우리는 박테리아를 비롯한 여타 유기체들과 공생 관계를 맺고 있다. 지상에 묶여 생존한다는 것은 우리 같은 존재에게 편리하다. 우주는 다르다. 우리는 우주에 살도록 진화하지 않았다. 우주는 우리의 윤택한 삶에는 적절하지 않다. 우주의 환경은 매우 가혹하다. 만약 우주로 간다면, 우리 자신을 위한 매우 보호적이고 제한적인 공간에서 살아야 한다. 만약 다른 행성에 생명체가 있다면, 새로운 생물학적 위협과 질병에 노출될 수도 있다.

이것들은 맨프레드 클라이네스와 네이선 클라인이 사이보그화에 찬성하도록 자극했던 우려이다. 만약 우리가 지금의 생물학적 신체를 가지고 직접 우주 탐험에 나서고 싶다면, 즉 만약 단순히 그 영역을 자동화 기술에 양도하기를 원하지 않는다면, 어느 시점에서는 우리의 생물학적 조직을 더 튼튼하게 만들고 개량해야 한다. 이는 유전적·생물학적 조작, 기계와의 더 긴밀한 통합(사이보그화)을 통해 달성할 수 있다. 이는 순수하게 개념적 사이보그가 되어서는 잘 할 수 있는 분야가 아니다. 좀 더 깊은 통합이 필요하다. 그러한 통합은 천천히 점진적으로 수행될 수 있다. 당장 우주로 갈 필요는 없다. 많은 유토피아 프로젝트가 그렇듯이, 이는 장기적인 임무이다. 다음 몇 세대를 위한 일은 우주의 가장 먼 곳을 탐험하는 데 필요한 기술적 능력을 키우는 것이다. 이것은 사이보그 기술뿐만 아니라 모든 우주 관련 기술에 해당된다.

블루 오리진(Blue Origin)이라는 회사를 통해 선도적으로 우주 기술에 투자한 제프 베조스(Jeff Bezos, 1964~)는 이 점을 분명히 한다. ≪타이탄 : 실리콘밸리 거물들은 왜 우주에서 미래를 찾는가≫(The Space

Barons)의 저자 크리스천 데이븐포트(Christopher Davenport)와의 인터뷰에서, 베조스는 자신의 일과 다른 우주 애호가의 일이 미래 세대가 우주에서 더 창의적이고 극적인 일을 할 수 있도록 하는 기술 인프라를 어느 정도 구축하는 것이라고 주장한다.[49] 베조스는 이런 말을 하면서 아마존(Amazon)이 1940년대부터 1990년대 중반까지 연구진과 개발자들이 구축한 디지털과 컴퓨팅 인프라로부터 큰 이익을 얻었다고 지적한다. 그러한 인프라가 없었다면 그를 비롯한 다른 모든 거대 인터넷 기업은 자신들이 해왔던 일을 할 수 없었을 것이다. 지금 목표는 우리를 다중 행성 종으로 변화시킬 수 있는 인프라를 구축하는 것이다. 사이보그화는 그 인프라의 필수 부분이다.

사이보그 유토피아에 대한 찬성 ④
집단 이후세의 존재를 보장한다

사이보그 유토피아에 찬성하는 네 번째 주장은 '생명 윤리'와 관련한 앞서의 주장을 이어받는다. 이 생명 윤리의 개념은 사이보그 유토피아를 찬성하는 독립적인 주장으로 발전할 수 있다. 나는 특히 사이보그 후계 종을 창출하는 것이 갖는 가치에 초점을 맞추면서 이전 몇몇 연구에서 상당히 긴 시간 동안 이런 발전을 진행시켰다.[50] 여기서는 우리 인간 종을 사이보그화하는 것이 갖는 가치에 초점을 맞추는 주장을 요약할 것이다.

이러한 주장은 도덕철학자 새뮤얼 셰플러(Samuel Scheffler, 1951~)가 ≪죽음과 이후세≫(Death and the Afterlife)에서 처음 전개한 생각을 전제로 한다.[51] 셰플러의 주장은 '집단 이후세(collective afterlife ; … 以後世)'●가 현재의 인간에게 삶의 중요한 원천이자 의미의 지속물이라

● 집단 이후세(collective afterlife) : 인류 집단이 지속적으로 살아가는, 나 이후의 세상을 가리킨다. 나 이후에 존재하는 인류 집단이 나의 내세는 아니지만 나의 일부라는 의미를 함축한다. 이 이후세는 초자연적이거나 종교적인 용어로 이해되는 것이 아니라 세속적

는 것이다. 이런 말을 하면서, 셰플러는 '집단 이후세'에 대한 완전히 세속적인 개념을 가지고 연구한다. 집단 이후세에 대한 그의 관점은 우리가 죽은 후에도 (지상이나 우주의 다른 곳에서) 계속 생존할 모든 사람의 삶에 초점을 맞춘다. 이런 삶은 어떤 천상의 영역에서 인간의 지속적인 생존에 대한 것이 아니다.

새뮤얼 셰플러는 집단 이후세가 있다는 사실, 또는 적어도 그것에 대한 **우리의 신념**이 우리 개인의 윤택함과 뜻있음에 중요한 역할을 한다고 철석같이 믿는다. 만약 집단 이후세가 존재하지 않는다고 확신한다면, 우리의 삶은 매우 다를 것이다. 우리는 우울하고 실존적 고뇌로 가득 찰 것이다. 그것보다 우리가 현재 하고 있는 많은 것은 집단 이후세에 대한 신념 없이는 타당하지 않고 가치도 없다. 미래 세대가 치료제를 필요로 하지 않는다면 왜 암 치료에 전념하겠는가? 아무도 고마워하고 감상할 사람이 없다면 왜 중요한 과학적 발견을 하거나 위대한 예술 작품을 창작하는가? 물론 이런 것들은 어떤 내재적 가치를 가질 수 있고, 그런 행위 자체로부터 어느 정도 만족감을 얻을 수도 있지만, 만약 집단 이후세가 존재한다면 더 큰 의미의 아우라를 지닐 것이다.

셰플러는 두 가지 흥미로운 사고실험을 통해 이를 옹호한다. 그중 한 가지 사고실험에서는 당신이 평범한 인간의 삶을 살지만, 죽은 후 30일이 지나면 모든 인간의 삶이 어떤 재앙으로 파괴된다는 것을 안다면 어떤 기분일지 상상해 보라고 한다('최후의 심판일 사고실험'). 두 번째 사고실험에서는 인류가 집단적으로 불임이고 서서히 멸종되고 있음을 안다면 어떤 기분일지 상상해 보라고 한다('집단적 불임 사고실험').[52] 새뮤

이고 자연주의적인 용어로 이해된다. 이것은 우리가 현재 살고 있는 환경과 거의 동일한 물리적, 문화적 환경에서 우리와 같은(거의 같은) 존재가 지속적으로 살아가는 것을 말한다. 영어 afterlife는 흔히 내세(來世)라는 말로 번역된다. 하지만 내세라는 말에는 '나의' 사후 세계라는 의미가 강하므로 여기서는 '이후세(以後世)'라는 조어를 쓴다. 집단 이후세라는 말은 집단인 이후세, 집단으로서의 이후세라는 뜻을 담고 있다.

얼 셰플러에 따르면 두 시나리오 모두 같은 반응을 일으킨다. 즉 그 결과 당신은 매우 끔찍하게 느낀다. 당신은 현재 살고 있는 삶의 가치에 대해 다시 한번 생각하게 된다.

그렇긴 하지만 이런 사고실험은 다른 것을 말해준다. 첫 번째 사고실험은 당신의 삶을 소중히 여기는 방식에 중요한 비(非)경험적 측면이 있다는 사실을 드러내는 것이다. 다시 말해 당신이 생각하는 삶의 가치는 삶 안에서 경험하는 것에 의해서만 결정되는 것이 아니라, 당신이 결코 경험하지 않을 것(특히 집단 이후세의 사람들에게 일어나는 일)에 의해서도 결정된다. 게다가 이 사고실험은 우리가 집단 이후세의 가치를 어떻게 평가하느냐에 보수적인 요소가 있다는 것도 암시한다. 다시 말해, 우리가 집단 이후세에 관심을 갖는 이유는 현재 우리가 소중히 여기는 것들이 그곳에서 계속 가치 있게 여겨지기 때문이다. 이는 이 장 앞부분에서 전개한 가치 평가 보수주의와 일치한다. 두 번째 사고실험 역시 이를 드러내지만, 집단 이후세에 대한 당신의 관심이 순전히 이기적인 것은 아님을 암시한다. 당신은 가족, 친구, 친척의 집단 이후세에만 신경 쓰는 것이 아니라(물론 당신은 아마 그들에 대해 좀 더 많은 관심이 있을 것이다), 더 일반적으로 인류의 운명도 신경 쓴다. 셰플러 자신이 말했듯이, 무엇이 삶을 살 가치가 있게 만들고 무엇이 우리의 뜻있음과 윤택함에 도움이 되는지에 대한 우리의 이해는 "삶 자체가 생명과 세대의 지속적인 사슬에서 한 장소를 차지하는 것으로 암묵적으로 이해하는 것에 달려 있다."[53]

나는 이것이 설득력이 있다고 생각한다. 집단 이후세는 현재 우리의 삶에서 의미와 가치를 찾는 방식에 중요한 역할을 하고, 사이보그 유토피아에 찬성하는 주장으로 활용된다. 그 주장에 따르면, 인간의 사이보그화는 집단 이후세가 존재한다는 것을 보장하는 방법을 제공하고, 집단 이후세를 보장하는 이런 방식은 전통적인 생물학적 방법보다 더 나을 수 있다. 좀 더 공식적인 용어로 말해보자.[54]

____집단 이후세는 사이보그화를 추구할 이유이다.

(1) 집단 이후세는 우리 삶에서 가치와 의미의 중요한 근원이자 그것을 지탱한다.

(2) 우리 삶에 가치와 의미를 제공하는 집단 이후세를 지원하거나 유지할 확률이 더 높은 프로젝트를 추진할 이유가 있다.

(3) 그러므로 집단 이후세가 존재한다는 것을 보장할 확률이 더 높은 프로젝트를 추구할 이유가 있다.

(4) 우리 종의 사이보그화는 전통적인 생물학적 자손의 창조보다 집단 이후세의 존재를 보장할 확률이 더 높다. 이 집단 이후세는 의미와 가치에 필요한 조건을 유지하는 세계이다.

(5) 그러므로 우리 종의 사이보그화를 추구할 이유가 있다.

이 논법의 전반부 전제 (1)~(3)는 상대적으로 논쟁의 여지가 없다. 물론 당신은 집단 이후세 논지를 받아들이지 않을 수도 있지만, 나는 이미 그 근거를 정리했다. 만약 집단 이후세 논지를 받아들인다면, 그리고 만약 인간이 자신의 삶에서 윤택하고 뜻있음을 찾을 필요성에 대한 앞장에서의 주장을 받아들인다면, 집단 이후세 논지가 설득력이 있다는 것을 알 것이다. 논란의 여지가 있는 것은 후반부, 특히 전제 (4)이다. 왜 이걸 받아들여야 할까? 주된 이유는 자손의 사이보그화가 정상적인 생물학적 자손의 창조보다 집단 이후세에 대한 희망을 더 많이 제공하기 때문이다. 특히 제4장에서 요약한 자동화의 위협(기술 비관론)에 비추어 볼 때 그렇다는 것이다. 새뮤얼 셰플러의 사고실험은 우리가 집단 이후세의 부재를 바라지 않는다는 사실을 암시한다. 집단 이후세의 부재는 우리에게 좋지 않은 것이다.

그러나 이 말이 우리가 어떤 대가를 이르더라도 집단 이후세를 원한다는 것은 아니다. 어떤 대가를 치러야 한다면 우리는 집단 이후세를 원하지 않을 수 있다. 내가 죽은 지 30일 후 멸종과 모두가 90년 동안 새벽부터 해질 무렵까지 고문을 당해야 하는 집단 이후세 사이에서 선택을 해야 하는 것이라면, 30일 후 멸종 선택지가 더 매력적으로 느껴지지 않을까? 같은 논리에 따르면, 만약 우리 자손이 기계에 대한 열등감을 받아들이고 객관적인 의미와 가치를 가진 프로젝트에 대한 참여를 포기해야 하는 집단 이후세와 우리 자손이 그런 프로젝트에 계속 참여하기 위해 기술로 증강되는 집단 이후세 사이에서 선택을 하는 것이라면, 후자를 선호하는 것이 옳다. 우리는 아이들을 위해 최고의 것을 원하며, 사이보그의 존재는 앞선 세 가지 주장에서 묘사된 이점을 갖는다. 사이보그의 존재는 우리가 현재 관심을 갖는 많은 가치를 보존하고, 미래 세대가 새로운 가능성의 지평으로 확장될 수 있게 한다.

이것은 이 주장이 중요한 전제를 뒷받침하기 위해 이전 주장들에 결국 의존하게 되므로 잉여적이라는 것을 암시한다. 이것은 부분적으로만 사실이고, 사이보그 유토피아를 선호하는 독립적인 이유를 제공하지 못하게 막지 않는다. 앞선 주장들은 모두 사이보그 유토피아의 삶이 어떨지에 대한 것이었고 이러한 존재가 유토피아 평가표에 높은 점수를 준다는 주장에 초점을 맞췄다. 이 주장은 여기와 지금(현시점)의 삶에 관한 것이다.

새뮤얼 셰플러의 집단 이후세 논지는 현재의 삶이 어떻게 집단 이후세의 전망으로부터 의미와 가치를 끌어내는지 보여주기 위한 것이다. 다른 말로 하자면, 셰플러는 단지 집단 이후세에서 살게 될 사람들을 위한 집단 이후세의 가치에만 관여하는 것은 아니다. 그는 바로 지금 그 그늘●에 살고 있는 우리를 위한 그 가치에도 관여한다. 이것은 또한 내가 하는 주장의 핵심이다. 바로 지금 우리 종의 사이보그화에 전념하는 것은 오늘 살아 있고, 완전한 인간-기계 통합을 이루려면 아직 멀리에 있는 우리들에게 의미와 가치를 제공하는 방법이다. 이것은 자동화 기술의 증가로

● 여기서의 그늘이란 미래의 집단 이후세가 현재의 우리에게 드리우는 그늘을 말한다. 이는 곧 집단 이후세가 우리에게 미치는 영향을 비유한 것이다.

인해 아무리 위협받고 있다고 하더라도, 우리의 현재 삶을 조직하기 위한 유토피아 프로젝트를 제공한다. 그리고 우주 탐험 주장과 마찬가지로, 이 프로젝트가 의미를 부여하기 위해 다음 세대가 인간-기계의 단단한 통합을 이루어야 하는 것은 아니다. 증가한 사이보그화로 향하는 경로를 따라 시작하는 것으로 충분하다.

사이보그 유토피아에 대한 찬성 ⑤
인간 수명의 한계를 넘어설 수도 있다

사이보그 유토피아에 찬성하는 마지막 주장은 가장 간단하다. 즉 증가한 사이보그화가 우리를 실존적으로 더 강하게 만들고, 수명의 한계를 넘어서 죽음의 손아귀에서 벗어나게 해 줄 수도 있다는 것이다. 이는 트랜스휴머니즘(transhumanism)● 사상가가 사이보그화를 좋아하는 주된 이유이다. 트랜스휴머니스트는 우리의 미약한 생물학적 부분을 점차 실리콘과 금속으로 대체하여 노화 과정을 통제할 수 있다고 믿는다. 우리는 자발적 죽음을 끝내고 디지털 불멸을 이룰 수 있다. 나는 이 주장을 그렇게 멀리까지 밀어붙이지는 않을 것이다. 나는 진정한 불멸이 달성 가능하고 바람직한 목표인지 의심이 든다. 하지만 우리의 실존적 강건성을 높이고 어쩌면 수명을 크게 늘리는 것이 유토피아적 목표이고, 더 큰 사이보그화의 도움을 받을 수 있다는 생각이 든다.

여기서 내 입장은 좀 미묘하다. 나는 죽음이 우리 삶에서 모든 의미를 없애므로 정복해야 하는 큰 악이라고는 생각하지 않는다. 어떤 사람들은 악

● 트랜스휴머니즘(transhumanism) : 과학 기술을 이용하여 인간의 신체적, 정신적 능력을 개선하려는 운동을 뜻한다. 트랜스휴머니즘 사상가들은 생명과학과 신생 기술의 발전에 따라 인간이 인간의 장애, 고통, 질병, 노화, 죽음과 같은 문제들을 해결할 수 있을 것이라고 믿는다. 이들은 인류가 2050년경 나노, 바이오, 정보 인지 기술로 대표되는 첨단 기술들이 융합되는 특이점에 도달할 것이며, 그러면 인간 이후의 존재인 포스트휴먼(posthuman)이 등장할 것이라고 예견했다.

이라고 생각하는 것 같다. 이스라엘 하이파대학교 철학과 교수 이도 랜도 (Iddo Landau)가 ≪불완전한 세상에서 의미를 찾는 일≫(Finding Meaning in an Imperfect World)에서 지적하듯이, 죽음이 모든 삶을 똑같이 무의미하게 만든다고 생각하는 사람들이 있다. 왜냐하면 죽음은, 우리가 일생에서 성취한 가치 있는 모든 것이 결국 세상에서 사라진다는 것을 의미하기 때문이다. 우리는 역량을 과시하고 안달복달하며 살 수 있지만, 결국 그런 삶은 헛수고가 된다. 이런 정서에 동의한다면 생명공학을 통해 죽음을 없애고 싶은 충동이 강할 것이다. 죽음을 없애는 것은 단지 유토피아적 목표인 것만이 아니라 필수적인 목표이다. 즉 우리가 삶을 뜻있게 만들고자 한다면 애초에 죽음을 없앨 필요가 있는 것이다.55

하지만 내가 말한 바와 같이, 이것은 내 주장에 동기를 부여하지 않는다. 나는 이러한 허무주의적 두려움이 어디에서 오는지 충분히 이해한다. 당신도 알아차렸겠지만, 집단 이후세 논지 자체는 이 두려움에 의존한다. 즉 우리가 죽은 후에 모든 것이 사라질 것이라는 두려움에 의존한다. 하지만 나는 이런 두려움이 우리가 주변에서 이 모든 것을 즐기지 못할 것이라는 두려움과는 미묘하게 구별된다고 생각한다. 집단 이후세 논지는 우리와 같은 존재의 연속적이고 중복되는 연쇄에 대한 열망으로 유발된다. 그 논지는 그 연쇄를 따라 있는 우리의 무기한(無期限) 존재에 대한 열망에 의해 유발되지 않는다. 나는 우리가 그런 무기한 존재를 바라서는 안 된다고 생각한다. 여기에는 크게 두 가지 이유가 있다.

첫 번째 이유는 죽음이 나쁘다는 주장에 반대하는 고전적인 에피쿠로스 학파(Epicurean school)●의 주장은 어느 정도 설득력이 있다는 것이다.56 죽음은 우리가 고통 받지 않을 비(非)존재의 상태이고, 대체로 우

● 에피쿠로스 학파(Epicurean school) : 쾌락주의를 강조하는데, 이때 말하는 쾌락주의는 우리가 생각하는 물질적으로 풍요로운 상태가 아닌 '신체에 고통이 없는 상태', '고통의 부재'를 말한다. 일반적으로 말하는 물질적이고 육체적인 쾌락은 오히려 고통을 수반하기 때문에 멀리해야 하는 것으로 여긴다.

리의 출생에 앞서는 비(非)존재의 상태와 본질상 비슷하다. 그래서 우리는 사람들이 주장하는 것만큼 죽음이 끔찍한 것은 아니라고 생각하게 된다. 그렇다고 죽음이 좋은 것이고 두 팔 벌려 환영해야 하는 것이라는 뜻도 아니다. 또한 누군가가 죽을 때 고통을 받을 수 있으므로 죽는 과정이 나쁠 수 없다는 것도 아니다. 단지 삶을 무의미하게 만드는 큰 악이 아니라는 것이다.

두 번째 이유는 죽음이 진정으로 제거되는 불멸(不滅)의 존재 또한 무의미함의 위험을 무릅쓴다는 것이다. 이것은 불멸이 '지루'할 것이라는, 자주 언급되는 이유 때문은 아니다. 이것은 철학자 버나드 윌리엄스(Bernard Williams, 1929~2003)가 자신의 논문 <마크로풀루스 사건 : 불멸의 지루함에 대한 성찰>(The Makropulus Case : Reflections on the Tedium of Immortality)에서 대중화시킨 입장이다.57 윌리엄스는 뜻있는 삶을 살기 위해서는 특정한 장기 프로젝트와 관심사를 갖는 것이 필수라고 주장했다. 뿐만 아니라 이런 프로젝트는 또한 당신의 정체성을 형성한다. 즉 당신을 지금과 같은 독특한 사람으로 만든다. 불멸의 문제는 당신이 이 프로젝트를 끝내고 수정해야 한다는 것이다. 당신은 자신의 독특한 정체성을 유지하면서 단지 여러 번 수정할 수 있다. 필연적으로 반복과 지루함이 시작될 것이다. 나는 윌리엄스가 이 주장의 잘못에 대해 알고 있다고 생각하지만, 반복을 그렇게 비판하는 것은 잘못되었다고 생각한다. 인생에서 가장 보람 있는 즐거움 중에는 반복되는 것들(음식, 술, 섹스 등)이 있다. 더군다나 장기적인 프로젝트와 관심사를 바꾸고 우리 정체성을 유지할 수 있는 시간에는 어느 정도 상한이 있다고 가정하는 것도 틀렸다. 우리의 정체성이 그렇게 고정되고 뿌리내려야 할 이유는 없다. 당신의 정체성은 당신의 신념, 욕망, 기억, 성향에 의해 정의된다. 이러한 정신 상태는 일생 동안 서로 연결되어 있다. 연쇄의 연결고리 사이에 어느 정도 중복과 연속성이 있는 한, 지속적인 정체성을 갖게 될 것이다. 당신이 결국 시작했던 곳과 다른 곳에 있게 될 수도 있다는 사실은 중요하지 않다.

아니, 불멸의 진짜 문제는 우리의 삶을 '중량이 없게' 만들고 우리의 업적에서 의의(意義)를 박탈한다는 것이다. 로드아일랜드대학교 철학과 교수를 지낸 아론 스머츠(Aaron Smuts, 1975~2022)는 이 주장을 꽤 설득력 있게 전개한다. 스머츠는, 진정한 불멸의 존재는 결국 실질적으로 성취할 수 있는 모든 것을 이룰 수 있다고 지적한다. 충분한 시간과 노력이 있으면, 모두가, 가능한 것이 무엇이든 할 수 있을 것이다. 이는 당신의 업적에 특별하거나 독특한 것이 없다는 것을 의미한다. 언젠가는 모든 다른 불멸의 존재도 그런 업적을 달성하기 때문이다. 당신은 좋은 것이든 나쁜 것이든 경험할 수 있는 모든 것을 경험할 것이다. 실질적으로 성취할 수 없는 것들은 끝없는 좌절의 원인이 될 것이다.58

아론 스머츠는 아르헨티나 작가 호르헤 루이스 보르헤스(Jorge Luis Borges, 1899~1986)가 자신의 단편소설 <불멸>(The Immortal)에서 불멸의 존재가 가지는, 슬픈 운명을 잘 요약하고 있다고 주장한다. 이 소설에서 보르헤스는 무한한 일생 동안 "모든 일은 모든 사람에게 일어나고," 그래서 모든 행동은 본래 중요하지 않게 되고 존경, 처벌, 경외의 가치가 없어진다고 지적한다. 그는 이렇게 표현한 바 있다. "호머는 ≪오디세이≫(Odyssey)를 지었다. 무한한 시간이 주어지고, 무한한 상황 및 변화가 있다면 오디세이가 한번도 지어지지 않는 일이란 불가능하다. 어느 누구도 누군가가 아니다. 불멸의 단 한 사람은 모든 사람이다."59

하지만 여전히 나는 더 큰 실존적 강건성과 수명 연장을 달성하는 것이 유토피아적 목표라고 주장한다. 그 이유는 무엇인가? 간단한 대답은 불멸의 문제가 극단에 놓여 있다는 것이다. 죽음을 완전히 없애는 것이 바람직하지 않다고 해도, 우리의 삶을 현재 한계를 넘어서 확장하는 것까지 바람직하지 않다는 것은 아니다. 적어도, 우리가 이 장에서 묘사한 다른 유토피아적 목표, 특히 우주 탐험의 목표를 달성하려면 더 큰 실존적 강건성을 보장해야 한다. 우주 탐험이 우리의 열망이라면 우리는 생물학적으로 취약하지 않아야 한다. 더군다나, 우주 탐험 프로젝트와는 상관없이, 누군가가 죽고 싶어 하기 전에 죽는 것은 여전히 비극적이다. 삶의 프로젝트가 여전히 작동 중인데도 죽는다는 것은 이상적이지 않고, 우리의 관계가 자연스러운 종말에 도달하기 전에 끊는 것도 이상적이지 않다.

내가 이 장을 쓰고 있을 때 내 누이가 갑자기 죽었다. 그녀는 마흔세 살이었고 1년 6개월 된 아들이 있었다. 내 누이는 이 아들을 보살피고 어른으로 키우고 싶었다. 여기에서 비극이 보인다. 내 누이의 삶은 미완성인 채로 남겨졌다. 만약 이런 종류의 일이 일어나는 것을 막을 수 있다면, 혹은 최소한 그 가능성을 줄일 수 있다면, 우리는 근본적으로 더 나은 세상에서 살 수 있을 것이다.

사이보그화가 이런 일을 가능하게 한다는 절대적인 보장은 없다. 어느 정도 현실적인 근거가 있기는 하지만 가정일 뿐이다. 우리의 생물학적 부품은 질병과 감염에 취약하며 기계 보철술 외에는 쉽게 교체되거나 재생되지 않는다. 기계 부품 자체는 덜 취약하고 쉽게 교체할 수 있다. 우리가 생물학적 부품에 대한 의존도를 최소화하고 기술적 부품에 대한 의존도를 높일 수 있다면, 더 큰 실존적 강건성을 달성할 수 있다. 이것은 의학과 생명공학의 다른 보완적 발전에 의존하고, 다시 한번 장기 프로젝트가 될 것 같다. 그 사이에 비극적이고 미완성인 삶이 많이 있을 것이다. 그럼에도 불구하고, 그 프로젝트 자체는 우리가 지향할 수 있는 유토피아적 지평선을 규정짓는다.

6장_3절   사이보그 유토피아를 반대하는 주장

방금 요약한 다섯 가지 주장을 종합적으로 생각해 보면, 이는 사이보그 유토피아를 강력하게 찬성하는 것이다.

더 큰 인간-기계 통합의 길을 추구하는 것은 다원주의와 다양성에 대한 신념을 유지하면서 현재 우리에게 소중한 많은 것을 보존함과 동시에 우리가 항해할 수 있는 몇 가지 뚜렷한 유토피아적 지평선을 제공하는 방법이다. 인간-기계 통합의 길은 안정성과 역동성 사이의 균형을 유지하고, 근본적으로 더 나은 미래에 대한 희망을 준다. 나는 이 중 어떤 것도 무시하지 않는다. 나는 사이보그 유토피아의 특정 측면에 끌린다. 그렇지만 사이보그 유토피아의 관점에는 어두운 측면이 있다. 이런 어두운 면은 인간이 사이보그화를 통해 인지적 적소를 차지하는 것이 최선의 대응이 아닐 수 있다는 것을 암시한다. 나는 이제 이 사이보그 유토피아를 반대하는 관점에 대해 살펴볼 것이다. 사이보그 유토피아에 대한 반대는 여섯 가지이다.

사이보그 유토피아에 대한 반대 ①
노동 시장의 부정적 초경쟁을 부추긴다

첫 번째 문제는 사이보그 프로젝트가 보존 목표에 성공할 경우, '우리가 벗어나고자 하는 것 중 하나인 일'을 보존하는 반갑지 않은 부작용이 생길 수 있다는 점이다. 이것은 이미 당신 머리에 떠오른 반대 의견이겠지만, 자세히 설명해보자. 사이보그화의 보존 장점은 우리의 능동적 행위성과 주변 세계와의 연결성을 보존하고 유지하는 능력에 있다. 이런 능력은 자동화 기술이 위협하는 것이고, 우리의 윤택함과 행복에 필수적인 것이다. 그러나 일의 자동화를 가능하게 하는 것은 바로 똑같은 것이다.

제3장에서 언급했던 것과 같이 이 책은 일의 자동화가 바람직하다고 주장한다. 일은 구조상 나쁘다. 즉 일은 우리의 자유를 훼손하고, 우리의 행복을 위태롭게 하며, 체계적인 불평등을 계속 유지한다. 일에서 벗어날 수 있다면 좋은 것이다. 자동화 기술이 증가하면 이미 정착된 부정적 평형이 분쇄되고, 새롭고 근본적으로 더 나은 포스트워크 세계의 잠재력이 제공된다. 이 책 후반부의 목표는 포스트워크 가능성을 촉진하는 동시에 자동화의 위협을 피하기 위해 무엇을 할 수 있는지 확인하는 것이다. 하지만 이는 불가능할 수도 있다. 다음다음 페이지의 그림에서처럼 선택을 해야 할 수도 있다.

그림에서 제시한 딜레마를 피할 수 있을까? 사이보그화를 옹호하는 사람이라면 뭔가 제공할 수 있다. 그들은 비록 일이 여전히 현실적인 측면에서 필요하더라도 사이보그화가 일을 더 즐겁고 뜻있게 만든다고 주장한다. 개인 능력과 인지 활동을 향상시킴으로써 노동 생산성을 다시 한번 높일 수 있다. 이것은 사이보그화에 대한 현재의 부정적 경향을 뒤집는 데 도움이 된다. 기계가 할 수 없는 일을 근로자가 사이보그로서 할 수 있다면 더 나은 임금과 더 나은 권리를 요구할 수 있다. 또한 일을 훨씬 더 쉽게 만들고, 만약 감정과 기분을 향상시키는 요소를 그 혼합물인 사이보그에 포함시킨다면 일은 더 즐거울 것이다.

그러나 이런 대응에는 문제가 있다. 사이보그화의 장점이 모든 근로자에게 동등하게 공유된다는 보장은 없다. 실제로 사이보그화는 단지 제3장에서 논의한 노동 인구의 양극화를 강화하고 공고히 하는 역할을 할 수 있다. 흥미로운 일을 선택하고 임금을 높일 수 있다는 점에서 대부분의 혜택은 사이보그 기술을 활용할 가장 유리한 위치에 있는 창의적인 엘리트 근로자에게 흘러갈 것이다. 게다가 사이보그화의 장점 자체는 오래가지 못할 수도 있다.

직장에서 인간-기계 하이브리드를 옹호하는 사람들은 종종 자신의 주장을 펼치기 위해 보드 게임에서 인간-기계 하이브리드의 유사한 사례를 지적한다. 예를 들어 타일러 코웬(Tyler Cowen, 1962~)은 ≪4차 산업혁명 : 강력한 인간의 시대≫(Average Is Over)●에서, 체스 게임의 인간-컴퓨터 파트너십 사례를 미래 직장에 대한 잠재적 모델로 사용했으며, 그 이후 다른 사람들도 전례를 따랐다.60 코웬은 인간-컴퓨터 파트너십이 자동화와 불평등의 추세를 뒤집는다고는 생각하지 않았지만, 인간의 지속적인 노동 참여를 위한 하나의 경로를 제공한다고 생각했다. 그렇다면 코웬의 책이 출간된 지 4년이 조금 넘은 2017년, 체스 분야에서 인간-기계 파트너십이 그 장점을 잃었다는 것은 주목할 만하다.61 체스를 두는 최신 컴퓨터는 이제 인간보다 기량이 뛰어나다. 다른 분야에서도 비슷한 일이 관찰될 것이다.

그래서 슬픈 현실은 사이보그화가 우리를 처한 틀에서 벗어날 수 있게 할 것 같지 않다는 것이다. 사이보그화는 포스트워크 미래의 더욱 급진적인 가능성을 고려하기 위해 필요한 날을 단지 연기시키고, 그 사이 노동 시장의 초경쟁이라는 부정적 문화를 강화시킬 뿐이다. 값비싼 교육과 끝없는 자기 홍보 외에도, 사람들은 이제 노동 시장에서 발판을 마련하

● ≪4차 산업혁명 : 강력한 인간의 시대≫(Average Is Over) : 4차 산업혁명 시대에는 1% 대 99%로 나뉘는 극단적 양극화가 아니라, '평균'으로 대변되는 중간층이 사라진 양극화가 진행된다고 주장한다. 이는 기계 지능이 대체할 수 있는 평범한 능력자의 일자리가 사라지기 때문이다. 그렇다고 '기계가 인간을 대체하는 세상'이 미래의 모습이라는 것은 아니다. 코웬은 기계 지능이 모든 사람이 아니라 특정 사람을 대체하며, 기계 혁명에 적응하는 사람은 더 많은 소득을 올린다고 말한다. 그의 전망에 따르면 기계 지능과 결합하여 가치를 높일 수 있는 일을 찾는 것이 미래를 준비하는 가장 확실한 방법이다.

____그림) 사이보그화의 보존 딜레마에 대하여

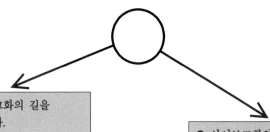

○ **사이보그화의 길을 추구한다.**

→ 현재의 도덕적 가치를 유지한다.
① 현실과의 의미심장한 연결 고리
② 독립적인 선택의 자율성
③ 도덕적으로 능동적인 행위성

→ 일의 자동화는 바람직하지만 이 바람직함을 얻을 수 없다. 사이보그화는 자동화 비관론을 막지만, 일의 자동화도 막는다는 것이다.

○ **사이보그화의 길을 추구하지 않는다.**

→ 현재의 도덕적 가치를 잃을 위험이 있다.
① 현실과의 의미심장한 연결 고리 단절
② 독립적인 선택의 자율성 상실
③ 능동적인 행위성 훼손

→ 바람직한 '일의 자동화'를 얻을 수 있다.

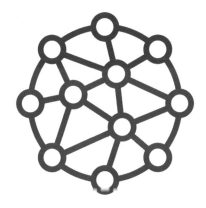

기 위해 사이보그 이식물을 놓고 경쟁해야 한다. 물론 확신은 하지 못하지만, 인간-기계 하이브리드가 기계에 비해 장기적 우위를 유지할 가능성이 가장 높은 분야는 예측 불가능한 환경에서 수행해야 하는 육체노동의 영역이다. 예를 들어, 증강된 외골격을 가진 사람은 같은 일을 하도록 프로그램된 기계보다 더 나을(더 저렴할) 것이다. 하지만 우리가 이러한 형태의 일을 소중히 하고 이를 생각하는 방식에 근본적인 변화가 없다면, 이것은 많은 사람이 보상과 보수가 적은 일을 맡는다는 것을 의미한다. 우리는 사이보그화의 다른 이점을 위해 기꺼이 이 가능성을 감수할 수 있는지 물어봐야 한다.

사이보그 유토피아에 대한 반대 ②
인간이 기술(기업)의 노예로 전락할 수 있다

사이보그 유토피아에 대한 두 번째 걱정은 개인의 자유에 미치는 영향에 관한 것이다. 지금까지 사이보그 유토피아가 능동적 행위성과 선택 자율성을 유지할 것이라는 약속으로 사이보그 유토피아를 추천해 왔다. 기술로 우리 자신을 증강하면, 제4장에서 우려했던 과잉 신뢰와 과잉 의존을 피할 수 있다.● 하지만 이것이 정말 사실일까? 우리의 생물학적 한계를 초월하기 위해 서두르는 상황에서, 우리는 사실 우리의 자유를 훼손하는 것이 아닐까?

저널리스트 마크 오코넬(Mark O'Connell)은 이를 걱정한다. 오코넬은 몇 년 동안 현대 트랜스휴머니즘(transhumanism) 운동의 핵심 인물들을 따라 다니면서 인터뷰했다. 이 중에는 이 장 앞에서 언급한 바이오해커 팀 캐넌(Tim Cannon)도 있다. 오코넬은 기술의 해방적 힘에 대한

● 인간이 기술적 인공물에 대해 신뢰도와 의존도가 높다면 인간은 기술적 인공물과 함께 확장된 마음을 형성한다. 하지만 신뢰와 의존이 심해지면 이는 결국 상호 의존이나 보완이 아니라 인간이 일방적으로 기술적 인공물에 의존하는 문제를 낳는다.

이 사람들의 믿음에 마음이 어지럽다. 그는 이들의 신념이 깊은 역설을 숨기고 있다고 생각한다. 그는 이렇게 말한다. "트랜스휴머니즘은 다름 아닌 바로 생물학 자체로부터 완전한 해방을 옹호하는 해방 운동이다. 그러나 이 트랜스휴머니즘을 바라보는 또 다른 방법이 있다. 이는 동등한 일에 대한 전혀 다른 해석으로서, 이 명백한 해방이 실제로는 다름 아닌 바로 기술에 대한 최종적이고 완전한 노예화(enslavement)라는 것이다."62

마크 오코넬의 걱정에도 일리가 있다. 단도직입적으로 말하자면, 증가한 사이보그화의 과정을 추구할 때, 어떤 것으로부터도 진정으로 우리 자신을 해방시키지 못하고, 단지 우리의 생물학적 감옥과 기술적 감옥만 바꿀 뿐이다.● 이런 식으로 생각해 보자. 제4장에서 자동화 기술을 통해 능동적 행위성과 선택 자율성을 훼손할 수 있는 다양한 메커니즘을 기술했다. 나는 자동화 기술이 우리의 의사 결정을 지배하고 조작하고, 세상을 더 불투명하고 인간 이성이 잘 이해하지 못하게 만들며, 우리의 주의력과 집중을 통제하는 데 사용될 수 있다고 설명했다. 약리학적, 유전적 증강 방법을 제외하고, 사이보그화의 모든 주요 방법은 우리 스스로와 같은 종류의 기술을 더 깊이 통합한 뒤에 구축된다. 도대체 왜 우리는 이런 통합을 통해 어떤 것으로부터도 해방될 수 있다고 생각해야만 하는가?

비록 인간의 해방 문제가 사이보그 유토피아에 심각한 문제이긴 하지만, 적어도 어느 정도 역설을 해소할 수 있을지도 모른다. 사실 여기에는 실제 역설이 전혀 없다고 주장할 수 있다. 사이보그화를 지지하는 사람들은 자유의 한 차원을 다른 차원과 교환하고 있다. 어쨌든 자유는 매우 복잡한 현상이다. 이는 이 책에서 제시한 앞의 모든 논의로부터 분명하

● 지금의 인간은 생물학적 한계를 벗어나지 못한다는 점에서 감옥에 갇힌 것으로 해석되고, 기수의 도움으로 가능해진 사이보그도 기수에 대한 노예화의 문제에 직면하므로 결국 기술적 감옥에 갇힌 것이라 할 수 있다.

게 알 수 있다. 자유에 대한 몇 가지 이론이 있으며, 각각은 자유의 조건을 식별한다. 그러한 조건의 예로는 간섭의 부재, 지배의 부재, 합리적 선택의 능력, 적절한 범위의 가치 있는 선택권의 존재, 진정한 자아를 표현할 수 있는 능력 등이 있다. 이러한 조건을 분리되고 서로 양립하지 않는 이론으로가 아니라 전체로 본다면, 각각의 조건이 자유의 서로 다른 차원을 정의한다는 것을 알 수 있다. 이렇게 하면 자유롭다는 것이 무엇을 의미하는지에 대한 다차원적 모형에 도달하게 된다.

자유를 이렇게 다차원적인 것으로 보는 일은 중요하다. 이는 다차원적 모형을 염두에 두고 있을 때 모든 차원을 동시에 최적화하지 못할 수 있기 때문이다. 비유를 들어보면, 증거를 평가하고 가중치를 따지는 방식이, 꼼꼼하면서도 동시에 효율적인 의사 결정 시스템을 갖는 것이 가능하지 않을 수 있다. 꼼꼼함은 효율성보다 반드시 시간이 더 걸린다. 효율성이나 꼼꼼함 중 어느 하나에 우선순위를 두거나 둘 사이에서 타협점을 찾아야 한다. 자유도 마찬가지이다. 의사 결정에서 외부 간섭을 최소화하는 동시에 우리가 무엇을 하고 있는지 이해하는 능력을 최대화하는 것이 가능하지 않을 수도 있다. 이해를 극대화하려면 (가령, 교육과 설득을 통해) 어느 정도 외부의 간섭이 필요하다. 어쩌면 이것은 역설적일지도 모른다. 왜냐하면 우리의 자유 이론의 중심에 긴장감을 드러내기 때문이다. 또는 어쩌면 자유의 다차원적 본질을 실감하도록 하는 것일지도 모른다.[63]●

어느 쪽이든, 그것은 기술적 노예화에 대한 마크 오코넬의 두려움 뒤에 무엇이 있는지 이해할 수 있는 새로운 방법을 제공한다. 사이보그 숭배자, 특히 트랜스휴머니즘을 믿는 사람들은 우리의 자유에 대한 생물학적

● (지은이 주) 사회 선택 이론에는 겉보기에는 바람직해 보이는 특정 제약들을 동시에 충족시키는 것이 불가능하다는 것을 보여주는 온갖 종류의 불가능 증명이 있다. 케네스 애로우(Kenneth Arrow)의 '불가능성 정리(impossibility theorem)'가 대표적인 예이다. 그것은 완벽한 민주적 투표 시스템을 만드는 것이 불가능함을 보여준다.

제약을 최소화하고 인간의 형태를 넘어서는 새로운 가능성의 지평을 탐구하기 위해 노력하고 있다. 오코넬(그리고 다른 사람들)은 이것이 우리의 자유에 대한 기술적 제약에 우리를 노출시킨다고 걱정한다. 여기에는 실질적으로 피할 수 없는 긴장감이 있다. 즉 생물학적 제약의 최소화는 반드시 기술적 제약의 최대화를 수반한다. 곧 생물학적 제약을 줄이고자 하는 일은 기술적 난이도를 높인다. 우선순위를 정하거나 타협해야 한다. 그렇다고 해서 기술적 자유가 아닌 생물학적 자유를 선택한다면 노예화로 향한다는 뜻은 아니다. 단지 자유의 한 차원에 비해 다른 차원을 선호한다는 것을 뜻할 뿐이다.

물론 이것은 우리에게 큰 도움이 되지 않는다. 이것은 자유롭다는 것이 무엇을 의미하는지에 대한 더 미묘한 이해를 제공하고 자유에 관해서 우리가 내려야 할 어려운 선택을 강조하지만, 그렇다고 생물학적 제약을 최소화하면 우리 자신이 훨씬 더 나쁜 것에 노출될지도 모른다는 두려움이 가라앉는 것은 아니다. 제4장에서 언급한 바와 같이, 우리는 자유에 대한 생물학적 제약에 익숙하다. 우리는 수백 수천 년 동안 그런 제약과 더불어 살아왔다. 우리는 그런 제약에 대한 저항 전략을 개발했다. 그런 생물학적 제약이 정말 너무 나쁘므로 기술적 제약과 교환하기를 원하는가? 설령 그렇다 해도, 그것은 이 책에서 제시하는 주요 주장에 역행하지 않을까? 우리는 두 팔 벌리고 자동화의 위협에 맞서기 위해 달려가는 것이 아니라 그런 위협을 피할 방법을 찾고 있다.

그래도 이 문제를 해결할 방법이 있다. 기술적 노예화에 대한 대부분의 두려움은 기술 그 자체에서 비롯되는 것이 아니다. 오히려 (a) 기술이 우리 존재의 일부가 아니라는 의미에서 '타자'라는 느낌에서 비롯되거나, 또는 (b) 제3자인 제조업체와 설계자가 기술을 소유하고 통제한다는 의미에서 우리가 기술을 **통제**하거나 **소유**하지 않는다는 사실에서 비롯된다. 걱정 (a)는 사이보그 보철술과 뇌 이식물을 가진 많은 사람이 이미 느끼는 것과 같은 종류의 '기술과의 완전한 생물학적·현상학적 통합'이 있음을 보장함으로써 해결될 수 있다.64 이 장의 앞부분에서 닐 하비슨이 자신은 기술을 사용하는 것이 아니라 자신이 기술이라고 한 말을 떠올려보라. 걱정 (b)는 해결하기가 더 어렵다. 비유를 들자면 사람들이 소셜 미디어가 자유에 미치는 효과에 괴로워하는 것은, 단순히 소셜 미디어가 우리의 행동을 변화시키는 방식 때문이 아니라, 그러한 변화가 기술을 소유하고 통제하는 다른 사람들(그런 서비스를 운영하는 회사나 그런 서비스를 납치하는 해커)에 의해 유도되고 장려되기 때문이다. 이는 그런 행동적 변화가 우리의 존재에 진실성이 없고 우리의 이익에 도움이 되지 않을 수 있다는 것을 의미한다.

사이보그 기기와 이식물에도 이 두 가지 우려가 모두 적용될 것으로 보는 이유가 있다. 개념적 사이보그화나 기술적 사이보그화를 가능하게 하는 시스템의 소프트웨어는 이러한 기술의 제조업체가 프로그램(또는 원격 제어)할 수 있다. 기술은 제3자에 의해 해킹될 수 있다. 실제로 그러한 장치의 해킹 취약성은 이미 입증되었다. 일부 학자들은 이 위협에 대응하기 위해 '신경 보안(neurosecurity)'●이라는 새로운 분야를 제안하고 있다.65 사이보그 유토피아를 옹호하는 사람이라면 누가 이런 기술을 소유하는가라는 문제가 쉽게 바뀔 수 있는 법적 우연일 뿐이라고 대답할 수 있다. 소유권은 합법적인 구성물일 뿐이지 자연적 질서에 내재된 것이 아니라는 것이다.

외부 당사자가 사이보그 이식물을 소유하지 않는, 쉽게 달성할 수 있는 사이보그 미래가 있다. 이런 외부 당사자는 또한 제어 문제가 기술적 문제에 불과하다고 말할 수 있다. 즉 그것을 사용하는 개인만이 접근할 수 있는(프로그래밍할 수 있는) 안전한 시스템을 만듦으로써 해결(또는 최

● 신경 보안(neurosecurity) : 신경학적 질병이나 상태를 모니터링하고 치료하는 데 사용되는 장치와 시스템을 보호하고자 하는 사이버 보안 분야를 말한다. 이러한 장치 및 시스템에는 뇌-컴퓨터 인터페이스, 뇌 삽입물 및 신경 자극제와 같은 의료 기기뿐만 아니라 신경 기술 분야에서 사용되는 소프트웨어 및 하드웨어가 포함된다.

소한 최소화)될 수 있는 어떤 것이다. 만약 이 두 문제를 해결할 수 있다면 트랜스휴머니즘의 역설을 해소하고 사이보그 유토피아에 대한 신념을 유지할 수 있다.

이것이 사실이지만, 해결책을 기다리며 숨을 죽이지는 않을 것이다. 두 가지 문제, 특히 제어 문제를 해결하는 데는 만만치 않은 어려움이 있다. 아마도 사이보그화를 통해 우리는 각자 매우 유능한 프로그래머가 되는 길을 혼자 힘으로 나아가서 제3자의 개입에 의존할 필요가 없을 것이다. 그리고 아마도 우리는 납치 위험을 최소화하면서 매우 안전한 시스템을 만들 것이지만, 이것이 매우 어렵다고 생각할 만한 충분한 이유가 있다. 보안 전문가와 해커 간의 갈등에는 전형적인 비대칭성이 있다.[66] 해커는 해킹을 위해 시스템에서 단 한 가지 취약점을 찾기만 하면 된다. 반면 보안 전문가는 모든 잠재적인 구멍을 가리고 완벽한 벽을 만들어야 한다.

아직 아무도 그렇게 하지 못했다. 그래서 만약 우리의 자유에 대해 신경을 쓰고, 더 심각한 조작과 통제에 우리 자신을 노출시키고 싶지 않다면, 사이보그화의 이상을 버리는 것이 더 나을지도 모른다.

사이보그 유토피아에 대한 반대 ③
자기반성도 없고, 자유 의지도 없고

사이보그 유토피아에 대한 세 번째 문제는 극단적인 경우에 구상 중인 유토피아와 우리가 지금 있는 곳 사이에 문화적 격차를 너무 많이 벌린다는 것이다. 제5장에서 언급했듯이, 유토피아는 현 사태의 급진적인 개선이어야 하지만, 우리가 이해할 수 없을 정도로 급진적이어서는 안 된다. 지구상에서 지금의 몸을 가진 생물학적 존재로 현재의 삶을 사는 것과 은하계를 쫓는 광선으로 사는 대안적 삶 중 하나를 선택하라고 한다면, 어떤 선택을 해야 할지를 두고 정말 고민이 많을 것이다. 그런 대안적 삶은 너무 많은 변화이다. 그리고 그런 대안적 삶이 현재의 삶에 대한 근본적인 개선인지를 판단하는 데 필요한 정보가 부족하다.

사이보그 유토피아는 이 문제를 겪는 것으로 보인다. 좀 더 적당하고 보수적인 사이보그 유토피아는 합리적으로 이해 가능한 것이다. 닐 하비슨이 자신의 아이보그(Eyeborg)● 안테나에 대한 경험을 설명할 때, 나는 어느 정도 그의 경험을 이해한다. 물론 그가 경험한 것을 내가 직접 경험하지는 못했지만, 나는 그가 세상과의 감각적 상호 작용을 매우 흥미롭게 확장했다는 것을 깨달을 만큼 충분한 공통점을 가지고 있다. 케빈 워윅이 자신의 신경에 마이크로칩이 이식된 로봇 팔을 움직이는 경험도 이해가 된다. 내가 손에 칩을 이식한 적은 없지만 서로 다른 소리는 들어봤으므로, 그의 로봇 팔 경험은 하비슨의 아이보그보다는 조금 더 낯설지만 어땠을지 추측은 할 수 있다.

문제는 이러한 차이를 늘리기 시작하면서 문화적 격차가 점점 더 많이 벌어진다는 것이다. 만약 사이보그 유토피아의 한 가지 목표가 인간 생물학의 경계에 맞서고 우리의 친숙한 한계를 뛰어넘는 것이라면, 내가 그 일원이 되도록 요청받는 것이 나에게 익숙했던 것과 너무 달라서 이 프로젝트를 합리적으로 평가할 수 없다. 이 프로젝트가 급진적인 개선인지 아닌지 구분하기 어렵다. 특히 사이보그 혁명의 결과가 기술 변혁의 결과로 지금 내게 가치 있어 보이는 많은 것이 대체되거나 개혁된다면 더욱 어렵다.

몇 가지 예를 들어보면 그 문제를 더 깊이 이해할 수 있다. 법학자 브렛 프리슈만(Brett Frischmann)과 철학자 에반 셀링거(Evan Selinger)는 자신들의 책 ≪인류 재설계≫(Re-engineering Humanity)에서 현대판

● 아이보그(Eyeborg) : 색깔을 들을 수 있도록 해 주는, 닐 하비슨의 두개골에 이식된, 감각 장치를 말한다.

'기술 사회 공학(techno-social engineering)'●이 비인간화 효과를 갖는다고 주장한다. 그들은 '기술 사회 공학'이라는 용어를, 새로운 기술을 사용하지만 또한 (법과 같은) 사회 제도를 통해 우리에게 여과되는 행동 변화 / 조작 시스템을 가리키는 포괄적인 용어로 사용한다. 그들은 특히 현대 자동화 장치로 가능하게 된 기술 사회 공학을 우려한다. 그들은 이런 기술이 우리가 단순한 기계처럼 행동하도록 '프로그램'한다고 주장한다. 즉 예측 가능하고 일상적이고 비(非)성찰적인 방식으로 행동하도록 프로그램한다는 것이다. 자기반성, 숙고, 자유 의지가 인간 조건의 핵심이므로 이것은 비(非)인간화이다.[67]

프리슈만과 셀링거는 이 전망에 대해 너무 걱정하여 심지어 인간이 단순한 기계처럼 되고 있는지의 여부를 결정하는 역튜링 테스트(reverse Turing test ; 逆…)를 제안하기까지 했다.[68] 앨런 튜링(Alan Turing, 1912~1954)의 원래 테스트는 기계가 인간과 같은 방식으로 행동하는지를 보여주는 것이었지만, 역튜링 테스트는 인간이 기계와 같은 방식으로 행동하는지를 보여주는 것이다. 간단한 휴리스틱(어림짐작)이나 경험 법칙을 이 목적에 사용할 수 있다. 예를 들어, 인간은 합리적 선택 이론(rational choice theory)●●의 규칙을 따르지 않는 것으로 유명하다.

● 기술 사회 공학(techno-social engineering) : 개인이나 집단을 조종하거나 영향을 미치기 위해 기술과 사회적 영향력을 사용하는 것을 말한다. 이것은 사람들이 민감한 정보를 누설하거나 특정한 행동을 하도록 속이거나 강요하기 위해 피싱 사기(phishing ; 인터넷이나 전자메일 등을 통해 개인 정보를 알아낸 후 그들의 돈을 빼돌리는 사기), 프리텍스팅(pretexting ; 다른 사람의 통화 기록과 같은 사적인 정보를 회사 등이 본인을 사칭해 입수하는 것), 스케어웨어(scareware ; 컴퓨터 사용자에게 유해 소프트웨어를 매입하도록 유도하는 악성 프로그램)와 같은 다양한 전술을 사용하는 것을 포함할 수 있다. 이러한 전술은 종종 사기나 신원 도용과 같은 악의적인 목적으로 사용되지만, 시장 조사나 정치 캠페인과 같은 목적으로도 사용될 수 있다.

●● 합리적 선택 이론(rational choice theory) : 개인의 의사 결정 행동을 이해하고 예측하는 데 사용되는 이론적 틀이다. 개인이 합리적인 사리사욕에 따라 선택을 한다는 가정에 따른 것으로, 서로 다른 선택지의 비용과 편익을 따져보고 효용이나 만족도를 극대화하는 것을 선택한다는 것이다. 합리적 선택 이론에 따르면, 개인은 선호와 제약을 가지고 있고, 제약 조건을 고려하면서 서로 다른 선택들이 그들의 선호를 얼마나 잘 충족시

인간은 추론 시 이 모델에서 벗어나는 다양한 편견이나 특이함을 가지고 있다. 반면 기계는 합리적 선택 이론의 규칙을 어김없이 따를 수 있다.

그래서 만약 기술 사회 공학의 시스템이 인간을 합리적 선택 이론의 규칙에 더 가깝게 만든다면, 이것은 우리가 더 기계적으로 변해가고 있다는 것을 암시한다. 프리슈만과 셸링거는 비슷한 결론에 도달하는데 사용할 수 있는 다른 테스트를 제안한다. 그들은 기술 사회 공학이 우리의 인간성을 완전히 잠식한다고 생각하지 않는다. 그들은 그 영향이 상황과 맥락에 따라 달라지는 것으로 본다. 그러나 비인간화 효과들이 쌓여 그 결과로 우리가 더 이상 티가 날 정도로 인간적이지 않을 수 있다는 것이 그들의 생각이다.

"왜 이것이 중요하지?"라고 의아할 수도 있다. 사이보그 유토피아는 결국 의도적으로 인간성을 말살하고 있다. 사이보그 유토피아는 인간의 한계를 초월하는 것에 관한 것이다. 물론 그렇지만 인간의 모든 한계를 초월하는 것에 관한 것은 아니다. 우리가 보존하고자 하는 인간 조건의 측면도 있다. 프리슈만과 셸링거가 두려워하는 것처럼 만약 사이보그 기술이 우리를 '단순한' 기계로 만든다면, 우리는 보존하고 싶은 것과 접촉이 끊어질지도 모른다. 단순한 기계가 되는 일에는 몇 가지 장점이 있지만 이러한 장점이 무엇인지는 분명하지 않다.

사이보그처럼 되는 것의 위험에 대한, 다른 예를 고려한다면 같은 문제가 발생한다.[69] 사이보그처럼 되는 일의 위험성은, 종종 사실보다는 공상 과학을 뿌리로 한다. 나는 이 장 앞부분에서 외관상 유토피아와 같아 보이는 《스타 트렉》의 세계에도 어두운 면이 있다고 언급했다. 그중 가장 어두운 면은 사이보그 기술을 극단으로 밀어붙인 외계 문화인 보그(Borg)로 대표된다. 보그는 사이보그 이식물이 각각의 개별 유기체(인

키는지에 따라 선택을 한다.

간을 비롯한 여타 인간형 생명 형태)와 집단의식(또는 군체 의식)●을 연결하는 방식으로 유기체가 사이보그화된, 기술적으로 발전한 문명이다. 이런 집단은 다른 생명 형태를 군체 의식으로 동화시키면서 우주를 돌아다닌다. 그 관점이 어두운 것은 우리의 핵심 가치, 특히 개성 및 자기 결정과 관련된 가치를 부분적으로 훼손하기 때문이다. 그 어떤 보그도 자의식이 없다. 그들은 스스로를 개인으로 생각하지 않는다.[70]●● 그들은 스스로를 1인칭 복수형으로 부른다. "나는 보그이다"라고 말하는 것이 아니라, "우리는 보그이다"라고 말하는 것이다.

보그처럼 자의식이 없고 스스로를 개인으로 생각하지 않는다는 것은 우리에게 정말로 낯설고 위협적이다. 왜냐하면 우리가 현재 생명에 대해 소중히 여기는 많은 것이 우리의 개인성으로부터 나오기 때문이다. 우리가 개인성과 접촉이 끊기면 너무 많은 것을 잃어서 그런 세상에서 삶이 어떨지 평가하지 못하게 될지도 모른다. 더 큰 사이보그화를 추구하는 것이 반드시 보그와 같은 지위로 이어진다는 것은 아니지만, 현재 사이보그 기술의 특징과 그 지지자들 사이에서는 그런 경향이 있다. 예를 들어, 언어의 비효율성이 없는 직접적인 뇌-뇌 소통은 케빈 워윅의 명시적인 목표이고, 더 큰 연결성과 대인 관계는 사이보그화에 대한 닐 하비슨과 문 리바스 실험의 특징이기도 하다. 극단적으로, 이러한 발전은 자신

● 군체 의식(hive-mind) : 하나의 집단의식이나 지능을 가진, 하나의 실체로서 기능하는 개인의 집단을 말한다. 이 개념은 벌집을 짓고 유지하기 위해 고도로 조직화된 방식으로 함께 일하는 벌들과 종종 연관된다. 대중문화에서 이 개념은 개인의 사고와 의사 결정 능력이 부족하다고 생각되는 사람들을 묘사하는데 사용된다. 이 개념은 은유이며 과학적 증거에 의해 뒷받침되지 않는다는 점에 주목할 필요가 있다. 어떤 사회적 곤충들은 협조적인 행동을 보이지만, 이것이 단일 집단의식의 결과라는 것은 분명하지 않다. 대신 복잡한 의사소통, 유전과 환경적 요인의 영향일 가능성이 높다.

●● (지은이 주) ≪스타 트렉≫ 팬들은 내가 단순화하고 있다는 것을 알 것이다. 일부 개성이 나타나거나 회복되는 에피소드가 있으며, ≪스타 트렉 : 넥스트 제너레이션≫의 주요 줄거리는 보그 사회에 개성을 도입하려는 시도를 중심으로 전개된다. 게다가, 영화 ≪스타 트렉 : 퍼스트 콘택트≫에서 보그 여왕의 형태에 살이 있는 빈 형의 버생이 등장하는데, 그녀는 어느 정도 개성을 가지고 있다.

과 타자 사이의 경계를 침식하고, 개인주의를 중심으로 구축된 가치 체계의 붕괴를 초래할 수 있다. 우리 세계와 이 가상의 사이보그 세계 사이의 문화적 격차는 깊게 갈라진 틈과 같다.

사이보그 유토피아가 문화적 격차의 두려움을 피할 수 있는 방법이 있을까? 어쩌면 있을 수도 있다. 유토피아주의의 지평선 모형이 의도적으로 제한을 두지 않기 때문에, 반드시 문화적 격차의 위험을 수반한다고 주장할 수 있다. 우리는 항상 우리가 시작했던 곳과는 매우 다른 곳에, 결국 있게 될지도 모른다. 이러한 점에서 지평선 접근법은 역동적이고 흥미롭다. 그러나 지평선을 향한 여정의 각 단계에서 수행되는 변화가 너무 급진적이지 않다면, 실질적인 문제는 없다. 그러한 변화를 숙고하라는 요구를 받는 각 개인이나 사회는 그들이 있는 곳에서 그런 변화를 평가하고 이해할 수 있다. 개인이나 사회는 그것이 자신들에게 이익인지 아닌지를 결정할 수 있다. 우리가 하룻밤 사이에 보그 같은 존재가 되라는 요청을 받지 않는 한, 괜찮다.

인간 역사에 대한 더 큰 인식과 인간 가치에 대한 범문화적 연구는 앞에서 설명한 두려움을 넓은 시각으로 보도록 하는 데 도움이 된다. 예를 들어 영국의 정치철학자 래리 시덴톱(Larry Siedentop, 1936~)은 ≪개인의 탄생≫(Inventing the Individual)을 통해 앞 단락에서 격찬한 개인주의 철학이 비교적 최근에 등장했고, 지난 1,000년 동안 천천히 발전했다고 주장한다.71 시덴톱의 주장에 따르면, 고대 그리스인은 스스로를 개인이 아니라 가족이나 씨족의 구성원으로 생각했다. 그렇다면 사이보그인 우리의 자식들이 스스로를 이와 같이 생각하는 것은 어떨까? 아무렇지도 않을까?

인간의 가치 체계가 우리가 생각하는 것보다 더 순응성이 있다고 해서, 우리가 현재 가지고 있는 것과의 접촉을 잃는다는 것에 두려워할 것이 없다는 것은 아니다. 모두가 가장(家長)에 종속되었던 고대 그리스의 가치 체계에 대한 래리 시덴톱의 설명을 읽다 보면,[72] 더 이상 우리가 그런 세상에 살지 않는다는 것에 감사한다. 가능한 사이보그 미래를 기대하면서, 우리가 그곳으로 돌아가지(또는 더 극단적인 무엇인가로 향해 진화하지) 않기를 바란다. 다시 말해, 우리가 결국 어디에 있게 될지에 대한 불확실성을 어느 정도 수용해야 하지만, 너무 극단적인 가치 역전을 경계하려는 것은 여전히 이치에 맞다. 이는 사이보그 유토피아 건설에 신중해야 함을 시사하는 대목이다.

사이보그 유토피아에 대한 반대 ④
우주 탐험이 과연 장밋빛 미래를 가져다줄까?

네 번째 문제는 우주 공간으로 나아간 사이보그가 부딪힐 위험과 관련한 것이다. 앞 절에서는 우주 탐험과 관련하여 사이보그가 가져올 미래에 대한 장밋빛 그림을 그렸다. 나는 우주 탐험이 우리를 끊임없이 확장되는 가능성의 지평선을 향해 앞으로 나아가게 하고, 지식의 성장에 기여하며, 우리의 지속적인 생존을 보장한다고 주장했다. 사이보그화가 우주 탐험의 생물학적 위험을 완화하는 데 도움이 된다고도 주장했다. 하지만 우주에서 일어날 수 있는 다른 잠재적인 위험은 언급하지 않고 무시했다. 그러한 위험을 고려한다면, 우주 탐험은 유토피아가 아니라 완전히 디스토피아일 것이다.

이를 걱정하는 사람으로는 필 토레스(Phil Torres, 1986~)가 있다. 토레스는 인간의 우주 탐험이 비극적인 은하 간 충돌을 초래하고, 다른 점에서 어떤 이점이 있든 간에 그 위험이 생각보다 크다고 주장한다. 그는 "(우주의) 식민지화가 매 순간 지연되는 것은 대단히 바람직하고, 지연이 길수록 더 좋다"라고 다소 직설적으로 말한다.[73] 필 토레스의 추론은 철학자 블레즈 파스칼(Blaise Pascal, 1623~1662)의 말과 비슷하다.[74] 파스칼의 말에 따르면, 회의론자는 신을 믿어야 한다. 왜냐하면 신의 존재 가능성이 낮더라도 (만약 신이 존재한다면) 신을 믿음으로써 얻을 수 있는 이득이 매우 많고, 신을 믿지 않음으로써 잃을 수 있는 손실이 대단히 커서 신을 믿지 않는 것은 비(非)합리적이기 때문이다. 다시 말해, 파스칼은 신을 믿는 것과 믿지 않는 것 사이에 상당한 **위험 비대칭(risk asymmetry)**●이 존재하며, 오직 바보만이 그 위험을 감수한다고 주장했다. 비록 하느님을 믿지 않는 것에 약간의 일시적인 세속적 이익이 있더라도 말이다.

비슷한 맥락에서, 필 토레스는 우주를 식민지로 만드는 것과 지구에 머무는 것 사이에 상당한 위험 비대칭이 있다고 주장한다. 만약 우리가 우주로 여행을 떠난다면, 비극적인 은하 간 전쟁에 휘말릴 가능성이 있다. 이것은 단지 지구뿐만 아니라 우주에 있는 모든 지각력 있는 생명체를 쓸어버릴 수 있고, 지각력 있는 생명체에 상상할 수 없는 많은 고통을 초래할 수도 있는 전쟁이다. 이런 충돌이 일어날 가능성이 매우 낮다 하더라도 무시할 수 있는 것이 아니라면 우리는 이 가능성을 계산에 넣어야 한다. 만약 우리가 지구에 머무른다면 이런 위험을 줄일 수 있다.

하지만 왜 필 토레스는 우주에 비극적인 충돌의 무시할 수 없는 위험이 있다고 확신하는가? 이런 위험은 토마스 홉스(Thomas Hobbes)에게로 거슬러 올라간다. ≪리바이어던≫(Leviathan)●●에서 홉스는 인간이 대략 세 가지 이유로 폭력적인 충돌에 빠지는 경향이 있다고 주장했다. ① 부

● 위험 비대칭(risk asymmetry) : 비대칭은 특정 조치나 결정의 잠재적 비용과 편익이 서로 다른 당사자들 사이에 균일하지 못하게 분배된다는 생각을 말한다. 즉 주어진 상황에서 한 당사자가 다른 당사자보다 더 많이 얻거나 덜 잃을 수 있다. 위험 비대칭은 종종 한 당사자가 의사 결정과 관련된 위험의 불균형한 몫을 부담하는 상황을 설명하기 위해 사용된다. 예를 들어, 금융 투자에서 투자자는 위험의 대부분을 부담할 수 있고, 투자 고문은 결과에 관계없이 수수료를 받을 수 있다. 이 경우 투자자의 잠재적 손실이 조언자의 잠재적 이익보다 훨씬 크기 때문에 위험은 비대칭적이다.

●● ≪리바이어던≫(Leviathan) : 영국 철학자 토마스 홉스가 1651년에 쓴 국가론이다. '리바이어던'은 구약성서에 나오는 최강의 괴물로 국가를 비유한 것이다.

족한 자원을 얻기 위해 경쟁하는 것, ⑪ 안전에 대한 위협으로부터 자신을 보호하는 것, ⑫ 위협을 저지할 폭력으로 명성을 얻는 것. 사회 질서가 무너지는 등 특정한 상황에서 충돌이 증폭되고, 사람들은 폭력의 순환에 갇히게 된다. 홉스에 따르면, 이 문제를 해결하는 유일한 방법은 '리바이어던'을 건설하는 것이다. 이것은 리바이어던에 무력 사용의 독점권을 부여하고 협력과 조정을 가능하게 하는 규칙을 시행함으로써 평화를 유지할 수 있는 사회 제도를 말한다.

지구에서의 평화 유지는 매우 어렵다. 하지만 필 토레스는 우주에서는 평화 유지가 아예 불가능하다고 주장한다. 여기에는 세 가지 이유가 있다. 첫째, 인간의 우주 식민지는 다양해지고 이로 인해 인간은 심지어 서로 다른 종족이나 종으로 분화될 가능성이 있다. 다른 행성에 위치한 식민지들은 고립된 번식 공동체를 형성할 것이다. 시간이 지남에 따라, 이런 식민지들은 서로 떨어져 진화할 것이고 유전자와 문화도 공유하지 않을 것이다. 이는 이들이 매우 다른 가치관을 발전시키고, 공유된 관심사와 공통의 인간성을 잃을 수 있다는 것을 의미한다.[75]● 둘째, 우주 환경 자체가 너무 방대해서 은하 간 규모의 공통 규칙을 조정하고 시행하는 것이 현실적으로 불가능하다. 서로 다른 식민지 사이에 상당한 통신 시차가 있고, 평화를 유지하기 위해 하나의 은하계 경찰력을 유지하는 것은 가능하지 않다. 이는 식민지들 사이에 의심과 불확실성을 낳고, 선제적 방어 공격과 다른 폭력의 순환을 위한 환경이 무르익게 될 것이다. 마지막으로, 이러한 미래의 우주 식민지는 현재 우리의 대량 살상 무기가 상대적으로 형편없는 것처럼 보이게 만드는, 정말로 파괴적인 우주 무기를 개발할 수 있다. 이러한 무기로는 경쟁 식민지로 발사할 수 있는 '미

● (지은이 주) 《스타 트렉》을 다시 언급하고 싶지는 않지만, 이런 생각을 탐구하는 《스타 트렉 : 넥스트 제너레이션》의 흥미로운 에피소드가 있다. 짜릿한 은하 간 고고학적 모험 이후 엔터프라이즈의 승무원들은 은하계의 모든 주요 외계 종족(불칸, 클링온, 고□긴, ꀱ□□ꀱ □□ꀱꀱ □□ ꀱ□□ꀱꀱꀱꀱ 신□뵀ꀱꀱ 쀀□ 글ꀱ ꀱꀱ. 아ꀱ ꀱ □ □廳의 조상으로부터 다른 진화 경로를 밟은 이후 폭력적이고 서로 적대적이게 되었다.

행성 폭탄(planetoid bomb)'●, 대량 살상 무기가 장착되어 있고 스스로를 복제하는 폰 노이만(Von-Neumann) 기계●●, 행성과 소행성을 빨아들이기 위해 블랙홀을 만들어내는 무기화된 입자 초충돌기(particle super-collider)●●● 등이 있다.[76]

여기서 필 토레스의 생각은 다소 허황된 것일지도 모른다.[77] 그의 주장은 의문을 제기할 수 있는 몇 가지 가정에 의존한다. 예를 들어, 우주 식민지들 사이의 거리는 분리된 진화 궤도와 더불어 실제로 충돌의 위험을 줄일 수 있다. 따로따로 고립된 식민지는 서로에 대해 걱정할 이유가 거의 없을지도 모른다. 좋은 울타리가 좋은 이웃을 만든다면, 몇 광년의 차갑고 어두운 공간보다 더 좋은 울타리는 없을지도 모른다. 마찬가지로 사이보그화의 증강 효과는 전쟁 선동 본능을 억누르는 도덕적 증강을 포함할 수 있다.[78] 물론 이 모든 것은 추측이지만, 아마도 필 토레스의 무기화된 입자 충돌기와 중력파에 대한 추측도 마찬가지일 것이다.

그럼에도 불구하고, 우주에서 우리의 미래를 걱정하는 사람은 필 토레스뿐만은 아니다. 예를 들어 우주생물학자 찰스 코켈(Charles Cockell, 1967~)은 우주의 가혹함이 포악한 정부의 번식지를 제공한다고 믿는

● 미행성 폭탄(planetoid bomb) : 폭발력을 위한 발사 메커니즘으로 작은 천체를 사용하는 가상의 무기를 말한다.

●● 폰 노이만(Von-Neumann) 기계 : 20세기 중반에 수학자이자 컴퓨터과학자인 존 폰 노이만이 제안한 구조에 기반을 둔 컴퓨터의 이론적 모델이다. 폰 노이만 구조 또는 폰 노이만 모델은 기억과 처리의 분리를 특징으로 한다. 이 모델 컴퓨터에는 메모리에 저장된 데이터에 대한 작업을 수행하는 중앙 처리 장치(CPU)가 있다. 중앙 처리 장치는 메모리에서 명령과 데이터를 검색하고, 필요한 작업을 수행하고, 결과를 메모리에 다시 저장한다. 폰 노이만 모델은 현대 컴퓨터에서 널리 사용되며 컴퓨터 구조의 발전에 영향을 미쳤다. 이 모델은 수년에 걸쳐 확장되고 수정되었지만 기본 원리는 그대로 유지된다.

●●● 입자 초충돌기(particle super-collider) : 일반적으로 강력한 전자석을 사용하여 양성자나 전자와 같은 입자의 빔을 고속으로 가속하고 조종한다. 입자들이 충돌할 때, 그것들은 일상생활에서 관찰할 수 없는 새로운 입자와 현상을 만들어낼 수 있다. 물리학의 기본 법칙에 대한 통찰력을 제공할 수 있는 새로운 입자와 현상을 찾는 데 쓰인다.

다.[79] 철학자 코지 타치바나(Koji Tachibana)는 찰스 코켈의 우려를 반복하면서 서로 다른 태양계들 사이의 홉스 식 충돌의 위험이 무엇이든 간에, 특정한 우주 정착지 내에서 홉스 식 충돌의 상당한 위험이 있다고 주장했다.[80]

그리고 명심할 가치가 있는, 더 깊은 논점이 있다. 우주에서 사이보그에 대한 유토피아적 전망과 관련된 모든 논의는 미래 기술과 그것이 사회질서에 미칠 영향에 대한 중요한 추측을 전제로 한다. 그런 추측을 다룰 때는 선악을 고려해야 하고, 선악의 상대적 확률을 신빙성 있게 따질 방법이 없을 수도 있다는 것을 받아들여야 한다. 그 결과는 불확실성의 바다이다. 우리가 해야 할 질문은 이런 불확실성의 바다가 과연 유토피아 프로젝트에 신뢰할 만한 근거를 제공하는가이다. 우리가 그 위험을 감수하고 싶은지 정말 알 수 있을까? 나는 알 수 없다고 생각하고, 이것은 더 신뢰할 수 있는 대안적인 유토피아 프로젝트를 추구해야 한다는 주장을 강화한다.

사이보그 유토피아에 대한 반대 ⑤
팔 대체와 뇌(마음) 대체는 같은 것일까?

사이보그화로 가는 여러 경로는 우리가 우리 자신의 삶을 느끼고 가치 있게 여기는 방식에 영향을 미친다. 사이보그 유토피아에 대한 다섯 번째 반대는 이 영향과 관련이 있다. 지금까지 논의한 문제는 기술적 사이보그와 개념적 사이보그 모두에 동일하게 적용된다. 그러나 개념적 사이보그에 특히 심각한 문제가 있다. 이를 좀 더 자세히 생각해 보자.

기억하겠지만, 개념적 사이보그는 기술적 인공물 부품과 생물학적 시스템(신체)을 직접적으로 융합하지 않은 사람이다. 대신 매우 상호의존적인 방식으로 기술적 인공물과 상호 작용한다. 사이보그화로 가는 개념적 경로의 타당성은 개인이 이런 외부 인공물과 얼마나 통합되어 있는지에 달려 있다. 이런 외부 인공물과 느슨하게만 통합된 사람들, 즉 외부 인공물과 상호의존하지 않는 것이 아니라 외부 인공물에 일방적으로 의존하는 사람은 개념적 사이보그로 간주되지 않는다.

그렇지만, 이를 염두에 두더라도 앞에서 논의한 일부 문제는 특히 개념적 사이보그에게 문제가 될 것 같다. 예를 들어 만약 사이보그화로 가는 경로가 외부에 위치한 기술에 의존한다면 노예화와 프로그래밍의 문제는 특히 해결하기 어려워 보인다. 이러한 기술을 법적으로 당신 존재의 일부로 취급하고, 제3자의 통제와 소유권을 제거하려는 추진력은 기술적 사이보그에 비해 덜 강력하다. 이는 개념적 사이보그가 사이보그화의 좋은 면과 나쁜 면의 균형을 맞추는 것에 관한 한 더 많은 투쟁에 직면할 수 있음을 의미한다. 개념적 사이보그는 기술적 사이보그와 관련된 일부 좋은 점을 잃을 수 있다. 예를 들어 생물학적 형태의 한계를 완전히 초월하고 우리의 하드웨어를 재부팅하는 것은 개념적 사이보그에게는 열려 있지 않다. 또한 어떤 장치가 단지 주변 세상과 상호 작용하기 위해 당신이 사용하는 소품이 아닌, 당신 존재의 일부가 된다고 느끼는 것에는 현상학적으로 그리고 도덕적으로 다른 무엇인가가 있을 수 있다.

그럼에도 불구하고 이에 반박하고, 사이보그화의 기술적 측면인 내적 형태와 개념적 측면인 외적 형태 사이에 중요한 도덕적 차이가 없다고 주장하는 사람이 있다. 철학자 닐 레비(Neil Levy, 1967~)는 2007년 ≪신경윤리학이란 무엇인가≫(Neuroethics)●에서 이른바 '윤리적 동등성 논지

● ≪신경윤리학이란 무엇인가≫(Neuroethics) : 신경과학의 성과를 도구로 삼아 전통적인 윤리적 문제들을 재검토한다. 지은이는 이 책에서 성급한 결론을 내기보다 뇌과학의 발전이 윤리적 문제를 새로운 각도에서 탐구하게 하는 새로운 도구를 제공한다고 이야기한다. 더불어 지은이는 인간의 마음이 뇌에서만 만들어지는 것이 아닌, 우리를 둘러싼 외부 세계에 의존해 있는 것으로 이해해야 한다고 말한다. 그리고 '윤리적 동등성 원리'를 제시하여 인간이 자신의 인지 능력을 강화하기 위해 뇌를 조작하는 것도 특별한 윤

(ethical parity thesis)'를 공식화했다. 이 윤리적 동등성 논지는 사이보그화의 내적 형태와 외적 형태 사이에 중요한 도덕적 차이가 없다는 함축을 가지고 있다. 사실 닐 레비는 동등성 논지의 두 가지 유형을 공식화했으며, 두 가지 모두 이 결론을 뒷받침하는 데 사용된다. 물론 하나는 다른 하나보다 더 조심성이 있긴 하다.[81]

<u>윤리적 동등성 논지의 두 가지 유형</u>

____**강한 동등성(Strong Parity)**
마음이 외부 환경으로 확장되기 때문에, (다른 조건이 같다면) 사고를 위해 사용되는 외부 소품을 변경하는 것은 뇌를 변경하는 것과 윤리적으로 동등하다.

____**약한 동등성(Weak Parity)**
외부 소품의 변경은 (다른 조건이 같다면) 윤리적으로 뇌의 변경과 동등한데, 여기서의 동등함은 뇌의 변경이 문제가 된다고 생각하는 이유가 뇌가 내포되어 있는 환경●의 변경이 문제가 된다고 생각하는 이유로 옮겨질 수 있는, 바로 그 정확한 정도 한에서의 동등함을 말한다.

'강한 동등성 논지'는 '확장된 마음 가설(extended mind hypothesis)'에 의존하며, 이 가설은 정신적 상태가 뇌 상태와 그것이 내포되어 있는 환경 특징의 결합에 의해 **구성**된다고 주장한다. 간단한 예를 들면, 확장된 마음 가설에 따르면 우유를 사야 한다는 것을 기억하는 정신적 행동은 내 스마트폰 화면상의 시각 정보를 해독하는 내 눈 / 뇌와 우유 구입의 메모를 보여 주는 장치 그 자체의 결합된 활동에 의해 구성된다. 여기서

리적 문제가 없다는 판단이 나올 수 있음을 이야기하고 있다.

● 다시금으로 말면, 이거 내포되어 있는 환경이긴 곤 이부 소품이 일부를 민긴다. 이부 소품의 일부가 뇌의 역할, 가치, 위상 등을 가지고(내포하고) 있다는 뜻이다.

'구성된다'라는 단어를 사용하고 있다는 점이 중요하다. 확장된 마음 가설은 단순히 우유를 사야 하는 것을 기억하는 정신적 상태가 내가 스마트폰을 보는 것에 의해 **유발**되거나 그것에 **의존**한다고 주장하는 것이 아니라, 뇌와 스마트폰의 결합에서 비롯되고 결합에 기반을 둔다고 주장한다. 물론 이는 더 복잡하며, 앞에서 언급했듯이 앤디 클라크와 데이비드 찰머스처럼 이 가설을 지지하는 학자들은 어떤 외부 소품도 마음의 일부를 형성하는 것을 허용하지 않는다. 이들은 외부 소품이 마음에 인과적 역할을 하는 무엇인가가 아니라 사실 마음의 일부인지의 여부를 결정하기 위한 몇 가지 기준을 가지고 있다.[82]

만약 강한 동등성 논지를 받아들인다면, 당신은 개념적 사이보그가 되는 것과 기술적 사이보그가 되는 것 사이에 실질적인 차이가 없다고 말할지도 모른다. 둘 다 똑같이 유토피아적이고 똑같이 설득력이 있다. 그러나 강한 동등성 논지를 의심할 만한 이유가 있다. 앞에서 제시한 닐 레비의 공식을 되돌아보면, 그것은 '생략 삼단논법(enthymeme)'●이다. 그의 공식에 따르면, 마음은 확장되기 때문에 (이 논쟁에서 흔한 전문 용어를 사용하자면) 외부의 정신적 '인식자'는 내부의 정신적 인식자와 동일한 도덕적 무게를 지닌다. 그러나 신경과학자인 얀-헨드리크 하인리히(Jan-Hendrik Heinrichs)가 지적했듯이, 그 추론은 다른 감추어진 전제를 받아들일 때만 도출된다. 그 숨겨진 전제는 정신적 과정에 기여하는 모든 것들이 해당 마음을 가진 개인에게 주어지는 그 가치에 관해 동등하다는 것이다.[83]

물론 이 감추어진 전제는 틀렸다. 정신적 과정에 기여하는 모든 것이 도

● 생략 삼단논법(enthymeme) : 전통적인 논리학에서 불완전하게 명시된 삼단논법을 말한다. 가령, "모든 곤충은 다리가 6개이므로 모든 말벌은 다리가 6개이다"라는 논거에서 "모든 말벌은 곤충이다"라는 전제가 감추어져 있다. 결론을 포함해 어떤 명제든 생략할 수 있지만, 생략되는 명제는 일반적으로 가장 자연스럽게 마음에 떠오르는 명제이다. 종종 수사학적 언어에서 명제 중 하나를 의도적으로 생략하는 것은 극적인 효과가 있기도 한다.

덕적으로 동등한 것은 아니다. 어떤 기여물은 잉여적이거나 사소하거나 쉽게 대체될 수 있다. 당신은 무엇인가를 기억하기 위해 스마트폰을 사용할지도 모른다. 내가 당신의 스마트폰을 부수어서 당신의 확장된 마음을 방해할 수 있다. 하지만 당신에게 그 안에 정확히 같은 정보가 기록된 다른 스마트폰이 있을 수도 있다. 그런 경우는 기존 스마트폰이 파괴되면 당신이 단기적인 피해를 입겠지만, 스마트폰 파괴가 당신의 해마(海馬)●가 파괴되어 우유 구매의 정보를 어디서 기록했는지 기억하지 못하는 것과 동등한 수준이라고 주장하는 것은 지나치다. 그래서 확장된 마음 가설을 받아들이더라도 윤리적 동등성을 가정할 수는 없다.

'약한 동등성 논지'는 도덕적인 부분을 윤리적 동등성 논지의 핵심 꾸러미로 만든다. 이로써 강한 동등성 논지에서의 이와 같은 문제를 바로잡는다. 약한 동등성 논지는, 내적인 정신의 일부에 대한 간섭이 문제가 있다고 생각하는 이유가 외적인 정신의 일부에 대한 간섭이 문제가 있다고 생각하는 이유로 옮겨지는(그 역도 마찬가지이다) 일을 효과적으로 설명한다.

약한 동등성 논지는 확장된 마음 가설에 전적으로 전념해야 할 것을 요구하지 않는데, 많은 사람들은 그렇게 전념하는 것이 타당하지 않다고 생각한다. 약한 동등성 주장은 좀 더 온건한 인지 과정의 분산 / 신체화된 이론으로 작동한다. (이 이론은 이 장의 앞부분과 제4장에서 논의한 바 있다.) 실제로 약한 동등성 논지의 예는 수학 퍼즐을 풀기 위해 펜과 종이를 사용하는 예를 통해 설명된다. 펜과 종이는 사용 중일 때 퍼즐을 푸는 데 매우 결정적이므로, 퍼즐을 푸는 인지 과정이 뇌에 국한된 것이 아니라 오히려 뇌와 두 외부 소품 사이에서 공유된다고 말하는 것이 타당하다. 펜과 종이는 결합된 동적 체계를 형성한다. 그리고 약한 동등성

● 해마 ‥‥의 □른 부위로 신호를 전달하는 주요한 입력성 신경섬유 역할을 한다. 학습과 기억에 관여하며 감정 행동 및 일부 운동을 조절한다.

논지는 누군가가 문제를 풀려고 하는 동안 내적인 수학 풀기의 뇌 모듈을 방해하는 것이 도덕(道德)적으로 문제가 된다고 생각한다면, 그들이 한창 문제를 푸는 중일 때 펜과 종이에 같은 방해를 하는 것이 문제가 있다고 생각해야 한다고 주장한다. 그것은 아주 그럴듯하게 들린다.

하지만 약한 동등성 논지도 문제가 있다. 내부 과정을 방해하는 것이 심각한 만큼 외부 소품을 방해하는 것도 심각하다는 생각에 저항하는 사람들이 많다. 누군가의 문방구를 만지작거리는 것은 그의 신피질을 만지작거리는 것과 같지 않다. 그래서 사람들은 내적으로 실현된 정신적 과정과 외적으로 실현된 정신적 과정 사이에 여전히 상당한 차이가 있다는 것을 제안하는 기준을 내놓았다. 예를 들면 개인과 뇌 사이의 **기능적 통합** 정도, **의식적 추론**에 대한 뇌의 관여 정도, 뇌와 외부 인공물의 **대체성** 등이 이러한 기준이다. 그리고 이 예들 중에서는 '뇌와 외부 인공물의 대체성'이 가장 중요하다고 할 수 있다. 사이보그화는 내부의 정신적 과정을 기술적 인공물로 대체하거나 통합하는 것을 수반하기 때문에 우리가 개념적 경로를 따르든 기술적 경로를 따르든 간에, 사이보그 유토피아 구축의 바람직함에 대해 우려하는 이유를 제공한다. 대체성 기준을 조금 더 자세히 고려하면 이것을 가장 명확하게 알 수 있다.

얀-헨드리크 하인리히는 대체성 기준을 선호한다. 그는 이 기준을 다음과 같이 공식화한다.

____뇌와 외부 인공물의 대체성 기준(Replaceability Criterion)
　"일반적으로, 다른 조건이 같다면 하나의 동일한 인지 과정에 대한 대체 불가능한 기여물은 대체 가능한 기여물보다 더 중요하다. (즉, 더 많은 가치를 지닌다.)"[84]

이 기준을 사용하여, 얀-헨드리크 하인리히는 내부 뇌의 많은 부위가 대체될 수 없으므로 뇌 부위를 창조하고 파괴하는 것은 그만큼 많은 도덕적 영향력을 미친다고 제안한다. 반대로 정신적 과정에서 사용하는 많은 외부 소품은 대체될 수 있기 때문에, 이를 창조하고 파괴하는 것은 영향력이 덜하다고 주장한다. 예를 들어, 당신이 심각한 기억력 손상을 초래하는 외상성 뇌손상을 겪었다고 가정해 보자. 그 결과 당신은 무슨 일이 일어났는지 '기억하기' 위해 전자 기록 장치에 의존한다. 하인리히의 주장은 전자 기록 장치를 파괴하는 것은 당신에게 나쁘지만, 사고 전의 당신이 기억을 형성할 수 있게 했던 내부 생물학적 시스템을 파괴하는 것은 훨씬 더 나쁘다는 것이다. 적어도 전자 기록 장치는 대체할 수 있다.

그렇긴 하지만, 하인리히는 이 구별이 꼭 절대적인 것은 아님을 인정한다. 상대적으로 대체할 수 없는 것으로 분류되는 외부 소품도 있다. 이는 이처럼 대체할 수 없는 소품을 파괴하면 행위자가 심각한 해를 입는다는 점을 암시한다. 그러나 하인리히는 그러한 대체 불가능성이 두 가지 다른 시간 척도에 걸쳐 평가되어야 한다고 주장한다. 외부 소품은 장기적으로가 아니라 단기적으로(한참 활동 중일 때) 대체할 수 없다. 누군가가 집으로 걸어가고 있는 시각장애인의 지팡이를 훔쳐서 그 활동에 상당한 해를 끼칠 수 있지만, 장기적으로 지팡이는 쉽게 교체될 수 있다. 마찬가지로 누군가가 무엇인가를 기억하려고 하는 동안 그의 외부 녹음 장치를 가져가는 것은 나쁠 수 있지만, 똑같은 다른 녹음 장치로 대체할 수 있다.

얀-헨드리크 하인리히가 단기적 대체성과 장기적 대체성을 구분하는 것은 직관적으로 매력적이다. 단기적으로뿐만 아니라 장기적으로도 대체할 수 없는 것을 파괴하는 것은 장기적으로 대체할 수 있는 것을 파괴하는 것보다 훨씬 더 나빠 보인다. 둘 다 의심할 여지없이 잘못된 것이지만 윤리적으로 동등한 수준은 아니다. 그러나 이것은 사이보그 유토피아 프로젝트 전체에 문제를 제기한다. 기술이 계속 발전하고, 우리의 뇌와 신체의 일부를 쉽게 대체할 수 있게 하는 내부 소품과 외부 소품을 더 많이 개발한다면, 즉 어떤 의미에서 모든 정신적 과정과 생물학적 과정의 일부가 쉽게 **대체될** 수 있다면, 이는 원래의 생물학적 부위의 파괴도 사소하다는 것을 의미하는가? 여기서 대체성 기준이 곤란에 부딪히기 시작한다.

만약 대체성의 용이성이 도덕적 차이를 만든다는 것을 받아들인다면, 당신은 우리가 가진 상식적인 도덕적 신념의 많은 부분이 매력을 잃는 세계로 가는 비탈길 아래로 미끄러져 갈 것이다. 미래의 사이보그 세계에서는 팔다리와 뇌의 일부가 파괴되는 일을, 스마트폰이 파괴되는 것만큼이나 평온하게 맞이할 수 있을 것이다. 팔다리와 뇌가 기능적으로 동등한 기술적 인공물로 쉽게 대체될 수 있기 때문이다. 이것은 우리의 평가 시스템에 어떤 영향을 미칠까? 이것이 가능해진다면 우리는 어떤 도덕적 평형이 이루어지는 세상을 만들까?

공상 과학 소설은 이와 관련한 몇 가지 지침을 제공한다. 리처드 모건 (Richard Morgan, 1965~)의 소설(넷플릭스 TV 시리즈) ≪얼터드 카본≫(Altered Carbon)은 거의 완벽한 생물학적 대체성의 세계를 묘사하고 있다. 이 소설에서의 미래 인류는 정보 기억 장치인 디지털 '다발 (stack)'에 자신의 마음을 업로드하는 기술을 개발한다. 이러한 디지털 다발은 개인의 정체성(영혼)을 보존하고, 하나의 몸이 죽은 후에도 다른 신체들 사이로 옮겨질 수 있다. 이것은 많은 사회적 영향을 미치는데, 그 중 하나는 생물학적 죽음 또는 신체의 파괴나 치명적인 훼손이 상대적으로 사소한 사건이 된다는 것이다. 신체적 죽음은 비극이라기보다는 불편함일 뿐이다. 디지털 다발이 보존되어 있는 한, 개인은 다른 신체에 이식되어 생존할 수 있다. 생물학적 형태의 사소함은 책과 TV 프로에서 다방면으로 탐구된다. 폭력은 흔하다. 스포츠를 위해 서로의 몸을 망가뜨리는 것을 허용하는 다양한 클럽이 있다. 새로운 신체에 대한 접근에 있어서도 상당한 불평등이 있다. 부유한 사람은 선호하는 체형을 복제하고 그런 체형 사이에서 일상적으로 옮겨 다닐 수 있다. 가난한 사람은 사회적 분배 체계에 의존해야 하고, 종종 결국 사형수의 몸에 들어가게 된다.

몸은 일반적으로 상품이 된다. 사람들은 그런 몸을 넌지시 쳐다보고 찔러 보기도 하면서 사고판다.

≪얼터드 카본≫의 주안점은 몸의 대체성이다. 하지만 같은 논리를 마음의 대체성에 적용한다면 어떻게 될까? 오래된 TV 원격조정기에 배터리를 갈아 끼우듯이 마음의 일부를 쉽게 갈아 끼울 수 있다면 어떻게 될까? 누군가의 마음 한 부분을 파괴하는 것은 현재 꽤 심각한 도덕적 범죄로 간주된다. 만약 내가 얼굴을 기억할 수 있게 하는 당신의 뇌를 고의로 손상시킨다면 당신은 이를 담담하게 받아들이기 힘들 것이다. 하지만 내가 얼굴 인식 부위를 파괴하자마자 당신이 기능적으로 동등한 다른 것으로 빠르게 교체할 수 있다고 가정해 보자. 그럼 이것이 그렇게 나쁠까? 이것은 사이보그 유토피아를 지지하는 모든 사람에게 진지한 질문이다. 사이보그화의 가능한 한 가지 결과는 우리가 완전한 정신적, 육체적 대체성을 달성한다는 것이다. 하지만 만약 그렇게 된다면, 우리는 정말로 유토피아를 만들 수 있을까? 아니면 모든 것이 허용되고 개혁되고 수정되므로 아무것도 중요하지 않은 세상이 될까? 간단히 말해, 사이보그 유토피아에는 '존재의 참을 수 없는 가벼움'이 있지 않을까?

이런 우려는 추측일 뿐이고 억지스럽기까지 하다. 사이보그 기술은 우리가 완전한 대체성을 얻을 정도로 발전하지 않으므로 실존적 허무주의 (existential nihilism)●를 야기하는 것에 대해 걱정할 필요가 없다. 그러나 우리는 더 작은 형태의 대체성(가령, 안면 인식이나 지리 / 공간 정보를 처리하는 뇌 부위의 대체성)을 매우 쉽게 달성할 수 있으며, 그렇게 한다면 여전히 대체성의 윤리에 대한 중요한 질문에 직면하게 된다. 우리는 한때 용납할 수 없다고 여겼던 행동이 이제는 받아들여지는 가능성에 여전히 직면해야 한다.

● 실존적 허무주의(existential nihilism) : 실존적 허무주의는 삶에 의미, 목적, 내재적 가치가 실제로 있다고 구성하는 철학적 입장이나. 실존적 허부주의에 따르면 우수는 근본적으로 무의미하며, 인간의 존재는 공허하고 목적이 없다.

____표) 사이보그 유토피아에 대한 찬반 주장

● 찬성 주장

① 현재의 도덕적 가치를 보존할 수 있다.
— 선택 자율성, 능동적 행위성, 다원주의 등
② 인간의 생물학적 한계를 넘어설 수 있도록 해준다.
③ 우주 탐험은 가능성의 지평선을 확장시켜 준다.
④ 집단 이후세의 지속적인 생존 가능성을 높여준다.
— 미래 세대 인류인 집단 이후세는 우리의 삶에서 가치와 의미의 중요한 근원이다.
⑤ 인간 수명의 한계를 뛰어넘을 수 있다.

● 결론의 유보

→ 사이보그화보다 외부 자동화 기술을 선호할 가능성이 높다.

→ 그러나 사이보그 유토피아는 매력적이며, 장기적인 프로젝트로서 가져갈 가치가 있다.

● 반대 주장

① 노동 시장의 부정적 초경쟁을 부추긴다.
② 기술의 노예로 전락할 수 있다.
— 제조업체가 기술을 소유하고 통제한다.
③ 자기반성, 자유 의지 등 인간의 핵심적 특성을 잃을 수 있다.
④ 우주 탐험의 잠재적 위험은 그 이익보다 훨씬 크다.
— 은하 간 전쟁의 위험을 감수해야 한다.
⑤ 마음의 일부를 교체할 수 있다면, 전혀 새로운 도덕적 문제와 마주해야 한다.
— 팔 대체와 뇌 대체는 다르다. (윤리적 동등성 논지)
⑥ 사이보그보다 로봇이 더 빨리 발전한다.

옳고 그름에 대한 현재의 도덕적 직관은 기술적 대체성의 세계에서는 더 이상 신뢰할 수 없거나 필요 없을지 모른다. 그래서 사이보그 유토피아와 현재 우리의 현실 사이의 문화적 격차가 더해지고, 사이보그 유토피아를 향해 나아가면서 수반되는 위험에 대한 인식이 높아진다.

사이보그보다 로봇이 더 빨리 발전한다

사이보그 유토피아에 대해 언급하고 싶은 마지막 문제가 있다. 이전 문제들과 달리 이 마지막 문제는 사이보그화의 가치가 아닌, 실현 가능성에 관한 것이다.

그중 한 가지 문제는 기술 발전의 시기(timeline)와 관련이 있다. 사이보그 유토피아는 제4장에서 요약한 다섯 가지 자동화의 위협에 대한 대응으로 고려중인 것이다. 우리가 더욱 기계처럼 됨으로써 이러한 위협을 피할 수 있고 보다 유토피아적인 미래를 건설할 수 있다는 것이 그 생각이다. 하지만 그렇게 하지 못하면 어떻게 될까? 만약 더 완전한 사이보그화에 필요한 기술적 돌파구가 장기적으로만 달성될 수 있다면 어떻게 될까? 우리는 수십 년 또는 수백 년 동안의 자동화된 비참함에 어떻게 대처해야 하는가? 자동화와 사이보그화 사이에 시차가 있다는 증거는 이미 있다. AI와 로봇공학의 발전은 예상보다 훨씬 더 빠르게 다가오는 것처럼 보인다. 자율주행차가 규정하기 힘든 것으로 입증된다거나 언어 간 실시간 번역이 수십 년 후에야 가능하다고 주장하는 사람은, 지금은 어리석어 보인다.

한편, 증강된 사이보그 인간에 대해 추측하는 철학자와 트랜스휴머니스트에게는, 정반대의 문제가 발생한다. 그들은 분석하고 비판하며 방어하느라 너무 바빴던 기술적 돌파구를 아직도 기다리고 있다. 그렇다고 해서 더 큰 사이보그화가 기술적으로 불가능하다는 말은 아니다. 이 분야에는 분명히 인상적인 기술 혁신이 있으며, 그중 일부는 이 장의 앞부분에서 설명했다. 그러나 이러한 혁신은 중대한 공학적 도전에 직면해 있다. 기술 혁신은 인간 생물학과 통합할 방법을 찾아야 하며, 이는 개인의 건강과 관련하여 상당한 위험을 수반한다. 이러한 위험은 사이보그 유토피아에 대한 또 다른 실질적인 장애물이다. 인간의 몸은 복잡하고 완전하게 이해되지 않는 시스템이다. 새로운 것을 인간의 몸 시스템에 접목하면 다른 곳에서 의도하지 않은 결과가 발생할 수도 있다. 특히 뇌에서 그렇다. 현재 최고의 뇌 기능 이론은 뇌의 특정 영역에 약간의 기능적 전문화가 있지만, 모든 시스템은 상호 연결되어 있고, 하나의 시스템을 조정하면 다른 곳에서 연쇄 반응 효과가 생긴다고 넌지시 말한다. 이는 이미 뇌에 (항우울제와 같은) 약리학적 개입과 그것으로 인한 다양한 부작용에서 볼 수 있다.

이 부작용 문제 해결을 목표로 삼고 이런 부작용에 취약하지 않도록 사이보그 매개물을 설계할 수 있지만, 이는 여전히 현실적인 도전이다. 몸을 열어서 그 속에 보철물을 이식하는 것은 감염과 질병의 위험이 있다. 우리는 이런 위험을 감수할지 물어봐야 한다. 우리가 직면할 수 있는 어떤 문제에 대해서도, 외부화된 자동화 해결책은 내부화된 사이보그 해결책보다 더 편리하고 안전할 것이다. 뉴질랜드 와이카토대학교 윤리학 교수인 니콜라스 에이가(Nicholas Agar, 1965~)는 다음의 사고실험을 통해 이 문제의 핵심을 가리킨다.[85]

피라미드 건설자들 : 당신이 피라미드를 짓는 고대 이집트의 왕이라고 가정해 보라. 피라미드를 짓기 위해서는 평범한 인간 근로자(또는 노예)의 '등골 빠지는 노동'이 필요하다. 분명히 근로자 증강을 위해 어느 정도 투자는 바람직하다. 하지만 여기에는 두 가지 방법이 있다. 인간의 증강 기술에 투자하여 근로자의 힘, 체력, 지구력을 증가시키는 약이나 다른 보충제를 주의 깊게 살피거나, 어쩌면 현재

팔다리에 이식하는 로봇 사지를 만들 수도 있다. 또는 건축에 필요한 돌 블록을 조각하고 운반하는 기계와 같은 다른 '증강' 기술에 투자할 수도 있다. 당신이라면 어떤 투자 전략을 선택하겠는가?

✦ 니콜라스 에이가(Nicholas Agar), ≪진정한 인간 증강≫(Truly Human Enhancement)

니콜라스 에이가는 그 답이 뻔하다고 생각한다. 분명히 외부의 자동화 해결책을 선호해야 한다. 그런 해결책이 더 싸고 덜 위험하고 그 일을 해낼 가능성이 더 높다. 요점은 기술적 사이보그화에 대한 현실적인 방해 요인이 크다는 점이다. 이로 인해 단기적으로 많은 자동화와 외부 의존성을 선호하도록 권장되어 사이보그 유토피아의 완전한 잠재력을 실현하지 못하게 될 것이다. 우리에게 그 길을 보여주는 것은 소수의 대담한 사이보그 개척자들의 몫일 수도 있고, 그 사이에 그들은 큰 손실과 조롱을 겪을 수도 있다.

6장_결론   우리가 찾는 그 유토피아는 아니다

이 장에서는 포스트워크 사이보그 유토피아에 대한 가능성을 평가했다. 사이보그 유토피아는 인간이 기술적 증강을 통해 인지적 적소에 대한 지배력을 유지하려는 미래 세계이다.

이런 미래의 풍경은 환영과도 같다. 하지만 이 환영에는 많은 매력이 있으며, 처음에 유토피아 평가표에서 높은 점수를 받는다. 즉 이 환영은 인간의 능동적 행위성, 선택 자율성, 세계에 대한 이해력을 보유하기 위해 기술을 사용함으로써 자동화의 다섯 가지 위협을 피할 것을 약속한다. 그리고 사람들에게 다양한 형태의 존재 방식을 실험하도록 함으로써 다원주의를 촉진하며, 안정성과 역동성 사이에서 좋은 균형을 유지하여 인류가 지향할 많은 지평을 제공한다. 이로써 우리 자신과 자손 모두의 미래에 대한 희망을 준다.

그러나 사이보그 유토피아의 환영에는 많은 문제가 있다. 이 환영은 현재 우리가 가지고 있는 평가적 평형을 보존하려고 노력함으로써 일의 세계를 보존할 수 있다. 이 환영은 유급 고용의 약탈을 피할 수 있는, 근본적으로 다른 미래를 허용하지 않을 수도 있다. 이 환영은 우리를 기계의 손아귀로부터 자유롭게 하기보다는 기계에 더 많이 의존하게 할 수도 있다(어쩌면 기계에 대한 노예화). 이 환영은 우리와 같은 생명체가 합리적으로 이해하지 못할 수도 있다. 어떤 형태에서 이 환영은 우리가 현재 관심을 갖고 있는 너무 많은 가치(인본주의, 개인주의, 그리고 허용 가능한 것과 허용되지 않는 것 사이의 명확한 경계)를 뒤엎거나 파괴할 수 있다. 마지막으로, 그리고 아마도 현재 우리의 관점에서 가장 중요한 것은, 이런 환영은 가까운 시일 내에 실행되지 않을 수도 있다는 점이다. 닐 하비슨이나 케빈 워윅과 같은 사이보그 개척자들은 자신들이 좋아하는 대로 현재의 기술을 만질 수 있지만 그리 멀리 가진 못한다. 기술이 발전하기를 기다리는 동안, 우리는 사이보그 기술보다 외부 자동화 기술을 선호할 가능성이 높으며, 따라서 제4장에서 요약한 자동화의 잠재적 위협을 악화시킬 수 있다.

그래도 내가 사이보그 유토피아에 완전한 반감을 품고 있는 것은 아니다. 나는 독자들이 이렇게 생각하기를 바라지는 않는다. 사이보그 유토피아는 매력이 있고, 장기적인 프로젝트로서 간직할 가치가 있다. 그러나 이런 매력에도 불구하고, 얼핏 보이듯이 유토피아적이지는 않다. 다음 장에서는 다른 유토피아 제안인 가상 유토피아(Virtual Utopia)에 대해 알아보겠다. 이 제안은 여러 면에서 사이보그 유토피아와는 반대되는 운명에 시달린다. 가상 유토피아는 언뜻 보면 유토피아도 아니고 실용적이지도 않은 것 같지만, 자세히 들여다보면 매우 매력적이다.

Leo Gestel, 〈나뭇잎과 머리(Blad met hoofden)〉 (1891)

가상 유토피아는

———

그 유토피아인가?

7장_1절 가상 유토피아는 생각보다 실용적이다

2016년 9월 23일, ≪워싱턴 포스트≫(Washington Post) 소속 기자인 애나 스완슨(Ana Swanson)은 <왜 어마어마한 비디오 게임은 미국에 문제를 일으킬 수 있는가?>(Why Amazing Video Games Could Be Causing a Problem for America?)[1]라는 제목의 기사를 썼다.

이 기사는 젊은 남성들과 이들이 비디오 게임에 매료되는 현상을 다루는 경제학자들의 연구를 소개하고 있다. 이 연구에 따르면, 2015년 기준 미국에는 그 어느 때보다 일을 하거나 일자리를 찾는 젊은 남성의 비율이 줄어들었다고 한다. 부분적으로는 젊은 남성들이 비디오 게임에 압도적으로 매료되는 것이 그 원인이라고 이 경제학자들은 주장했다. 애나 스완슨의 기사가 나온 직후 이 연구자들 중 한 명인 에릭 허스트(Erik Hurst)는 시카고대학교 부스경영대학원(Booth School)의 한 강연에서 그 결과를 다음과 같이 설명했다.[2]

2000년대 초반부터 2015년 사이에 평균적으로 낮은 숙련도의 20대 남성은 '여가 시간'이 주당 약 4시간 증가했다. …… 주당 4시간 증가한 여가 시간 중 3시간은 비디오 게임을 했다! 2014년에 낮은 숙련도의 젊고 평범한 비취업자는 하루에 약 2시간씩 비디오 게임을 했다고 한다. 이것은 평균이다. 25%는 하루에 최소 3시간씩, 약 10%는 하루에 6시간씩 비디오 게임을 하는 것으로 보고했다. 이와 같은, 일이 없는 낮은 숙련도의 젊은이들의 삶은 내 아들이 지금 원하는 삶처럼 보인다. 이런 삶은 학교에도 안 가고 직장에도 안 가고 비디오 게임을 하고 싶은 만큼 하는 삶이다.

✦ 니콜라스 에이가(Nicholas Agar), ≪진정한 인간 증강≫(Truly Human Enhancement)

에릭 허스트는 한탄하기보다는 동향을 이해하는 데 관심을 가지면서 이 상황에 비교적 낙관적인 태도를 보인다. 그리고 기업가 앤드루 양 (Andrew Yang, 1975~) 등은 비디오 게임으로 가득 찬 삶이 적어도 젊은 남성에게는 그렇게 나쁜 것도 아니고 근로 생활과 그렇게 다른 것이 아닐 수 있다고 주장했다.3 이는 매우 주목할 만한 일이다.

낙관적이지 않은 사람들도 있었다. 정치경제학자 니콜라스 에버슈타드 (Nicholas Eberstadt, 1955~)는 ≪일 없는 남자들≫(Men without Work)4에서, 미국 노동력에서 남성들이 물러나는 것을 한탄하며(그의 연구 결과에 따르면 약 700만 명의 남성들이 일을 하지 않고 있다), 이런 현상이 전통적인 가족 가치와 개인적 악습에 영향을 미친다고 깊이 우려한다. 에버슈타드는 일의 세계에서 물러난 남성이 덜 윤택하고 덜 뜻있는 삶을 살며, 결과적으로 게으름, 마약, 비디오 게임 같은 악습에 끌린다고 생각한다. '필립 짐바르도와 니키타 쿨롬(Philip Zimbardo & Nikita Coulombe)'은 한 책에서 비디오 게임의 세계를 심도 있게 비판하고, 남성이 가상 세계와 온라인 세계로 물러나는 것이 인지 발달과 사회적 지향에 극적으로 해로운 영향을 미친다고 주장한다.5

남성보다 많은 시간은 아니지만 여성도 비디오 게임에 많은 시간을 보낸다는 사실에 비추어 볼 때 남성에 초점을 맞추는 것은 흥미롭다.6 하지만 여기에서 나는 성별 문제에 연연하지 않겠다. 나는 짐바르도와 쿨롬의 주장이 촉발하는, 심오한 질문에 초점을 맞추고자 한다. 과연 우리는 일의 세계에서 물러나 비디오 게임의 가상 세계로 들어가는 것을 두려워해야 할까? 앞 단락에서 언급한 연구자들은 분명히 이를 자연스럽고 바람직한 것에서 벗어난 디스토피아적 행보로 본다. 가상 세계로의 후퇴는 제4장에 요약한 뜻있음과 윤택함의 조건으로부터의 후퇴로 보인다. 즉 우리가 생존을 유지하고 윤택한 삶을 살기 위해 필요로 하는 것으로부터의 후퇴로 보인다. 모든 시간을 가상 세계에서 보낸다면, 우리는 확실히 객관적 의의가 있는 프로젝트(진리임, 선함, 아름다움)로부터 단절되는 것이 아닌가? 가상 세계로의 후퇴에는 우리를 영웅적인 고지에 이르게 하는 것이 아무것도 없다. 즉 이런 가상 세계에서는 우리가 삶의 주인공이 아닌 존재로 전락한다.

가상 세계로의 후퇴에 대한 이런 디스토피아적 입장에는 호소력이 있다. 그러나 나는 이 장에서 이런 입장이 잘못되었다고 주장할 것이다. 가상 세계로의 후퇴는 전혀 디스토피아적이지 않고, 사실 진정한 포스트워크 유토피아를 실현하는 데 필요한 것이다. 다시 말해, 이 장에서 나는 제1장에서 요약한 네 번째이자 마지막 논점을 지지할 것이다.

___논점 4 : 가상 유토피아는 유용할 수 있다

기술과 우리의 관계를 관리하는 또 다른 방법은 가상 유토피아 (Virtual Utopia)를 건설하는 것이다. 가상 유토피아는 흔히 생각하는 것보다 더 실용적이고 유토피아적이다. '실재(real)' 세계에서 우리의 역할을 유지하기 위한 노력으로 기계와 우리 자신을 통합하는 대신, 우리가 건설한 기술 인프라에서 생성되고 유지되는 '가상 (virtual)' 세계로 물러날 수 있다. 언뜻 보기에 이는 주인공 역할을 포기하는 것처럼 보이지만, 이러한 접근법을 선호하는 설득력 있는 철학적, 실용적 이유가 있다.

나는 가상 유토피아에 찬성하는 주장을 네 가지 단계로 나누어 전개할 것이다. 첫째, 특히 가상과 실재를 구별하는 것에 초점을 맞추어 가상 유토피아가 어떤 모습일지 설명할 것이다. 둘째, 가상과 실재의 구별에 대한 이해를 이용하여 가상 유토피아에 찬성하는 주장을 전개할 것이다.

이 가상 유토피아는 미국 철학자 버나드 슈츠(Bernard Suits, 1925~ 2007)의 연구와 그의 게임 유토피아 주장을 바탕으로 한 것이다. 셋째, 자유주의 철학자 로버트 노직(Robert Nozick, 1938~2002)의 연구와 메타유토피아(meta-utopia)●라는 그의 개념을 바탕으로 가상 유토피아 에 찬성하는 또 다른 주장을 전개할 것이다.7 넷째, 가상 유토피아에 대 한 비판에 대응하여 유토피아적 장점을 전반적으로 평가할 것이다.

나는 가상 유토피아에 찬성하는 네 단계의 주장을 전개할 때, 우리가 '포 기하고' 가상 세계로 후퇴해야 한다는 생각에 대한 처음의 충격과 혐오로 부터 그 생각을 수용하는 쪽으로 가는 여행에 독자를 데려갈 것이다. 모 든 독자를 이 여행에 성공적으로 데려가지 못하더라도, 다수의 독자가 덜 저항하고 그 가능성에 더 개방적일 수 있다면 그것만으로도 성공이다.

● 메타유토피아(meta-utopia) : 궁극적인 유토피아 형태로 여겨지는 가상의 사회 또는 존 재 상태를 말한다. 정치철학이나 사회철학에서 자주 사용되는 개념으로, 이상 사회에 대 한 광범위한 사상을 지칭할 수 있다. 어떤 사람들은 메타유토피아를, 모든 사람이 자신 의 이익과 행복을 추구할 수 있고, 모든 개인이 존중과 공정으로 대우받는 사회로 상상 할 수 있다. 또 어떤 사람들은 메타유토피아를, 모든 사람이 자원과 기회에 동등하게 접 근할 수 있고 가난이나 고통이 없는 사회로 생각할 수도 있다. 또 다른 어떤 사람들은 모든 사람이 그들의 잠재력을 최대한 발휘할 수 있는 기회를 가지고 차별이나 억압이 없는 사회를 볼 수도 있다. 메타유토피아의 개념은 종종 이상 사회가 어떤 모습으로 보 일지에 대한 다른 생각을 탐구하는 사고실험으로 사용된다.

7장_2절 완전한 가상도 없고 완전한 실재도 없다

무엇이 실재(real)이고 무엇이 가상(virtual)인가? 이 질문은 무엇인가 형이상학적 헛소리를 시작하려는 것처럼 들릴지 모르지만 진지하고 중요한 질문이다. 또한 쉬운 답을 허용하지 않는 질문이기도 하다.

가상현실(virtual reality ; VR) 기술을 만든 초창기 선구자 재런 러니어(Jaron Lanier, 1960~)는 이를 너무나 잘 알고 있었다. 러니어는 자신의 독특하고 풍부한 개인적 경험을 바탕으로 기술한 ≪가상현실의 탄생≫(The Dawn of the New Everything)●에서 가상현실 기술을 52가지로 정의한다. 이 가운데 어떤 정의는 아이러니하고 풍자적이다. 예를 들어, 정의 32는 가상현실 기술을 다음과 같이 규정한다. 이 기술은 "이른바 허공에 떠 있는, 실제로는 불가능한 홀로그램을 만들 수 있다는 오해를 종종 받는 기술"이다. 그리고 어떤 정의는 뛰어난 통찰력을 담고 있는 것으로 보인다. 예를 들어, 정의 24는 "인간 지각의 탐지 측면을 무효화할 수 있도록 측정하는 사이버네틱 구성"이라고 가상현실 기술을 설명한다.

● ≪가상현실의 탄생≫(The Dawn of the New Everything) : 이 책에서 지은이는 가상현실이 자신에게 어떤 의미인지 이야기하기 위해 자전적인 이야기를 들려준다. 기술의 발전 가능성이라는 측면에서 가상현실은 현재 진행형이지만 이런 가상현실의 미래를 바라보는 지은이의 마음은 스스로 생각하기에도 모순적이다. 지은이는 가상현실에 대한 열광이 정점에 이른 지금, 거짓 정보가 난무하는 소셜 미디어는 어쩌면 현실을 가상현실보다 더 비현실적으로 만들고 있는지도 모른다고 이야기한다. 그리고 가상현실의 무한한 기술적 가능성과 인간의 의미를 되새기며 그것이 어떻게 우리의 삶을 윤택하게 만들 수 있는지 함께 생각해보고자 한다.

≪가상현실의 탄생≫에 나오는, 또 다른 정의는 가상현실 기술에 대한 스트레오타입 견해(stereotypical view)와 정확하게 일치한다. "사람과 물리적 환경 간의 인터페이스를 시뮬레이션 환경에 대한 인터페이스로 대체하는 것"이라는 정의가 그렇다.8

스트레오타입 견해는 하나의 비유로서 만들어지고 굳어진 것이다. 즉 수많은 공상 과학 장르의 소설, 영화, TV 시리즈에서 묘사되었다. 이 비유에 따르면, 가상현실은 컴퓨터로 생성된 세계이다. 즉 환영적 세계이거나 실재 세계의 시뮬레이션이다. 우리는 전략상 적절하게 위치한 화면에서 컴퓨터로 생성된 세계가 방송되는 방에 들어가거나, 더 일반적으로는 헬멧이나 고글을 통해 방송되는 이 시뮬레이션 세계에 몰입한다. 또한 컴퓨터 시뮬레이션에 투영될 수 있도록 우리의 몸동작을 추적하는 특별한 옷을 입거나 특별한 도구나 물건을 휴대할 수도 있다. 잘만 한다면 이 경험은 꽤 남다를 수 있다. 즉 물리적 세계에 속한다는 느낌에서 벗어나 시뮬레이션 세계에 몰입할 수 있다.

스트레오타입 견해와 관련한 공상 과학 장르의 고전적인 묘사는 닐 스티븐슨(Neal Stephenson, 1959~)의 ≪스노 크래시≫(Snow Crash)에서 확인할 수 있다. 이 소설의 앞부분에서 스티븐슨은 히로 프로타고니스트(Hiro Protagonist)●가 어떻게 메타버스(Metaverse)●●의 흥미진진한 시뮬레이션 세계에 몰입하는지를 묘사하면서 기술의 작동 방식을 설명한다. 히로 프로타고니스트는 소음 방지 이어폰과 고글을 착용한다. "고글

● 히로 프로타고니스트(Hiro Protagonist) : ≪스노 크래시≫의 주인공이다. 현실에서는 보잘것없는 삶을 살지만 3차원 가상 세계인 메타버스에서는 뛰어난 해커로 인정받는다. 히로 프로타고니스트는 메타버스에서 자신의 실제 모습을 철저히 숨기며 활동하는데, 메타버스에 퍼지고 있는 신종 마약 '스노 크래시'의 비밀을 파헤친다.

●● 메타버스(Metaverse) : 현실 세계와 같은 사회, 경제, 문화 활동이 이루어지는 3차원 가상 세계를 일컫는다. '가공, 추상'을 뜻하는 그리스어 Meta와 '현실 세계'를 뜻하는 universe의 합성어이다. 1992년 미국 공상 과학 소설 작가 닐 스티븐슨이 소설 ≪스노 크래시≫에 처음 나온 말이다.

속에서 퍼지는 빛 때문에 눈가에 흐릿하게 엷은 안개가 낀 것처럼 보이
며, 안개 속으로 끝없는 어둠을 향해 길게 이어진 큰길이 있다. 눈이 부
실 정도로 환하게 불을 밝힌 큰길은 마치 광각 렌즈를 통해 본 것처럼
뒤틀린 모습이다. 그 거리는 실제로 존재하는 게 아니라 컴퓨터가 그려
낸 가상공간이다."9 더군다나, 이 책은 스트레오타입 견해를 유용하게 설
명할 뿐만 아니라 이 견해에 대한 영감을 주기도 하다. 실제 가상현실
기술의 많은 디자이너들은 스티븐슨이 자신들의 작업에 큰 영향을 미쳤
다고 말한다.10 이들은 스티븐슨이 상상한 공상 과학 소설의 세계를, 우
리의 거실로 가져오기를 원한다.

스트레오타입 견해는 가상현실을 정교한 컴퓨터 생성 이미지, 몰입형 헤
드셋, 모션 캡처 바디슈트의 세계에서만 가능한 기술적 현상으로 본다.
가상현실에 대한 기술 혁신적 이해는 직관적이다. 컴퓨터 시뮬레이션 세
계는 분명히 진짜가 아니다. 이런 시뮬레이션 세계는 영묘하고 형태가
없다. 시뮬레이션 세계에는 물질과 분자로 이루어진 실제 세계의 중량과
무게가 없다. 하지만 이 판단은 어느 정도 제한이 필요하다. 결국 컴퓨터
시뮬레이션 환경에서 일어나는 많은 일은 마치 물리적 세계에서 일어나
는 것처럼 진짜일 수 있다. 우리는 사람들과 진정한 대화를 나누고 연합
을 형성하거나 우정을 쌓을 수 있다. 현금을 쓸 수도 있고 잃을 수도 있
다. 또한 실생활에서의 파급 효과(spillover effect)●를 경험할 수 있다.
이런 경험 중 어떤 것은 트라우마일 수도 있고, 어떤 것은 어쩌면 범죄일
수도 있다.

조던 벨라마이어(Jordan Belamire : 필명)가 가상현실 게임 퀴비알
(QuiVR)을 하면서 겪은 경험을 고려해 보라. 퀴비알은 여러 명의 플레
이어가 편을 나눠 좀비를 활로 쏘아 죽이는 게임이다. 이 게임은 여러

● 파급 효과(spillover effect) : 물이 흘러넘쳐 인근의 논에 영향을 미치듯이, 특정 지역에
나타난 효과가 흘러넘쳐 다른 지역에까지 영향을 미치는 일을 말한다.

명의 사용자와 온라인에서 플레이할 수 있다. 플레이어는 떠다니는 헬멧과 손 한쌍의 형태로 다른 사용자의 모니터 화면에서 나타난다. 성별은 단지 플레이어들과 소통하기 위해 사용하는 이름과 목소리로 암시된다. 조던 벨라마이어는 가까운 곳에 남편과 가족들이 머물고 있는 자기 집에서 게임을 하고 있었다. 게임을 하는 동안, 'BigBro442'라는 이름의 사용자가 (그 환경에서 묘사된다고 한다면) 그녀의 가슴 근처를 문지르기 시작했다. 그녀는 그에게 멈추라고 소리쳤지만, 그는 계속해서 가상 환경 주변에서 그녀를 쫓아가서 그녀의 가상 가랑이를 문질렀다. 처음에는 웃어넘기려 했지만 게임의 몰입형 본질을 고려할 때 그런 상황이 재미있지 않았다. 그녀는 그 폭행이 실재처럼 느껴졌고 "지옥처럼 무섭다"는 느낌이 들었다.11 그래서 고도의 기술 혁신적 스트레오타입 견해에서도, 가상과 실재 사이의 경계가 유동적임을 알 수 있다. 컴퓨터 내부에서 시뮬레이션 된 게임 환경인 순수한 가상 세계는 실재의 요소들로 가득 찰 수 있다.

사진 속 의자는 실재인가, 가상인가?

스테레오타입 견해는 가상현실이 곧 실재라고 보는 '직관 위배 견해(counterintuitive view)'●와는 대조된다. 이 직관 위배 견해에 따르면, 가상현실은 기술적 현상일 뿐만 아니라 우리 일상생활의 일부분이기도 하다. 직관 위반 견해에서는 우리가 실재라고 생각하는 많은 것들이 가상으로 여겨진다. 그리고 그 반대도 마찬가지이다. 즉 우리가 가상이라고 여기는 많은 것들이 실재라고 여겨진다.

● 영어 counterintuitive view는 '반(反)직관적 견해'라고 번역되기도 한다. 그런데 '반직관적'이라는 말은 곧 '감각적'이거나 '경험적'이라는 의미 연상을 가질 수 있다. 하지만 여기서 counterintuitive view의 그 의미를 이용해 말 수는 없다. 여기서 counterintuitive view는 '직관과는 어긋나는 견해'라는 뜻이다. 이에 '직관 위배 견해'라고 번역한다.

이 견해를 지지하는 극단적인 사람들이 있다. 미국의 민족식물학자이자 신비주의자였던 테렌스 맥케나(Terence McKenna, 1946~2000)는, 우리가 자연적으로 발생하는 환각 식물을 책임감 있게 사용할 수 있다고 생각한다. 그는 "우리가 실재라고 부르는 것은 사실 문화적으로 허가되고 언어적으로 강화된 환각에 지나지 않는다"[12]라는 의견을 낸 적이 있다. 그리고 대체로 비슷한 견해를 지지하는 존경할 만하고 널리 존중되는 철학적 전통이 있다. 칸트(Immanuel Kant) 철학의 핵심 사상은 세계에 대한 우리의 지각이 세계 그 자체에 대한 지각이 아니라 실재에 대한 정신적 투영이라는 것이다. 다시 말해 우리가 지각하는 세상은 실재가 아닌 시뮬레이션이다.

물론 이런 극단적인 관점을 받아들인다면 가상과 실재의 구분이 완전히 무너지고, "내 앞에 있는 의자는 '실재하지만' 사진 속 의자는 그렇지 않다는 것이 사실 무슨 말이지?"라고 자문해야 한다. 분명히 가상과 실재 사이에 어떤 구분이 있고, 그런 구분에 대해 이야기하는 것은 도움이 된다. 그러기 위해서는 어휘가 필요하다. 그래서 칸트적 관점을 수용하고 모든 것이 어떤 의미에서 가상이라는 것을 받아들인다면, 오래된 구분이 남을 수 있도록 '가상'과 '실재'라는 단어를 다시 정의해야 한다.

다행히도, '실재'라고 부르는 많은 것이 사실 가상이라고 생각하기 위해 테렌스 맥케나나 임마누엘 칸트까지 갈 필요는 없다. 상상된 현실은 결국 사회적 삶의 윤활유이다. 근래에 이러한 견해를 크게 촉진한 사람은 역사가이자 미래학자인 유발 하라리(Yuval Noah Harari, 1976~)이다. 유발 하라리는 베스트셀러 ≪사피엔스≫(Sapiens)와 ≪호모 데우스≫(Home Deus)를 통해 일상적 삶에서 당연시되는 많은 것이 우리가 지각하는 물리적 현실에 내재하지 않는다는 생각을 거듭 강조한다.[13] 오히려 당연시되는 많은 일상적 삶은 물리적 현실 위에 층층이 쌓인 개인적, 문화적, 사회적 구성물이다. 그는 이러한 가상적 층화(virtual layering)를 수행하는 인지 능력이 인류의 독특한 특성이라고 주장한다. 이러한 구성물의 예로는 위계와 지배라는 상상된 관계, 자연스러운 것과 부자연스러운 것, "돈, 직업, 법률, 여타 사회 제도" 등에 대한 믿음이 포함된다.

유발 하라리는 당연시되는 많은 일상적 삶이 물리적 현실의 내재적 특성이 아니라는 생각을 꽤 멀리까지 적용하여, 사회적 삶을 이렇게 가상적으로 이해하는 것이 포스트워크 세계에서 우리가 의미를 찾는 데 어떻게 도움이 되는지를 탐구한다. 나처럼 하라리도 자동화가 일에 미치는 영향과 자동화가 인간의 윤택함에 어떤 의미를 지니는지에 관심이 많다. 하라리는 특히 가상 세계로의 후퇴에 대한 두려움에 관심이 많다. 그러나 이러한 두려움에 대한 하라리의 반응은 단순하고 축소되어 있다. ≪가디언≫(The Guardian)에 실린 <일이 없는 세상에서 삶의 의미>(The Meaning of Life in a World without Work)라는 제목의 논평에서 하라리는 우리의 많은 사회적, 문화적 삶이 이미 가상이기 때문에 걱정할 것이 없다고 주장한다.14

유발 하라리의 이러한 주장이 직관 위배 견해의 매력과 한계를 모두 부각시키기 때문에 어느 정도 상세히 고려할 가치가 있다. 하라리는 포켓몬고(Pokemon GO) 게임을 했던 경험과 예루살렘에 살고 있는 유대교도와 이슬람교도의 종교적 믿음 사이에서 유사점을 끌어내면서 자신의 주장을 펼친다. 포켓몬고는 스마트폰 증강현실(Augmented Reality : AR)'● 게임이다. 이 게임의 목표는 물리적 세계의 여러 장소에서 '포켓몬(환상적

● 증강현실(Augmented Reality : AR) : 현실 세계에 중첩시킨 디지털 콘텐츠, 또는 이러한 디지털 콘텐츠 기술을 말한다. 이는 스마트폰, 태블릿, 특수 안경과 같은 장치를 사용해서 달성될 수 있다. 증강현실은 교육, 훈련, 엔터테인먼트, 원격 지원, 실용적 응용을 포함한 다양한 목적으로 사용될 수 있다. 예를 들어 증강현실은 박물관에서 예술작품의 이름과 기원과 같은 물리적 물체에 대한 정보를 표시하거나 가구를 조립하기 위한 지침을 제공하는 데 사용될 수 있다. 최근 몇 년 동안, 증강현실은 스마트폰과 태블릿에 다운로드할 수 있는 앱과 게임의 개발로 점점 더 인기를 얻고 있다. 이 앱들은 카메라와 감지기를 사용하여 사용자가 주변을 탐색하고 디지털 내서널 콘텐츠를 실제 뷰에 들씌운다.

인 괴물들)'을 모으는 것이다. 물론 이 괴물들은 완전히 컴퓨터 시뮬레이션이다. 이런 괴물은 실제 물리적 세계에는 존재하지 않는다. 하지만 만약 스마트폰의 화면을 물리적 세계 위에 올려놓는다면, 실재하는 물리적 풍경을 배경으로 디스플레이 되는 괴물의 이미지를 볼 수 있다. 따라서 괴물들은 현실 세계에 대한 컴퓨터 영사체이다.

이런 디지털 증강이 멋진 기술적 속임수이지만, 하라리는 현실 세계에 환영적 특성을 투영하기 위해 어떠한 기술적 도움도 필요하지 않다고 지적한다. 종교를 믿는 사람들은 항상 현실 세계에 환영적 특성을 투영한다. 하라리가 예루살렘에서 유대교도 및 이슬람교도와의 유사성을 끌어내는 곳은 바로 여기에서이다. "예루살렘의 객관적인 현실을 보면 돌과 건물밖에 보이지 않는다. 거룩함은 어디에도 없다. 하지만 (《성경》과 《코란》 같은) 스마트북의 매체를 통해서 보면, 성스러운 장소와 천사를 어디서나 볼 수 있다."15 더군다나 종교를 믿는 사람은 이러한 정신적 투영을 매우 진지하게 받아들인다. 왜냐하면 그것이 자신의 세계에 의미와 가치를 부여하기 때문이다. 하지만 종교를 믿는 사람들만 그런 것은 아니다. 다른 모든 사람들도 항상 정신적 투영을 진지하게 받아들인다. 하라리가 말하듯이, "우리가 보는 것에 할당하는 의미는 우리 자신의 마음에 의해 만들어진다."16 그런 의미는 결코 현실의 구조가 아니다.

나는 여기에서 유발 하라리의 일반 원리를 뽑아낼 수 있다.

____하라리의 일반 원리(Harari's General Principle)
우리가 경험하는 많은 현실(특히 현실로부터 나오는 가치와 의미)은 본래 가상이다.

유발 하라리는 이 원리를 사용하여, 가상현실 안에서 살아가는 미래라는 개념에 관하여 실존적 확신을 제공한다. 우리는 이미 큰 가상현실 게임 안에 살고 있으므로 비디오 게임의 가상 세계로 후퇴하는 일에 이상하거나 비극적인 점은 없다는 것이 하라리의 주장이다. 비디오 게임은 가상성과 상관없이 우리가 큰 의미를 끌어내는 것 같은 가상현실 게임이다. 하라리는 우리가 이미 하고 있는 가상현실 게임의 두 가지 예로 종교와 소비주의를 꼽는다.

종교 : 종교는 수백만 명의 사람들이 함께 하는 큰 가상현실 게임이 아니라면 무엇이겠는가? 이슬람교와 기독교 같은 종교는 상상의 법칙을 만들어낸다. 이슬람교도와 기독교인은 자신이 가장 좋아하는 가상현실 게임에서 포인트를 얻기 위해 노력하며 삶을 살아간다. 만약 당신의 인생이 끝날 무렵에 충분한 포인트를 얻는다면, 죽은 후에 게임의 다음 레벨(일명 천국)로 올라갈 것이다.[17]
✦ 유발 하라리(Yuval Noah Harari), <일이 없는 세상에서 살아가는 삶의 의미>(The Meaning of Life in a World without Work)

소비주의 : 소비주의 역시 가상현실 게임이다. 신차 구입, 고가의 브랜드 상품 구매, 해외 휴가 등으로 포인트를 얻고, 남들보다 포인트가 많으면 게임에서 이겼다고 스스로에게 말한다.[18]
✦ 유발 하라리(Yuval Noah Harari), <일이 없는 세상에서 살아가는 삶의 의미>(The Meaning of Life in a World without Work)

유발 하라리의 주장에는 다소 경솔한 면이 있고, 이런 묘사에서 게임 같은 생각을 좀 무리하게 밀어붙일 수도 있지만, 우리는 그를 공평하게 대해야 한다. 종교적 회의론자이고 다루기 어려운 자본가인 우리들에게 하라리의 말에는 그럴듯한 데가 있다. 나는 천사나 악마나 신을 믿지 않는다. 나는 정말로 종교가 가상현실 게임이라고 생각한다. 모든 규칙과 규정은 가짜이고 환영적이다. 나는 자본주의에서 장려하는 많은 경제 활동에 대해서도 비슷하게 느낀다. 나는 어떤 깊은 필요성에 의해 추진되지 않는, 경쟁을 위한 경쟁은 불필요하다고 생각한다. 결과적으로 하라리의 논리를 수용하는 것은 귀가 솔깃해지는 일이다.

하지만 결국 유발 하라리의 주장이 통하지 않는다는 것이 내 생각이다. 가상 세계로의 후퇴에 대한 우리의 두려움을 완화시키고자 하는 바람으로 하라리는 직관 위배 견해를 지나치게 밀어붙인다. 큰 문제는 하라리의 주장이 충실한 종교 신자와 열렬한 소비주의자의 실제 경험에는 적용되지 않는다는 것이다. 이들은 자신들이 살고 있는 현실이 가상현실 게임이라고 생각하지 않는다. 예를 들어 종교를 믿는 사람들이 자신의 일상 의식(儀式)을 하라리가 생각하는 게임 형태로 경험한다는 것은 의심스럽다. 이들의 일상 의식은 포인트를 얻거나 레벨을 올리는 것이 아니다. 이들은 진정한 종교 의식에 대한 책임과 요구에 진심이다. 하라리의 관점은 내부자의 관점이 아니라 외부자의 관점이다. 소비주의도 마찬가지이다. 이들은 소비재를 사는 관습에 사로잡힐 수도 있지만, 진지하고 때로는 가치 있는 목적에서 그렇게 한다. 예를 들어 그런 상품이 자신의 윤택함과 행복을 위해 필요하거나, 진정한 즐거움을 주거나 지위와 명성을 얻도록 도와주기 때문이다.

그래서 가상 세계로의 후퇴에 대한 두려움을 축소시키는 유발 하라리의 주장●에서 위안을 얻기는 매우 어렵다. 현재 우리가 큰 의미와 가치를 얻을 수 있는 문화적 관습과 신념은 순전히 자의적인 정신적 투영물일지는 몰라도 이런 투영물로 경험되거나 이해되지는 않는다. 이런 문화적 관습과 신념을 이런 투영물로 보기 위해서는 일정한 정신성과 자각이 필요하며, 이런 정신성과 자각을 갖는다고 해도 계속 윤택하고 뜻있는 삶을 살 수 있을 것이라는 보장도 없다. 하라리는 문화적 관습과 신념이 정신적 투영물이라는 생각이 타당하다는 것에 찬성 주장을 해야 한다. 그냥 정신적 투영물이라고 가정만 해서는 안 된다. 더군다나 종교와 소비주의에 대한 하라리의 말이 맞다고 해도, 우리의 일상에는 여전히 가상이지 않거나 비실재가 아닌 특징들이 있다. 생계를 위한 몸부림, 태양

● 유발 하라리는 가상 세계로의 후퇴에 대한 두려움에 관심이 많다. 하지만 이러한 두려움에 대한 그의 반응은 단순하고, 축소되어 있다. 즉 그는 우리의 많은 사회적, 문화적 삶이 이미 가상이기 때문에 걱정할 것이 없다고 주장한다.

의 따뜻함, 사랑하는 사람의 부드러운 포옹 등은 하라리가 뭐라고 하든 여전히 현실의 무게와 힘을 지닐 것이다.

이 논점을 요약하자면, 스트레오타입 견해와 직관 위배 견해가 가상과 실재의 구분을 생각하는 방식은 다르지만, 두 견해 모두에서 실재와 가상의 경계는 유동적이고 잘 이해되지 않는다. 우리는 가상과 실재 사이의 모호성과 중복을 허용하면서도 진정한 차이도 허용하는(그래서 유발 하라리의 실수를 범하지 않는다), 가상현실에 대한 미묘한 차이가 덧붙여진 이해를 구축할 수 있을까? 가상 유토피아가 합리적으로 이해 가능하려면 그래야 한다. 다행히도 나는 가상현실에 대한 합리적으로 이해 가능하고 미묘한 차이가 적절히 덧붙여진 이해를 전개할 수 있다고 생각한다. 시간이 좀 걸릴 뿐이다.

가상과 실재의 경계에 대하여
물리적 실재, 기능적 실재, 사회적 실재

네덜란드 트벤테대학교(University of Twente) 철학과 교수 필립 브레이(Philip Brey)가 제안하는 가상현실의 존재론(ontology)●은 미묘한 차이가 덧붙여진 이해로 가는 길을 안내하는 데 도움이 된다.[19] 나는 이 존재론의 수정판을 가상 유토피아에 대한 주장의 기초로 채택할 것이다. 그래서 다음 몇 페이지에 걸쳐 이 수정판이 어떤 논리를 가지는지 설명할 것이다.

하지만 미리 이야기하지만, 우리는 필립 브레이의 존재론을 이해하기 위

● 존재론(ontology) : ontology라는 말은 'onta(존재하는 것)'와 'logia(학문)'의 합성어이다. 존재론은 개별적인 '있음'과 구별하여 근원적이며 보편적인 '있음'을 다루는 철학이다. 고대의 본질, 존재의 공간, 존재하는 현세 등을 나선다. 인식하는 주체와 독립적으로 존재하는 인식 대상의 존재를 인정한다.

해 여러 종류의 현실을 가상 유토피아의 현실과 형이상학적으로 분명하게 구별할 수 있어야 한다. 그리고 이를 위해 난마와도 같이 뒤엉켜 있는 형이상학적 질문 덩어리 속으로 들어가야 한다. 구별은 간단하지만, 이 형이상학적 질문은 그 갈래가 많고 종종 개념적으로 혼란스럽다. 나는 진행하면서 좀 더 까다로운 부분들을 요약하고, 그런 부분들이 가상 유토피아가 무엇인지에 대한 설득력 있는 이해로 이어지리라고 확신한다. 결국 그럴 가치가 있다.

필립 브레이는 우선 가상현실에 대한 스트레오타입 견해를 염두에 두고 자신의 존재론을 전개한다. 브레이는 사람들이 가상현실에 대해 이야기할 때 컴퓨터의 시뮬레이션 세계와 공동체에 대해 이야기한다고 가정한다. 그는 '실재'가 다의적이라는 것을 보여 주기 위해 이 가정을 사용한다. 세상에는 여러 가지 다양한 종류의 사물이 있고, 이와 같은 사물은 그 존재(existence)의 서로 다른 조건을 가지고 있다. 어떤 사물은 실재하는 것으로 간주되기 위해 물리적 세계에 존재해야 하고, 또 어떤 사물은 정신적인 시뮬레이션 세계나 컴퓨터로 생성된 세계에 존재하면서도 여전히 완벽하게 실재한다. 가상과 실재의 차이를 이해하려면 실재의 다양한 형태를 인식해야 한다.

필립 브레이가 무슨 말을 하는지 보기 위해 그가 사용하는 예시를 보자. 당신이 컴퓨터 화면을 응시하고 있고, 컴퓨터 화면에는 컴퓨터로 만든 사과 이미지가 있다고 상상해 보자. 브레이가 지적하듯이, 이 '사과'는 어떤 형태로든 분명히 존재한다. 신기루나 환각이 아니다. 가상 환경 내에 **정말로** 존재한다. 그러나 그 존재는 독특한 형이상학적 특성을 가지고 있다. 그 사과는 베어 물거나 살을 맛볼 수 없으므로 진짜 사과로 존재하는 것이 아니라 사과의 표상이나 시뮬레이션으로 존재한다. 이런 의미에서 이 사과는 소설 속의 허구적 인물과 다소 비슷하다. 탐정 셜록 홈즈(Sherlock Holmes)는 실존하지 않는다. 1800년대 후반 영국 런던 베이커 가(街) 221b번지에는 이런 이름을 가진 사람이 존재하지 않았다. 하지만 셜록 홈즈는 분명히 허구적 인물로 존재한다. 그의 외모, 습관, 지성뿐만 아니라 허구적 인물로서 그가 한 일과 하지 않은 일에 대한 '합의된 사실들'이 있다.

셜록 홈즈와 컴퓨터의 사과 이미지는 모의적 실재(simulative reality)이지 그 이상은 아니다. 즉 셜록 홈즈와 이 사과는 실제 사람이나 실제 사과로 존재하지도 않고 존재할 수도 없다. 하지만 왜 안 되는가? 답은 이 사과와 인간 탐정의 **물리적** 성질에 있다. 사과는 특정한 물리적 특성과 속성이 없다면 실제 사과로 존재하지 않는다. 사과는 덩어리가 있어야 하고, 공간을 차지해야 하며, 단백질·설탕·지방 등의 성분을 포함하고 있어야 한다. 가상 사과에는 이러한 특성이 없으므로 실제 사과와 같을 수 없다. 셜록 홈즈와 같은 탐정도 마찬가지이다.

그러나 여기에는 약간의 복잡함이 있다. **인간** 탐정은 질량이 있어야 하고, 공간을 차지해야 하며, 단백질과 신진대사 과정의 특정한 혼합으로 구성되어야 한다. 하지만 모든 탐정이 꼭 이런 특성을 가져야 하는가? 셜록 홈즈와 거의 같은 방식으로 실제 세계의 범죄를 해결할 수 있는 가상 탐정이 있다고 적어도 상상은 할 수 있다. 범죄와 범죄 행동에 대한 데이터를 끊임없이 공급받는 정말 진보된 AI를 상상해 보자. 그 AI는 이 데이터를 기반으로 패턴을 발견하고 범죄를 해결하는 방법을 배운다. 새로운 범죄에 대한 정보를 AI에 입력하면 해결책을 내놓을 수 있다. 이 AI 프로그램은 탐정에 대한 단순한 시뮬레이션이나 표상이 아닌 '실재' 탐정이 될 것이다. 사실 이런 가능성을 굳이 상상할 필요는 없다. 제1장에서 논의한 바와 같이, 이미 이러한 가상 탐정을 만들려는 회사들이 있다.

이런 예로부터 몇 가지 교훈을 얻을 수 있다. 첫째, 본질적인 물리적 사과와 **인간** 탐정 같은 실체가 있다. 이런 실체는 '**본질상 물리적 종류**'라고 부른다. 이런 종류는 관련된 종류의 실제 사례로서 자격을 갖추기 위해 특정한 물리적 특성이 있어야 하는 사물, 사건, 사태이다. 컴퓨터로 생성된 실체는 완전히 실재일 수는 없고 시뮬레이션일 뿐이다. 하지만 물리적이지 않은 다른 종류도 있다. '탐정'이 그 예이다. 탐정은 '비(非)물리적인 기능적 종류'이다. 즉 탐정이라는 하나의 실체는 물리적 특성이 아니라, 범죄를 조사하고 해결하려는 시도 같이 그 실체가 수행하는 기능에 의해 탐정 부류의 구성원 자격을 얻는다. 이러한 가상적 실체는 물리적 세계만큼 실재일 수 있다.

분명히 말하자면 모든 기능적 종류가 비(非)물리적 종류인 것은 아니다. 어떤 기능적 종류는 물리적 종류이다. 지렛대는 본래 물리적인 기능적 종류이다. 나무 막대기는 기능상 지렛대의 실제 사례로 간주될 수 있지만, 특정한 물리적 특성이 있기 때문에 그 기능을 수행한다. 지렛대의 컴퓨터 이미지로는 무거운 물건을 들 수 없다. 반면에 기포 수준기는 그 기능을 수행하기 위해 특정한 물리적 형태나 구성을 필요로 하지 않는다. 스마트폰 화면에 시뮬레이션 된 기포 수준기로 책장의 수평면을 꽤 만족스럽게 잴 수 있다. 게다가 '비(非)물리적인 기능적 종류'라는 용어는 잘못된 명칭이다. 이러한 부류에 속하는 물체와 실체는 전형적으로 약간의 물리적 실례를 가진다. 우리의 정신적 투영과 상상력은 우리의 뇌에서 실례(實例)화된다. 그리고 컴퓨터로 생성된 물체는 어떤 상징적 형태로 컴퓨터 하드웨어에서 물리적으로 실례화된다. 그런 물체는 단지 관련 기능을 수행하기 위해 **특별하거나 특정한** 물리적 특징을 필요하지 않을 뿐이다. 이런 물체는 다양하게 실현 가능하다.

따라서 기본적으로 몇 가지 물리적 종류가 있다. 이러한 종류의 가상 실례는 단지 모조품일 수 있다. 하지만 비(非)물리적인 기능적 종류의 가상 실례는 물리적 세계의 등가물만큼 실재할 수 있다.

다음 질문은 가상 실례가 물리적 세계의 등가물만큼 실재할 수 있는 다른 종류가 있는가 하는 것이다. 그렇다, 그런 종류가 있다. 그것은 사회적 종류이다. 이것들은 비(非)물리적인 기능적 종류의 하위 범주로서,

실질적인 중요성과 존재론적 기원 때문에 특히 흥미롭다. 이것들은 다음에 나오는 주장에 결정적이다.

중요성 측면에서 우리가 일상적으로 관여하는 실재의 상당 부분이 본래 사회적임은 두말할 나위가 없다. 우리의 관계, 직업, 금융 자산, 재산, 법적 의무, 자격, 지위 등은 모두 사회적으로 구성되고 사회적으로 유지된다. 이러한 것은 유발 하라리가 인류사에 대한 분석에서 집중하고, 우리 삶의 많은 부분이 가상이라는 하라리의 믿음을 뒷받침한다. 필립 브레이의 존재론은 비록 한 가지 중요한 제한이 있긴 하지만 이 점에서 하라리와 본질상 일치한다. 브레이는 이러한 것들이 사회적으로 구성되었다는 사실만으로 가상적이거나 비(非)실재적이라고 말한다. 그 실재는 어떤 특정한 물리적 실례화를 요구하지 않을 뿐이다. 이는 사회적 실재가 여러 형태로 다시 만들어질 수 있다는 것을 의미한다. 즉 다양하게 실현 가능하다는 것이다. 게다가 브레이는 존 설(John Searle, 1932~)의 사회적 실재 이론(theory of social reality)●을 컴퓨터화되거나 시뮬레이션 된 포럼에서 사회적 종류가 (그가 말하듯이) '존재론적으로 재생산되는(ontologically reproduced)' 시기와 여부에 대한 지침으로 사용할 수 있다고 주장한다.

존 설의 사회적 실재 이론에서는 존재론(그것은 무엇인가)과 인식론(우리는 그 존재를 어떻게 알게 되는가)이라는 두 가지 차원을 따라 물리적 종류와 사회적 종류를 구별한다.[20]

● 사회적 실재 이론(theory of social reality) : 사람들의 생각, 신념, 행동이 사회적 세계에 의해 어떻게 형성되는지를 이해하고자 하는 사회학의 한 분야이다. 여기서 사회적 세계는 인간의 상호 작용과 소통을 통해 구성되며, 사람들의 세계에 대한 이해는 그들의 사회적 관계와 그들이 살고 있는 사회의 문화적 규범, 가치, 기대에 의해 형성된다. 이 이론에 따르면, 사회적 실재는 고정적이고 객관적인 실체가 아니라 주어진 사회 내에서 개인의 상호 작용과 해석에 의해 형성되는 역동적이고 주관적인 구조이다. 사회적 실재는 생물학적 실재가 개인이 인지적 세계로 구별되며, 이처럼 이는 기용 통해 실린다는 현상학적 수준을 나타내므로 개인의 동기와 행동을 초월한다.

존 설은 물리적 종류가 **존재론적으로 객관적이고 인식론적으로 객관적**이라는 사실 때문에 변별적이라고 주장한다. 사과는 그 존재를 위해(사과로서 존재하기 위해) 인간 마음의 존재에 의존하지 않는다. 따라서 사과는 존재론적으로 객관적이다. 게다가 우리는 상호주관적으로 합의된 조사 방법을 통해 사과의 존재를 알 수 있다. 따라서 사과는 인식론적으로 객관적이다.

사회적 종류는 **존재론적으로 주관적이고 인식론적으로 객관적**이기 때문에 변별적이다. 돈은 그 존재를 위해 사람의 마음에 의존한다. 금화, 은화, 지폐 등은 물리적 특성 때문에 돈으로 간주되는 것이 아니다. 이것들은 인간이 집단적 상상력을 발휘해 돈의 기능적 지위를 이런 사물에 부여했기 때문에 돈으로 간주된다. 이론적으로 우리는, 정교하게 조각된 금속 동전이든 은행 잔액의 디지털 등록부든 어떤 화폐에도 돈의 기능적 상태를 부여할 수 있다. 실제로 특정 화폐는 다른 화폐보다 기능적 업무에 더 적합하다. 이는 내구성과 비(非)부패성 때문이다. 그럼에도 불구하고, 우리는 수년간 많은 다른 종류의 화폐에 돈의 기능적 지위를 부여해 왔다. 현재 존재하는 대부분의 돈은 본질상 비(非)물리적이며, 디지털 은행 잔액에만 존재한다. 이 가상 화폐는 본질상 여전히 인식론적으로 객관적이다. 나는 많은 돈이 내 은행 계좌에 들어가는 것을 혼자 일방적으로 상상할 수 없다. 나의 현재 재정 상태는 상호주관적으로 합의된 사실의 문제이다.

존 설은 많은 사회적 종류가 존재론적 주관성과 인식론적 객관성이라는 두 가지 특성을 공유한다고 주장한다. 결혼, 재산권, 법적 권리, 의무, 기업, 정당 등을 그 예로 꼽을 수 있다. 존 설은 이를 '제도적 사실'●이라고

● 제도적 사실(institutional fact) : 정부, 학교, 기업 종교 단체 등 사회 기관이 수립하고 유지하는 규칙, 규범, 기대 등을 말한다. 이러한 것들은 사회 내에서 개인의 행동을 형성하고 구성원들의 현실을 만드는 데 핵심적인 역할을 한다. 제도적 사실은 공식적일 수도 있고 비공식적일 수도 있다. 공식적인 것은 법률, 규정 등으로 성문화되어 있으며 지정

부른다. 그리고 제도적 사실은 **구성적 규칙(constitutive rule)⦁**에 대한 집단적 협약을 통해 존재하는 사회적 종류를 말한다. 구성적 규칙은 "X는 맥락 C에서 Y로 간주된다"라는 형식을 취한다. 화폐의 경우, 구성적 규칙은 "특질 a, b, c를 가진 금속 동전은 상품과 서비스를 구매할 목적을 위해 화폐로 간주된다"처럼 해석할 수 있다. 존 설은 우리가 모든 사회적 사물과 사건에 대한 구성적 규칙을 명시적으로 형식화한다고는 생각하지 않는다. 우리가 행동하고 활동하는 방식에서 암시되는 구성적 규칙도 있지만, 어떤 구성적 규칙은 명시적이다.

존 설의 이론은 분명히 일상적인 사회적 실재의 많은 부분이 어떤 의미에서는 가상적이라고 암시한다. 돈, 결혼, 재산, 권리, 임무, 정당 등은 물리적 세계 '바깥'에서 존재하는 것이 아니라 우리의 (집단적) 마음 안에 존재한다. 유발 하라리가 주장했듯이, 이러한 것들은 우리가 살고 있는 물리적 실재로 우리 마음을 허구적으로 투영한 것이다. 원칙적으로, 우리는 컴퓨터 시뮬레이션의 실재 안에서 존재하는 표상과 시뮬레이션을 포함해 어떤 물리적 대용 경화로 동일한 사회적 실재를 투영할 수 있다. 약간의 집단적 상상력과 의지만 필요할 뿐이다.

이제 이 논의에서 중요한 점을 요약해 보자. 필립 브레이의 존재론은 실재와 가상을 구분하기 위해서는 존재할 수 있는 다양한 종류와 그런 종류에 부착되는 실재의 다양한 조건에 민감할 필요가 있다고 주장한다. 세 가지 구별이 특히 중요하다.

된 당국에 의해 시행된다. 비공식적인 것은 성문화되지는 않았지만 주어진 사회 내에서 여전히 널리 받아들여지고 따르는 불문율과 기대이다.

⦁ 구성적 규칙(constitutive rule) : 특정 활동이 어떻게 수행되어야 하는지, 그리고 그것이 합법적이거나 유효한 것으로 간주되기 위해 무엇이 필요한지를 명시한다. 구성적 규칙은 사회적 상호 작용을 위한 틀을 제공하고 주어진 사회 내에서 허용 가능하거나 허용되지 않는 행동의 경계를 설정하는 데 도움을 주기 때문에 중요하다. 또한 사회 내에서 게임이 기대가 상당히 중요하기 때문에 게임이 어떻게 개최되는지, 구성적 규칙의 예로는 정부, 학교, 기업과 같은 기관에 대한 규칙과 기대를 정의하는 법률, 규정 등이 있다.

가상과 구별되는 실재의 다양한 종류

___본질상 물리적 종류(Essentially physical kind)

이것은 '실재'(사과, 의자, 자동차 등)로 간주되기 위해 특정한 물리적 특성이나 특징을 가져야 하는 실체이다.

___비(非)물리적인 기능적 종류(Non-physical functional kind)

이것은 특정한 물리적 특성이나 특징에 의존하지 않는 기능을 수행하는 실체이다. 이것은 컴퓨터 시뮬레이션을 포함해 많은 다양한 형태로 '실재'할 수 있다.

___사회적 종류(Social kind)

이것은 집단적 조정과 ("X는 C에서 Y로 간주된다"라는 형태의) 구성적 규칙에 대한 합의에 따라 존재가 좌우되는 비(非)물리적인 기능적 종류의 하위집합이다. 이것은 집단적인 정신적 합의가 있는 곳이라면 어디든 '실재'할 수 있다.

이 존재론이 **사물, 사건, 사태**만 포함하지 **행동**은 포함하지 않는다는 것에 주목해 보라. 필립 브레이가 자신의 논문에서 지적하듯이, 행동은 그 '실재'가 부분적으로 그 효과에 의존한다는 단순한 이유 때문에 다르게 다뤄져야 한다. 예를 들어, 컴퓨터가 생성한 환경에서 수행되는 행동은 '외부 가상적(extravirtual)' 기원과 효과를 가질 수 있으며, 이는 시뮬레이션 된 사물과 사건보다 실재와 훨씬 더 유동적인 관계를 가지고 있음을 의미한다. 이것은 조던 벨라마이어가 퀴비알에서 했던 경험에서 명백하게 알 수 있다.

필립 브레이의 이론은 상당히 정확하며, 가상 유토피아를 합리적으로 이해 가능하도록 만드는데 필요한 미묘한 차이를 제공한다. 비록 브레이가 컴퓨터 시뮬레이션에 존재하는 실재의 많은 층을 밝히는 일에 집중하지만, 그의 존재론은 또한 유발 하라리의 주요 통찰력 중 하나를 조명한다. 그런 하라리의 통찰력은 물리적 세계에 정신적 투영을 만들어내는 많은 문화적 관습과 신념에 대해 분명히 가짜이거나 환영적인 것이 있고, 있을 수 있다는 것이다. 하라리는 자신의 가상 이론에 사람들이 실재한다고 생각하는 신념과 관습의 체계를 포함시켜 지나치게 밀어붙이지만, 자신의 가상 이론에 포함시킬 범위를 조심스럽게 국한한다면 좀 더 확실한 증거에 입각해 주장을 끌고 나갈 수 있을 것이다.

예를 들어 하라리가 가상현실 게임에 대해 말하는 것은 우리가 사실 실재하는 물리적 세계에서 하는 많은 스포츠와 다른 게임들에도 분명히 적용되는 듯하다. 체스 판의 물리적 현실에는 특정한 목적을 달성하기 위해 말을 특정한 방식으로 움직이게 하는 것은 아무것도 없다. 이러한 제한은 체스 판에 대한 우리의 경험에 구성적 규칙을 정신적으로 투영한 것에 달려 있다. 그러나 종교적 규칙과 관습의 경우와 달리 체스를 할 때 우리는 정신적으로 자의적인 규칙의 본질을 인지한다. 우리는 실제로 바깥에 존재하지 않는 실재에 구조를 부과하고 있으며, 우리가 (게임을 할 때) 하고 있는 일이 더 깊은 우주적 의미를 가지지 않는다는 것을 깨닫는다. 가상 유토피아 모형 내에서 이러한 종류의 가상현실(물리적 세계에서 발생하지만 실재 관여나 결과가 없는 현실)을 포착하는 것이 중요하다. 실제로 나는 '실재 관여(real stakes)나 결과'의 부재, 그리고 우리가 부과하는 규칙과 제약의 자의적인 본질에 대한 인식이 (일상적인 용어로) '가상'의 더 독특한 특징들 중 하나라고까지 말하고 싶다.

이 요점을 더욱 장황하게 검토하기보다는, '가상현실'에 대해 내가 선호하는 이해가 무엇인지, 그리고 나의 이해가 가상 유토피아와 어떤 관련이 있는지만 설명하겠다. 나의 이해는 가상과 실재의 구별이 유동적이며, 완전히 가상이거나 완전히 실재인 것은 없다는 인식에서 출발한다. 다른 인간 캐릭터나 아바타가 없는 순수하게 환영적인 컴퓨터 생성의 세계에서도 우리 자신은 '실재'가 되고, 그 세계에 대한 우리의 경험은 어느 정도 실재를 가진다.

참가자들이 가상임을 알고 있는 유토피아

가상과 실재 사이에 어떤 경우에도 변치 않는 구분이 있다는 생각을 버려야 한다. 대신에 가상과 실재는 스펙트럼을 따라 배열될 수 있는 현상이라고 생각하는 것이 가장 타당하다. 여기서의 스펙트럼은 아마도 존재할 수 있는 다양한 '종류'의 사물과 그것에 붙어있는 실재의 다른 조건들을 인정하는 다차원적 스펙트럼이다. 이는 어떤 것은 더 가상적이고 어떤 것은 더 실재적인 것으로 분류될 수 있다는 것을 의미하지만, 완전히 전자도 아니고 후자도 아닌 것이 많이 있다. 만약 이렇게 한다면, 이 장의 나머지 부분에 대한 도전이 더 분명해진다. 우리는 이 스펙트럼을 따라(또는 이 다차원 공간에서), 가상 유토피아에 대한 선호되는 관점이 어디에 있는지(어떤 것인지)를 알아내야 한다.

이 장 처음에 나왔던 가상공간으로의 후퇴에 대한 두려움과 자동화된 미래에 인류가 직면할 옵션에 대한 이전 장의 논의를 고려한다면, 이 질문에 대한 내 대답은 가장 신뢰할 수 있고 독특한 가상 유토피아의 관점에는 다음과 같은 세 가지 주요 특성이 있다는 것이다.

가상 유토피아의 관점이 가지는 주요 특성
____(a) **상대적으로 대수롭지 않은 활동에 초점을 맞춘다.**
가상 유토피아는 사소하거나 상대적으로 **대수롭지 않은** 관여를 위해 수행하거나 추구하는 활동에 초점을 맞춘다. 다시 말해, 우리의 지속적인 생존을 결정짓지 않고, 진리임·선함·아름다움의 관점에서 세상에 큰 가치를 부여하지 않는 활동에 초점을 맞춘다. (물론 아래에서 몇 가지 주의 사항을 제시할 것이다.)

____(b) **참가자가 자신의 활동이 가상임을 알고 있다.**
가상 유토피아는 세계의 참가자가 상대적으로 사소하거나 대수롭지 않다고 **알고 있는** 활동에 관여한다. 즉 참가자는 임의로 구조화되거나 시뮬레이션 된 환경 내에서 작용하고 있으므로 큰 이해관계나 중요한 관여를 위해 행동하지 않는다는 것을 안다. 이 조건은 가상현실에 대한 유발 하라리 방식의 이해를 배제하고 '매트릭스 문제(Matrix problem)'[21]●를 피하기 때문에 중요하다. 매트릭스 문제란 가상 유토피아 안에 있는 사람들이 자신이 하는 일이 실재라고 믿도록 속아 넘어가는 가능성을 말한다. 이처럼 하라리 방식의 이해를 배제하고, 매트릭스 문제를 피한다는 이 두 가지를 모두 허용하면 가상공간으로의 후퇴를 걱정하는 사람들의 두려움을 매우 쉽게 해소할 수 있고, 가상 유토피아를 이상 사회의 덜 강제적이고 덜 독특한 관점으로 만들 수 있다.

___(c) 어떤 기술이 이를 실현할지 알 수 없다.

가상 유토피아는 기술적 측면에서 **불가지(不可知 ; 알 수 없는)**한 것이다. 다시 말해, 그 실례를 위해 특정 기술에 의존하지 않겠다는 이야기이다. 우리가 몰입적으로 참여하는 컴퓨터 생성 시뮬레이션은 가상 유토피아를 만드는 명백한 수단이다. 이와 같은 시뮬레이션은 가상현실 헤드셋, ≪스타 트렉≫에 나오는 것과 같은 홀로데크(holodeck)●●, 혹은 물리적 세계에 대한 증강현실 투영을 통해 다양한 방법으로 실현될 수 있다. 게다가 아래에서 지적하겠지만, 이러한 기술은 가상 유토피아의 더 정교하고 더 흥미로운 형태를 가능하게 한다. 그럼에도 불구하고 이런 기술은 엄밀히 말해 가상 유토피

● (지은이 주) 이 이름은 분명 영화 ≪매트릭스≫에서 유래한 것이다. 이 영화의 무대는, 기계가 인간을 현실 세계의 정교한 시뮬레이션에 연결시키고 이 시뮬레이션이 진짜라고 생각하게 만드는 미래 세계이다.

●● 홀로데크(Holedeck) : 홀로그램으로 창조된 가상현실 방이다. 사용자가 시뮬레이션된 환경과 시나리오를 경험하고 상호 작용할 수 있다. ≪스타 트렉≫에 나온 가상 기술인데, '스타 트렉' 우주에서 홀로데크는 역사적 사건부터 판타지 세계에 이르기까지 다양한 시나리오의 훈련, 레크리에이션, 시뮬레이션에 사용된다. 홀로데크의 개념은 공상 과학 소설에 영향을 미쳤을 뿐만 아니라 현실 세계에서 가상현실 기술을 개발하는 테노영감을 주었다.

아에 필요한 것은 아니다. 모든 기술적 장식물이 전혀 없는 물리적 세계에서 게임 같은 환경도 가상 유토피아의 부분으로 간주된다.

간단히 말해 가상 유토피아는, 참여자에게 **대수롭지 않고**, 참여자가 가상임을 **알고**, 어떤 기술이 이를 실현할지 **알 수 없는** 조건을 특징으로 하는 가능 세계이다. 이렇게 이해되는 가상 유토피아가 여전히 많은 '실재' 사물을 포함한다는 것이 이런 묘사에서 분명히 드러난다. 우리는 이런 가능 세계에서 우리의 경험에 대해 실재하는 감정적 반응을 가질 수 있고, 우리의 행동을 통해 실재하는 도덕적 미덕을 쌓을 수 있으며, 실재하는 기술과 능력(활동의 효율성)을 개발할 수 있다. 현재 많은 사회 제도는 가상 세계에서 완전히 실재하는 형태로 존재할 수 있다. 또한 가상 유토피아가 하나의 정착된 최종 형태를 가지지 않는다는 것이 이런 묘사로부터 분명하다. 즉 많은 가능 세계가 적합할 수 있다.

가상 유토피아의 이 관점이 우리가 찾고 있는 포스트워크 유토피아를 제공한다고 생각할 만한 이유가 있을까? 이제 이 관점을 지지하는 두 가지 주장을 제시할 것이다.

7장_3절 게임 유토피아에 대한 옹호와 반대

가상 유토피아에 찬성하는 첫 번째 주장은 버나드 슈츠(Bernard Suits, 1925~2007)의 책 ≪메뚜기≫(The Grasshopper)에서 영감을 받았다.22 이 책은 주인공들이 많은 시간 동안 '게임'이라는 단어의 정의를 놓고 토론을 벌이는 대화체의 작품이다.

주인공들은 게임에 대해 하나의 만족스러운 정의를 생각해내는 것이 불가능하다고 주장한 영국 철학자 루트비히 비트겐슈타인(Ludwig Wittgenstein, 1889~1951)의 유명한 주장에 응수하려고 한다. 무엇이 티들리윙크스●, 포커, 축구, 하키, 마리오 카트(Mario Kart)●●, 그랜드 테프트 오토(Grand Theft Auto)●●●를 연결할 수 있을까? 비트겐슈타인은 이런 게임들을 서로 연결할 수 있는 것이 없다고 주장했다. 이 게임들은 특정 속성을 공유하지만 다른 속성은 공유하지 않는다. 모든 게임이 공유하는 본질적인 속성(또는 속성 집합)은 없고, 게임들 간에 '가족닮음(family resemblance)'●●●●이 있을 뿐이다.

● 티들리윙크스(Tiddlywinks) : 평평한 매트 위에서 작은 원반을 공중으로 튕겨서 컵 속에 넣는 놀이이다.

●● 마리오 카트(Mario Kart) : 가상의 인물 마리오를 주인공으로 하는 경주 게임 시리즈이다. 게임 회사 닌텐도가 제작한다.

●●● 그랜드 테프트 오토(Grand Theft Auto) : 스코틀랜드의 록스타 노스사가 개발한 게임이다. 액션, 모험, 자동차 경주, 롤플레잉, 스텔스, 레이싱 요소들이 뒤섞여 있으며, 주제의 폭력성과 선정성으로 논란거리가 되었다. 이 시리즈는 여러 주인공들이 다양한 이유로 말미암아 밑바닥 범죄 세계에서 성공하고자 한다는 내용이다.

≪메뚜기≫의 주인공들은 게임에 대한 비트겐슈타인의 주장에 이의를 제기한다. 그들은 모든 게임에는 공통되는 핵심이 있다고 주장한다. 즉 모든 게임은 의도적으로 설정된 장애물을 극복하기 위한 자발적인 시도라는 것이다. 좀 더 정확히 말하면 게임은 다음의 세 가지 특징을 공유한다는 것이다.

버나드 슈츠가 말하는, 게임이 공유하는 특징

____도입부 목표(Prelusory Goal)●

이것은 게임 전에 이해할 수 있는 게임의 결과와 목표이다. 예를 들어, 골프와 같은 경기에서 도입부 목표는 "작은 골프공을 깃발로 표시된 구멍에 넣는 것"이다. 삼목 두기(Tic Tac Toe)와 같은 게임에서는 "먼저 세 개의 X나 O를 줄에 표시하거나 다른 사람이 같은 행동을 하지 못하게 하는 것"이다. 도입부 목표는 경기에서 어떤 일이 일어나고 있는지 추적하고, 누가 경기를 이기고 지는지를 결정하는 데 도움을 주는 사태이다.

____구성적 규칙(Constitutive Rule)

이것은 도입부 목표를 어떻게 달성하는지를 결정하는 규칙이다. 앞서 존 설의 사회적 실재 이론을 논의하면서 이 규칙을 언급했다. 게임에서 구성적 규칙은 플레이어들이 가장 직접적이고 효율적인 방

●●●● 가족닮음(family resemblance) : '게임'이라는 범주를 정의하면서 비트겐슈타인이 사용한 용어이다. 그는 먼저 보드게임, 카드게임, 볼게임, 올림픽게임 등을 제시하면서, 이 모든 게임에 공통되는 것이 무엇인지를 묻는다. 어떤 공통점이 있는지를 파악하려고 이 게임들을 보면 아무런 공통점도 찾지 못하고, 대신에 유사성만을 보게 될 것이라고 말한다. 그는 이런 유사성을 가족닮음이라는 용어로 표현한다.

● 도입부 목표(Prelusory Goal) : 게임이나 여가 활동을 시작하기 전에 설정된 목표이다. 이 게임이나 여가 활동을 위한 구조를 제공하기 위한 것이다. 예를 들어, 축구 경기의 목표는 상대 팀보다 더 많은 골을 넣는 것일 수 있다. 보드 게임의 목표는 보드의 특정 지점에 도달하는 첫 번째 플레이어가 되는 것일 수 있다. 그림이나 글쓰기와 같은 활동에서의 도입부 목표는 특정 기준에 맞는 완성품을 만드는 것일 수 있다.

법을 이용해 도입부 목표를 달성하지 못하도록 막는 인위적인 장애물을 설치한다. 예를 들어, 골프공을 구멍에 넣는 가장 효율적이고 간단한 방법은 골프공을 직접 들고 가서 구멍에 넣는 것이다. 그러나 골프의 구성적 규칙은 이를 허용하지 않는다. 대신 매우 제한된 환경에서 골프 클럽을 사용하여 공중과 땅에서 골프공을 조작해야 한다. 이러한 인위적인 제약 때문에 게임은 더욱 흥미롭다.

___유희적 태도(Lusory Attitude)●

이것은 게임 자체에 대한 플레이어들의 심리적 지향이다. 게임이 작동하려면 플레이어들은 구성적 규칙에서 부과된 제약을 받아들여야 한다. 이것은 분명한 요점이다. 플레이어들이 골프 클럽을 이용해 골프공을 구멍에 넣는 것을 거부하면 골프는 게임으로서 존재할 수 없다.

대략적으로 게임을 정의하는 이 접근법은 꽤 명확하다. 물론 일부 세부 사항을 두고 옥신각신할 수 있다. 예를 들어, 어떤 게임은 이 이론이 말하는 것보다 더 모호하고 불완전하다. 어떤 경우에는 점수를 기록하는 것이 게임에 특별히 중요하지 않다. 이런 게임은 제약을 두지 않거나 플레이어가 자신의 목표를 결정할 수 있게 한다. 많은 온라인 멀티 플레이어 게임에 이런 기능이 있다. 게다가 점수가 있더라도 시간이 지남에 따라 수정되는 많은 다른 도입부 목표에 의해 게임의 승패가 결정된다. 이

● 유희적 태도(Lusory Attitude) : 사람이 게임이나 다른 여가 활동에 참여할 때 취하는 사고방식이나 관점을 설명하기 위해 사용하는 용어이다. 게임의 규칙을 받아들이고 따르며, 그 자체를 위해 활동에 임하고, 완전히 참여하기 위해 불신을 유예하거나 현실의 한계를 무시하겠다는 의지가 이 유희적 태도의 특징이다. 유희적 태도가 중요한 것은, 경쟁의 부정적인 측면이나 승부욕에 휘말리지 않고 게임 등 여가 활동에 완전히 참여하고 즐길 수 있도록 하기 때문이다. 또 사람들이 안전하고 통제된 방식으로 다양한 역할과 시나리오를 탐색하며, 게임이 제시하는 도전과 기회를 통해 배우고 성장할 수 있도록 하기 때문이다. 유희적 태도는 게임 외에도 스포츠, 취미, 그리고 창의성 추구와 같은 다른 여가 활동에도 적용될 수 있다. 이는 유희성, 즐거움, 열린 마음으로 이러한 활동에 참여할 수 있도록 하는 마음가짐이다.

와 비슷하게, 모든 게임이 미리 정해진 구성적 규칙이 있는 것은 아니다. 구성적 규칙은 우리가 게임의 범위에 대해 더 많이 알게 되고 플레이어들이 그 범위 안에서 쇄신함에 따라 어느 정도의 변형을 순순히 받아들인다. 예를 들어 골퍼들이 클로 그립(claw grip)●이나 가슴에 고정시킬 수 있는 길쭉한 퍼터를 사용하여 공을 퍼트하는 것은 허용되어야 할까? 골프의 구성적 규칙은 시간이 지남에 따라 이런 질문에 대한 답을 바꾸었다. 이러한 사소한 비판은 게임에 대해 생각할 때 인식하고 명심해야 한다. 하지만 이런 비판이 있다고 해서 이 게임 이론의 가장 중요한 가치에 집중하지 못하면 안 된다.

이미 눈치 채겠지만, 이 게임 이론은 내가 제안하는 가상 유토피아 모형과 겹친다. 이는 우연이 아니다. 나는 그렇게 정의된 게임을 위한 여지를 만들기 위해 의도적으로 내 이론을 공들여 만들었다. 그리고 내가 정의한 가상 유토피아가 게임에만 국한되는 것은 아니지만, 게임은 가상 유토피아의 중요한 요소이다. 왜 그런가? 버나드 슈츠의 ≪메뚜기≫에 나오는 주인공들이 게임의 정의에 대한 대화를 끝낼 무렵에 그 정답을 찾을 수 있다. 게임의 정의에 대한 논쟁을 마무리한 후 ≪메뚜기≫의 주인공들은 게임의 유토피아적 본질을 이야기한다. 그들은 독자에게 자동화된 기술이 완성되고, 슈퍼스마트 기계가 인간의 모든 기분에 응할 수 있는 세상을 상상하도록 권유한다. 이 세상에서 집을 원한다면 버튼을 누르거나 아니면 기계가 마음을 읽을 수 있으니 소원을 빌기만 하면 된다. 그러면 원하는 것이 바로 나올 것이다.

이 자동화된 유토피아에는 고전적으로 생각되는 유토피아 세계의 몇 가지 특징이 있다. 제5장에서 언급했던 것처럼 중세 시에 나오는 코케인(Cockaygne)은 풍요로운 땅이었다. 에덴동산도 마찬가지였다. 유토피

● 클로 그립(claw grip) : 오른손을 위로 올려서 마치 갈고리발톱처럼 클럽을 잡는 방법이다. 이 그립은 오른쪽 손목이 꺾이는 것을 막아 주고 더 부드러운 스트로크를 가능하게 해 준다.

아는 종종 투쟁, 박탈, 그리고 '실재' 생활의 요구가 끝나는 장소라고 생각된다. 버나드 슈츠는 이 생각을 받아들여서, 인간이 기술로 촉진된 풍요의 수준에 도달할 때 무엇을 할지 묻는다. 이때 인간은 할 일이 없으면 무엇을 하는가? 게임을 한다는 것이 그의 대답이다. 게임은 결과적으로 인간 존재의 극치를 나타낸다. 이런 극치는 기술 및 문화 발전을 통해 우리가 추구했던 것이다. 인류 역사는 게임의 유토피아●를 지향한다.

버나드 슈츠가 이렇게 주장하는 한 가지 이유는 기술로 촉진된 풍요로운 미래에 어떤 인간 활동이라도 게임일 수 있다는 것이다. 기억하라. 이 상상의 세계에서는 스위치를 누르거나 그렇게 되기를 소망하기만 하면 원하거나 필요로 하는 것은 무엇이든 얻을 수 있다. 손가락 하나 움직일 필요가 없다. 따라서 필요하다면 당신이 **어떤 행동**을 수행하더라도 이런 행동은 불필요한 장애물을 자발적으로 설정한다. 어떤 형태와 크기의 집이라도 스위치 클릭 한 번으로 모든 취향과 기호에 맞춰 제공된다. 노력도, 피도, 땀도 없다. 하지만 스위치를 누르기 싫다고 가정해 보자. 맨손으로 집을 짓고 싶다고 가정해 보자. 도면을 그리고, 재료를 찾고, 기초를 쌓고, 콘크리트를 붓고, 벽돌에 시멘트를 바르고, 바닥에 타일을 까는 등의 일을 수행하고 싶다고 해보자. 이렇게 하면 집을 짓는 것은 자발적으로 부과된 장애물을 극복함으로써 도입부 목표(집짓기)를 달성하는 게임으로 바뀐다.

버나드 슈츠의 게임에는 이것보다 더 많은 것이 있다. 슈츠는 단순히 기본적으로 게임의 유토피아적 잠재력을 주장하는 것이 아니다. 필요나 욕구가 없는 상황에서는 지금까지 해왔던 어떤 게임보다 더 깊이 참여하고 몰입하는 게임을 발명하고 플레이할 수 있다는 것이 버나드 슈츠의 주장

● 게임의 유토피아는 게임이나 놀이가 주된 활동인 가상의 사회 또는 존재 상태를 말한다. 가사해서 또는 주관적으로 간요 쳤던 기순이 비아이에가 인간 비셀를 비밀세 비신하고 복제할 수 있는 AI 시스템의 개발을 통해 잠재적으로 실현될 수 있는 개념이다.

이다. 이런 게임은 우리에게 이상적인 형태의 윤택함을 이룰 수 있게 해준다. 이런 게임은 간단히 말해 '유토피아 게임(Utopian Game)'이다.

게임 유토피아에 대한 옹호
선택 자율성, 성취감 획득, 과정의 즐거움

왜 우리는 게임의 유토피아에 대한 버나드 슈츠의 관점을 받아들여야 하는가? 우리는 게임의 유토피아가 인간 기술 발전의, 분명하면서도 이상적인 종착점을 나타내고, 우리의 삶에서 욕구와 필요를 제거하는 것이 명백한 유토피아적 목표라는 슈츠의 의견에 동의한다. 이 외에도 게임을 하는 세상이 윤택하고 의미를 찾을 수 있는 세상이라고 생각하는 네 가지 '주요한 이유'가 있다.

첫 번째는 이러한 세계를 만드는 것이 제4장에서 논의한 자동화의 많은 위협(다섯 가지 기술 비관론)을 피하는 데 도움이 된다는 것이다. 물론 모든 위협을 피할 수는 없다. 예를 들어 게임의 유토피아에 도달하려면 '현실과의 연결 고리 단절 문제'는 받아들여야 한다. 기억하겠지만, 연결 고리 단절 문제는 자동화 기술이 인간의 활동과 객관적으로 가치 있는 결과 사이의 연관성을 단절시키도록 위협한다는 사실에서 비롯된다. 여기서 가치 있는 결과라는 말이 가리키는 바는, 지식의 추구, 인간 요구의 충족, 분배 문제의 도덕적 해결 등이다. 하지만 게임의 유토피아에서는 이 단절의 운명을 따라야 한다.

그러나 자동화의 다른 문제들(선택 자율성과 능동적 행위성에 대한 위협)은 게임 플레이를 통해 개선될 수 있으므로 이 게임 유토피아의 운명을 따라도 안전할 수 있다. 게임은 인간이 선택 자율성과 능동적 행위성을 발전시킬 수 있는 영역으로 자리잡는다. 게임은 인간이 생각하고 계획하고 결정할 수 있는 기회를 제공한다. 또 용기, 관대함, 페어플레이

등의 미덕을 기르며, 독창적인 창의성을 발휘할 수 있는 공간을 마련해 준다. 이는 특이하거나 이상한 생각이 아니다. 스포츠의 가치는, 이와 같은 속성을 개발하는 능력에 있다고 오랫동안 주장되었다. 예를 들어 루뱅가톨릭대학교의 윤리학 교수인 마이크 맥나미(Mike McNamee)에 따르면, 스포츠는 교훈을 제시하는 '도덕극(morality play)'●으로 이해되어야 한다. 이런 도덕극은 선수들이 자신의 도덕적 미덕을 개발하고 관람객을 위해 그런 미덕의 모델 역할을 하는 이상적인 장을 제공한다.23 캘리포니아주립대학교 철학과 교수인 그레이엄 맥피(Graham McFee, 1951~)도 비슷한 맥락에서 스포츠는 사람들이 도덕적으로 능동적인 행위성을 연마하는 실험실로 기능할 수 있다고 주장한다.24 그레이엄 맥피는 능동적 행위성이 도덕적 실험실에서 실제 생활로 옮겨진다고 가정한다. 나는 여기서 이런 도덕적 행위성을 옮길 '실재' 생활이 없는 세상에 대한 관점을 주장하고 있다. 게임 실험실 자체로도 충분하다.

따라서 게임의 유토피아는 우리에게 인본주의적 속성 중 전부가 아니라 일부만 유지할 수 있게 해주는 절충안으로 보일 수 있지만, 우리는 오늘날 세계에서 너무나 많은 속성을 절충하도록 강요당하기 때문에(미래에는 한층 더 그렇게 하도록 강요될 것이다), 그것은 게임의 유토피아에 단점은 아니다. 반대로 게임의 유토피아가 우리의 능동적 행위성과 선택 자율성을 연마할 수 있는 이상적이면서도 보호받을 수 있는 장을 제공한다는 사실은 순수한 장점처럼 보인다.

게임의 유토피아를 수용하는 두 번째 이유는 유토피아 평가표에 명시된 다른 기준들이 충족되기 때문이다. 기억하겠지만, 유토피아주의의 한 가

● 도덕극(morality play) : 15세기와 16세기 동안 유럽에서 인기 있었던 연극의 한 종류이다. 미덕, 악덕, 죽음과 같은 의인화된 추상 개념을 사용하여 도덕적 교훈을 제시하는 우화극의 일종이다. 도덕극의 목적은 관객들에게 옳고 그른 행동과 이러한 행동의 결과에 대해 가르치는 것이다. 종종 선(善)과 악(惡)이 투쟁, 삶에 대한 신의 긍극적인 영향을 묘사한다.

지 목표는 미래 사회 발전에서 안정성과 역동성 사이의 균형을 제공하는 것이다. 우리는 미래 사회에 엄격한 청사진(불만과 폭력으로 이어지는 엄격한 청사진)을 강요하려고 하지 말고, 오히려 그런 사회가 열망할 수 있는 지평선 프로젝트를 제공해야 한다.

언뜻 보기에는 그렇지 않지만, 게임의 유토피아는 이런 프로젝트를 제공할 수 있다. 우리가 이 미래 세계에서 하는 실제 게임은 끝이 없기 때문이다. 탐험할 게임의 범위는 무궁무진하다. 이 게임들은 각각 우리를 밀어붙이고 예상치 못한 방법으로 우리를 발전시킬 수 있다. 이 게임의 범위에 대한 지평선은 우리가 확장할 수 있는 또 다른 새로운 개척지이다. 게다가, 게임의 유토피아는 유토피아 프로젝트가 다원적이며 어떤 개인에게도 가치나 목표를 강요하지 않는다는 것을 보증하는 데 도움을 준다. 할 수 있는 많은 게임이 있고, 이런 게임은 다양한 취향과 기호에 어필한다.

게임의 유토피아를 수용하는 세 번째 이유는 게임이 뜻있음과 윤택함이라는 두 가지 중요한 조건을 가장 이상적인 형태로 실현하는 방법을 제공하기 때문이다. 이는 토론토대학교(University of Toronto) 철학 교수인 도덕철학자 토마스 허카(Thomas Hurka, 1952~)가 진전시킨 주장으로서, 이 주장은 어느 정도 분석할 필요가 있다.25 허카는 우리에게 수단-목적 추론(또는 원한다면 실용적 추론)의 구조와 성취의 본질에 대해 더욱 상세히 생각하라고 요구한다. 수단-목적 추론은 특정한 목표를 실현하기 위한 가장 적절한 경로를 알아내는 것이다. 목적을 위한 올바른 수단을 찾고, 그 수단을 실행하면 목표를 **달성**할 수 있다. 이 과정이 어려울수록 성과도 커진다. 잘 설계된 게임은 수단과 목적의 관계에 복잡성을 허용한다. 마침내 게임의 목적을 달성하면 그에 수반되는 **성취감**이 커진다. (게임 규칙에서 설정한 장애물을 극복했다.) 허카에 따르면, 이러한 성취감은 중요한 가치의 원천이다.

이것은 익숙한 생각이다. 나는 그웬 브래드포드의 성취 이론을 설명한 제4장에서 성취가 좋은 삶(good life)에 필수라고 주장했다.• 나는 브래드포드의 성취 이론을 사용해 연결 고리 단절 문제와 기술 비관론에 대해 주장했다. 허카의 주장에서 흥미로운 것은, 이것이 나의 이전 비관론을 근본적으로 뒤집어 생각하게 하는 데 도움이 된다는 것이다. 기계의 부상은 우리를 게임의 세계로 후퇴하게 만들 수도 있지만, 만약 허카의 말이 맞다면 게임은 더 높은 수준의 성취를 실현하기 위한 순수한 플랫폼을 제공하기 때문에 실제로 좋은 것일 수도 있다.

토마스 허카는 자신의 주장을 위해 유추를 사용한다. 이론적 추론과 실제적 추론을 비교해 보라. 이론적 추론에서, 당신은 주변 세계의 구조에 대한 진정한 통찰력을 얻으려고 노력한다. 이런 노력을 통해 지식과 이해라는 뚜렷한 가치를 실현할 수 있다(제4장에서 논의한 것). 무엇인가를 진정으로 이해하기 위해서는, 이러한 사실을 설명하는 데 도움이 되는 일반 법칙이나 원칙을 알아낼 필요가 있다. 이러한 일반 법칙이나 원칙을 알아내는 데 성공하면 깊은 수준의 통찰력을 얻게 된다. 여기에는 단순한 묘사 이상의 가치가 있다. 예를 들어, 아이작 뉴턴이 중력 법칙을 발견했을 때, 그는 별개의 많은 사실들을 설명할 수 있는 무엇보다 중요한 원리를 제공했다. 이 원리는 단순히 움직이는 물체에 대한 사실을 기술하는 것과는 다른, 추가적인 가치가 있었다. 설명적으로 통합되는 지식에는 단순한 지식 이상의 가치가 있다. 사실 설명적 체제에 더 많은 사실을 통합할수록 더 좋다. (이 개념에 대한 예를 위해서는 다음다음 페이지의 그림 A를 참조하라.)

허카는 실용적 영역에서 지식에 필적하는 것이 성취이며, 그 성취가 여

• 그웬 브래드포드는 무엇인가를 달성했다고 말할 수 있기 위해서는 세 가지 조건이 충족되어야 한다는 성취 이론을 제안하다. 그 세 가지 조건은 다음과 같다. ⓘ 우리가 관심 있는 결과를 생산하는 과정은 어느 정도 따라와다 ⓘⓘ 그 과정은 충분히 어렵다 ⓘⓘⓘ 그 과정은 운이 따라주는 것이 아니다.

러 가지 다른 활동을 통합하거나 함께 끌어 모으면 그 성취 역시 개선되거나 향상될 수 있다고 주장한다. 다시 말해, 허카는 모든 종류의 성취에는 어느 정도의 선(善)이 있지만, 더 큰 수단-목적의 복잡성을 수반하는 성취에는 더 큰 선이 있다고 주장한다. (이 개념에 대한 예를 살펴보기 위해서는 다음 페이지의 그림 B를 참조하라.) 허카는 게임이 잘 디자인되어 있다면 원하는 수단-목적 추론에 있어서 거의 모든 정도의 깊이와 복잡성을 허용할 수 있다고 지적한다. 결과적으로 게임을 통해 임의로 높은 수준의 성취를 얻을 수 있다. 수단-목적 추론의 깊이와 복잡성이 현실의 구조에 의해 부여되는 한계를 가지고 있는 실재 세계에서는 이러한 성취를 얻기 힘들다.

토마스 허카는 더 흥미로운 두 번째 주장을 가지고 있다. 그는 게임 플레이에 또 다른 중요한 가치의 원천이 있다고 주장한다. 이 두 번째 가치의 원천을 이해하기 위해서는 아리스토텔레스(Aristotle, 기원전 384년~기원전 322년)가 구분한 두 가지 유형의 활동 사이에 존재하는 차이를 이해해야 한다. 에네르게이아(energeia)와 키네시스(kineseis)가 그 두 가지 활동이다. 에네르게이아는 결과가 아닌 과정에 관한 활동이다. 아리스토텔레스는 철학과 자기 성찰이 에네르게이아와 같다고 생각했다. 철학과 자기 성찰은 의문을 제기하고 통찰력을 얻는 끊임없는 과정이며, 어떤 목표나 최종 상태로 끝나지 않는다. 키네시스 활동은 그 반대이다. 즉 목표나 최종 상태에 관한 활동이다. 아리스토텔레스는 과정과 관련된 활동이 궁극적으로 목표와 관련된 활동보다 낫다고 생각했다. 그 이유는 키네시스 활동의 가치가 항상 목표에 의해 압도되거나 종속된다고 생각했기 때문이다. 그 자체로는 좋지 않았지만 결과가 좋아서 좋았다는 것이다. 이것이 아리스토텔레스가 사색과 철학의 삶을 주창했던 이유이다. 사색과 철학의 삶에서는 활동 자체가 결과가 된다. 즉 끝없이 보람 있고 재생 가능한 가치의 원천이다. 우리가 지치거나 지루해 할 만한 것은 없다.

_____그림 A) 토마스 허카, 사실을 진정으로 이해하는 법

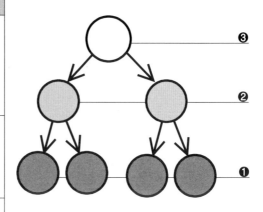

● 설명적 깊이의 층위
❸ 층위 ❸의 설명 : 모든 사실을 설명하는 원칙 → 모든 사실을 설명하는 원칙(법칙, 이론)을 알아내면 깊은 통찰력을 얻을 수 있다.
❷ 층위 ❷의 설명 : 일부 사실을 설명하는 원칙 → 사실을 이해하려면 먼저 일부 사실을 설명하는 원칙을 알아내야 한다.
❶ 사실 : 설명해야 할 사물, 사건, 사태

_____그림 B) 토마스 허카, 게임이 좋은 성취를 제공하는 이유

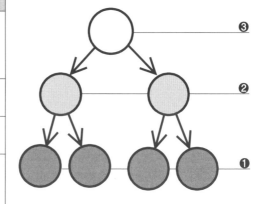

● 게임에서의 성취 층위
❸ 전유희적 목표 : 게임 결과를 결정하는 최종 목표이다. 층위가 많을수록 성과는 커진다.
❷ 하위 목표 : 최종 목표 달성에 도움이 되는 목표
❶ 장애물(난관) : 극복해야 할 게임 속의 사물
→ 모든 성취는 좋지만 복잡한 성취는 더 좋다. → 게임은 거의 모든 정도의 깊이와 복잡성을 제공할 수 있다. 이것은 현실에서는 얻을 수 없다.

언뜻 보기에는 게임이 아리스토텔레스의 체제에 깔끔하게 들어맞지 않는 것처럼 보일 수도 있다. 게임은 목표 지향적 활동이다. (도입부 목표는 그 구조의 부분이다.) 그래서 게임은 키네시스 활동처럼 보인다. 하지만 이런 목표가 본질상 중요하지 않다는 것을 기억하라. 즉 이런 목표에는 더 깊은 의미나 의의가 없다. 결과적으로 게임은 사실 과정에 관한 활동이다. 게임은 구성적 규칙에 의해 확립된 인위적인 장애물을 극복할 수 있는 방법을 찾는 것에 관한 활동이다. 토마스 허카가 보기에 게임은 결과적으로 아리스토텔레스가 극찬한 과정 지향적 선(善)을 얻기 위한 훌륭한 플랫폼이다. 게임은 어떤 외부 목적을 지향하는 활동이지만, 그 내부 과정이 유일한 가치의 원천이다. 실제로 게임이 아리스토텔레스 자신이 제안한 방식보다 더 순수한 방식으로 아리스토텔레스의 이상을 달성한다는 의미가 있다.

아리스토텔레스에 따르면 최고의 삶은 지적인 미덕을 갖춘 삶이다. 여기서 지적 활동은 종종 배경에 숨어 있는 목표를 가지고 있다. 이 목표는 예를 들면 진정한 통찰력을 달성하는 것과 같은 것이다. 지적 활동을 하는 사람은 이러한 활동에 최종 목표가 없다고 생각하지 않는다. 그런데 문제는 이 최종 목표가 지적 활동 과정의 내재적 가치를 능가할 수 있다는 위험이다. 게임의 경우에는 그런 위험을 감수하지 않는다. 게임의 목표에는 처음부터 가치가 없다. 당신이 관심을 가져야 하는 것은 게임의 과정일 뿐이다. 순수한 과정의 선(善)은 게임의 세계에서 정말로 윤택할 수 있다.

토마스 허카 자신도 이 모든 것을 의심한다. 허카는 게임을 하는 삶이 어느 정도 윤택할 수 있다는 것을 인정하지만, 그런 삶이 여전히 객관적으로 가치 있는 목적에 도움이 되는 활동보다 약하거나 열등한 종류라고 생각한다. 허카가 표현했듯이, "게임에서의 탁월함은 존경스럽기는 하지만, 위대한 선을 만들어 내거나 거대한 악을 막는 일과 같은, 도전적인 활동에서 이룩하는 성공보다 못하다."[26] 허카의 말이 맞을지도 모른다.

모든 것을 고려해 볼 때, 우리의 활동이 본질적 가치와 도구적 가치를 모두 가지고 있다면 더 나을 수 있다. 하지만 이 책과 이 장의 맥락에 따르면, 허카의 신중함은 설득력이 떨어진다.

나는 제4장에서 인간이 아닌 자동화 기술이 중요하고 중대한 결과를 달성하는 운명으로 되돌아갈 필요가 있다고 주장했다. 다시 말해 우리는 더 적은 것으로 만족해야 할 수도 있다. 이것은 의기소침하게 하는 타협처럼 보일지 모르지만, 사실은 그렇지 않다. 현실은 허카가 암시하는 더 높은 형태의 성취, 즉 정치 개혁가와 의학 연구자의 성취가 결코 널리 이용 가능하지 않았다는 것이다. 그런 성취는 항상 엘리트 소수의 전유물이었다. 대부분의 사람들은 어쨌든 스포츠와 게임에서의 성취를 포함하여, 보다 못한 종류의 성취로 만족해야 한다. 만약 게임의 유토피아가 그러한 종류의 성취를 위한 이상적인 장을 제공한다면, 게임의 유토피아를 거절하기보다는 환영해야 한다.

게임 유토피아는 숙련의 기회를 제공한다

게임의 유토피아를 수용하는 마지막 이유는 토마스 허카의 주장과 밀접한 관련이 있다. 게임의 유토피아가 **공예(craft)**의 가치를 추구하기 위한 이상 공간을 제공한다는 것이다.

이는 이해하기 쉽도록 분석할 필요가 있는 주장이다. 기술을 연마하는 데 삶을 바치고, 그 기술을 사용하여 특정한 종류의 결과를 만들어내며, 이 과정에 완전히 몰입하는 것은 공예의 특징이다. 예를 들어, 숙련된 대장장이나 가구장이는 공예품의 수요에 응하는데 많은 시간을 바친다. 그들은 사용 재료를 수용하고 작업 대상으로 하는, 정확하고 숙련되게 움직이는 방법을 알게 된다. 그들은 금속을 다루거나 나무를 연마하는 과정에 몰입하고, 그렇게 함으로써 자신을 넘어서는 힘에 의해 인도된다는 것을 안다. 이러한 일은 대장장이나 목수처럼 항상 물리적 재료를 가지고 작업하는 경우에만 일어나는 것은 아니다. 이러한 일은 음악가나 소설가처럼 순수하게 신체적이거나 지적인 기술을 가지고 작업하는 경우에도 일어난다. 이상적으로, 장인(匠人)은 돈을 위해서나 명예에 대한 갈망을 충족시키기 위해서가 아니라 그 자체를 위해 일을 한다.

세계적 명성을 가진 사회학자 리처드 세넷(Richard Sennett, 1943~)은 장인 정신을 찬양하면서 장인에 대해 이렇게 묘사한다. "장인은 그 자체로 좋은 일에 전념한다. 장인의 활동은 실용적인 활동이지 단순히 다른 목적을 위한 수단이 아니다. 그런 활동은 몰입이라는 특별한 인간 조건을 나타낸다."27

리처드 세넷은 경제적, 통치적 동기가 장인 정신의 추구에 비뚤어지고 왜곡된 영향을 미치는 것에 안타까워한다. 자본주의의 경쟁적 기준은 대량 생산을 위해 품질을 희생하고, 공산주의의 순응적 기준은 평범함과 무능함을 위해 품질을 희생할 수 있다. 이러한 도구적 목적은 공예를 가치 있는 예술로 만드는 숙련된 몰입에서 사람들을 멀어지게 한다. 세넷에게 있어서 이런 가치는 깊은 생물학적, 역사적 뿌리를 가지고 있다. 우리는 주변 환경과의 신체적, 인지적 참여를 통해 세상에 진출하는 신체화된 존재이다. 우리는 몸으로 기대하고 예측하고 적응하며 대응한다. 장인은 성숙한 형태로 적어도 특정한 영역에서 그런 신체적 참여에 정통했다. 이것은 인류 문명이 오랫동안 소중히 여기고 인정해 온 것이다. 세넷은 장인의 신 헤파이스토스(Hephaestus)에게 바치는 호메로스 찬가로 거슬러 올라간다. 이 찬가에서는 공예를 평화의 전조이자 문명의 촉매로 제시한다.28

리처드 세넷만이 공예를 옹호하는 것은 아니다. 버클리대학교 철학과 교수였던 휴버트 드레이퍼스(Hubert Dreyfus, 1929~2017)와 하버드대학교 철학과 교수 숀 도런스 켈리(Sean Dorrance Kelly, 1950~)는 세속화와 기계화의 산물로 나타나는 현대 허무주의를 비판하면서 장인 정신의 이상이 몹시 지친 우리 시대에 뜻있음과 윤택함에 대한 희망을 제공한다고 생각한다. 실제로 이들은 신체적, 지적 기술의 숙달을 포함하는 것으로 널리 이해되는 공예품이 우리에게 신성함의 세속적 등가물을 제공한다고 주장하기까지 한다. 이들은 이런 주장을 하기 위해 우아한 기술로 널리 알려진 테니스 선수 로저 페더러(Roger Federer, 1981~)를 예로 든다. 이들은 페더러가 자신의 몸을 이용해 기술(테니스)을 수행하는 방식이 신체화된 인간 형태 안에서 가능한 것의 지평선을 탐구하는 데 도움이 된다고 말한다.[29]

이로써 공예의 가치는 더 멀리 확장될 수도 있다. 나는 우리가 신성한 것에 대한 느낌을 회복하는 데 관심을 가져야 하는지 잘 모르겠다. 그럼에도 불구하고 휴버트 드레이퍼스, 숀 켈리, 리처드 세넷이 말하는 것에는 무엇인가가 있다. 당신은 기술에 정통하려고 할 때, 순수하게 자체 결정되지 않는 기준과 특성에 맞추어야 한다. 즉 자신보다 더 큰 무엇인가에 집중해야 한다. 제3장에서는 그러한 숙달의 추구를 포스트워크 유토피아에서 보존하는 (돈 이외의) 일의 잠재적인 미덕으로 검토했다. 그러한 숙달의 추구는 드레이퍼스와 켈리가 지적하듯이, 단지 신체적 기술에서 기술적 숙련을 달성하는 일에 관한 것이 아니라 세상을 다른 방식으로 보는 일에 관한 것이다. 그러한 숙달은 이전에 숨겨져 있던 활동에서 변수와 속성을 인식하는 일에 관한 것이다. 드레이퍼스와 켈리는 이렇게 말한다. "기술을 익히는 것은 세상을 다르게 보는 법을 익히는 것이다. 이것은 기술 없는 다른 사람들이 볼 수 없는 뜻있는 무엇인가를, 장인이 볼 수 있도록 해준다."[30]

게다가 장인의 기술 개발은 한계가 정해져 있는 것이 아니고 빠르게 지루함을 유발하는 것도 아니다. 반복과 연습은 종종 이전에 인정받지 못했던 기술의 더 큰 깊이를 드러낸다. 리처드 세넷은 이렇게 말한다. "기술이 확장됨에 따라 반복을 지속할 수 있는 능력이 증가한다. 음악에서 이것은 아이작 스턴 규칙(Isaac Stern rule)이다. 즉 위대한 바이올린 연주자는 연주 기법이 좋아질수록 같은 연주를 지루해하지 않고 오래 할 수 있다고 밝힌다. 실력이 늘수록 반복을 견디는 능력 또한 커진다는 것이다."31

요컨대, 공예의 삶은 인간의 윤택함과 뜻있음을 지속할 수 있는 삶이다. 이런 삶은 또한 유구하고 장엄한 역사를 가진 이상이다. 내가 여기서 전개하는 주장은 토마스 허카의 주장과 유사하게, 게임의 유토피아가 이러한 라이프스타일을 추구하기 위한 이상적인 기회를 제공한다는 것이다. 게임의 삶은 장인 정신이 가 닿을 수 있는 궁극적인 삶이 될 수 있다. 사람들은 다양한 게임에서 기술을 연마하고 다듬는 데 전념하고, 장인 같은 자세로 몰입하며 게임에 접근할 수 있다. 더군다나, 사람들은 장인 정신을 왜곡하거나 더럽히는 유인책 없이 그렇게 할 수 있다. 이런 유인책은 우리의 현재 세계에서 일반적으로 그 자체를 위한 공예의 추구를 오염시킨다. 경제적 이익이나 필요를 위해 공예를 추구할 필요는 없다. 공예는 초경쟁 시장의 압도적인 요구에 종속될 필요가 없고, 통치적 기준으로 인해 동기를 약화시키는 지루함에 종속될 필요도 없다.

다시 말하지만, 이는 특이하거나 이상한 생각이 아니다. 많은 경우에, 대장일, 가구 제작, 수제 맥주 양조 등 고대 공예품을 최근에 추구하는 사람들은 이미 (버나드 슈츠가 말하는 의미에서●) 게임에 참여하고 있다. 기계는 인간보다 더 빠른 속도, 뛰어난 정밀도, 그리고 효율성으로 이 모든 것을 할 수 있다. 사람들은 이런 공예품을 추구하면서 의도적으로 자신에게 불필요한 장애물을 부과하고 있다. 지금의 현실과 슈츠(그리고 내)가 상상하는 현실의 유일한 차이는 이러한 일들이 여전히 경제적 이익을 위해서나 또는 제3장에서 논의한 모든 부정적인 특징을 가지고 있

● 버나드 슈츠는 "인류의 역사는 게임의 유토피아를 지향한다"고 말한 바 있다. 또 "기술로 촉진된 풍요로운 미래에는 어떤 인간 활동도 게임일 수 있다"고도 말한 바 있다.

는 일 구조 안에서 행해지는 경우가 있다는 것이다. 나는 경제적 이익을 무시하고 공예 정신을 빛나게 해야 한다고 주장한다.

게임 유토피아에 대한 오해
'혼자 게임만 한다'고 생각할 수 있지만

게임의 유토피아가 인간 기술 발전의 이상적인 종착점이고, 게임을 하는 세상이 윤택하고 뜻있는 세상이라는 생각이 확실히 진지한 주장일 수는 없는가? 확실히 나는 세상을 바꾸는 것을 포기하고 게임의 세계로 후퇴하라고 말하고 있다. 이 주장을 진지하게 받아들이기 전에 몇 가지 오해를 다루고 몇 가지 반대에 맞서야 한다.

먼저 오해부터 다루어보자. 게임의 유토피아라는 생각에 난처한 기색을 보이는 사람들은 그런 미래에서는 우리가 게임을 하는 것 외에는 아무것도 하지 않고, 고립되고 자기 집착의 거품 속에서 혼자 게임을 한다고 가정한다. 그러나 사실은 그렇지 않다. 게임은 사회적 활동이 될 수 있고, 게임 밖에는 여전히 관계, 가족, 음식, 음악, 책, 그리고 현재 세계에서 우리를 지탱하고 삶을 뜻있게 만드는 많은 활동을 위한 시간도 있다. 큰 변화는 우리가 일에 대한 현재의 집착, 그리고 일과 관련된 직업윤리를 게임 및 게임 윤리로 대체한다는 것이다. 일이 전문 지식이나 공동체 의식과 같은 미덕을 얻기 위한 특권이 있는 장을 제공하는 대신, 게임이 그런 장을 제공한다.32●

사람들은 또한 게임에는 실재하거나 가치 있는 일이 없다고 보기 때문에

● (지은이 주) ≪보통 사람들의 전쟁≫(The War on Normal People)에서 앤드루 양 (Andrew Yang)은 직업윤리와 게임 윤리가 상당히 비슷하다고 말하면서 비슷한 주장을 한다. 기업에서의 게임 요소의 사용 증가 시나리오는 생계나 일로서 수익에 따르는 것이다. 즉 경제적 필요의 조건에서는 게임을 하지 않는다는 것이다.

게임의 유토피아라는 생각에 난처한 기색을 보인다. 하지만 사실은 그렇지 않다. 이 장 앞부분에서 있었던 실재 대 가상에 대한 광범위한 논의에서 분명히 한 것처럼, 게임의 '가상' 세계에는 많은 '실재'가 있다. 실제 경험, 실제 감정, 실제 관계가 모두 존재한다. 이것들은 단순히 사소하거나 부차적인 미덕이 아닌 객관적인 미덕의 기초를 제공한다. 사람들은 게임 세계에서 자신의 능동적 행위성을 성장시키고 개발할 수 있고, 게임 세계에서 이해와 역량을 습득할 수 있으며, 재미있게 놀고 만족감을 찾으며, 친구를 사귈 수 있다. 지식처럼 더 크고 결과적으로 더 중요한 미덕과의 연결 고리가 빠져 있기는 하다. 그러나 여기에서 빠진 것들은 애초에 모든 이들에게 윤택함과 뜻있음을 제공한 것은 아니었다. 이런 것은 거의 항상 엘리트의 전유물이었다.

마지막으로, 게임의 유토피아가 ≪메뚜기≫ 주인공들이 상상하는 완벽한 기술을 필요로 한다고 생각하기 때문에, 사람들은 게임의 유토피아를 진지하게 여기지 않을지도 모른다. 다시 말해 기계가 우리의 마음을 읽고, 우리가 원하는 것이라면 어떤 것이든 출력해 낼 수 있을 때 비로소 우리는 게임의 유토피아에 도달하게 된다. 그때까지는 게임의 유토피아에 대한 어떤 토론도 불가피하게 추측에 지나지 않고 산만할 것이다. 하지만 이건 사실이 아니다. 버나드 슈츠 자신이 완벽한 기술의 세계를 상상했을지도 모르지만, 게임의 유토피아를 진지하게 받아들이기 전에 (그것이 일관성 있는 개념이라면) 그러한 완벽함을 달성해야 할 이유는 없다.

앞장에서 언급했듯이, 기계가 미래에 모든 사람을 실업자로 만들지는 않는다. 생산성의 엔진을 계속 가동시키기 위해 필요한 소수의 엘리트 근로자들이 여전히 있을 수 있다. 그러나 뜻있음과 윤택함에 대한 갈망을 배출할 곳을 찾아야 하는 잉여 인구(surplus population)●가 늘어날 것

● 잉여 인구(surplus population) : 여기서의 잉여 인구는 칼 마르크스가 말하는 잉여 인구

이다. 당신이 이런 잉여 인구에 속할지도 모른다. 실제로 당신은 이미 그들 중 한 명일 수도 있다. 우리는 사회로서 슈츠의 상상적인 테크노 유토피아에 도달하기 훨씬 전에 영향을 받는 이런 사람들을 위한 배출구 개발에 대해 생각해야 한다.

그렇긴 하지만 사실 우리가 버나드 슈츠의 상상적 세계에 도달하기 전까지는 슈츠의 주장 중 한 가지 측면은 작동하지 않을 것이다. 그 측면은 완벽한 기술의 세계에서는 모든 인간 활동이 불필요하기 때문에 그런 인간 활동이 기본적으로 게임이라고 주장하는 부분이다. 그러나 앞에서 제안한 바와 같이, 게임의 유토피아에 대한 슈츠의 주장에서 그런 생각이 실제로 어떤 역할을 하는지는 명확하지 않다. 슈츠는 명확한 주장을 하지 않는다. 그는 ≪메뚜기≫ 주인공들의 대화라는 좀 더 모호한 방식을 통해 자신을 표현한다. 그래서 슈츠가 실제로 무슨 생각을 하는지 알기가 어렵다. 랑가라대학교(Langara College) 철학과 교수인 크리스토퍼 요크(Christopher Yorke)는 슈츠가 게임의 유토피아가 바람직하다는 주장과 불가피하다는 주장 사이에서 모호한 입장을 취한다고 말한다.[33] 이는 슈츠 자신이 상상하는 유토피아의 바람직함에 대해 확신이 없다는 것을 암시한다. 하지만 이렇게 모호할 필요가 없다는 것이 내 입장이다. 슈츠의 완벽한 기술 세계는 결국 당연한 것일지도 모른다. 그러나 그런 기술 세계에 도달하려면 아직 멀었다.

한편, 자동화의 발달로 인해 불필요하게 될 인간 활동이 많을 것이고, 그렇지 않은 인간 활동도 있을 것이다. 그렇다고 해서 게임의 유토피아가 바람직하다고 생각하는 앞서의 이유가 훼손되는 것은 아니며, 게임의 유토피아를 이상으로 추구하자는 주장이 배제되지도 않는다.

와 다른 의미를 가진다. 칼 마르크스의 잉여 인구는 노동 시장 바깥에 존재하지만 산업 예비군으로서 도시의 생산 체계 안에 잠재적으로 흡수될 수 있는 이들이다. 반면 후기자 본주의에 등장하는 잉여 인구는 및 그레이버 미닝 그형 생성이 필요로 하지 않는 이들이다.

게임의 유토피아에 대한 오해는 이것으로 충분하다. 게임의 유토피아에 대한 반대는 어떤가? 게임의 유토피아가 아주 좋거나 그럴듯한 유토피아 비전이 아니라고 생각할 만한 이유가 있는가? 검토해볼 만한 반대가 몇 가지 있다. 예를 들어, 피츠버그대학교 철학과 교수였던 앤드루 홀로우책(M. Andrew Holowchak, 1958~)은 슈츠가 게임을 재미있게 만드는 핵심 부분을 무시한다는 근거로 슈츠의 관점이 일관성이 없고 바람직하지 않다고 주장한다.34

게임 유토피아에 대한 반대 ①
경쟁이 없거나, 비도덕적이거나, 지루하거나

앤드루 홀로우책은 버나드 슈츠를 반대하는 두 가지 이유를 제시한다. 한 가지는 버나드 슈츠가 게임에서 실패의 필요성을 간과하고 있다는 점이다. 매번 여유롭게 이긴다면 게임은 재미가 없다. 그런데 슈츠의 상상적 유토피아에서는 실패가 결코 가능하지 않다. 만약 어떤 일이 잘못되면, 당신은 원하는 결과를 바라기만 하면 되고 기계가 당신을 위해 바라는 결과를 만들어줄 것이다. 홀로우책이 선호하는 반대의 또 한 가지 이유는 슈츠의 분석이 성공적인 게임에서 경합이나 경쟁의 필요성을 무시한다는 점이다. 게임이 성립하기 위해서는 자신을 이기거나 상대를 이기려는 심리적인 욕구가 있어야 한다는 이야기이다. 그런데 슈츠가 상상하는 유토피아에서는 실제 경합이나 경쟁은 없다. 슈츠는 경합이나 경쟁에 대한 어떤 심리적 욕구도 우리의 완벽한 기술을 통해 치유될 수 있다고 가정한다.

이러한 두 가지 반대 의견 모두 그 자체로 설득력이 없다. 실패와 경합 / 경쟁이 게임에 필수 요건이라면 게임 자체는 불가능할 것이다. 두 반대 의견 모두 우리가 실패의 가능성이나 경쟁 / 경합에 대한 욕구를 조작해 낼 수 없다고 주장한다. 하지만 분명히 우리는 조작해 낼 수 있다. 생각해 보라. 현재 우리가 하고 있는 대부분의 게임에는 실제의 실패의 가능성이 없고 실제의 경합 / 경쟁이 없다. 어쨌든 없다. 모두 허울(실속이 없는 겉모양)뿐인 책략이다. 게임의 구성적 규칙을 받아들여야만 실패와 경합이 실전에 가담한다. 내가 골프를 칠 때 원한다면 공을 들고 가서 구멍에 넣을 수 있다. 효과적으로 도입부 목표를 달성할 수도 있는 것이다. 하지만 나는 구성적 규칙을 받아들이기 때문에 그렇게 하지 않는다. 나는 공을 조작해서 공중에 날리고 땅에서 굴리기 위해 골프 클럽을 사용해야 한다는 허울에 동조한다. 이러한 제약을 받아들인다고 해서 구멍에 공을 넣을 때 내가 느끼는 궁극적인 승리감이, 진정성과 실재성이 떨어지는 것은 아니다. 그런데 이런 제약을 받아들이면 실패할 가능성이 더해지고 경쟁의 여지가 있게 된다. 더군다나, 내 말이 틀렸다고 해도, 버나드 슈츠가 말하는 완벽한 기술의 가상 세계에 도달할 때까지 그 반대 모두 중요하지 않으며, 이런 가상 세계는 내가 방금 주장했듯이 게임의 유토피아를 수용하기 위해 필요한 것도 아니다.

크리스토퍼 요크는 더 실질적인 반대 의견을 제시한다.[35] 요크는 버나드 슈츠의 게임 유토피아가 합리적으로 이해 불가능하기 때문에 문제가 있다고 주장한다. 현재 구성되고 있는 세계와 슈츠가 원하는 세계 사이의 거리는 너무 멀다. 기억하겠지만, 합리적 이해 가능성은 유토피아 평가표의 중요한 기준이다. 그러나 나는 게임의 유토피아가 처음에 생각했던 것보다 이해 가능하다고 생각하는 몇 가지 이유를 이미 제시했다. 나는 게임의 유토피아가 이미 우리에게 익숙한 모형(스포츠의 가치, 공예의 가치) 위에서 구축된다고 지적했으며, 귀중할 것으로 널리 인정받는 많은 '실재' 사물이 게임의 유토피아에서 여전히 접근 가능하다고 주장했다. (가령 업적, 미덕, 능동적 행위성의 개발 등과 같은 것이다.) 그럼에도 불구하고, 게임의 유토피아에 대한 요크의 반대가 게임에 대한 나의 앞선 열정을 의심하는 추가적인 이유를 제공하는지 보기 위해 더 자세히 고려할 가치가 있다. 요크의 반대가 게임에 대한 나의 열정을 의심한다고는 생각하지 않지만, 내가 왜 이렇게 생각하는지를 보는 것은 내가 게임의 유토피아를 정확히 어떻게 이해하는지를 더욱 명확히 하는 데 도움이 된다.

크리스토퍼 요크의 첫 번째 반대는 버나드 슈츠의 상상적 테크노 유토피아에서 우리가 하게 될 게임의 본질에 초점을 맞추고 있다. 요크는 슈츠의 유토피아가 합리적으로 이해 가능하기 위해서는 우리가 그 안에서 하게 될 게임을 어느 정도 명확히 알아야 한다고 주장한다. 하지만 슈츠는 이런 인식을 제공하지 않는다. 그리고 꼼꼼히 생각해 보면, 슈츠의 진보된 자동화 기술의 세계에서 게임이 정말로 매우 이상하다는 것을 알 수 있다. 문제는 슈츠가 자신의 연구에서 유토피아 게임에 대해 두 가지 다른 개념을 제공한다는 것이다.

앞서 보았듯이, 슈츠가 게임을 정의하는 방법(인위적인 장애물을 자발적으로 극복하는 것을 통해 자의적인 목표를 달성하는 것)과 우리의 기술적 미래를 상상하는 방법을 고려하면, 완벽한 자동화의 세계에서 행해지는 어떤 활동도 게임으로 간주된다는 느낌이 있다. 이는 '기본값 게임(game by default)'이라 할 만한 것이다. 그런데 이 기본값 게임은 게임으로 기능하도록 의도적으로 설계된 '설계 게임(game by design)'과 대조되고, 기술적 배경과 관계없이 항상 어디서나 게임 같은 것이다. 앞서 지적했듯이 슈츠는 완벽한 자동화의 미래에는 기본값 게임이 아닌 설계 게임이 필요하다고 생각하는 것 같다. 다시 말해, 슈츠는 기본값 게임이 유토피아를 지탱하기에 충분하다고 생각하지 않는다. 그렇다 치더라도 나는 이에 별로 동의하지 않는다. 나는 기본값 게임이 뜻있음과 윤택함을 유지하고 지루함을 피하는 데 충분하다고 생각한다. 왜냐하면 기본값 게임은 경제적 필요성이나 다른 필요성이라기보다는 재미를 위해(내재적 장점을 위해) 행해지는 많은 활동들로 구성되어 있기 때문이다. 그리고 이런 활동들은 오늘날 우리에게 동기를 제공한다.

그러나 크리스토퍼 요크는 게임의 유토피아에 대한 이러한 해석에 저항

한다. 이런 해석으로는 버나드 슈츠가 실제로 말하는 것을 설명하지 못한다고 생각했던 것이다. 그리고 나는 이 점을 기꺼이 인정한다. 왜냐하면 설계 게임이 추가된다면 모든 것을 고려해 볼 때 더 좋기 때문이다. 설계 게임은 다른 점에서 결핍되어 있을 무엇인가를 게임의 유토피아에 더할 것이다. 결핍되어 있는 무엇인가란 인간의 독창성과 능력을 시험할 수 있는 새로운 가능성의 지평이다. 따라서 완벽한 자동화의 미래에서 할 만한 가치가 있는 설계 게임이 필요하다. 문제는 슈츠가 이런 설계 게임이 어떤 모습일지에 대한 지침을 제공하지 않는다는 것이다. 그러나 슈츠의 책 ≪메뚜기≫의 행간을 읽으면 설계 게임이 무엇처럼 **보이지 않을지**에 대한 지침을 찾을 수 있다. 요크는 여기서 모든 것이 풀린다고 생각한다.

예를 들어, 슈츠는 자신이 상상하는 유토피아에서는 누구도 잘못되거나 해(害)를 입지 않아야 한다고 규정한다. 즉, 비(非)도덕적 게임을 배제한다는 것이다. "러시안룰렛이나 복싱처럼 게임 중에 참여자에게 회복할 수 없는 신체적 피해를 입히는 게임은 제외된다. 마찬가지로 늑대인간 게임(Werewolf)●과 디플로메시 게임(Diplomacy)●●처럼 플레이어에게 효과적으로 플레이하기 위해 뻔뻔스런 거짓말과 같은 비도덕적인 행동에 참여하게 하는 게임도 제외된다."36 슈츠는 또한 모든 대인 관계 문제가 자신의 유토피아에서 제거된다고 주장한다. 이것은 모든 부정행위나 스포츠맨답지 않은 행동이 자신의 유토피아 게임에서 금지된다는 것을

● 늑대인간 게임(Werewolf) : 누가 늑대인간인지를 알지 못하는 플레이어들이 늑대인간을 찾는 게임이다. 물론 늑대인간은 자신이 늑대인간이라는 사실을 숨긴다. 기본적으로 정보를 가진 소수와 정보를 가지지 못한 다수가 벌이는 싸움을 모티브로 한 게임이다. 마피아 게임과 유사하다.

●● 디플로메시 게임(Diplomacy) : 승리하기 위해서는 외교 단계를 잘 활용해야 하는데, 이 외교 단계에 대해서는 규칙이 없다. 무슨 일을 해도 상관없다. 공개적 비난, 동정심 유발, 이중 계약, 곧 드러나는 배신, 나중에 드러나는 배신, 비밀 조약 등과 같은 비도덕적 행위도 이용하게 된다. 어떤 약속을 해도 괜찮고 그 약속을 지키기 않아도 괜찮다. 그래서 플레이어 사이에서 배신이 난무하고 우정이 파괴되기도 한다.

시사한다. "슈츠의 유토피아에서 유토피아 게임은 플레이어의 나쁜 행동으로 인해 망가져서는 안 된다. 부정행위, 무익한 행동, 흥을 깨뜨리는 일, 약자 괴롭힘, 투덜대는 행동은 모두 선제적으로 제거된다."37 마지막으로, 슈츠는 유토피아 게임이 지루해서는 안 된다고 말한다. 요크에 따르면, 꽤 많은 게임은 지루함 때문에 배제된다. "지루한 게임으로는 해결 가능한 게임, 순수한 우연의 게임, 단순한 기술의 게임 등●이 있다."38

크리스토퍼 요크에 따르면, 문제는 비도덕적 게임, 스포츠맨답지 않은 행동과 관련된 게임, 그리고 지루한 게임 등을 일단 모두 배제하면, 결국 우리와 같은 생명체가 인식적으로 접근할 수 없는 유토피아 게임만 남는다는 것이다. 유토피아 게임은 분명히 우리가 현재 하고 있는 게임과는 매우 다를 것이다. 사실상 너무 달라서 그런 게임이 실제로 무엇을 포함할지 구체적으로 알 수 없다. 그래서 게임의 유토피아는 합리적으로 이해할 수 없는 것이 된다.

그러나 이 주장에는 몇 가지 문제가 있다. 우선 크리스토퍼 요크가 파악한 많은 문제는 자동화된 유토피아에 대한 버나드 슈츠의 추가적인 가정에서 비롯된다. 하지만 이러한 가정이 게임의 유토피아를 지지하는 데 꼭 필요한 것은 아니다. 자동화된 미래(또는 실제의 유토피아적 미래)의 본질에는 모든 비도덕성과 해악, 또는 온갖 지루함이 없어야 한다고 요구하는 것은 아무것도 없다. 즉 비도덕성과 해악을 제거하는 정도까지는 아닐지라도 어쩌면 최소화해야 한다고 요구하는 것은 아무것도 없다. 더군다나 요크가 언급하는 문제는 모두 극단적인 기술 발전의 수준에서 발

● 해결 가능한 게임은 가령, 삼목 두기(Tic Tac Toe)과 같이 일단 알려지면 의미 있는 플레이어 행위성을 발휘할 수 있는 기회를 남기지 않는 지배적인 전략을 가진 게임을 말한다. 순수한 우연의 게임은 가령, 뱀사다리 게임(Snakes and Ladders)과 같이 전략과 전술이 그 결과에 영향을 미칠 수 없기 때문에 의미 있는 플레이어 행위성을 발휘할 기회를 남기지 않는 게임을 말한다. 단순한 기술의 게임은 가령, 체스와 같은 게임을 말한다. 유토피아들이 연구에 무한한 시간을 할애할 것이고, 잠재적으로 '알 수 있는 모든 것이 실제로 알려진' 시대에 살 것이기 때문이다.

생하는 것 같다. 이것은 내가 여기서 가정하거나 주장하는 것이 아니다. 그럼에도 불구하고 이런 문제를 외면하고, 요크의 반대를 그 나름대로 받아들인다고 해도, 요크는 비도덕성과 지루함에 대한 기준을 너무 높게 설정해서 게임의 유토피아를 필요 이상 이해할 수 없게 만든다.

비도덕적 게임의 개념을 먼저 고려해 보자. 행위의 비도덕성은 행위가 수행되는 맥락과 그 행위의 결과에 크게 좌우된다. 크리스토퍼 요크의 주장처럼 회복할 수 없는 손해를 입힌다면 권투는 비도덕적이다. (물론 사람들이 그러한 손해에 동의할 수 있다는 이유로 이의를 제기할 수도 있다.) 하지만 왜 버나드 슈츠의 유토피아에서 손해를 돌이킬 수 없다고 가정하는가? 만약 기술적 완벽의 상태에 도달했다면, 부상을 빨리 치료할 수 있는 의학도 완벽하지 않겠는가? 다시 한번 ≪스타 트렉≫의 세계에 대해 생각해 보자. ≪스타 트렉≫에는 가상현실 공간인 홀로데크에서 게임을 하다가 승무원이 부상을 입고 첨단 의료 기술로 빠르게 회복되는 에피소드가 여러 번 나온다. 권투로 인한 부상의 경우에도 그렇다면, 권투가 완벽한 기술의 미래에서 비도덕성을 유지하지 않는 것이 된다. 만약 모든 부상이 사소하고 되돌릴 수 있다면, 그 게임에 해롭거나 비도덕적인 것은 아무것도 없는 것이다. 이것은 인간 신체 부위의 대체성, 그리고 그것이 우리의 도덕적 신념에 미치는 영향에 대해 이전 장에서 내놓은 요점과 유사하다.

마찬가지로 게임의 맥락 안에서, 보통 거짓말이나 속임수로 간주되는 행동이 특히 게임에서 성공하기 위해 요구된다면 약간의 비(非)도덕성을 잃을 수 있다.● 예를 들어, 나는 디플로메시 게임을 할 때 '거짓말'을 하는 것이 심지어 가능하지 않다고 주장한다. 널리 알려진 거짓말에 대한 철학적 정의는 **보통 진실을 말해야 하는 맥락에서 고의적인 거짓을 말하**

● '비도덕성을 잃는다'는 말은, 게임의 맥락 안에서라면 거짓말이나 속임수라도 비도덕적이라고 할 수 없다(비도덕적이지 않다)는 것이다. 물론 그렇다고 해서 이것이 도덕적이라는 말은 아니다.

는 것이다. 디플로메시라는 게임의 맥락은 보통 진실을 말해야 하는 맥락이 아니다. 속임수는 그 게임의 구조에 내재되어 있다. 속임수는 이 게임을 재미있게 만든다. 그리고 여기에서의 속임수가 장기적으로 심각한 결과를 불러오지 않기 때문에 이 게임에 비도덕적인 부분이 있는 것은 아니다. (카드 게임 포커도 이와 비슷한데, 때때로 실재 경제적 판돈을 위해 플레이되기도 한다는 문제가 있다.) 그래서 요크가 섣부르게 배제하는 게임이 슈츠의 유토피아에서는 실제로 배제되지 않는다.

지루한 게임에 대한 크리스토퍼 요크의 묘사에서도 비슷한 문제가 발생한다. 해결 가능한 게임, 순수한 우연에 좌우되는 게임, 단순한 기술에 의한 게임 등은 결국 지루해지지만, 그렇다고 일정 기간 동안 재미가 없다는 것은 아니다. (물론 사람들은 해결책을 찾거나 기술을 개발하고 있다.) 또한 지루함을 피하기 위해 그런 게임을 끝없이 만들 수 없는 것도 아니다. 다시 말해 버나드 슈츠의 지루함에 대한 경고는 결국 지루해질 수 있는 개별 게임에 반대하는 권고가 아니라 모든 유토피아의 주민이 할 수 있는 전체 게임 집합에 반대하는 권고로 해석되어야 있다. 전체 집합에 구성원이 매우 적거나, 매우 빨리 소진된다고 생각하지 않는 한 걱정할 것은 없다. 그리고 게임이 원칙상 해결 가능할 수 있다고 해서 인간이 인지 능력을 사용하여 게임을 해결할 수 있다는 것은 아니다. 기계는 인간이 현재 해결하지 못하는 많은 게임을 해결할 수 있을지 모르지만, 그렇다고 해서 기계 해결책이 인간에게 인식적으로 접근 가능하다는 것은 아니다.

기술적 풍요의 세계, 즉 기술이 풍부하게 있는 세계는 반드시 인간이 우월한 인지 능력을 획득하는 세계는 아니다. 다시 말해, 가상 유토피아는 반드시 사이보그 유토피아는 아니며, 이것은 크리스토퍼 요크가 생각하는 것보다 더 많은 유토피아 잠재력이 게임의 세계에 있다는 것을 의미한다.

게임 유토피아에 대한 반대 ②
모든 도구적 활동이 사라지지는 않는다

크리스토퍼 요크는 이해 불가능성(unintelligibility)과 관련한 또 다른 주장을 가지고 있다. 이 주장은 버나드 슈츠가 상상하는 기술적으로 완벽한 사회를 강하게 비난하는 것이다. (그런 사회에서 하는 게임을 비난하는 것은 아니다.) 요크는 슈츠의 상상적 사회가 도구주의 이후 사회(post-instrumentalist society)●처럼 보인다고 주장한다. 도구주의 이후 사회는 모든 도구적 활동에 대한 필요성이 사라진 세계이다. 따라서 요크는 우리 사회와 도구주의 이후 사회 사이에는 상당한 문화적 격차가 있다고 주장한다. 도구주의 이후 사회는 결과적으로 현재 우리의 관점에서 이해 불가능성을 가지고 있고, 따라서 게임의 유토피아는 이해할 수 없다는 것이다.

이해 불가능성을 시험할 수 있는 한 가지 방법은 상상적 사회에 대한 버나드 슈츠의 묘사를 살펴보는 것이다. 상상적 사회에 대한 슈츠의 묘사는 일관되게 도구주의 이후인가? 그런 묘사는 일관되게 잘 들어맞는가? 크리스토퍼 요크는 그렇지 않다고 주장한다. 예를 들어, 슈츠는 여전히 배고픔을 쫓기 위해 먹어야 할 욕구와 지루함을 쫓기 위해 무엇인가를 해야 할 욕구에 대해 이야기한다. 이런 욕구는 모두 도구적 활동으로 해결되어야 할 도구적 목표이다. 이 말은 상상적 세계가 일관되게 도구주의 이후가 아니라는 것을 의미한다. 게다가, 요크는 슈츠가 진정한 도구주의 이후 사회를 상상할 수 없는 데에는 그럴만한 이유가 있다고 주장한다. 인간 종은 본질상 독특하게 도구주의적이다. 우리는 인지적 적소

● 도구주의 이후 사회(post-instrumentalist society) : 도구주의 사회는 실용적인 목표를 달성하고 문제를 해결하는 데 유용하기 때문에 지식과 신념을 중요시하는 사회이다. 이 관점에서, 지식과 신념의 가치는 어떤 내재된 진리나 현실에 의해서가 아니라, 이러한 목표를 달성하는 도구로서의 유용성에 의해 결정된다. 도구주의 이후 사회란 곧 지식과 신념에 대한 도구주의적 접근법을 넘어선 사회를 의미한다.

를 차지하고, 문제를 해결하고 목표를 달성하기 위해 우리의 뇌를 사용하도록 진화했다. 우리가 세상과 교감하는 이런 방식에서 벗어나기란 매우 어렵다.39

크리스토퍼 요크의 주장은 요컨대, 진정한 도구주의 이후 사회는 인간의 모습이 현재와 근본적으로 다른 사회라는 것이다. 즉 그런 사회는 인간이 어떤 포스트휴먼적 존재 상태를 성취한 사회이다. 하지만 우리가 현재 이러한 존재 상태를 달성하지 못했기 때문에, 그런 사회는 우리와 같은 생명체에게는 도저히 이해할 수 없는 것이다. 다시 말해, 요크는 우리가 실제로 버나드 슈츠의 유토피아를 인식하기 전에 사이보그 유토피아(그리고 포스트휴먼적 존재 상태)를 성취할 필요가 있다고 주장한다. 결과적으로 사이보그 유토피아를 괴롭히는 문화적 격차 문제는 게임의 유토피아도 괴롭힌다.

다시 말하지만, 나는 이 반대 의견이 설득력이 있다고 생각하지 않는다. 크리스토퍼 요크가 스스로 지적했듯이, 진정한 도구주의 이후 사회라는 개념은 상상하기 매우 어렵기 때문에, 그런 사회는 버나드 슈츠가 묘사하거나 옹호하려고 했던 사회가 아니며, 게임의 유토피아를 수용하기 위해 우리가 옹호해야 할 사회도 아니다. 우리는 현재 강력한 도구주의적 사회에 살고 있다. 이런 사회는 도구적 활동이 흔하고 우리가 중심인 사회이다. 그렇긴 하지만, 우리의 일부 욕구는 일상적으로 기술적 지원에 의해 충족된다. 우리는 우리가 하는 모든 일이 기본적인 생존 욕구에 기여해야 하는, 존재론적으로 불확실한 상황에 살고 있는 것이 아니다. 다시 말해 모든 활동이 도구적 특성으로 평가되는 초(超)도구주의적 사회(hyper-instrumentalist society)●에 살고 있는 것이 아니다. 초도구주의적 사회는 가능 사회의 스펙트럼에서 한 끝단을 나타낸다. 다른 쪽 끝

● 초(超)도구주의적 사회(hyper-instrumentalist society) : 지식과 신념의 실질적 유용성을 유난히 강조하는 사회, 또는 구체적인 목표를 달성하거나 특정 문제를 해결하는 데 특히 집중하는 사회를 가리킨다.

에는 완전한 도구주의 이후 사회가 있다. 도구주의 이후 사회는 도구적 활동의 필요성이 완전히 제거된 사회이다. 이 두 극단 사이에는, 모두는 아닐지라도 많은 도구적 활동이 제거된 사회인 저(低)도구주의적 사회 (hypo-instrumentalist society)● 등과 같은, 다른 가능 사회가 있다.

버나드 슈츠의 게임 유토피아는 진정한 도구주의 이후 사회가 아닌 저 (低)도구주의적 사회에서 존재하는 것으로 의도된다. 음식, 주거지, 물질적 소모품 등 기초적인 생활용품을 확보하기 위한 육체노동의 필요는 제거되었지만, 지위, 우정, 오락 등 다른 도구적 필요가 남아 있는 사회에서 존재한다는 것이다. 슈츠의 유토피아를 도구주의 이후의 극단으로부터 멀리 옮기면 그의 상상적 세계는 훨씬 더 합리적으로 이해 가능하지만, 그것은 우리가 도구주의 이후의 극단으로부터 얼마나 멀리에서 그것을 가져올 수 있는가에 달려 있다.

크리스토퍼 요크는 슈츠의 상상적 풍부의 세계가 우리의 희박의 세계와는 환원 불가능한 정도로 너무 낯설어서, 심지어 약화된 저도구주의적 형태에서도 우리에게 이해 불가능하다고 생각하는 것처럼 보인다.[40] 하지만 이것은 너무 강한 주장이다. 오늘날 세계에는 의심할 여지없이 많은 가난과 비참함이 있지만, 탈희소성(post-scarcity ; 脫稀少性)●●과 저 (低)도구주의가 분명히 존재한다. 발전한 경제에서는 물질적 재화, 식량, 에너지가 풍부하다.[41] 슈츠의 상상적 풍부의 세계는 모든 실질적인 일상적 목적을 위해 탈희소성이 이루어진 세계에 매우 가깝다. 게다가

● 저(低)도구주의적 사회(hypo-instrumentalist society) : 지식과 신념에 대해 약한 도구주의적 접근법을 취하는 사회, 또는 잠재적으로 지식과 신념의 실질적 유용성을 덜 강조하는 사회, 구체적인 목표 달성에 덜 집중하는 사회를 가리킨다.

●● 탈희소성(post-scarcity ; 脫稀少性) : 자원이 풍부하고 자유롭게 이용할 수 있으며, 경제적 교환이나 희소성 기반의 할당 시스템이 필요하지 않은 가상의 상태를 말한다. 탈희소성 사회에서, 모든 사람들은 별 어려움 없이 만족스러운 삶을 살기 위해 필요한 자원에 접근할 수 있다. 탈희소성이 개념은 기술과 자원 관리의 발전이 모든 사람들이 욕구와 욕구를 충족시키는 미래의 공상 과학 장르와 종종 연관된다.

우리 사회에는 모든 물질적인 재화와 서비스에 관한 한 탈희소성의 삶을 사는 것에 매우 가까운 초부자 엘리트 집단 같은, 특정한 사회 집단이 있다. 그리고 그들이 우리와 다른 삶을 살지는 모르지만, 완전히 이국적인 것은 아니다. 우리는 무엇이 그들에게 동기를 부여하고 목적의식을 주는지를 이해할 수 있다. 그 문화적 격차는 요크가 생각하는 것만큼 크지 않다.

여기서 말하는 저(低)도구주의와 탈희소성의 개념에는 깊은 철학적 문제가 있다. 주된 문제는 새로운 형태의 도구주의를 찾고, 새로운 형태의 희소성을 찾는 인간의 역량이 무한할 수 있다는 것이다. 한때 원하던 것 (wants)이 빠르게 필요한 것(needs)으로 바뀌고,● 인간은 이를 힘차고 집요하게 추구할 수 있다. 그래서 우리는 삶에서 특정한 도구적 필요(가령, 음식이나 주거지의 필요)를 제거할 수 있지만, 인식된 다른 필요(가령, 사회적 지위에 대한 필요)로 우리의 정신적 자원을 빠르게 재할당할 것이다. 이러한 새로운 필요는 강력한 도구주의적 방식으로 추구할 수 있으므로 사회에서 주요 초점이 될 수 있다. 버나드 슈츠의 게임 유토피아 안에서 이러한 일이 일어나는 것을 쉽게 상상할 수 있다. 이는 게임 내에서 지위와 순위가 사람들이 얻고자 경쟁하는 희소성의 주요 형태가 되는 방식에서이다. 그래서 우리가 뚜렷한 형태의 저도구주의를 이룰 수 있을지 확신할 수 없다.

그렇다고 해서 게임이 존재의 이상을 나타낸다는 슈츠의 주장이 이해 불가능하거나 바람직하지 않게 되는 것은 아니라고 나는 생각한다. 슈츠의

● 영어 wants는 '욕구'로, needs는 '필요'로 번역할 수 있다. 인간은 생존을 위해 삶에서 반드시 필요로 하는 것들이 있다. 이것은 '없으면 안 되는' 필요(needs)이다. 인간의 기본 의식주가 여기에 해당한다. 이에 반해 wants(욕구)는 말 그대로 원하는 것을 말한다. 계절에 알맞은 옷이 needs라면, 계절에 어울리는 옷은 wants일 수 있다. 가성비 있는 옷이 needs라면, 지인들에게 자랑하고 싶은 명품 브랜드의 옷은 wants일 것이다. 고객의 니즈 (needs)를 충족시키는 것은 마케팅의 기본이다. 하지만 단순히 니즈를 충족시키는 제품이라고 해서 판매로 연결되지는 않는다.

주장은 존재의 이상에 대한 특정한 읽기나 해석을 이해 불가능하게 만들 수도 있지만, 우리의 기본적인 물질적 행복을 얻기 위해 시간을 바치는 것보다 게임을 하는 것이 더 낫다는 기본적인 생각은 여전히 이해 가능하다. 또한 앞에서 설명한 이유로 특정한 형태의 희소성에서 또 다른 형태의 희소성으로 정신적 자원을 재할당하는 것은 매우 바람직하다.

요약하자면, 게임의 유토피아는 인류에게 믿을 만한 유토피아 프로젝트를 제공한다. 대부분의 시간을 게임을 하며 보내는 세상으로 가는 것은 중요한 사회적 성취를 나타낸다. 이는 우리가 몇 가지 형태의 희소성과 필요를 제거했다는 것을 의미한다. 그리고 게임 그 자체는 우리가 윤택하고 뜻있는, 잠재적으로 무한한 세계의 집합을 제공한다. 약간의 타협이 필요할 수도 있다. 하지만 그러한 타협은 가치가 있고, 장인 정신, 놀이, 성취, 덕 쌓기 같은 오래된 인간 이상을 기반으로 한다. 게임의 유토피아는 더욱 그럴듯하고 실용적인 유토피아이다.

7장_4절　유토피아는 하나가 아니라 다수이다

가상 유토피아에 찬성하는 두 번째 주장은 조금 다른 주장이다. 이 두 번째 주장은 가상현실이 좋은 삶에 대한 특정한 관점을 제공한다고 주장하지 않는다. 이 주장은 이 문제에 대해서는 답을 알 수 없다는 입장이다. 대신 가상현실이 우리가 원하는 좋은 삶에 대한 어떤 관점이라도, (가상적인 형태로) 실현시키게 하는 세계 형성 메커니즘을 제공한다고 주장한다. 게임의 유토피아와 달리, 이 주장은 가상 유토피아에 대한 기술 혁신적 이해에 의존한다. 왜냐하면 여기서 주장하는 가상 유토피아는 기술을 통해 다양한 가능 세계를 시뮬레이션하거나 구성할 수 있어야만 작동하기 때문이다.

이 두 번째 주장은 철학자 로버트 노직(Robert Nozick)의 연구를 기초로 한다. 노직은 ≪무정부, 국가 그리고 유토피아≫(Anarchy, State and Utopia)●에서 개인의 권리에 대한 자유주의적 관점을 주장하고, 최소국가(minimal state)●●가 정치적으로 바람직하다고 말한다.[42] 노직은 이

● ≪무정부, 국가 그리고 유토피아≫(Anarchy, State and Utopia) : 이 책은 3부로 구성되어 있다. 제1부는 최소국가가 도덕적으로 정당하다는 주장을 펼친다. 제2부는 분배적 정의에 관한 주장이 중심을 이루는데, 분배적 정의에 있어서 '소유 권리론'을 제시한다. 제3부는 최소국가가 개인의 이상을 추구할 수 있는 틀로 기능할 수 있다는 주장을 전개한다. 이 책의 주장은 한마디로 최소국가가 도덕적으로 정당하며, 최소국가를 넘어서는 어떤 포괄적 국가도 도덕적으로 정당화될 수 없다는 것이다. 왜냐하면 포괄적 국가는 개인의 권리를 침해하기 때문이다.

●● 최소국가(minimal state) : 로버트 노직이 말하는 최소국가는 고전적 자유주의자들이

책의 제1부, 제2부에서 이런 주제를 다룬다. 그리고 마지막 제3부에서는 유토피아 세계가 어떤 모습인지를 독창적으로 분석한다.

어떤 이유에서인지 유토피아에 대한 노직의 관점은 자신의 자유지상주의(libertarianism)●와 최소국가론(minimal statism)보다 더 널리 논의되지 않았다. 유토피아주의(utopianism)●●에 대한 노직의 분석은 아마도 이 책의 가장 흥미롭고 참신한 측면이다. 그러므로 이처럼 유토피아주의가 많이 논의되지 않았다는 점은 다소 놀라울 정도이다. 노직의 유토피아주의를 이렇게 방치한 이유가 무엇이든 간에, 가상현실 기술의 발전에 비추어 노직의 생각을 부활시키고 다시 생각해 볼 때가 되었다. 이렇게 하는 것이 독창적인 것은 아니다. 이전에도 디지털 기술과 노직의 생각 사이의 연관성을 강조했던 이들이 있었다.43 나는 그저 노직의 제안에 대한 기술 혁신적 형태를 더욱 상세하게 평가하며, 가상 유토피아에 대한 더 큰 주장의 일부분으로 제시하고자 한다. 이를 위해 먼저 노직의 제안을 논의하고, 그의 제안이 어떻게 작동하고 어떤 문제점을 야기하는지 설명할 것이다. 이어 가상현실 기술을 이용해 그 제안이 어떻게 구현되는지 설명하고, 이 구현 방법에 많은 장점이 있다고 주장할 것이다.

말하는 야경국가를 의미한다. 야경국가란 국가가 시장 개입을 최소화하고 질서 유지 임무만 맡는 국가이다. 이처럼 최소국가는 야경국가에서처럼 제한적인 기능만 한다. 즉 폭력, 절도, 사기 등으로부터 보호하는 기능과 더불어 계약을 이행하도록 강제하는 기능만 수행한다.

● 자유지상주의(libertarianism) : 개인을 통제하는 어떤 권위도 부정하고 최소 정부를 정치적 목표로 하며 자유 경쟁 시장을 본질적 제도로 삼는 이념이다.

●● 유토피아주의(utopianism) : 유토피아를 가져올 수 있고 또 가져와야 한다는 전제를 가지고 있는, 모든 이념을 말한다. 로버트 노직에 따르면 유토피아에 이르는 다양한 이론적 방법이 존재한다. 또 사람은 서로 다른 존재이므로 하나의 유토피아를 기술하려는 시도는 무의미하다. 즉 오직 한 종류의 이상 사회는 불가능하다는 것이다. 하나의 유토피아는 복지의 유토피아를 들 위한 글이나. 나주의 유토피아를 상성한나는 섬에서 유토피아적 사회는 곧 유토피아적 사상의 사회라고 할 수 있다.

(참고 : 로버트 노직의 연구에 익숙한 독자는 가상현실이 우리가 삶에서 찾고 있는 가치를 제공할 수 없다는 이유로 노직이 이 전체 주장에 반대할 것임을 알 것이다. 그런 독자들에게 인내심을 부탁한다. 가상현실에 대한 노직의 비판은 이 장의 후반부에서 다룰 것이다.)

로버트 노직의 메타유토피아 개념
각자 다르게 선택하는 가상 메타유토피아

로버트 노직의 유토피아 관점을 간단하게 말한다면 다음과 같다. 단 하나의 유토피아 세계가 존재하는 것이 아니므로, 단 하나의 유토피아 세계를 파악하거나 묘사하거나 건설하려고 해서는 안 된다. 대신 메타유토피아(meta-utopia)●의 세계, 즉 개인의 각자 다른 선호도에 따라 다수(多數)의 세계가 구성되고 결합될 수 있는 세계를 만들 수 있는 가능성에 초점을 맞춰야 한다. 노직은 이 견해에 대해 3단계 주장을 제시한다. 첫 번째 단계에서는 '유토피아'라는 단어가 의미하는 것을 개념적으로 분석한다. 두 번째 단계에서는 단 하나의 유토피아 세계가 있는 것이 아니라고 주장한다. 세 번째 단계에서는 단 하나의 유토피아가 있는 것이 아니라는 사실을 수용할 수 있는 유일하게 안정적인 구조가 메타유토피아라고 주장한다.

개념적 분석부터 시작해 보자. 로버트 노직에게 있어서 유토피아는 모든 가능 세계 중 최고의 세계이다. 제5장에서 이미 유토피아의 개념을 제법 자세하게 논의했다. 나는 유토피아에 대한 '가능 세계'의 표현은 찬성했

● 메타유토피아(meta-utopia) : 궁극적인 유토피아 형태로 여겨지는 가상의 사회 또는 존재 상태를 말한다. 로버트 노직은 이 책에서 사람들이 각자 마음에 드는 공동체를 자유롭게 선택할 수 있도록 하는 것이 최상이라고 주장한다. 안정적인 유토피아라고 생각할 수 있는 세계를 자유롭게 창조하고 결합할 수 있는 세계가 곧 메타유토피아라는 것이다.

지만, 유토피아가 무엇인지에 대한 이러한 특별한 이해는 거부했다. 즉 유토피아가 현재 세계에 대한 근본적인 개선을 나타내는 가능 세계의 집합이라는 이해를 거부했다. 하지만 유토피아에 대한 이러한 이해가 노직의 주장에는 중요하고, 그리고 노직은 이를 사용해 내가 제5장에서 취한 입장과 상당히 비슷한 입장을 취하므로, 당분간은 이 정의를 받아들이면서 진행할 것이다.

노직은 모든 가능 세계 중 최고의 가능 세계가 어떤 모습일지 알아내고자 한다. 노직은 우리가 좋아하는 어떤 가능 세계라도 만들 수 있는 힘을 가지고 있다고 상상하라고 하면서 그 일을 더 다루기 쉽게 한다. 만약 우리에게 그런 힘이 있다면, 우리는 어떤 세계를 건설할 것인가? 그 세계를 유토피아라고 부르게 하는 것은 무엇인가? 그는 유토피아 세계가 **안정적인** 세계라고 주장한다. 즉 우리가 가장 가고(있고) 싶어 하고 우리가 가장 바람직하다고 판단하는 세계이다. 여기서 유토피아에 대한 노직의 '안정성 분석'이 나온다.

   유토피아에 대한 로버트 노직의 안정성 분석
____**안정성 조건(Stability Condition)**
   하나의 세계 W는 그 구성원들이 최고의 가능 세계라고 판단한다면, 즉 가고 싶은 다른 세계가 없다고 판단한다면 안정적이다.

____**유토피아(Utopia)**
   하나의 세계 W는 안정적일 때만 유토피아이다.

이는 로버트 노직의 주장에서 두 번째 단계로 이어진다. 그의 안정성 분석은 **내부 구성원**의 판단을 유토피아에서 산다는 것이 무엇인지에 대한 핵심 기준으로 삼는다. 즉 유토피아에 대한 로버트 노직의 안정성 분석은 유토피아인지를 판단하는 기준을 유토피아에서 사는 내부 구성원에게서 찾는다. 만약 내부 구성원이 모든 가능 세계 중 최고라고 판단한다면 이 세계는 유토피아이다. 가능 세계의 순위를 매기기 위해 어떤 외부 권위의 판단이나 좋음에 대한 객관적 기준을 적용하는 것이 아니라, 그 세계에 사는 거주민의 판단이 가장 중요하다.

노직은 내부 판단 기준에 의존하는 것이 정당하지만(나중에 이를 다시 다룰 것이다), 몇 가지 명백한 문제가 있다고 생각한다. 만약 가능한 유토피아를 평가하는 데 내부 기준이 중요한 것이라면, 하나의 세계를 다른 세계보다 더 낮게 만드는 것에 대한 공유되는 상호주관적 기준이 없다는 문제에 부딪히게 된다. 이는 그 세계의 모든 거주민에게 안정성 조건이 충족되는 단 하나의 세계가 존재할 가능성이 매우 낮다는 것을 의미한다. 어떤 거주자는 우연히 지금 살고 있는 현재 세계보다 더 가고 싶은 장소가 없다고 생각할 수도 있지만, 또 다른 거주자는 눈앞에 있는 더 나은 세계를 상상할 수도 있다. 어떤 사람은 행복한 가정생활이 좋은 삶을 위해 중요하다고 생각하지만, 다른 사람은 직장에서의 성공을 우선시할지도 모른다. 이것은 제5장에서 설명한 다원주의의 문제이다. 이런 다원주의가 있을 때 어떻게 유토피아 세계를 실현할 수 있는지를 이해하는 것이 과제이다. 최고성(bestness)에 대한 단 하나의 공유된 표준이 있을 것 같지는 않다. 선호 순서는 주체에 따라 다를 수 있다.

로버트 노직의 주장에서 두 번째 단계와 관련해 명심해야 할 두 가지 주의 사항이 있다. 한 가지는, 노직은 단 하나의 유토피아 세계가 불가능하다고 주장하는 것이 아니라 단지 가능성이 매우 낮다고 주장한다는 것이다. 좋음에 대한 모든 사람의 내부 판단 기준이 완벽하게 일치할 수 있지만, 그럴 가능성은 높지 않고 우리가 세계에 대해 알고 있는 것과도 일치하지 않는다. 또 다른 한 가지는, 좋음의 기준이 다양하다고 해서 공유되고 객관화할 수 있는 가치가 없다는 것은 아니다. 즉 무엇이 좋은 삶을 만드는가에 대한 합의의 근거가 없다는 것은 아니다. 좋음에 대한 공유되는 기준이 없어도 광범위한 합의는 있을 수 있다. 당신과 나는 둘 다 직장에서의 성공과 가정에서의 성공이 중요한 가치라는 것에는 동의하지만, 우선순위에 대해서는 의견이 다를 수 있다. 그래서 열렬한 노직주의자라면 제4장에 제시한 뜻있음과 윤택함의 조건이 좋은 삶의 중심이라는 것에는 동의하지만, 그러한 조건들이 어떻게 우선시되는지에 대해서는 의견이 다를 수 있다.

이는 로버트 노직의 주장에서 세 번째 단계로 이어진다. 노직의 주장에서 세 번째 단계는 첫 번째 단계의 안정성 조건과 두 번째 단계의 다원성 조건을 함께 고려한다. 모두를 위한 안정성 조건을 충족시키는 단 하나의 유토피아 세계는 존재하지 않기 때문에, 유토피아 세계와 가장 가까운 것은 메타유토피아 세계이다. 이는 많은 다른 세계를 창조하고 결합할 수 있는 세계이다. 다시 말해 우리 자신의 내적 안정성 조건을 충족시키는 가능 세계들을 자유롭게 건설하고 결합할 수 있는 세계이다. 이런 세계는 수많은 세계가 번영하도록 해 주는 세계이다. 노직의 주장은 좋음의 내부 기준이 어떻든 간에, 메타유토피아는 당신 자신의 개인적 유토피아를 실현하는 최고의 기회라는 것에 동의한다는 것이다. 이런 메타유토피아 세계는 좋은 삶에 대한 어떤 특정한 관점을 전제하거나 지시하지 않는다. 단지 좋은 삶에 대한 다양한 개념을 추구할 수 있는 매우 중요한 구조를 제공한다.

로버트 노직의 메타유토피아적 이상에는 매우 매력적인 점이 있다. 단 한 가지 '최고의' 세계를 만들려고 하지 않고, 대신 사람들에게 무엇이 최고인지에 대한 자신의 이해에 부합하는 다양한 가능 세계를 만들고 결합할 수 있는 수단을 주어야 한다는 생각은 직관적으로 설득력이 있다. 이런 생각이 특히 매력적인 것은, 무엇이 좋은 삶을 촉진하는가에 대한 조잡한 상대주의에 매달리지 않는다는 점이다. 대신, 이런 생각은 객관적으로 가치가 있는 삶을 어떻게 우선시할지에 대한 합리적인 의견 차이가 있다는 사실을 인정한다.

어떻게 타인의 세뇌와 강요를 막을까?

그럼에도 불구하고, 로버트 노직의 관점에는 몇 가지 문제가 있다. 그중 몇 가지를 여기서 논의하고자 한다. 이런 문제는 왜 가상현실 기술을 이용하는 노직의 주장이 자신이 선호하는 자유지상주의적 최소국가보다 메타유토피아와 더 가까운지 설명하는 데 도움이 된다.

첫 번째 문제는 스위스 프리부르대학교 철학과 교수인 랄프 베이더(Ralf Bader)가 로버트 노직의 메타유토피아를 비판적으로 평가한 데서 나온다.44 그 문제는 안정성 조건에 관한 것이다. 안정성 조건의 의도는 이해하기 쉽다. 안정성 조건은 자유주의적이고 자율성 중심의 도덕적 전제를 달래주는 작은 선물이다. 이런 전제에 따르면 개인은 좋은 것에 대한 최종 결정권자가 되어야 한다. 이상적 세계는 당신이 좋아하는 것과 일치하는 것을 선택할 수 있게 하는 세계이다. 그러나 자신을 존중하는 자율성 광신자 중 누구도, 선호도 일치만으로 충분하다고 생각하지 않는다. 당신의 선호도는 충분히 독립적이고 자율적인 과정을 통해 도달되어야 한다.

당신이 전문 댄서가 되는 세계에 대한 선호도를 표현한다고 가정해 보자. 하지만 전문 댄서가 되고 싶은 당신의 선호도가 고압적인 어머니에 의해 (어릴 때부터 강요되어) 몸에 배게 된 것이라면 어떨까? 어머니는 항상 전문 댄서가 되고 싶었지만 스스로 그 꿈을 이루지 못했다. 어머니는 당신을 통해 대리 만족 생활을 하고 있다. 당신이 다른 것을 하려는 적성과 욕망을 표현할 때마다, 어머니는 당신을 꾸짖고 댄서가 가야 할 길이라고 설득했다. 결국 당신은 어머니의 사고방식에 관심을 갖게 되었다. 당신은 어머니의 선호도를 당신의 것으로 받아들였다. 정말로 댄서에 대한 당신의 선호도가 충족되는 세계가 당신에게 가장 좋은 가능 세계라고 말할 수 있을까? 이렇게 말하는 것의 문제는 이것이 너무 많은 규범적 무게를 당신의 것이 아닐 수도 있는 선호도, 즉 강요되고 조작되고 세뇌된 선호도에 부여하는 것 같다는 것이다. 이것은 '진정성(authenticity)' 조항을 추가하여 노직의 안정성 조건을 수정해야 한다는 것을 시사한다.

___진정성 조건을 추가하여 수정된 안정성 조건

하나의 세계 W는 그 구성원들이 최고의 가능 세계라고 판단한다면 안정적이다. 이는 가고 싶은 다른 세계가 없다는 것을 의미한다. 그리고 여기서 그 구성원들의 판단은 정말로 자신이 선호하는 것을 '진정하게 자율적으로' 반영하는 것이다.

추가 조항의 문제는 로버트 노직의 메타유토피아를 실질적으로 실현하는 것을 훨씬 더 어렵게 만든다는 것이다. ('진정하게 자율적인지' 어떻게 판단해야 할까?) 갑자기 외부 심사자를 불러서 선호의 독립성과 자율성 여부를 판단해야 할까? (심사자가 복수라면) 적어도 얼마간은 이게 무슨 의미인지를 두고 심사자들 사이에 이견이 있을 것이다. 그래도 이 정도까지는 참을 만하다. 예를 들어 우리는 사람들이 특정 세계에 정착하기 전에 실험을 하도록 장려함으로써, 비(非)진정성의 일부 명백한 사례에 대한 합의에 도달할 수 있고, 메타유토피아에서 이를 조정할 수 있다.

그러나 수정된 안정성 조건은 실제로 심각한 또 다른 문제를 발생시킨다. 만약 메타유토피아가 좋음에 대한 조작되거나 강요된 판단의 결과인 세계를 걸러낼 필요가 있다면, 그것은 역설을 수반하는 것처럼 보인다. 즉 메타유토피아는 좋음에 대한 사람들의 판단이 다른 사람들에게 자신의 의지를 강요할 자유를 요구하는 세계는 수용할 수 없다. 노직은 이 사실을 알고 있었다. 원래 논의에서, 노직은 메타유토피아 세계에 존재할 수 있는 세 가지 종류의 공동체가 있다고 언급했다.

메타유토피아에 존재할 수 있는 세 가지 공동체

＿＿실존주의자형 공동체(Existentialist Community)

무엇이 최고의 세계를 만드는가에 대한 다원적 관점을 채택하고, 다른 사람들에게 '최고'에 대한 특별한 개념을 강요하지 않는 공동체이다. 이런 공동체는 메타유토피아가 수반하는 세계의 다양성을 기꺼이 용인한다.

＿＿선교사형 공동체(Missionary Community)

무엇이 최고의 세계를 만드는가에 대한 일원론적 관점을 채택하고, 모든 사람을 좋음에 대한 그들의 견해로 전환하고자 하지만, 조작이나 강요를 통해서가 아니라 합리적인 논쟁과 설득을 통해 그렇게 하는 공동체이다.

＿＿제국주의자형 공동체(Imperialist Community)

무엇이 최고의 세계를 만드는가에 대한 일원론적 관점을 채택하고, 모든 사람을 좋음에 대한 그들의 견해로 전환하고자 하는 공동체이다. 필요하다면 조작, 강요, 무력을 기꺼이 동원한다.

실존주의자형 공동체와 선교사형 공동체를 수용하는 메타유토피아의 제도적 체제는 만들 수 있지만, 이런 체제는 제국주의자형 공동체는 수용하지 못한다.● 이러한 제국주의자형 공동체는 수정된 안정성 조건을 위반한다. 즉 진정하고 자율적인 과정을 통해 선호하는 세계를 도출해야 한다는 조항에 맞지 않다. 제국주의자형 공동체에 대한 선호는 허용되지 않아야 하기 때문에 당신은 이것이 괜찮다고 말할지도 모른다. 하지만 당신이 괜찮다고 말한다면, 당신은 메타유토피아 주장의 본래 매력을 약화시키는 것이다. 로버트 노직의 분석에서 매력은 무엇이 최고의 가능세계를 만들었는지에 대해 특별한 입장을 취하지 않는다는 것이었다. 노

● 실존주의자형 공동체는 '최고'에 대한 다원론적 견해를 지지한다는 점에서 '다원론 지지 공동체'라고 표현할 수 있다. 유사한 방식으로, 선교사형 공동체는 '일원론 설득 공동체', 제국주의자형 공동체는 '일원론 강요 공동체'라고 표현할 수 있다.

직의 분석은 사람들에게 스스로 이를 결정하게 했다. 하지만 이제 우리는 단호한 태도를 취하고 최고에 대한 몇 가지 특별한 개념을 배제해야한다. 이렇게 하면 이미 존재하는 많은 제국주의자형 공동체가 있다는 것을 고려할 때, 그 주장은 철학적으로 덜 순수하고 실행하기 더 어렵게된다.

제국주의자형 공동체의 문제를 해결할 수 있는 한 가지 방법은 안정성 조건의 원죄를 피하는 것이다. 즉 어떤 세계가 가장 좋은지를 판단할 때 내부 기준에 너무 많은 비중을 두지 않고, 대신 제국주의자형의 정당성을 배제할 수 있는 객관적 기준을 사용하는 것이다. 하지만 물론 여기에는 그 자체로 현실적인 문제들이 가득하다. 여기서 말하는 객관적 기준은 무엇인가? 그런 기준은 누가 결정하는가? 그리고 가장 중요하게도, 누가 그런 기준의 우선순위를 결정하는가? 내부 기준을 상당히 매력적이게 만드는 것은 사실 바로 이런 문제들이다. 그럼에도 불구하고, 많은 사람들은 내부 기준의 사용으로 정당화될 수 있는 잠재적인 무정부 상태 때문에 내부 기준을 사용하는 것에 불안감을 느끼고, 그래서 다음과 같은 질문이 제기된다. 우리는 이러한 불안감을 진정시키고, 유토피아가 무엇인지 결정할 때 내부 기준의 사용에 전념하기 위해 무슨 말을 할 수 있는가?

스위스 프리부르대학교 철학과 교수인 랄프 베이더(Ralf Bader)는 세 가지 이유로 그렇게 할 수 있다고 주장한다.

첫 번째는 유토피아로 간주되는 것이 무엇인지를 결정할 때 내부 기준을 사용하는 것에 대한 강한 근거가 여전히 있다는 것이다. 랄프 베이더는 내부주의적 접근법이 유토피아에 대한 실질적이고 이론적으로 흥미로운 설명에 기여한다고 생각한다. 내부적 기준에 의한 유토피아가 구성원들이 다른 모든 가능 세계보다 선호하는 세계라는 것이다. 이것은 유토피아적 사고에 대한 참신하고 흥미로운 접근법인 것 같다. 외부 기준에 호소하는 것은 덜 실질적이고 이론적으로 덜 흥미롭다. 외부주의자에게 있어서 그들이 고수하는 특정한 가치 이론은 유토피아에 대한 설명에서 벗어난다. 이는 모든 이론적이고 논쟁적인 힘든 일을 (공리주의적이든 다른 것이든 간에) 그 이론이 짊어진다는 것을 의미한다. 그래서 유토피아에 대한 외부주의적 접근법은 가치에 대한 수 세기의 논쟁을 반복할 뿐이다. 내부주의적 접근법은 다원주의와 다양성의 현실적인 유용성에 주의를 기울이는 것 외에도 무엇인가 다른 것을 제공하겠다는 약속을 한다.

유토피아가 무엇인지 결정할 때 내부 기준의 사용에 전념해야 할 두 번째 이유는 어느 시점에 내·외부 기준이 가세해야 한다는 생각에 제법 그럴듯하다고 여길 만한 근거가 있기 때문이다. 여기서 그럴듯한 외부 가치 이론이 '보증 조건(endorsement condition)'을 통합시켜야 한다는 것이 그 생각이다. 보증 조건은 그 대상인 모든 사람이 지지하고 동의할 수 있는 어떤 것이어야 한다는 것이다. 랄프 베이더가 말했듯이, "객관적으로 가장 좋은 것은 주체가 가장 좋은 것으로 간주하는 것과 이상적으로 완전히 단절되어서는 안 된다."[45]

세 번째 이유는 실용적인 것이다. 랄프 베이더는 유토피아적 사고에 있어서는 인식론적 겸손(epistemic humility)●이 필수적이라고 말한다. 역사를 통해 배운 것이 있다면 유토피아 세계의 건설자들이 일을 잘못하고 그 과정에서 큰 고난과 고통을 야기하는 경우가 많았다는 것이다. 우

● 인식론적 겸손(epistemic humility) : 세상에 대한 우리의 지식과 이해가 제한되어 있고 우리가 틀릴 수 있는 가능성에 열려 있어야 한다는 것이다. 이는 우리가 가진 신념의 불확실성을 인정하며, 새로운 증거나 관점에 비추어 우리의 신념을 기꺼이 수정하거나 갱신하려는 태도이다. 인식론적 겸손은 우리가 알아야 할 모든 것을 이미 알고 있다고 가정하기보다는 호기심과 배움의 의지를 가지고 상황에 접근할 수 있게 해주기 때문에 중요하다. 또한 기존 신념을 강화하는 방식으로 증거를 선택적으로 찾거나 해석하는 확인 편향을 피할 수 있다. 인식론적 겸손은 과학이나 정책 결정과 같이 복잡성과 불확실성이 높은 분야에서 특히 중요할 수 있다.

리는 이런 실수를 반복하지 않도록 주의해야 한다. 이는 어떤 특정한 외부 가치 이론에 대해 너무 낙관해서는 안 된다는 것을 의미한다. 비록 그것이 올바른 방향이라고 생각할지라도, 위험과 불확실성의 요소를 어느 정도 감안해야 한다. 만약 이와 같은 인식론적 겸손을 외부주의 이론에 포함시킨다면, 결국 로버트 노직의 내부주의 이론과 꽤 비슷한 것을 얻게 될 것이다. 이는 인식론적으로 겸손한 접근법이 다른 사람들의 견해에 어느 정도 적응하고 세계 형성에 대한 어느 정도의 실험을 필요로 하기 때문이다. 제5장에서 논의했듯이 이것은 본질상 칼 포퍼가 유토피아주의를 비판하면서 주장한 것이다.

나는 이 모든 것에 거의 동의한다. 나는 무엇이 가장 좋은지를 결정하는 내부주의적 접근법이 유토피아주의에 대한 실행 가능하고 매력적인 관점을 제공한다는 것에 동의한다. 내부주의적 접근법은 다원주의와 역동성의 참작 측면에서 유토피아 평가표에서 높은 점수를 받는다. 더군다나 이 접근법은 제4장에서 착수한 윤택함과 뜻있음에 대한 접근법과 일치한다. 즉 이 접근법은 좋은 삶에 대한 주관적 이해와 객관적 이해를 함께 결합해야 할 많은 필요성을 만든다.

그러나 모든 가능 세계 중에서 어떤 세계가 우리에게 가장 좋은 세계인지를 결정하기 위한 대개 내부주의적 접근법에 편안함을 느낄 수 있다고 해도, 여전히 제국주의자형 공동체를 어떻게 해야 할지와 같은 실용적인 문제와 맞닥뜨려야 한다. 로버트 노직이 생각하듯이, 메타유토피아는 비교적 최소주의적이고 가치중립적인 현상이다. 메타유토피아는 단지 사람들에게 여러 가능 세계를 만들고 결합하게 하는 메커니즘이다. 그러나 이제 우리는 노직의 관점에 대한 반대 의견을 훑어봤고, 상황이 그렇게 간단하지 않다는 것을 알게 되었다.

메타유토피아 메커니즘은 사람들이 창조하고 다른 사람들에게 부과하고자 하는 가능 세계를 단속하는 데 있어서 더 많은 개입을 해야 한다. 이로써 메타유토피아는 현실 세계에서 더욱 번거롭고 실용성이 떨어지게 된다. 즉, 제국주의자를 통제하기 위해 "어떻게 다른 공동체들 사이의 경계를 효과적으로 단속하는가?" 하는 문제가 제기되는 것이다. 그리고 메타유토피아는 노직이 선호하는 자유지상주의적 최소주의에서 훨씬 더 멀리 벗어나게 된다.[46]● 그래서 가상 형태의 메타유토피아가 가지는 매력이 강조된다.

가상 메타유토피아를 만들 수 있을까?

내가 여기서 지지하는 주장은 가상현실 기술, 특히 몰입적인 시뮬레이션 세계를 만들 수 있는 기술이 로버트 노직의 메타유토피아적 이상을 구현하기 위한 더 나은 인프라를 제공한다는 것이다. 따라서 노직의 메타유토피아적 이상이 설득력 있고 진정으로 유토피아적이라고 생각한다면, 메타유토피아의 가상 버전을 만들어야 한다.

'실재' 세계에서 메타유토피아적 생각을 구현하는 데는 심각한 문제가 있다. 사람들이 물리적 현실에서 자신들이 선호하는 가능 세계를 만들고 결합하는 일은 매우 어렵다. 이것은 아마도 특정한 개인이 선호하는 가치를 지지하는 지리적으로 고립된 공동체를 설립하는 것에 해당한다. 이런 공동체의 구성원은 기꺼이 그들 공동체에 참여하고 그 공동체의 온전함을 유지하는 비슷한 생각을 가진 사람들을 찾고, 공동체를 유지하기 위해 적절한 물질적, 물리적 자원을 찾아야 한다. 또한 그들 스스로 공동체의 경계를 단속하거나, 이 일을 할 수 있는 국가를 후원하고 지속시켜야 한다. 그들이 창조할 수 있는 가능 세계에는 많은 물리적 한계가 있다.

● (지은이 주) 이것은 찬드란 쿠카타스(Chandran Kukathas)가 메타유토피아 사상에 대한 논의에서 로버트 노직을 비판한 것이다. 그는 노직의 제안이 최소주의 국가가 아니라 오히려 최대주의 국가의 창설을 요구한다고 주장한다.

이런 점에서 물리적 세계는 제약이 지나치게 많아서 실망스러울 정도이다. 그들이 원하는 완전히 고립된 은둔지(隱遁地) 같은 세상을 만드는 것은 쉽지 않다. 또한 그들이 창조할 수 있는 세계에는 많은 법적, 정치적 제약이 있다. 끝없는 인간의 거주 지역 확장에 따라 누군가나 어떤 조직이 소유하지 않고 있는 땅은 지구 세계에 거의 없다. 설사 있다 하더라도 아주 적다. 다른 사람의 땅에 공동체를 세우는 것은 재정적으로 비용이 많이 들고 법적으로 논쟁거리가 된다. 많은 사람들은 공동체를 세울 만한 자원이 없다.

결과적으로 고립된 유토피아 공동체를 설립할 수 있는 역량은 부자들의 전유물이다. 예를 들어 해상 도시 공동체의 테크노 유토피아적 꿈을 고려해 보라. 해상 도시 공동체는 단 한 명의 소유가 아닌, 몇 안 되는 장소 중 하나인, 공해(公海)에 고립되어 둥둥 떠다닌다. 해상 도시 공동체는 공상 과학의 꿈이 아니다. 이런 공동체를 만드는 데 관심을 갖고 자신을 바치는 이들이 있다.47 그러나 이런 공동체를 만들고 유지하는 데는 엄청난 비용이 든다. 이런 비용은 스타트업 사업가 피터 틸(Peter Thiel)과 같은 기술 억만장자의 눈에는 구우일모에 불과한 것일 수도 있다.48 하지만 대다수의 사람들에게는 엄두가 나지 않는 일이다. 따라서 로버트 노직의 메타유토피아는 물리적 현실에서 쉽게 성취할 수 있는 것이 아니다.

하지만 가상현실로 전환한다면, 이러한 실용적인 문제들 대부분은 사라지거나 적어도 개선된다. 컴퓨터 시뮬레이션 세계는 동일한 물리적, 법적 제한을 받지 않는다. 자신이 선호하는 가상 세계를 생성하고 가입하기 위해 다른 사람의 땅에 접근할 필요가 없다. 시뮬레이션 된 환경에서는 이 모든 것을 수행할 수 있다. 따라서 이는 부유한 엘리트의 전유물이 아닌 더 널리 분포될 수 있는 메타유토피아적 이상의 한 형태이다. 게다가 가상현실에서 만들 수 있는 가능 세계의 종류에는 훨씬 더 큰 다양성이 있다. 만약 완전히 고립된 은둔자 같은 삶을 살고 싶다면 그렇게 할 수 있다. 수천 혹은 수백만 명의 다른 사람들과 함께 공동체에 참여하고 싶다면 또 그렇게 할 수 있다. 이런 다른 이들 중 일부는 물리적 형태로 실재하는 사람이 될 필요가 없다. 그들 자체는 시뮬레이션 된 인물일 수도 있다. 우리에게는 이미 이런 종류의 가상 존재를 위한 프로토타입이 있다. '세컨드 라이프(Second Life)'●나 '월드 오브 워크래프트(World of Warcraft)'●● 같은 온라인 세계는 가상현실에서 가능한 것의 매우 다른 두 가지 예를 제공한다. 이런 예는 완전히 몰입적이지 않고, 물리적 현실을 완전히 대체할 수는 없지만, 시뮬레이션 된 환경에서 가능한 다양성을 보여주며 기술이 우리를 어디로 이끌어갈 수 있는지에 대한 낌새를 느끼게 해준다.

또한 가상 메타유토피아●●● 건축에서 가능 세계들 사이의 경계를 유지하는 것은 상대적으로 더 쉽다. 장래 제국주의자의 시뮬레이션 된 세계를 다른 세계로부터 고립시킴으로써 다른 가상의 가능 세계를 침범하지 못하게 막을 수 있다. 장래 제국주의자가 만족하도록 가상 영역 안에서 '제국주의 게임'을 하도록 할 수 있다. 즉 이들이 가상현실에서 컴퓨터로 시

● 세컨드 라이프(Second Life) : 세컨드 라이프(www.secondlife.com)는 미국의 벤처 기업 린든 랩이 2003년 선보인 인터넷 기반의 가상현실 공간을 말한다. 자신의 아바타(인터넷에서 사용자를 대신하는 애니메이션 캐릭터)를 이용해 집을 사고 물건을 만들어 파는 등 경제 활동을 한다. 사이버 활동으로 번 돈(린든 달러)을 실제 미국 달러화로 환전해 주기 때문에 현실과의 경계가 허물어지고 있다.

●● 월드 오브 워크래프트(World of Warcraft) : 미국 블리자드 엔터테인먼트에서 2004년 개발한 멀티 플레이어 온라인 롤플레잉 게임이다. 수천 명의 플레이어들이 동시에 할 수 있는 게임으로, 서버는 크게 일반과 전쟁 두 종류로 나뉜다. 플레이어는 두 종류 가운데 자신의 취향에 맞는 서비스를 선택한 후 다양한 종족이나 직업 중 자신의 선호도에 따라 선택하고 플레이를 하면 된다.

●●● 가상 메타유토피아 : 가상현실 또는 디지털 환경 내에 존재하는 가상의 사회 또는 존재 상태이다. 가상현실과 같은 첨단 기술의 사용이나 인간 사회의 측면을 시뮬레이션할 수 있는 AI 시스템의 개발을 통해 잠재적으로 실현될 수 있는 개념이다. 가상 메타유토피아에서, 사람들은 현실 세계에서 달성하기 불가능하거나 비현실적일 수 있는 다양한 가능성과 환경을 경험할 수 있을 것이다. 그들은 다른 문화를 탐험하거나, 먼 곳을 방문하거나, 심지어 가상의 존재와 상호작용할 수도 있다.

뮬레이션 된 캐릭터를 전향시키고 있는데도, 다른 사람들을 강제로 이들의 세계관 속으로 전향시키고 있다는 실제와 같은 느낌을 줄 수 있다. 제국주의에 대한 그들의 욕망이 정말로 만족을 모른다면, '제국주의 게임'과 같은 세계가 진짜라고 믿도록 그들을 속일 수 있다. 나는 이를 추천하지 않는다.

나는 앞서 가상 유토피아의 특징에 대해 설명하면서 '지식 조건'에 대해 다음과 같이 언급한 바 있다. "가상 유토피아는 세계의 참가자들이 상대적으로 사소하거나 대수롭지 않다고 **알고 있는** 활동에 관여한다. 참가자들은 임의로 구조화되거나 시뮬레이션 된 환경 내에서 작용하고 있으므로 중요한 이해관계를 위해 행동하지 않는다는 것을 안다." 이는 이러한 종류의 속임수를 배제하는 것처럼 보인다. 하지만 속임수는 처벌의 일종으로 시스템에 정당하게 작용할 수 있다. 반복적으로 다른 가상 세계를 침범하고 다른 사람들을 강제로 전향시키는 개인과 공동체는 그들이 알지 못하는 사이에 제국주의 게임을 하도록 하는 시뮬레이션 된 세계 안에 갇혀서 처벌을 받을 수 있다. 분명히 이 시뮬레이션의 성공은 그것이 얼마나 몰입적인지, 또는 얼마나 실재한다고 여겨질 수 있는지에 달려 있다. 즉 그 세계에 대한 누군가의 인식을 바꾸는 우리의 능력에 달려 있다. 그러나 이런 특별한 경우들을 제외하면, 메타유토피아의 가상 실례는 가상 세계가 완전히 몰입형 시뮬레이션이 되는 것에 의존하지 않는다. 현재의 시뮬레이션 현실이 그 조잡함에도 불구하고 이미 할 수 있는 것처럼, 그것이 사람들을 참여시키기에 충분하다면 이는 허용된다.

그렇다고 메타유토피아의 가상 실례가 문제가 없다는 말은 아니다.● 누

● 가상 메타유토피아에는 많은 잠재적 이점이 있다. 이것은 사람들에게 현실 세계에서는 불가능한 자유와 유연성을 제공할 수 있다. 가령 신체적인 여행과 관련된 위험이나 비용 없이 다양한 경험과 시나리오를 경험할 수 있게 할 수 있다는 것이다. 이것은 또한 새로운 사회적 또는 정치적 시스템을 시험하는 방법으로 사용될 수 있다. 그러나 잠재적인 단점도 있다. 예를 들어, 실제와 가상을 구별하는 것이 어려울 수 있고, 사람들은 그들의 신체적 삶과 관계를 희생하면서 가상 세계에 지나치게 의존하게 될 수도 있다.

가 세계 형성 체계 자체를 소유하고 통제하느냐에 대한 명백한 의문이 제기된다. 이것은 대기업이 소유하게 될 무엇인가일까? 다양한 세계 형성 메커니즘에 자유 시장이 존재할까? 기계 자체가 (예를 들면 영화 ≪매트릭스≫에서와 같은) 통제력을 가질 수 있을까? 가상 메타유토피아의 수용이 이전 장에서 논의한 것과 유사한 기술적 노예화에 해당할 수 있을까? 이것들은 중요한 질문이다. 이상적인 해결책은 아마도 세계 형성 체계가 공통적으로 소유되고 시스템의 메타유토피아적 목표를 보존하는 방식으로 관리되고 유지되는 무엇인가라는 것이다.

이렇게 하고 사악한 행위자에게 체제를 빼앗기지 않도록 보호하는 헌법적 질서를 만드는 것은 민감한 과정이겠지만, 인류가 늘 직면했던 헌법적 문제와 근본적으로 다르지 않은 과정이다. 기술적 노예화에 대한 우려에 관해 이것은 진지하게 받아들일 가치가 있지만, 이전 장에서 주장했던 것에 비추어 이해해야 한다. 자유에 대한 많은 차원이 있다. 가상 메타유토피아를 수용하면, 어떤 측면에서는 자유를 극대화하면서도 다른 측면에서는 자유를 제한할 수 있다. 절충이 우리를 유토피아적 존재 방식에 더 가까이 데려간다면 가치가 있을지도 모른다.

가상 메타유토피아가 '실재 관여'가 부족하기 때문에 로버트 노직의 실제 메타유토피아와 동일한 주관적 매력을 갖지 못한다는 점도 고민거리이다. 이것은 나에게 특별한 문제이다. 왜냐하면 사람들이 가상 세계에서 살고 있다는 것을 스스로 **안다**는 것이 가상 유토피아에 대한 내 정의에 결정적으로 중요하기 때문이다. 확실히 가상 세계에서 게임을 하면서 행복해 하는 단호한 제국주의자나 선교사는 없을까? 가상 실험실에서 가짜 실험을 하면서 행복해 하는 '심취한 과학자'는 없을까?

나는 '실재 관여'에 대한 이의 제기가 생각보다 힘이 약하다는 것을 설득하기 위해 이미 충분히 말했기를 바란다. 시뮬레이션 된 가상 세계에서도 많은 일들이 실제로 일어나고 있다. 게다가 현재 구성되어 있는 우리의 물리적 세계에서도 많은 사람들은 상대적으로 실재 관여가 결여된 삶을 살고 있다. 그들은 세계에 대한 우리의 지식을 급진적으로 개혁하거나, 위대한 예술을 구축하거나, 중대한 도덕적 문제를 해결하지 않고 있다. 그들에게 가상 메타유토피아는 실제로 현 상황에 비해 상당히 개선된 것이다. 그렇다고 일부 사람들에게 가상 메타유토피아에서 무엇인가가 빠져 있다는 것을 부인하는 것은 아니다. 그냥 **어떤** 실재 관여가 없다는 걸 받아들이는 것이 좋은 타협이 될 수도 있다.

마지막으로 강조할 가치가 있는 것은 가상 메타유토피아와 게임의 유토피아 사이의 관계이다. 내가 보기에 이 둘은 가상 유토피아의 상호 배타적인 변이형이 아니라 공존한다. 시뮬레이션 된 가상 세계와 가장 좋은 것에 대해 우리가 선호하는 개념과 일치하는 가상 세계에서 시간을 보내는 것도 가능하다. 또한 물리적 세계에서 게임을 하는 것도 가능하다. 시뮬레이션 된 환경 내에서 게임을 시뮬레이션할 수도 있다. 이러한 방식으로 두 가지 관점을 결합하면 가상 유토피아에 대한 강력하고 더 매력적인 개념을 얻을 수 있다.

7장_5절　　　가상 유토피아에 대한 반대 주장

이제는 가상 유토피아에 대한 일반적인 반대 의견 두 가지를 다룰 것이다. 이러한 반대 의견은 앞에서 논의한 가상 유토피아의 두 가지 특정 관점 중 어느 하나를 대상으로 하는 것이 아니다. 이는 가상 세계에서 우리가 살지도 모르는 삶에 대한 일반적인 우려에서 비롯된다.

이러한 반대 중 첫 번째는 로버트 노직으로부터 나온다. 가상 메타유토피아를 방어하기 위해 노직의 연구를 끌어들이긴 했지만, 나는 처음에 노직 자신이 확실히 반대할 것임을 알았다. 노직은 가상 생명의 개념에 단호하게 반대하는 또 다른 주장을 전개한 것으로 유명하기 때문이다. 어떤 면에서 나는 이전 논의에서 이 주장의 일부를 예상하고 대응했지만, 이 주장은 그 자체로 논의할 가치가 있다. 왜냐하면 부분적으로 철학적 배경을 가진 독자들이 그런 논의를 기대하고, 또 부분적으로 그렇게 함으로써 이 장 전체에서 내가 옹호하는 주장을 더욱 강조할 수 있기 때문이다. 즉 가상 유토피아는 우리와 같은 생명체에게 완전히 이질적이거나 이해 불가능하거나 바람직하지 않은 것이 아니다.

가상 유토피아에 대한 반대 ①
인간은 '완벽한 경험 기계'에 접속할까?

가상 생명의 개념에 단호하게 반대하는 로버트 노직의 주장은 다음과 같은 사고실험에서 나온다.

당신이 원하는 그 어떤 경험이라도 제공해 주는 기계가 있다고 생각해 보자. 이 경험 기계에 연결되면, 멋진 시를 쓰거나 세계 평화를 가져오거나 누군가를 사랑하고 사랑받는 경험을 할 수 있다. 당신은 이런 것들이 줄 수 있는 쾌락을 경험할 수 있다. 즉 '내면에서부터' 어떤 느낌인지 경험할 수 있다. 당신은 남은 평생을 위해 당신 경험의 프로그램을 짤 수 있다. 만일 상상력이 부족하다면, 전기 작가들이 제시하고 소설가들과 심리학자들이 향상시킨 것을 발췌해 사용하면 된다. 그리고 가장 좋아하는 꿈을 '내면에서부터' 경험하며 살 수 있다. 당신은 남은 평생 동안 이렇게 살고 싶은가? …… 이 경험 기계에 들어가는 즉시 당신은 기억하지 못하게 되므로, 그것이 기계가 만든 것임을 알게 되어 쾌락이 망가지는 일은 없다.[49]

✦ 로버트 노직(Robert Nozick), ≪시험당한 삶≫(The Examined Life)

이것은 '경험 기계(experience machine)' 사고실험●으로 알려져 있는 것이다.[50] 로버트 노직의 직관, 그리고 여러 해 동안 교실과 실험 공간에서 이 사고실험을 했던 많은 연구자들의 직관은 당신이 이 경험 기계와 접속하지 않는다는 것이다.[51] 노직은 주관적 경험을 가치의 유일한 원천으로 보는 쾌락주의에 반하는 근거를 제시하기 위해 이 결과를 사용한다. 만약 당신이 기계와 접속한다면 '실재' 세계에서 받을 수 있는 것보

● 경험 기계(experience machine) 사고실험 : 이 사고실험은 행복이나 안녕에는 단지 즐거움이나 긍정적인 감정을 경험하는 것 이상의 것이 있다는 생각을 설명하기 위한 것이다. 이 사고실험에서 실험 개발자인 로버트 노직은 우리에게 사람이 경험할 수 있는 어떤 경험도 시뮬레이션할 수 있는 기계를 상상해 보라고 요청한다. 이 기계는 실제로 그 사건을 경험할 때 사람이 가질 수 있는 것과 동일한 신체적, 심리적 반응을 생산하는 방식으로 뇌를 자극할 수 있을 것이다. 노직은 많은 사람들이 기계에 자신을 꽂고 지속적인 즐거움과 즐거움의 상태에서 그들의 삶을 살고 싶은 유혹을 받을 수 있지만, 이 생각에는 근본적으로 잘못된 것이 있다고 주장한다. 그는 행복과 안녕에는 단순히 즐거움을 경험하는 것 이상의 것이 있으며, 우리의 전반적인 행복과 성취에 중요한 다른 가치와 목표가 있다고 제안한다. 경험 기계 사고실험은 우리의 삶에서 선택 자율성, 참여의 중요성을 강조하고, 이러한 것들이 진정으로 충족되고 진실되다는 삶을 위해 필요하다고 주장하기 위해 자주 사용된다.

다 훨씬 더 나은 것은 아니지만 그만큼 좋은 주관적인 경험을 제공받게 된다. 대부분의 사람들이 이를 알고 있으면서도 경험 기계에 접속된다는 생각에 저항한다는 사실은 쾌락주의자들이 인식하는 것보다 소중히 할 것이 더 많이 있다는 것을 암시한다.● 현실과의 연결도 중요하다. 진정으로 윤택하고 뜻있는 인간의 삶은 현실과의 연결을 필요로 한다. 우리는 현실과의 연결 고리 없이는 만족하지 않는다. (그리고 만족하지 않아야 한다.)

나는 로버트 노직의 공격으로부터 쾌락주의를 방어하는 데는 특별히 관심이 없다. 나의 관심사는 경험 기계 사고실험이 가상 유토피아의 바람직함에 의문을 제기할 만한 이유를 제공하는가 하는 것이다. 나는 두 가지 중요한 이유 때문에 의문을 제기하지 않는다고 생각한다.

첫 번째 이유는 가상 유토피아가 동일한 직관적인 불만이 지속될 수 있는지를 의심할 만큼 충분히 경험 기계와 다르다는 것이다. 내가 이 장에서 거듭 강조했듯이, 가상 유토피아는 아무것도 '실재'하지 않는 초현실주의 꿈의 세계가 아니다. 그 안에서는 실제로 많은 일들이 일어난다. '게임 유토피아'를 따른다면, 우리의 많은 경험이 실제 물리적 세계에서 일어나고 실제 물리적 사람들과의 상호 작용을 수반한다. 우리가 게임을 하고 있지 않을 때는 가족 및 친구와 관계를 맺고 그들과 경험을 공유할 수 있다. 우리가 '가상 메타유토피아' 모형을 따르더라도 컴퓨터 시뮬레이션 환경 안에서 고립된 삶을 살 필요는 없다. 여전히 가상 표현을 통해 다른 실제 사람들과 상호 작용할 수 있고, 그들과 실제 대화를 나누고 실제로 경험을 공유할 수 있다. 가상 유토피아에 참가할 때, 컴퓨터와 접속하고, 메모리를 깨끗이 지우고, 그때까지 알고 있던 모든 것을 폐기하

● 앞에서 뜻있음을 만드는 것이 무엇인지에 대해 설명하면서 주관주의 학파와 객관주의 학파에 대해 언급한 바 있다. 주관주의 학파는 뜻있음이 존재 상태의 충족, 욕구 달성이나 성취감 달성 등에서 비롯되는 것으로 본다. 객관주의 학파는 뜻있음이 세상에 가치를 더하는 것과 같은 객관적으로 결정되는 상태의 충족에서 비롯되는 것으로 본다.

라는 요청을 받을 필요가 없다. 당신은 현실의 어떤 측면과의 접촉을 잃을 수 있지만, 다른 이득으로 보상받는다. 이러한 차이로 인해 가상 유토피아에 도전하기 위해 로버트 노직의 주장을 이용하려는 어떤 시도든 충분히 힘을 잃는다.

경험 기계 주장의 적절성을 의심하는 두 번째 이유는 다음과 같다. 로버트 노직 사고실험의 몇 차례 실험 테스트에서, 사람들이 가상의 경험 기계와 접속하지 않는다는 직관이 노직의 처음 생각만큼 강하지 않을 수 있다는 것이 밝혀졌기 때문이다. 문제는 그 사고실험에 대한 노직의 형식화가 부정적인 직관적 반응을 유발하는 편향으로 가득 차 있다는 것이다. 당신은 현실 세계의 현재 위치에서 완전히 가짜 세계와 접속하라는 요청을 받고, 그 세계와 접속되었다는 것을 당신이 모를 것이라는 말을 듣는다. 사람들이 이러한 지식이 부족하다고 정말로 상상할 수 있는지, 혹은 그들이 알고 있는 세계에 대한 애착을 극복할 수 있는지는 명확하지 않다.

이를 뒷받침하기 위해 듀크대학교 철학과 교수인 펠리페 드 브리거드(Felipe De Brigard)는 노직의 사고실험에 대한 일반적인 '직관적 반응'이 어떻게 현상 유지 편향(status quo bias)의 결과인지를 보여주는 테스트를 했다. 만약 자신이 경험 기계 속에서 지금까지 살아왔다는 사실을 모르는 사람들이 이제 막 자신이 경험 기계 속에 있다는 사실을 알게 된 상황으로 테스트 조건을 바꾼 것이다. 이런 상황에서 경험 기계와의 접속을 끊으라는 요청을 받는다면 사람들은 어떻게 반응할까? 아마도 이 테스트는 로버트 노직의 경험 기계 사고실험과는 다른 결과를 보여줄 것이다. 갑자기 사람들은 현실 세계에 그다지 관심을 가지지 않게 된다.[52] 마찬가지로 뉴질랜드 와이카토대학교 철학과 교수인 댄 와이저스(Dan Weijers)는 경험 기계 사고실험의 편향 없는 버전을 만들고 그것에 대한 사람들의 반응을 테스트하기 위해 연구했다. 그는 최대한 편향이 없을 때, 그 사고실험의 결과는 노직의 관점을 지지하지도 부정하지도 않는다는 것을 발견한다. 다시 말해, 그 실험 증거는 경험 기계의 바람직함에 대해 중립적이다.53 이것은 가상 유토피아 평가에 대한 경험 기계 사고실험의 적절성을 의심하는 추가적인 이유가 된다.

가상 유토피아에 대한 반대 ②
비도덕성의 놀이터라는 주장에 대하여

그러나 고려할 가치가 있는 가상 유토피아에 대한 또 다른 일반적인 반대 의견이 있다. 충분히 실재적이지 않다고 가상 유토피아를 비판하는 로버트 노직의 반대와 달리, 이 반대는 정반대의 태도를 취하며 가상 유토피아가 너무 실재적이라고 비판한다. 이러한 반대는 가상 유토피아가 우리에게 비(非)도덕적인 생각과 행동을 허용하는 '비도덕성의 놀이터 (playground for immorality)'를 제공하기 때문에 바람직하지 않다고 주장한다.

대중매체나 공상 과학 소설에서 가상현실은 종종 비도덕적인 것으로 묘사된다. 컴퓨터 게임은 종종 게이머에게 대단히 잔인하고 폭력적인 행동을 시뮬레이션 된 형태로 수행할 수 있게 한다. 우리는 이것의 어떤 형태는 용인하지만, 다른 형태에 대해서는 더 섬뜩하고 불확실하게 느낀다. 예를 들어, 컴퓨터 시뮬레이션 환경에서 심한 가학성이나 성폭력 행위는 여전히 눈살을 찌푸리게 한다.54 미래의 가상현실 기술이 어떨지에 대한 환영적인 예측은 이를 한 단계 더 진척시킨다. 소설, 영화 그리고 지금은 TV 시리즈인 ≪웨스트월드≫(Westworld)●가 가장 명확한 예이다. 이 작품은 사람들이 강간과 살인 환상을 얻기 위해 몰입적인 가상현실 세계

● ≪웨스트월드≫(Westworld) : 가상현실 놀이 동산인 '웨스트월드'를 배경으로 하는 작품이다. 시즌 1, 2, 3은 웨스트월드를 벗어나 현실로 탈출하고자 하는 AI 휴머노이드의 이야기라면, 시즌4는 AI 휴머노이드가 장악한 미래에서의 인간 생존에 대한 이야기이다.

를 사용할 수 있다고 제안한다. 이 견해에 따르면, 가상현실 헬멧을 착용하는 것은 기게스의 반지(Ring of Gyges)●를 끼는 것과 같다.55 즉 물리적인 것의 일반적인 도덕적 제약으로부터 우리를 해방시키고, 잔인함, 타락, 폭력을 허가해 준다.

가상 세계에서의 행동, 특히 시뮬레이션 된 사람이나 생명체에게 행하는 행동의 윤리는 복잡한 논쟁의 대상이 된다.56 나도 이전 연구에서 언급했듯이 이런 행동에 대해 많은 견해를 가지고 있다.57 여기서는 내 견해를 요약하지는 않을 것이다. 그러나 두 가지 의견이 적절해 보인다. 첫째, 우리가 '가상' 세계에서 행동한다고 해서 돌연 모든 도덕적 제약에서 벗어날 수 있는 것은 아니다. 대중적인 선입견과는 반대로, 도덕적 기준이 가상현실에서 일어나는 많은 것에 적용될 것이다. 우리가 가상 세계에서 이루어지는 행동을 통해 배양하는 도덕적 미덕은 실제 세계에서 배양하는 미덕만큼 어느 모로 보나 실재적이다. 이는 가상현실에서 그러한 기준에 부응하지 못한 것에 대해 사람들이 마땅히 비난과 질책을 받을 수 있다는 것을 의미한다.

게다가 가상 유토피아에서 우리가 상호 작용하는 어떤 사람들은 시뮬레이션이나 인공적인 행위자가 아니라 실재한다. 대부분의 표준적인 도덕 규칙은 그들과 우리의 상호 작용에 적용된다. 그렇긴 하지만, 가상성이 우리의 도덕규범에 약간의 수정을 요구할 수 있다는 것은 부인할 수 없다. 실제 물리적 세계에서 비도덕적이라고 여겨지는 행동이 가상 세계에서는 더 이상 비도덕적이지 않을지도 모른다. 나는 앞서 버나드 슈츠가 말하는 게임의 유토피아라는 맥락에서 비도덕성을 이야기할 때 이 점을

● 기게스의 반지(Ring of Gyges) : 그리스 철학자 플라톤의 대화록인 ≪국가론≫(The Republic)에 등장하는 마법의 반지이다. 이 반지는 착용자의 모습을 보이지 않도록 해주기 때문에, 착용자는 비난받거나 처벌받을 염려 없이 비도덕적인 행동을 할 수 있다. 플라톤은 기게스의 반지 이야기가 사람들의 도덕적 행동이 옳고 그름의 감각에 기반을 두고 있는 것이 아니기 소폐라 법법히 기발을 받을 것에 대한 두려움에 기인할 수고 있다는 생각을 보여준다고 주장했다.

지적했다. 거기서 나는 속임수나 폭력의 행동이 비도덕적인 것으로 여겨지는지의 여부는 어느 정도 게임의 규칙과 행동의 결과에 달려 있다고 말했다. 예를 들어 가상 행동이 쉽게 되돌려지거나 수리 가능하다는 사실은 가상 행동에서 비도덕성을 제거할 수 있다. 사이보그가 되는 것의 가벼움과 비슷한, 가상 세계에 있는 것의 잠재적 가벼움이 있다.

그렇긴 하지만 가상 세계의 도덕성에 대한 우리의 접근법에서 수리 가능성과 되돌림 가능성이 미치는 영향은, 행위의 결과가 비도덕성에서 차지하는 비중을 어느 정도로 볼 것인지의 문제와 관련되어 있다. 만약 어떤 행동이 주로 내재적 특성 때문에 비도덕적이라고 여겨진다면, 그 결과를 되돌릴 수 있거나 수리할 수 있다는 사실은 도덕적 평가에 관해 아무것도 의미하지 않을지도 모른다. 반대로 만약 그 결과가 가장 중요한 것이라면, 그 결과의 가역성과 수리 가능성은 매우 중요할 것이다.

성폭력 행위(합의되지 않은 성적 접촉 / 침해가 있는 경우)와 신체적 폭력 행위(신체적 해악을 일으키는 접촉이 있는 경우)를 고려해 보자. 나는 성폭력의 폭력성은 내재적 특성(합의되지 않은 성적 본성) 때문이지 그 결과 때문이 아니라고 생각한다. 강간 피해자가 자신의 폭행에 대해 회복력이 있고 동요하지 않는다고 해서 강간의 폭력성이 덜 심각한 것은 아니다. 반면에 신체적 폭력의 비도덕성은 그 결과에 크게 좌우된다. 심각한 신체적 상해(또는 정신적 외상)를 초래하는 신체적 폭행은 일시적인 불편함을 초래하는 폭행보다 도덕적으로 더 나쁜 것으로 판단된다. 이 논리를 가상 세계에서 행해지는 행위를 평가하는 데 적용할 수 있고, 가령 가상 표현을 통해 행해지는 성폭력 행위가 가상 표현을 통해 행해지는 신체적 폭력 행위보다 더 가혹하게 판단되어야 한다고 주장할 수 있다. 또한 우리의 도덕적 기준 중 얼마나 많은 것이 가상 행동에 관해 수리되어야 하는지를 결정하기 위해 그 추론을 더 일반적으로 적용할 수 있다.

그렇다면 최종 결론은 가상 유토피아가 많은 사람들이 생각하는 비도덕성의 놀이터를 제공하지 않는다는 것이다. 많은 도덕적 규칙과 기준은 우리의 성격 / 미덕과 다른 사람들의 삶에 실재적인 영향을 미치기 때문에 가상 행동에 똑같이 잘 적용된다. 비도덕성 기준은 물리적 세계에 적용되는 비도덕성 기준을 참고함으로써 정당화될 것이다. 물론 가상 세계에서는 우리의 도덕성 기준에 대한 약간의 수정이 요구될 수도 있다. 하지만 디플로메시(Diplomacy) 게임을 한다고 해서 속임수가 미덕으로 변하지 않듯이, 이런 수정이 있다고 해서 가상 유토피아가 비도덕성의 놀이터로 변하는 것은 아니다. 다만 이런 수정은 도덕성의 기준, 즉 도덕적인 것 또는 비도덕적인 것으로 간주되는 기준을 조금 바꿀 것이다. 게다가 가상 세계에 특히 적용되는 새로운 도덕 규칙이 있다. 가령 페어플레이와 게임즈맨십(gamesmanship)●의 규칙, 또는 컴퓨터 시뮬레이션 아바타를 감염시키기 위해 바이러스를 사용하는 것을 금지하는 규칙이 그것이다. 가상 유토피아의 주민들은 도덕적 가뭄을 경험하기는커녕, 새로운 삶의 방식에 익숙해지기 위해 새로운 도덕적 시스템을 개발하고 적응시켜야 한다. 이것은 도덕적 가능성의 경계를 탐구하는 흥미롭고 새로운 프로젝트를 나타낼 수 있다.

물론, 이것은 단지 우리의 행동에 대한 가상 세계의 본성이 우리에게 비(非)도덕성을 허가하는지의 여부에 초점을 맞추기 위한 것이다. 이는 가상 유토피아가 사람들에게 도덕성 행위, 즉 가상 본성에도 불구하고 다른 사람들 모두가 잘못되었다고 판단하는 행위에 참여하도록 동기를 부여하

● 게임즈맨십(gamesmanship) : 게임이나 경기에서 상대보다 우위를 점하기 위해 다양한 전술이나 전략을 사용하는 것을 일컫는 용어이다. 그것은 상대의 주의를 산만하게 하거나 위협하기 위해 심리적 또는 물리적 전술을 사용하거나, 당신에게 유리하도록 규칙이나 규정을 조작하거나, 단순히 이기기 위해 뛰어난 기술이나 전략을 사용하는 것을 포함할 수 있다. 게임즈맨십은 스포츠에서 자주 사용되지만 보드게임이나 카드게임과 같은 다른 종류의 경기에서도 볼 수 있다. 그것이 반드시 비윤리적인 것은 아니지만, 일반적 ▪▪▪ 게임플레이고 딜 스포츠메인 맞으로 마마여, 이건 사람들은 스것을 부정행위의 한 형태로 본다.

거나 유인할지에 대한 관련 질문에 초점을 맞추지 않는다. 가상 유토피아의 추구와 사이보그 도덕적 증강의 급진적인 프로그램을 결합하지 않는한, 인간 본성의 기본적인 사실을 바꿀 것으로 기대할 수는 없다.

그래서 가상 유토피아에는 법과 질서가 여전히 필요하다. 그렇긴 하지만, 물리적 세계에서 일어나는 비도덕성에 대한 명백한 변명이나 합리화는 가상 세계에서 일부 사라질 수 있으며(예를 들어, 우리가 풍부한 사회라는 탈희소성을 이룬다면, 강도와 절도의 공통된 동기는 제거될 것이다), 가상 유토피아를 지속시키고 가능하게 하는 자동화된 기술은 평화를 유지하기 위해 활용될 수 있다.

7장_결론　몇 가지를 포기해야 할 수도 있다

일의 세계에서 비디오 게임의 세계로 은둔하는 젊은이들에 대한, ≪워싱턴 포스트≫ 기자 애나 스완슨(Ana Swanson)의 기사를 인용하면서 이 장을 시작했다.

이 기사에서 부각된 사람은 대니 이즈키에르도(Danny Izquierdo)였다. 기사 발표 당시 대니는 미국 메릴랜드 주에 사는 20대 초반의 청년이었다. 그는 대학을 졸업하고 뜨내기 직장 몇 군데에서 근무했지만, 자신의 보상이 노력과 맞지 않다고 느꼈고, 그런 직장에서 온갖 좌절을 겪었다. 그는 비디오 게임을 좋아했다. 그는 비디오 게임에서 발견한 공동체 의식과 성과주의에 끌렸다고 했다. 대니에게 있어서 현실 세계는 너무 어렵고 경쟁적이었으며, 수행한 일에 대해 분명한 의미나 보상도 없었다. 대니는 현실로부터의 후퇴라는 보다 일반적인 추세를 상징하기 위해 아마 불공평하게 선택된 한 사람일 뿐이다. 하지만 나는 이 장의 다양한 우여곡절 끝에 그의 태도가 불러일으키는 질문에 분명한 대답을 할 수 있는지 알고 싶다. 그의 선례를 따르는 것이 더 나을까?

1967년, 환각성 약물의 긍정적 잠재력을 지지하는 심리학자 티모시 리어리(Timothy Leary, 1920~1996)는 같은 시대 사람들에게 "흥분하라, 어울려라, 그리고 이탈하라(turn on, tune in, and drop out)"●라고 조언

● 이 문구는 심리학자 티모시 리어리에 의해 대중화된 문구이다. 티모시 리어리는 환각

429

했다. 리어리는 환각제가 이렇게 하는 열쇠라고 주장했다. 환각제는 새로운 종류의 영적 깨달음으로 가는 관문이었다. 일단 좋은 여행을 하고 나면 세상을 다른 방식으로 볼 수 있다. 전통적인 범주, 제도, 규범은 더 이상 말이 되지 않는다. 전 인류와 함께 깊은 일체감을 경험할 수 있는데도, 왜 승진하기 위해 수십 년 동안 노예처럼 일해야 하는가? 환각제는 1967년 이후 사라지지 않았다. 실제로 다시 인기를 얻고 있다.58 오히려 이 세대에게 가상 세계로의 후퇴는 비슷한 약속을 한다.59 환각제는 우리에게 많은 제도와 일상생활의 걱정으로부터 초연하게 되고 자유롭게 되는 존재 방식을 제공한다. 환각제를 받아들이고 인지적 적소의 경쟁적 요구로부터 '이탈'하는 것은 어떨까?

어떤 사람들에게는 이런 태도가 인류 문명의 마지막을 알리는 불길한 종소리처럼 여겨질지도 모른다. 그러나 나는, 이것이 사실이 아니라는 것을 증명했기를 바란다. 가상 유토피아를 받아들인다고 해서 인간의 삶에서, 좋고 순수한 모든 것의 죽음을 받아들여야 하는 것은 아니다. 반대로 인간의 능동적 행위성, 미덕, 재능의 최고 표현(게임 유토피아 형태)과 이상 사회에 대한 가장 안정적이고 다원적인 이해(가상 메타유토피아 형태)를 허용할 수 있다. 이것은 우리가 앞으로 나아가고 성숙할 수 있는 가능 세계의 광대한 지평을 제공한다. 더군다나, 이것이 현실을 포기하는 것을 수반한다는 생각은 무엇이 가상이고 무엇이 실재인지에 대한 잘못된 이해에 달려 있다. 어떤 형태의 삶에서도 현실을 완전히 제거할 수는 없다. 가상 유토피아에서 일어나는 우리의 경험, 관계, 기관(機關), 그리고 우리의 많은 행동은 그 어느 때보다도 '실재'이다.

성 약물의 사용을 옹호하는 것으로 유명한 인물이다. '흥분하다'는 신의 신경계에 내장된 오래된 에너지와 지혜에 접촉하는 것을 의미한다. 이런 에너지와 지혜는 말할 수 없는 즐거움과 계시를 제공한다. '어울리다'는 외부 세계와의 조화로움으로 이런 새로운 관점을 활용하고 전달하는 것을 의미한다. '이탈하다'는 부족 게임에서 당신 자신을 분리하는 것을 의미한다. 리어리는, 사람들이 약물의 사용을 통해 사회의 제약에서 벗어나 개인적인 자유를 찾을 수 있다고 제안했다. 이 문구는 1960년대의 반문화 운동과 연관이 되었고 당시 많은 젊은이들에 의해 주류 가치와 관습을 거부하는 방법으로 받아들여졌다.

우리는 객관적으로 가치 있는 목적으로부터의 부분적인 단절을 묵인해야 하듯이, 몇 가지를 포기할 수도 있다. 하지만 이는 고도의 자동화로부터 이점을 얻는 일과 인간이 윤택하고 뜻있는 삶을 살 수 있도록 보장받는 일 사이에 존재하는 최선의 절충안처럼 보인다. 요컨대, 가상 유토피아는 우리가 찾고 있는 유토피아이다.

Mikuláš Galanda, 〈슬픈 무뢰한(Sad bandits)〉 1935–1936

에필로그

인간 곁다리화와 의미 탐구를 마지막으로 성찰하면서 이 책을 끝내고자 한다. 여기서는 아르헨티나 작가 호르헤 루이스 보르헤스(Jorge Luis Borges)의 단편소설 <바벨의 도서관>(The Library of Babel)을 참고할 것이다.

이 소설의 이야기는 하나의 도서관으로 이루어진 가상의 우주에 살고 있는 한 사서가 쓴 서한이다. 크기가 무한한 이 도서관은 육각형 진열실들로 이루어져 있으며, 이런 진열실은 사방으로 정확히 같은 형태로 반복되는 계단과 복도로 연결된다. 이 도서관은 상상할 수 없을 정도로 방대한 양의 책을 소장하고 있는데, 각각의 책은 410페이지이고, 각각의 페이지는 40행이며, 각각의 행은 검은 글자 80개가 적혀 있다. 그리고 이 모든 책의 형태는 정확히 동일하다.[1] 25개의 알파벳 기호가 이 행들을 차지하고 있으며, 모든 책은 그 안에 들어 있는 기호들이 무작위로 서로 다르다. 결과적으로, 도서관의 광활함 속에는 가능한 모든 책이 존재한다.

이 이야기는 수년간 많은 해석의 대상이 되었다. 보르헤스는 무한의 수학에 집착했고, 어떤 사람들은 이를 무한의 개념을 탐험하고 설명하기 위한 시도로 본다. 확실히 이 해석을 뒷받침하는 증거가 있다. 하지만 나는 다른 해석을 제시하고 싶다. 나는 이 이야기를 무한한 가능성의 우주에서 펼쳐지는 삶의 의미에 대한 명상으로 본다. 보르헤스가 이 이야기에서 언급하듯이, 이 도서관은 모든 가능한 책을 소장하기 때문에, 후미진 곳 어딘가에는 우주의 비밀을 알려주고, 가능한 모든 진리를 설명하며, 독자의 삶을 정당화하는 책이 있다. 보르헤스의 사서는 이를 말해주고 또한 도서관의 시민들이 이를 깨달았을 때 많은 기쁨이 있었다고 말한다. "도서관에는 모든 책이 소장되어 있다고 천명되었을 때, 첫 반응은 엄청난 행복감이었다. 모든 사람들은 마치 손에 닿지 않은 채 감추어져 있던 보물의 주인이 된 것처럼 느꼈다. 개인적인 문제이건 세계의 문제이건 어느 육각형 진열실엔가 명쾌한 해답이 존재하지 않을 리 없었다."2

그러나 이 기쁨은 곧 절망으로 바뀌었다. 주어진 육각형 안에 있는 책들 대부분은 무의미한 횡설수설(그저 무작위로 배열된 기호들)이었기 때문에, 존재의 수수께끼를 푸는 책을 찾을 가능성은 극히 희박했다. 더군다나 진실을 전하는 책을 찾았다고 해도 그것을 어떻게 알아보겠는가? 이 도서관은 또한 그러한 책의 진실을 반박하거나 부정하는, 또는 진실의 전부는 아니지만 일부만 알려 주는 미묘한 변형을 제공할 방대한 양의 모순된 책들을 소장하고 있다. "이러한 터무니없는 기대로 인해 자연히 너무도 맥 빠지는 일이 일어났다. 어떤 육각형 진열실의 어느 서가엔가 귀중한 책들이 소장되어 있지만 찾아낼 수는 없다는 확신은 거의 견딜 수 없는 것처럼 보였다."3

그러나 이러한 인식에도 불구하고, 도서관에 살고 있는 대다수의 사람들은 존재의 신비를 풀어줄 책을 찾겠다는 희망으로 어둠 속을 비틀거리며 끝없는 탐구를 계속한다. 사실 이 탐구는 온통 마음을 다 빼앗는 것처럼 보인다. 호르헤 루이스 보르헤스의 상상의 세계에는 다른 것을 위한 시간이 없다. 가정이나 가족의 삶에 대한 언급은 없다. 레크리에이션과 레저에 대한 언급은 없다. 이 상상의 우주에 있는 모든 사람들은 이 모든 것을 이해하려는 여정에 기여하거나 적극적으로 이의를 제기한다.

이것은 진부하고 부자연스러운 이야기일 수 있다. 비록 그렇다 하더라도 진행 중인 기술 혁명에 편승해 살고 있는 진화한 유인원으로서 우리가 지금 처해 있는 곤경은, 보르헤스 소설 속 상상의 도서관을 헤매는 시민들이 처한 곤경과 유사한 것으로 볼 수 있다.

여러 세기 동안의 기술적 진보를 통해 우리는 우주의 신비를 밝히고 우리의 환경을 정복하기 위해 노력해 왔다. 지난 몇 세기 동안, 우리는 이 기획이 속력을 높이며 발전하는 것을 목격했다. 기술적 진보는 크게 기뻐할 만한 이유가 된다. 하지만 앞에서 보았듯이, 기술적 진보는 또한 많은 절망의 원인도 된다. 왜냐하면 기술적 진보의 핵심에는 역설적인 요소가 있기 때문이다. 이런 기술적 진보는 인간의 이익과 인간의 필요를 충족시키기 위해 착수되었지만, 동시에 인간 자신을 곁다리로 만들고, 가치와 의미의 전통적인 원천으로부터 인간을 단절시키겠다고 위협한다. 많은 사람들은 걱정한다. 왜냐하면 그들은 인간이 이 대담하게 다가오는, 새로운 미래에서 어떻게 자리를 찾는지(찾을 수 있는지)를 이해하고자 필사적으로 다투기 때문이다.

이 책은 이 역설에 대해 몇 가지 반응을 제시했다. 이 책에서는 다음과 같이 주장했다. 일의 세계로부터 우리의 곁다리화를 받아들여야 하지만, 일 이외의 영역에서는 자동화가 가져올 영향에 대해 걱정해야 한다. 자동화 기술의 위험은 싹트기 시작한 유토피아주의자들에게 기회일 수 있다. 자동화 기술을 통해 잿더미와도 같은 현재의 삶을 근본적으로 더 나은 것으로 만들 수 있다. 원한다면 인간의 한계를 초월하여 사이보그화 과정을 통해 기계처럼 될 수 있다. 이는 많은 잠재적 장점이 있는 야심찬 프로젝트이다. 뿐만 아니라 여러 위험을 수반하기 때문에 중·단기적 미래에는 실행되지 않을 수도 있는 프로젝트이다. 대신에 이 책에서는 우리가 증가하는 곁다리화를 받아들이고 가상 세계로 후퇴할 수 있다고 주장한다. 이렇게 함으로써 어떤 오래된 열망과 희망을 버려야 할 수도 있다. 하지만 이로 인한 비용을 과장해서는 안 된다. 우리는 가상으로 후퇴할 때 모든 것을 포기할 필요는 없다. 그리고 그 어느 때보다도 더 큰 에너지와 적은 장애물로 뜻있음의 원천을 추구할 수 있다.

이것이 이 책의 주요 메시지이다. 우리는 호르헤 루이스 보르헤스의 사서와 같은 실수를 범하지 않아야 한다. 우리는 결코 얻을 수 없는 무엇인가를 위해 무한한 어둠을 계속 찾아서는 안 된다. 우리는 끝이 없고 실현할 수 없는 목표를 위해 인생에서 좋은, 다른 모든 것을 희생해서는 안된다.

지은이 주

1장 인류의 가을이 다가오고 있다

1 G. MacCready, "An Ambivalent Luddite at a Technological Feast," Designfax (August 1999). Quoted in D. Dennett, *From Bacteria to Bach and Back: The Evolution of Minds* (New York: W. W. Norton, 2017), 8–9.

2 예를 들면 다음과 같다. Nick Bostrom, "Existential Risk Prevention as a Global Priority," *Global Policy* no. 4 (2013): 15–31; Nick Bostrom, *Superintelligence: Paths, Dangers, Strategies* (Oxford: Oxford University Press, 2014); Olle Haggstrom, *Here Be Dragons: Science, Technology and the Future of Humanity* (Oxford: Oxford University Press, 2016); Phil Torres, *Morality, Foresight and Human Flourishing: An Introduction to Existential Risks* (Durham, NC: Pitchstone Publishing, 2017).

3 Nicholas Carr, *The Glass Cage: Where Automation Is Taking Us* (London: Bodley Head, 2015).

4 과도하게 낙관적인 주장은 다음과 같다. Peter Diamandis and Steven Kotler, *Abundance: The future Is Better than You Think* (New York: Free Press, 2012); R. Kurzweil, *The Singularity Is Near: When Humans Transcend Biology* (New York: Viking, 2005). 지나치게 비관적인 주장은 다음과 같다. Carr, *The Glass Cage; Matthew Crawford, The World Beyond Your Head: How to Flourish in an Age of Distraction* (London: Penguin, 2015); Brett Frischmann and Evan Selinger, *Re-engineering Humanity* (Cambridge: Cambridge University Press, 2018).

5 Catherine Panter-Brick et al., eds., *Hunter-Gatherers: An Interdisciplinary Perspective* (Cambridge: Cambridge University Press, 2001).

6 Ian Morris, Foragers, *Farmers and Fossil Fuels* (Prince ton NJ: Princeton University Press, 2015), 52 and 55.

7 Ibid., 71–92.

8 Charles Mann, *The Wizard and the Prophet: Science and the Future of Our Planet* (London: Picador, 2018).

9 이 데이터는 다음에 나온다. Max Roser, "Agricultural Employment," *OurWorldIn-Data.org*, 2017. https://ourworldindata.org/agricultural-employment/.

10 Tom Simonite, "Apple Picking Robot Prepares to Compete for Farm Jobs," *MIT Technology Review*, May 3, 2017, https://www.technologyreview.com/s/604303/apple-picking-robot-prepares-to-compete-for-farm-jobs/; Nicholas Geranios, "Robotic

Fruit Pickers May Help Orchards with Worker Shortage," *Associated Press*, April 28, 2017, https://www.usnews.com/news/best-states/washington/articles/2017-04-28/a-robot-that-picks-apples-replacing-humans-worries-some.

11 Joel Mokyr, *A Culture of Growth: The Origins of the Modern Economy* (Princeton, NJ: Princeton University Press, 2016); Roger Osborne, *Iron, Steam & Money: The Making of the Industrial Revolution* (London: Pimlico, 2014).

12 여기서 인과관계는 종종 논쟁의 여지가 있다. 어떤 사람들은 가치가 물질적 혁명을 이끌었다고 생각하고, 또 어떤 사람들은 물질적 혁명이 가치를 이끌었다고 생각한다. 이 문구는 내가 후자의 설명을 선호한다는 것을 암시하지만, 이는 곁다리화로의 행진에 대한 논점에 영향을 미치지 않기 때문에 나는 이 논쟁에서 특별한 입장을 취하지 않는다. 이 문제에 대해서는 다음 연구를 보라. Ian Morris, *Foragers*, Deirdre McCloskey, *Bourgeois Dignity: Why Economics Can't Explain the Modern World* (Chicago: University of Chicago Press, 2010).

13 Eric Brynjolfsson and Andrew McAfee, *The Second Machine Age* (New York: W. W. Norton, 2014).

14 Steven McNamara, "The Law and Ethics of High Frequency Trading," *Minnesota Journal of Law Science and Technology*, no. 17 (2016): 71-152.

15 Michael Wellman and Uday Rajan, "Ethical Issues for Autonomous Trading Agents," *Minds and Machines* 27, no. 4 (2017): 609-624.

16 Ibid., 610.

17 '플래시 크래시'는 2010년 5월 6일 다우존스 산업평균지수가 998.5포인트 떨어졌을 때 일어난 사건을 가리키는 명칭이다. 처음에는 트레이딩 알고리즘(특히 고주파 트레이딩 알고리즘)이 비난받았지만, 사건에 대한 공식 보고서는 이 알고리즘이 부차적인 역할을 했다고 말했다. '플래시 크래시'는 이처럼 특정 사건을 가리키는 용어였지만, 이후 시장의 갑작스러운 하락을 가리키는 말로 쓰인다. 좀더 자세한 정보는 다음을 보라. "Commodities Futures Trading Commission and the Securities Exchange Commission," *Findings Regarding the Market Events of May 6th*, 2010, 2010, https://www.sec.gov/news/studies/2010/marketevents-report.pdf.

18 Jonathan Cohn, "The Robot Will See You Now," *The Atlantic*, March 2013, https://www.theatlantic.com/magazine/archive/2013/03/the-robot-will-see-you-now/309216/; Siddhartha Mukherjee, "AI versus MD: What Happens When Diagnosis Is Automated?" *New Yorker*, April 3, 2017; Richard Susskind and Daniel Susskind, *The Future of the Professions* (Oxford: Oxford University Press, 2015), chapter 5.

19 그 비교는 Mukherjee, "AI vs MD"에서 나온다.

20 Ibid.

21 Susskind and Susskind, *Future of the Profession*, 48.

22 liza Strickland, "Autonomous Robot Surgeon Bests Humans in World First," *IEEE Spectrum*, May 6, 2016,
http://spectrum.ieee.org/the-human-os/robotics/medical-robots/autonomous-robot-surgeon-bests-human-surgeons-in-world-first.

23 Robert Sparrow and Linda Sparrow, "In the Hands of the Machines? The Future of Aged Care," *Minds and Machines*, no. 16 (2006): 141-161; Amanda Sharkey and Noel Sharkey, "Granny and the Robots: Ethical Issues in Robot Care for the elderly," *Ethics and Information Technology*, no. 14 (2010): 27-40; Mark Coeckelbergh, "Artificial Agents, Good Care, and Modernity," *Theoretical Medical Bioethics*, no. 36 (2015): 265-277.

24 나는 로봇과 친근하고 애정이 깊은 관계가 가능하다고 주장했다. 로봇과 돌봄의 관계 또한 가능하지 않을 이유가 없다. John Danaher, "The Philosophical Case for Robot Friendship," *Journal of Posthuman Studies* 3, no. 1 (2019), https://philpapers.org/rec/DANTPC-3; John Danaher, "Programmed to Love: Is a Human-Robot Relationship Wrong?" *Aeon Magazine*, March 19, 2018, https://aeon.co/essays/programmed-to-love-is-a-human-robot-relationship-wrong을 참조하라.

25 가령, MARIO project: http://www.mario-project.eu/portal/를 보라. 로봇에 대한 일본의 태도를 더 알기 위해서는 Jennifer Robertson, Robo Sapiens Japanicus: *Robots, Gender, Family and the Japanese Nation* (Oakland: University of California Press, 2017)을 보라.

26 법정(法廷) 변호사(영국, 아일랜드 및 기타 관습법 관할권의 법원 전문가)의 경우, 여전히 변호사 협회(Inn of Court) 회원이 되는 것이 필수인데, 여기서 한 가지 자격 요건으로는 일정 횟수의 만찬에 참석하는 것이 있다.

27 Richard Susskind, *Tomorrow's Lawyers* (Oxford: Oxford University Press, 2013).

28 세부 내용은 다음 연구를 보라. Ross Intelligence website: http://www.rossintelligence.com. See also Jason Koebler, "The Rise of the Robolawyer," *The Atlantic*, April 2017.

29 세부 내용은 https://lexmachina.com을 참고할 수 있다.

30 F. J. Buera and J. P. Kaboski, "The Rise of the service Economy," *American Economic Review*, no. 102 (2012): 2540-2569.

31 David Autor, "Why Are There Still So Many Jobs? The History and Future of Workplace Automation," *Journal of Economic Perspectives*, no. 29 (2015): 3-30; Hans Moravec, *Mind Children* (Cambridge, MA: Harvard University Press, 1988), 15-16.

32 Garun, "Amazon Just Launched a Cashier-Free convenience Store," *The Verge*, December 5, 2016, https://www.theverge.com/2016/12/5/13842592/amazon-go-new-cashier-less-convenience-store.

33 C. Welch, "Google Just Gave a Stunning Demo of Assistant Making an Actual Phone Call," *The Verge*, May 8, 2018,

https://www.theverge.com/2018/5/8/17332070/google-assistant-makes-phone-call-demo-duplex-io-2018.

34 Oracle, *Can Virtual Experiences Replace Reality? The Future Role for Humans in Delivering Customer Experience*, https://www.oracle.com/webfolder/s/delivery production/docs/FY16h1/doc35/CXResearchVirtualExperiences. pdf; A. Zhou, "How Artificial Intelligence Is Transforming Enterprise Customer service," *Forbes*, February 27, 2017, https://www.forbes.com/sites/adelynzhou/2017/02/27/how-artificial-intelligence-is-transforming-enterprise-customer-service/#7b415c131483.

35 Martin Ford, *The Rise of the Robots: Technology and the Threat of Mass Unemployment* (New York: Basic Books, 2016), 14.

36 M. Robinson, "This Robot-Powered Restaurant Is One Step Closer to Putting Fast-Food Workers Out of a Job," *Business Insider* June 12, 2017, http://uk.businessinsider.com/momentum-machines-funding-robot-burger-restaurant-2017-6?r= US&IR=T.

37 Marco della Cava, "Robots Invade Foodie San Francisco, Promising Low Prices, Tasty Meals and Cheap Labor," *USA Today*, April 8, 2019, https://eu. usatoday.com/story/news/2019/04/06/robots-invade-foodie-san-francisco-promising-low-prices-cheap-labor/3334069002/.

38 "자동화 물결"이라는 용어는 다음에서 가져온 것이다. Ford, *Rise of the Robots*.

39 Andrew Yang, *The War on Normal People* (New York: Hachette, 2018). 제5장에서는 트럭 운송의 자동화와 이에 따른 부정적인 사회적 영향에 대해 광범위하게 논의한다.

40 André Gorz, *Critique of Economic Reason* (London: Verso, 1989), 14.

41 Frederick Taylor, *The principles of Scientific Management* (New York: Harper and Brothers, 1911).

42 Max Weber, *The Theory of Social and Economic organization* (New York: Free Press, 1947); R. M. Kanter, "The Future of Bureaucracy and Hierarchy in Organizational Theory," in *Social Theory for a Changing Society*, ed. P. Bourdieu and J. Coleman (Boulder, CO: Westview, 1991).

43 Ian Hacking, *The Emergence of Probability*, 2nd ed. (Cambridge: Cambridge University Press, 2006); E Medina, *Cybernetic Revolutionaries: Technology and Politics in Allende's Chile* (Cambridge, MA: MIT Press, 2011); E. Morozov, "The Planning Machine: project Cybersyn and the Origins of the Big Data Nation," October 13, 2014, *New Yorker*, https://www.newyorker.com/ magazine/2014/10/13/planning-machine.

44 John Danaher, "The Threat of Algocracy: reality, resistance and Accommodation," *Philosophy and Technology*, no. 29 (2016): 245–268; John Danaher et al "Algorithmic Governance: Developing a Research Agenda through the Power of Collective Intelligence,"

Big Data and Society, September 19, 2017, https://doi.org/10.1177/2053951717726554.

45 Andrew G. Ferguson, "Policing Predictive Policing," *Washington University Law Review*, no. 94 (2017): 1–78; Andrew G. Ferguson, *The Rise of Big Data Policing* (New York: NYU Press, 2017).

46 W. Hartzog, G. Conti, J. Nelson, and L. A. Shay, "Inefficiently Automated Law Enforcement," *Michigan State Law Review* (2015): 1763–1795.

47 Luke Dormehl, *The Formula: How Algorithms Solve All Our problems. . . And Create More* (London: W. H. Allen, 2014), 157–158.

48 추가 정보를 얻기 위해서는 다음을 보라. http://www.knightscope.com.

49 H. Shaban, "Automated Police Cars to Start Patrolling the Streets of Dubai before the End of the Year," July 1, 2017, *The Independent*, https://www. independent.co.uk/news/world/middle-east/dubai-automated-police-cars-end-year-a7818661.html.

50 Jamie Susskind, *Future Politics* (Oxford: Oxford University Press, 2018).

51 Richard Dawkins, *The Blind Watchmaker* (London: Longman, 1986), 2.

52 Yuval Noah Harari, *Sapiens: A Brief History of Humankind* (London: Harvill Secker, 2014), chapter 14.

53 이에 대한 좋은 예증을 얻으려면 다음을 보라. Laura Snyder, *The Philosophical Breakfast Cub* (New York: Broadway, 2011)

54 D. MacKenzie, "The Automation of Proof: A Historical and sociological Exploration," *IEEE Annals of the History of Computing*, no. 17 (1995): 7–29.

55 G. Conthier, "Formal Proof—The Four-Color Theorem," *Notices of the American Mathematical Society*, no. 55 (2008): 1382–1393.

56 C. Edwards, "Automating Proofs," *Communications of the ACM*, no. 59 (2016): 13–15.

57 M. Harris, "Mathematicians of the Future," *Slate Magazine*, March 15, 2015, https://slate.com/technology/2015/03/computers-proving-mathematical-theorems-how-artificial-intelligence-could-change-math.html.

58 A. Sparkes, W. Aubrey, E. Byrne, A. Clare, M. N. Khan, M. Liakata, M. Markham, J. Rowland, L. N. Soldatova, K. E. Whelan, M. Young, and R. D. King, " Towards Robot Scientists for Autonomous Scientific Discovery," *Automated Experimentation Journal*, no. 2 (2010): 1; E. Yong, "Enter Adam, the Robot Scientist," April 2, 2009, National Geographic News, https://www.nationalgeographic.com/science/phenomena/2009/04/02/enter-adam-the-robot-scientist/.

59 K. Williams, E. Bilsland, A. Sparkes, W. Aubrey, M. Young, L. N. Soldatova, K. de Grave, J. Ramon, M. de Clare, W. Sirawaraporn, S. G. Oliver, and R. D. King, "Cheaper Faster Drug Development Validated by the Repositioning of Drugs against Neglected Tropical

Diseases," *Journal of the Royal Society: Interface*, no. 12 (2015); A. Extance, "Robot Scientist Discovers Potential Anti-Malaria Drug," *Scientific American*, February 5, 2015, https://www.scientificamerican.com/article/robot-scientist-discovers-potential-malaria-drug/.

2장 자동화로 인한 실업은 필연적일까?

1 다음과 같다. Andrew Yang, *The War on Normal People* (New York: Hachette, 2018); Ryan Avent, *The Wealth of Humans: Work, Power and Status in the 21st Century* (New York: St Martin's Press, 2016); Erik Brynjolfsson and Andrew McAfee, *The Second Machine Age* (New York: W. W. Norton, 2014); Martin Ford, *The Rise of the Robots: Technology and the Threat of Mass Unemployment* (New York: Basic Books, 2015); Richard Susskind and Daniel Susskind, *The Future of the Professions* (Oxford: Oxford University Press, 2015); Mark Reiff, *On Unemployment*, vols. 1 and 2 (London: Palgrave MacMillan, 2015); Calum Chace, *The Economic Singularity: Artificial Intelligence and the Death of Capitalism*, 2nd ed. (San Manteo, CA: Three Cs, 2016); C. B. Frey and M. A. Osborne, "The Future of Employment: How Susceptible Notes to Pages 27–31 281 Are Jobs to Automation?" *Technological Forecasting and Social Change*, no. 114 (2017): 254–280; J. Manyika, M. Chui, M. Miremadi, J. Bughin, K. George, P. Willmott, and M. Dewhurst, *A Future That Works: Automation, Employment and Productivity*, McKinsey Global Institute Report, 2017; David Autor, "Why Are There Still So Many Jobs? The History and Future of Workplace Automation," *Journal of Economic Perspectives*, no. 29 (2015): 3–30; John Danaher, " Will Life Be Worth Living in a World without Work? Technological Unemployment and the Meaning of Life," *Science and Engineering Ethics*, no. 23 (2017): 41–64.

2 Bertrand Russell, *In Praise of Idleness* (London: Routledge, 2004; originally published 1935), 3.

3 John Danaher, "Will Life Be Worth Living in a World Without Work?," 42–43.

4 Peter Fleming, *The Mythology of Work: How Capitalism Persists Despite Itself* (London: Pluto Press, 2017), 1.

5 David Graeber, *Bullshit Jobs: A Theory* (New York: Simon and Schuster, 2018).

6 André Gorz, *Critique of Economic Reason* (London: Verso, 1989).

7 이것은 "Will Life Be Worth Living in a World Without Work?"에서 내가 이전에 제시한 정의를 수정하고 업데이트한 것이다.

8 내 동료 스벤 니홈(Sven Nyholm)은 철학자들이 내 정의에 대해 흠을 잡듯이 반대할 수도 있다고 넌지시 말했다. 철학자들은 내 것이기 것게겨ㅁㅁ ㅛ니빈노 킬ㄷ에 ㄱ긴ㅇ 맞추고 있고, 아마도 기계는 활동한 것에 대해 경제적으로 보상받지 못하기 때문에

실제로 일을 제거할 수 없다고 주장할 수 있다. (왜냐하면 일단 기계가 어떤 활동을 수행하면, 그 활동은 더 이상 경제적으로 보상되지 않고 더 이상 일로 간주되지 않기 때문이다.) 하지만 물론 이것은 정말로 트집 잡기이다. 요점은 **이전에** 일로 **간주되던** 활동을 기계가 대체할 수 있다는 것이다. 실제로 그러한 활동이 느리게 침식된다는 것이 기술 의거 실업에 대한 주장의 핵심이다.

9 Danaher, "Will Life Be Worth Living?"

10 Frey and Osborne, "The Future of Employment."

11 Manyika et al., A Future That Works, and J. Manyika, M. Chui, M. Miremadi, J. Bughin, K. George, P. Willmott, and M. Dewhurst, *Harnessing Automation for a Future That Works*, McKinsey Global Institute, January 2017.

12 PriceWaterhouseCooper, *Will Robots Really Steal Our Jobs? An International analysis of the Long Term Potential of Automation*, https://www.pwc.com/hu/hu/kiadvanyok/assets/pdf/impact_of_automation_on_jobs.pdf.

13 Larry Elliott, "Robots to Replace 1 in 3 UK Jobs over Next 20 Years, Warns IPPR," *The Guardian*, April 15, 2017, https://www.theguardian.com/technology/2017/apr/15/uk-government-urged-help-low-skilled-workers-replaced-robots.

14 R. D. Atkinson, and J. Wu, *False Alarmism: Technological Disruption and the U.S. Labor Market, 1850−2015, ITIF* @Work Series (Washington, D.C.: Information Technology and Innovation Foundation, 2017).

15 Frey and Osborne, "The Future of Employment," 263.

16 Manyika et al, *A Future That Works*, 4-5.

17 Ibid., 5-6.

18 새 일자리의 비율에 대한 추정은 다음에서 발견할 수 있다. Daron Acemoglu and Pascual Restrepo, "The Race between Man and Machine: Implications of Technology for Growth, Factor Shares, and Employment," *American Economic Review*, no. 108 (2018): 1488-1542.

19 이 구는 다음에서 가져온 것이다. Brynjolfsson and McAfee, *The Second Machine Age*.

20 이것은 효과적으로 다음에서 나오는 주장이다. Atkinson and Wu, "False Alarmism."

21 이런 효과는 다음에서 논의된다. Brynjolfsson and McAfee, *The Second Machine Age*, and Autor "Why Are There Still So Many Jobs."

22 비교 우위에 초점을 맞추는 것은 다음에서 개발된 기술과 자동화를 이해하는 모형에 중심적이다. Acemoglu and Restrepo, "The Race between Man and Machine."

23 이런 지지는 다음 연구에서 완전히 이루어진다. Autor, "Why Are There Still So Many

Jobs?"

24 World Economic Forum, Centre for the New Economy and Society, *The Future of Jobs Report 2018*, http://www3.weforum.org/docs/WEF_Future of_Jobs 2018.pdf. 비슷한 주장은 다음의 논문에서 좀 더 많은 정보를 볼 수 있다. R. Jesuthasan and J. Boudreau, *Reinventing Jobs: A 4-Step Approach to for Applying Automation to Work* (Cambridge, MA: Harvard Business Press, 2018).

25 Daron Acemoglu and Pascual Restrepo, "Robots and Jobs: Evidence from US Labor Markets," NBER Working Paper no. 23285, March 2017.

26 Ibid., 4.

27 Ibid., 4–5.

28 Ibid., 그림 1.

29 Acemoglu and Restrepo, "The Race between Man and Machine."

30 Brynjolfsson and McAfee, *The Second Machine Age*; Ray Kurzweil, *The Singularity Is Near: When Humans Transcend Biology* (New York: Viking, 2005).

31 이 수치는 미국트럭화물운송협회(American Trucking Association): https://www.trucking.org/News]_and_Information_Reports_Industry_Data.aspx에 나온다. 이 수치는 2016년 미국 노동통계국(Bureau of Labor Statistics): https://www.bls.gov/emp/tables/employment-by-major-industry-sector.htm에 나온 결과와 일치한다.

32 이것은 혼란스러울 수도 있다. 양의 피드백 고리는 효과가 시간이 지나면서 평형이 되는 것이 아니라 지속적으로 증폭되는 것이고, 음의 피드백 고리는 효과가 평형이 되는 것이다. '양'과 '음'이라는 용어를 사용하는 것은 그 효과가 좋은지 나쁜지와는 관련이 없다.

33 E. Pol and J. Reveley, "Robot Induced Technological Change: Toward a Youth-Focused Coping Strategy," *Psychosociological Issues in Human Resource Management*, no. 5 (2017): 169–186.

34 Bryan Caplan, *The Case against Education* (Princeton, NJ: Princeton University Press, 2018).

35 이에 관해서는 다음을 보라. Nicholas Rescher, *Scientific Progress: A Philosophical Essay on the Economics of Research in natural Science* (Pittsburgh: University of Pittsburgh Press, 1978); Joseph Tainter, *The Collapse of Complex Civilisations* (Cambridge: Cambridge University Press, 1988), chapter 4.

36 Nicholas Bloom, Charles Jones, John Van Reenen, and Michael Webb, "Are Ideas Getting Harder to Find?" NBER Working Paper, version 2.0, March 5, 2018, https://web.stanford.edu/~chadj/IdeaPF.pdf.

37 Erik Brynjolfsson, Daniel Rock, and Chad Syverson, "Artificial Intelligence and the Modern Productivity Paradox: A Clash of Expectations and Statistics," NBER Working Paper no. 24001, November 2017.

38 Ibid., 18.

39 Michael Polanyi, *The Tacit Dimension* (Chicago: University of Chicago Press, 1966).

40 Hans Moravec, *Mind Children* (Cambridge, MA: Harvard University Press, 1988).

41 Autor "Why Are There Still So Many Jobs?" 26.

42 다니엘 서스킨드(Daniel Susskind)는 다음 조사 보고서에서 이 생각을 포착하는 더욱 형식적인 경제 모형을 제시한다. "A Model of Technological Unemployment," Oxford University Discussion Paper no. 819, July 2017.

43 Jerry Kaplan, *Humans Need Not Apply* (New Haven, CT: Yale University Press, 2015).

44 Sherwin Rosen, "The Economics of Superstars," *American Economic Review*, no. 71 (1981): 845-858, 845.

45 Tyler Cowen, *Average Is Over* (London: Dutton, 2013); Robert Frank, *Success and Luck* (Princeton, NJ: Princeton University Press, 2016).

46 Jeremy Rifkin, *The Zero Marginal Cost Society* (London: Palgrave Mac-Millan, 2014).

47 이것은 다음에 나온다. Frey and Osborne, "The Future of Employment."

48 Daron Acemoglu and Jason Robinson, *Why Nations Fail* (New York: Random House, 2012), 182.

49 Martin Upchurch and Phoebe Moore, "Deep Automation and the World of Work," in *Humans and Machines at Work*, ed. P. Moore, M. Upchurch, and X. Whitakker, 45-71 (London: Palgrave MacMillan, 2017); 정책^규정과 자동화에 대한 비슷한 주장은 다음에 나온다. Anthony Atkinson, *Inequality: What Is to Be Done?* (Cambridge, MA: Harvard University Press, 2015).

50 Philippe Van Parijs and Yannick Vanderborght, *Basic Income: A Radical Proposal for a Free Society and a Sane Economy* (Cambridge, MA: Harvard University Press, 2017); Rutger Bregman, *Utopia for Realists: And How We Can Get There* (London: Bloomsbury, 2017); Ford, *Rise of the Robots*.

3장 일은 인간에게 나쁜 것이다

1 John Danaher, "Will Life Be Worth Living in a World without Work? Technological Unemployment and the Meaning of Life," *Science and Engineering Ethics*, no. 23 (2017):

41-64.

2 나는 2018년의 짧은 논문에서 이미 이러한 주장을 펼친 바 있다. John Danaher, "The Case against Work," *Philosopher's Magazine*, no. 81 (2018): 90-94를 보라.

3 Elizabeth Anderson, *Private Government: How Employers Rule Our Lives (And Why We Don't Talk about It)* (Princeton, NJ: Princeton University Press, 2017).

4 Gerald Gaus, *The Order of Reason* (Cambridge: Cambridge University Press, 2010); Gerald Gaus, *Contemporary Theories of Liberalism* (London: Sage, 2003).

5 이 논쟁의 개관을 살펴보려면 다음 연구를 보라. Quentin Skinner, "The Genealogy of Liberty," public lecture, University of California–Berkley, September 15, 2008; Philip Pettit, *Just Freedom* (New York: W. W. Norton, 2014); Philip Pettit, Republicanism (Oxford: Oxford University Press, 1997).

6 자유가 자아를 진정으로 표현하는 것이라고 주장하는 제3의 학파, 즉 '적극적 자유(positive freedom)' 학파도 있을 수 있다. 이 세 번째 개념을 살펴보려면 다음 연구를 보라. Skinner, "The Genealogy of Liberty." 이 개념은 종종 아렌트(Arendt)와 헤겔(Hegel) 같은 사상가와 연관된다.

7 Alan Ryan, *The Making of Modern Liberalism* (Princeton, NJ: Princeton University Press, 2012).

8 Pettit, *Just Freedom*, xiv.

9 Ibid., xv.

10 Tyler Cowen, "Work Isn't So Bad after All," a response essay to Elizabeth Anderson that appears in Anderson, *Private Government*, 108-116.

11 Anderson, *Private Government*, 134-135.

12 Ibid., 136-137.

13 Phoebe Moore, *The Quantified Self in Precarity* (London: Routledge, 2017); Gordon Hull and Frank Pasquale, "Toward a Critical Theory of Corporate Wellness," *BioSocieties*, no. 13 (2018): 190-212.

14 D. Silverberg, "The company That Pays Its Staff to Sleep," *BBC News*, June 20, 2016. 이에 대한 추가적인 예로서, 2018년 9월 보험회사 존 핸콕(John Hancock)은 생명보험 증권에서 건강 및 피트니스 추적에 기꺼이 동의하는 사람에게 인센티브를 준다고 발표했다. C. Wischover, "A Life Insurance company Wants to Track Your Fitness Data," *Vox.com*, September, 20, 2018, https://www.vox.com/the-goods/2018/9/20/17883720/fitbit-john-hancock-interactive-life-insurance를 보라.

15 다음에는 한 독일 회사의 긴젱권, 이에 대한 좀 더 이메 인구가 있다. Moore, *The Quantified Self in Precarity*.

16 Anderson, *Private Government*, 66–69.

17 David Frayne, *The Refusal of Work* (London: ZED Books, 2015).

18 '기능적으로 행위자가 없는'이라는 표현은 다음에서 가져온 것이다. J. M. Hoye and J. Monaghan, "Surveillance, Freedom and the Republic," *European Journal of political Theory*, no. 17 (2018): 343–363.

19 Andrew Weil, *The Fissured Workplace: How Work Became So Bad for So Many and What Can Be Done about It* (Cambridge, MA: Harvard University Press, 2014); Guy Standing, *The Corruption of Capitalism: Why Rentiers Thrive and Work Does Not Pay* (London: Biteback Publishing, 2016); Guy Standing, *The Precariat: The New Dangerous Class* (London: Bloomsbury, 2011).

20 Weil, *The Fissured Workplace*, 제2장에서 이를 장황하게 논의한다.

21 Ibid., 7–8.

22 Ibid., 270–271.

23 Standing, *The Corruption of Capitalism*; Erik Brynjolfsson and Andrew McAfee, *Machine, Platform, Crowd* (New York: W. W. Norton, 2017).

24 Standing, *The Corruption of Capitalism*, 210.

25 이것이 어떻게 진행되는지에 대한 훌륭한 설명은 다음 연구를 보라. Alex Rosenblat, *Uberland: How Algorithms Are Rewriting the Rules of Work* (Oakland: University of California Press, 2018).

26 J. Manyika, S. Lund, J. Bughin, K. Robinson, J. Mischke, and D. Mahajan, *Independent Work: Choice, Necessity, and the Gig Economy*, McKinsey Global Institute Report, 2016.

27 Ronald Coase, "The Nature of the Firm," *Economica*, no. 4 (1937): 386–405.

28 Weil, *The Fissured Workplace*, 60.

29 Ibid., 62.

30 Ibid., chapter 8.

31 Weil, The Fissured Workplace, 88–91. 여기에는 약간의 복잡성이 있다. 스탠딩(Standing)이 ≪불로소득 자본주의≫(The Corruption of Capitalism)(216–217)에서 지적한 바와 같이, 일부 디지털 플랫폼 제공자들은 상당한 양의 벤처 자금의 지원을 받고 있으며, 고객 기반을 확보하는 동안 손실을 입고 서비스를 제공할 수 있다. 이것은 그들이 경쟁자들을 물리치려 할 때 때때로 근로자들에게 할증 요금을 지불할 여유가 있다는 것을 의미한다. 이것은 우버가 전 세계로 진출하면서 생긴 일이다. 그러므로 근로자들은 기업들이 시장에서 지배력을 얻으려고 할 때 단기적인 이득을 경험할 수 있다. 그러나 일단 지배력이 달성되면 플랫폼 제공자들은 근로자들에게 덜 좋은 수준에서 가격을 정할 수 있기 때문에 장기적인 전망은 어둡다. 이는 현재 우버가

지배하고 있는 미국의 도시들에서도 일어나고 있는 일이다. 우버 운전사들은 과거의 택시 운전사들보다 현격하게 더 적은 돈을 번다.

32 Standing, *The Corruption of Capitalism*, 217–232.

33 *Uber B.V. and Others vs. Mr. Y. Aslam and Others*, UKEAT/0056/17/DA, judgment delivered on November 10, 2017.

34 *Uber B.V. and Others vs. Aslam and Others* [2018], EWCA Civ 2748,

35 M. Taylor, G. Marsh, D. Nicol, and P. Broadbent, *Good Work: The Taylor Review of Modern Working Practices*, July 2017, https://assets.publishing.service.gov.uk/government/uploads/system/uploads/attachment data/file/627671/good-work-taylor-review-modern-working-practices-rg.pdf.

36 S. Butler, "Deliveroo Wins the Right Not to Give Riders Minimum Wage or Holiday Pay," *The Guardian*, November 14, 2017, https://www.theguardian.com/business/2017/nov/14/deliveroo-couriers-minimum-wage-holiday-pay; "Deliveroo Wins Latest Battle Over Riders Rights", *BBC News* 5 December 2018, https://www.bbc.com/news/business-46455190.

37 비급여 혜택도 공평하게 분배되지 않을 수 있지만, 여기서는 급여에 집중한다. 이에 대해서는 이 장의 뒷부분에서 자세히 설명한다. 이 중요한 주제에 대한 더 많은 정보를 살펴보기 위해서는 다음 연구를 보라. Christian Timmerman, "Contributive Justice: An Exploration of the Wider Provision of Meaningful Work," *Social Justice Research*, no. 31 (2018): 85–111.

38 두 가지 주의 사항이 있다. (i) 기술과 노력으로 인한 차이의 정당화는 부분적으로 개인이 그러한 노력과 기술에 개인적인 책임이 있다고 생각하느냐에 달려 있다. 항상 그런 것은 아닐지도 모른다. (ii) 기계가 주도하는 혁신의 세계에서는 인간 주도 혁신을 장려할 필요성이 발생하지 않을 수 있다.

39 이 수치는 다음에서 준비한 보고서에서 나온 것이다. Oxfam entitled "An Economy for the 99%" for the World Economic Forum: https://policy-practice.oxfam.org.uk/publications/an-economy-for-the-99-its-time-to-build-a-human-economy-that-benefits-everyone-620170.

40 Thomas Piketty, *Capital in the Twenty-First Century* (Cambridge, MA: Harvard University Press, 2014)와 Anthony Atkinson, *Inequality: What Is to Be Done?* (Cambridge, MA: Harvard University Press, 2015).

41 Piketty, *Capital in the Twenty-First Century* (Cambridge, MA: Harvard University Press, 2014), 303–304.

42 피케티와 그의 동료들이 총소득을 추정하는 특별한 방법론을 가지고 있다는 것에 주목해 보라. 그리고 이런 방법론은 도전받을 수 있다. 이들이 사용하는 수치 중 일부, 특히 근로 소득과 관련된 수치는 전국 국민소득세 신고서에 근거하기 때문에 상당히

견고하다. 다른 수치, 특히 자산을 통해 발생하는 소득인 자본 소득과 관련된 수치는 더 많은 추측과 추정을 필요로 한다.

43 이 모든 수치는 Piketty, *Capital*, 311에서 나온 것이다.

44 David Autor, "Why Are There Still So Many Jobs? The History And Future of Workplace Automation," *Journal of Economic Perspectives*, no. 29 (2015): 3-30.

45 Ibid., 9-14.

46 Ibid., 18.

47 Piketty, *Capital*, 396-397.

48 Ibid., 397ff.

49 Ibid., 403.

50 Ibid., 404.

51 C. D. Goldin, and L. Katz, *The Race between Education and Technology: The Evolution of US Educational Wage Differentials*, 1890-2005 (Cambridge, MA: Harvard University Press, 2010).

52 이 주장에 대해서는 다음 연구를 보라. Piketty, *Capital*; Bryan Caplan, *The Case against Education* (Princeton, NJ: Princeton University Press, 2018); Ryan Avent, *The Wealth of Humans* (New York: St Martin's Press, 2016).

53 Piketty, *Capital*, 395-396.

54 Ibid., 387-388.

55 그럼에도 불구하고 최근 프랑스의 노동 시장 개혁이 여기에 어느 정도 영향을 미칠 것이라는 점에 주목해 보라.

56 발터 샤이델(Walter Scheidel)이 *The Great Leveler* (Princeton, NJ: Princeton University Press, 2017)에서 지적하듯이, 사회적 잉여를 낳는 어느 사회에서나 불평등이 증가하는 일반적인 역사적 추세는 있다. 기후 변화, 전쟁, 질병과 같은 큰 재난 없이 이러한 추세를 시정하기는 매우 어렵다.

57 Frayne, *The Refusal of Work*, 70.

58 일부 사람들은 '여가' 자체가 일이 삼투된 개념이라고 주장한다. 이는 여가가 일을 중심으로 조직된 사회에서만 말이 된다는 의미이다. 매개되지 않은 삶의 진정한 오아시스는 게으름이며, 이는 진정 방향성이 없는 활동이다. 이 점에서는 대해서는 다음을 보라. Brian O'Connor's wonderful philosophical essay *On Idleness* (Princeton, NJ: Princeton University Press, 2018).

59 Steven Pinker, *Enlightenment Now: The Case for Reason, Science, Humanism, and progress* (London: Penguin, 2018).

60 Marshall Sahlins, *Stone Age Economics* (Chicago: Aldine-Atherton, 1972).

61 Jonathan Crary, *24/7: Late Capitalism and the End of Sleep* (London: Verso, 2014).

62 Frayne, *The Refusal of Work*, 73ff.

63 Ibid., 75.

64 Heather Boushey, *Finding Time: The Economics of Work-Life Conflict* (Cambridge, MA: Harvard University Press, 2016).

65 Ibid., 54–57 and 60–61.

66 Ibid., 63.

67 Ibid., 68. 아이러니하게도, 낙관적이고 긍정적인 책 ≪지금 다시 계몽≫ (Enlightenment Now)에서 핑커는 가족생활에 긍정적인 변화의 증거로 비슷한 수치를 인용한다. 이는 우리가 이제 그러한 가족 관련 활동을 할 시간이 더 많아졌다는 것을 시사한다. 히더 부셰이는 그것이 '헬리콥터' 육아에 대한 스트레스와 기대가 증가했다는 증거라고 주장한다.

68 Boushey, *Finding Time*, 74.

69 Ibid., 79–80.

70 Ibid., 77.

71 Arlie Hochschild, *The Outsourced Self* (New York: Picador, 2012).

72 Scott Peppet, "Unraveling Privacy: The Personal Prospectus and the Threat of a Full Disclosure Future," *Northwestern University Law Review*, no. 105 (2011): 1153.

73 Gallup, "State of the Global Workplace Report 2013," http://www.gallup.com/services/178517/state-global-workplace.aspx; S. Crabtree, "Worldwide 13% of Employees Are Engaged at Work." *Gallup News*, October 8, 2013, http://news.gallup.com/poll/165269/worldwide-employees-engaged-work.aspx.

74 Gallup, "State of the Global Workplace Report 2017: Executive Summary," http://news.gallup.com/reports/220313/state-global-workplace-2017.aspx#formheader.

75 Ibid., 8.

76 Ibid., 4, 9, and 14.

77 Daniel Kahneman and Angus Deaton, "High Income Improves Evaluation of Life But Not Emotional Well-being," *Proceedings of the National Acad emy of Sciences*, no. 107 (2010): 16489–16493.

78 E. Ortiz-Ospina and M. Roser, "Happiness and Life Satisfaction," Our World in Data, https://ourworldindata.org/happiness-and-life-satisfaction; B. Stevenson and J. Wolfers, "Economic Growth and Subjective Wellbeing: Reassessing the Easterlin Paradox, *Brookings*

Papers on Economic Activity (Spring 2008), 1-87.

79 Anca Gheaus and Lisa Herzog, "The Goods of Work (Other Than Money)," *Journal of Social Philosophy*, no. 47 (2016): 70-89. 게우스와 헤르조그는 자신들의 견해를 '구조적 좋음 논제'라고 부르지 않고, 직업 생활 반대 주장과 명시적으로 대응시키지 않는다. 그렇기 때문에 결과적으로 이들의 견해가 일을 찬성하는지 반대하는지는 단언하기는 어렵다. 노먼 보위(Norman Bowie)는 다음의 논문에서 비슷한 견해를 옹호한다. "Dignity and Meaningful Work," in *The Oxford Handbook of Meaningful Work*, ed. R. Yeoman, C. Bailey, A. Madden, and M. Thompson, 36-50 (Oxford: Oxford University Press, 2019).

80 요약하자면, 사회적 인식과 검증의 의미에서 사회적 지위는 중요하다. 또 다른 것에 대한 우월감을 달성한다는 의미에서의 사회적 지위는 덜 중요하다.

81 Timmerman "Contributive Justice"; Michele Loi, "Technological Unemployment and Human Disenhancement," *Ethics and Information Technology*, no. 17 (2015): 201-210.

82 Derek Parfit, *On What Matters*, vol. 1 (Oxford: Oxford University Press, 2011); K. Lazari-Radek and P. Singer, *The Point of View of the Universe: Sidgwick and Contemporary Ethics* (Oxford: Oxford University Press, 2014).

4장 삶의 자동화는 바람직하지 않다

1 여기에는 몇 가지 예가 있다. 밥 블랙(Bob Black)은 일이 우리의 윤택함을 방해하는 다양한 방법을 자세히 설명하면서 매우 영향력 있는 반대 주장을 했지만, 그가 선호하는 포스트워크 현실을 묘사할 때가 되면 그는 일반적이고 모호한 서술자에 의지한다. 그는 이 비전이 왜 우리에게 어필해야 하는지를 설명하거나 적절히 방어하지 않은 채 '유희적'(게임 플레이) 삶의 가능성에 대해 이야기한다. Bob Black, *The Abolition of Work and Other Essays* (Port Townshend, WA: Loompanics Unlimited, 1986)도 보라. 이와 비슷하게, 닉 서르닉(Nick Srnicek)과 알렉스 윌리엄스(Alex Williams)은 ≪미래 발명≫(Inventing the Future)(London: Verso, 2015)에서 포스트워크 현실을 분명하게 표현할 시간이 되면 실망스러울 정도로 애매한 비판을 제기한다. 대신 그들은 포스트워크 세계가 올바른 방향으로 추진돼야 할 프로젝트라는 관점을 선호한다. 여기에는 약간의 지혜가 있다. 뒷장에서 보겠지만 그들 비전에 지나치게 정확한 유토피아 프로젝트는 디스토피아로 변질되어 충분히 설득적이지 못한 경우가 많다. 그래도 그 프로젝트가 올바른 방향으로 진행되고 있다는 확신은 필요하며, 나는 이 책의 나머지 부분에서 이런 확신을 제공하기를 바란다.

2 Ben Bramble, *The Passing of Temporal Well-Being* (London: Routledge, 2018).

3 G. Fletcher, *The Philosophy of Well-Being: An Introduction* (London: Routledge, 2016); B. Bradley, *Wellbeing* (London: Polity Press, 2015); D. Haybron, *The Pursuit of Unhappiness: The Elusive psychology of Wellbeing* (Oxford: Oxford University Press,

2010).

4 Ben Bramble, "A New Defense of Hedonism about Well-Being," Ergo, no. 3 (2016): 4, https://quod.lib.umich.edu/e/ergo/12405314.0003.004?view=text;rgn=main; C. Heathwood, "Desire Satisfactionism and Hedonism," *Philosophical Studies*, no. 128 (2006), 539–563.

5 내가 '객관적으로 결정되는 존재 상태'라는 어색한 표현을 사용하는 것은 해당 상태가 여전히 개인에게 일어나고 그들이 주관적으로 경험하는 것이기 때문이다. 다만 만족 여부에 대한 평가는 객관적으로 결정되는 부분일 뿐이다.

6 G. Fletcher, "Objective List Theories," in *The Routledge Handbook of Philosophy of Well-Being*, ed. G. Fletcher, 148–160 (London: Routledge, 2016).

7 Martha Nussbaum, *Creating Capabilities: The Human Development Approach* (Cambridge, MA: Harvard University Press, 2011); Amartya, Sen *Development as Freedom* (Oxford: Oxford University Press, 1999).

8 Thaddeus Metz, *Meaning in Life: An Analytic Study* (Oxford: Oxford University Press, 2013); Iddo Landau, *Finding Meaning in an Imperfect World* (Oxford: Oxford University Press, 2017); Aaron Smuts, "The Good Cause Account of Meaning in Life," *Southern Journal of Philosophy*, no. 51(2013): 536–562.

9 나는 다음에서 가져오는데, 이들은 네 개의 학파가 있다고 주장한다. 나는 이 주장을 수정하여 두 학파를 혼합했다. S. Campbell and S. Nyholm, "Anti-Meaning and Why It Matters," *Journal of the American Philosophical Association*, no. 1 (2015): 694–711.

10 Richard Taylor, "The Meaning of Life," in *The Meaning of Life*, ed. E. D. Klemke and Steven M. Cahn, chapter 12 (New York: Oxford University Press, 2008); Gwen Bradford, *Achievement* (Oxford: Oxford University Press, 2016).

11 Thaddeus Metz, "The Good, the True, and the Beautiful: Toward a Unified Account of Great Meaning in Life," *Religious Studies*, no. 47 (2011): 389–409.

12 Susan Wolf, *Meaning in Life and Why It Matters* (Princeton, NJ: Princeton University Press, 2010).

13 William L. Craig, *Reasonable Faith*, 3rd ed. (Downers Grove, IL: Intervarsity Press, 2007); John Cottingham, *The Spiritual Dimension* (Cambridge: Cambridge University Press, 2005).

14 Landau, *Finding Meaning*, chapter 5.

15 Thaddeus Metz, "The Immortality Requirement for Life's Meaning," *Ratio*, no. 16 (2003): 161–177; Daniel Weijers, "Optimistic Naturalism: Scientific Advancement and the Meaning of Life," *Sophia*, no. 53 (2013): 1–18.

16 Gianluca Di Muzio, "Theism and the Meaning of Life," *Ars Disputandi* 6 (2006): 128–139.

17 John Danaher, "Why We Should Create Artificial Offspring: Meaning and the Collective Afterlife," *Science and Engineering Ethics*, no. 24 (2018): 1097‒1118.

18 개인적 서신에서 스벤 니홈(Sven Nyholm)은 지적 겸손과 편의에 대한 고려와는 별개로, 에큐메니칼(ecumenical) 접근법에 찬성할 만한 충분한 이유가 있다고 지적한다. (옮긴이 주_ 에큐메니칼은 국가나 종파를 초월하여 기독교인들이 결속하고 연합하자는 운동을 말한다.) 스벤 니홈은 이렇게 지적한다. "사람들이 삶에서 즐거움을 얻거나 갖고 싶어 하는 것들은 객관적 목록 이론가들이 객관적인 상품 목록에 올리는 것들과 일치하는 경향이 있다. 예를 들어 사람들은 사랑, 우정, 예술, 통달^기술, 지식 등으로부터 즐거움을 얻고 이런 것들을 갈망한다." 제7장에서 로버트 노직의 메타유토피아 이론을 논할 때 이 점을 다시 논의할 것이다.

19 예를 들어, 좋은 삶에 대한 아리스토텔레스의 설명에서 영향을 받은 가톨릭의 자연법 이론은 이 책에서 요약한 윤택함에 대한 객관적 목록 접근법과 사실상 일치한다. 이에 대해서는 다음 연구를 보라. John Finnis, *Natural Law and natural Rights* (Oxford: Oxford University Press, 1979).

20 Jean Baudrillard, *La Guerre du Golfe n'a pas eu lieu* (Paris: Galilée, 1991).

21 이 용어는 심리학자 제임스 깁슨(James Gibson, 1904~1979)이 만든 것이다. 그는 이 용어를 사용해 환경이 동물이나 사람에게 제공하는 것을 가리킨다. 그는 행위 유발성이 동물과 물질적 환경 사이의 상호 보완성에서 비롯되었다고 주장했다. 예를 들어, 컵의 손잡이는 그 손잡이를 잡을 수 있는 손의 존재로 보완될 때 행위 유발성을 만든다.

22 Plato, *The Phaedrus*, 274d.

23 Richard Heersmink, "A Taxonomy of Cognitive Artifacts: Function, Information and Categories," *Review of Philosophical Psychology*, no. 4 (2013): 465‒481; Richard Heersmink, "Extended Mind and Cognitive Enhancement: Moral Aspects of Extended Cognition," *Phenomenal Cognitive Science*, no. 16 (2017): 17‒32; D. Kirsh "Thinking with External Representations," *AI and Society*, no. 25 (2010): 441‒454; D. Kirsh, "The Intelligent Use of Space," *Artificial Intelligence* no. 73 (1995): 31‒68; D. Norman "Cognitive Artifacts," in *Designing Interaction: Psychology at the Human-Computer Interface*, ed. J. M. Carroll, 17‒38 (Cambridge: Cambridge University Press, 1991); Matthew Crawford, *The World beyond Your Head: How to Flourish in an Age of Distraction* (London: Penguin, 2015).

24 Norman "Cognitive Artifacts," and Heersmink "A Taxonomy of Cognitive Artifacts."

25 Heersmink, "A Taxonomy of Cognitive Artifacts," 465‒466.

26 Ibid., and Kirsch "Thinking with External Representations."

27 David Krakauer, "Will AI Harm Us? Better to Ask How We'll Reckon with Our Hybrid Nature," *Nautilus*, September 6, 2016, http://nautil.us/blog/will-ai-harm-us-better-to-ask-how-well-reckon-with-our-hybrid-nature.

28 Norman, "Cognitive Artifacts."

29 Philippe Van Parijs and Yannick Vanderborght, *Basic Income: A Radical Proposal for a Free Society and a Sane Economy* (Cambridge, MA: Harvard University Press, 2017); K. Widerquist, J. Noguera, Y. Vanderbroght, and J. de Wispelaere, *Basic Income: An Anthology of Contemporary Research* (Sussex: Wiley-Blackwell, 2013); Jeremy Rifkin, *The Zero Marginal Cost Society* (London: Palgrave MacMillan, 2014); Martin Ford, *The Rise of the Robots: Technology and the Threat of Mass Unemployment* (New York: Basic Books, 2015); Erik Brynjolfsson and Andrew McAfee, *The Second Machine Age* (New York: W. W. Norton, 2014).

30 물론, 기술이 우리를 가상 세계의 삶으로 이끌지 않는다면 말이다. 이에 대해서는 다음 장에서 더 자세히 설명할 것이다.

31 Gwen Bradford, Achievement; Gwen Bradford "The Value of Achievements," *Pacific Philosophical Quarterly*, no. 94 (2012): 202-224.

32 스벤 니홈은 인간이 자동화 기술과 협력적인 파트너 관계를 형성하는 것으로 보일 수 있다고 주장한다. 이를 통해 인간을 대신해 자동화 기술이 수행하는 행동에 대한 책임을 그런 기술 파트너에게 전가할 수 있다. 그러나 기계를 통제하는 인간에게 법적 또는 도덕적 책임을 돌릴 수 있게 해준다는 니홈의 말이 옳다고 해도, 인간이 기계에게 업적을 돌리지는 않을 것이다. 업적은 다른 문제이다. Sven Nyholm, "Attributing Agency to Automated Systems: Reflections on Human-Robot Collaborations and Responsibility-Loci," *Science and Engineering Ethics*, no. 24 (2018): 1201-1219를 참조해 보라.

33 대인적 도덕성과 의무의 문제는 제외한다. 이 책은 가치론적 박탈의 문제에만 실제로 집중한다.

34 Cathy O'Neil, *Weapons of Math Destruction* (London: Penguin, 2016); Virginia Eubanks, *Automating In equality: How High-Tech Tools Profile, Police and Punish the Poor* (New York: St. Martin's Press, 2018); Safiya Noble, *Algorithms of Oppression* (New York: NYU Press, 2018).

35 로봇 예술의 예에 대해서는 https://robotart.org에서 로봇 예술 경연 대회를 확인하길 권한다. 로봇 음악가의 예에 대해서는 M. Bretan and G. Weinberg "A Survey of Robotic Musicianship," *Communications of the ACM* 59, no. 5 (2016): 100-109을 추천한다. 다른 유용한 자료로는 데이비드 코프(David Cope)의 알고리즘 작곡가 EMI가 있다. 이것은 *Virtual Music* (Cambridge, MA: MIT Press, 2001)에 묘사된다; Simon Colton, "The Painting Fool: Stories from Building an Automated Painter," in *Computers and Creativity*, ed. J. McCormack and M. d'Inverno, 3-38 (Berlin: Springer Verlag, 2012); 저널 *Philosophy and Technology* 30, no. 3 (2017)의 특별호 "Rethinking Art and Aesthetics in the Age of Creative Machines"에 게재된 논문들이 있다. 이 자료들을 소개해 준 익명의 검토자에게 감사드린다.

36 실제로 아인슈타인은 일반 상대성 이론을 형식화하기 위해 데이비드 힐버트(David

Hilbert)와 경쟁했다.

37 Crawford, *The World beyond Your Head*; Mark Bartholomew, *Adcreep: The Case against Modern Marketing* (Stanford, CA: Stanford University Press, 2017); Tim Wu, *The Attention Merchants* (London: Atlantic Books, 2017); Adam Alter, *Irresistible* (London: Bodley Head, 2017).

38 한 가지 주의할 점은, 객관주의 의미 이론에 따르면, 내 개인 경험은 내 삶이 실제로 얼마나 뜻있는가에 대해 중요하지 않을 수도 있다는 것이다. 철학자 애런 스머츠(Aaron Smuts)는 "The Good Cause Account of Meaning in Life"에서 ≪멋진 삶이다≫(It's a Wonderful Life)에 있는 조지 베일리(George Bailey)의 예를 사용하여 이 점을 설명한다. 베일리는 삶이 너무 우울해 크리스마스이브에 자살을 시도한다. 천사가 그를 찾아가 그가 마을 사람들의 삶에 얼마나 중요한 기여를 하는지 보여주고, 그와 이야기를 나누어 그를 난간에서 내려오게 한다. 애런 스머츠는 베일리의 삶이 내내 의미 있었지만, 그것을 깨닫지 못했다고 주장한다. 나는 여기서 순수한 객관주의 이론은 무시한다. 왜냐하면 (a) 그런 이론은 행복이 아닌 뜻있음에만 적용되고, (b) 객관성과 주관성을 융합하는 의미 이론이 더 그럴듯하다고 생각하기 때문이다.

39 W. Gallagher, *Rapt: Attention and the Focused Life* (New York: Penguin Random House, 2009).

40 Robert Wright, *Why Buddhism Is True* (New York: Simon and Schuster, 2017).

41 Mihaly Cskikszentmihalyi, *Flow: The psychology of Optimal Experience* (New York: Harper & Row, 1990); Mihaly Cskikszentmihalyi, *Finding Flow: The Psychology of Engagement with Everyday Life* (New York: Basic Books, 1997); Mihaly Cskikszentmihalyi, *Experience Sampling Method: measuring the Quality of Everyday Life* (Thousand Oaks, CA: Sage Publications, 2007).

42 이 점에 대해서는 다음 연구를 보라. Alter, *Irresistible*, Bartholomew, *Adcreep*과 Wu, *The Attention Merchants*.

43 한 가지 주요한 예외는 특정한 기술을 개발하고 몰입 상태로 들어갈 수 있게 하는 비디오 게임에 주의를 빼앗기는 것이다. 제7장에서 유토피아 프로젝트로서 게임에 대해 전반적으로 논의할 것이다.

44 Shoshana Zuboff, "Big Other: Surveillance Capitalism and the Prospects of an Information Civilization," *Journal of Information Technology* 30, no. 1 (2015): 75–91; Shoshana. Zuboff, *The Age of Surveillance Capitalism* (London: Profile Books, 2019)

45 컬럼비아대학교 로스쿨 교수이자 저술가, 정책 입안자인 팀 우(Tim Wu)는 ≪주목하지 않을 권리≫(The Attention Merchants)에서 국가와 종교의 주의를 약화시키는 힘을 논의한다.

46 Nick Bostrom and Toby Ord, "The Reversal Test: Eliminating Status Quo Bias in Applied Ethics," *Ethics*, no. 116 (2006): 656–679.

47 이 점에 대해서는 다음 연구를 보라. Hubert Dreyfus and Sean Dorrance Kelly, *All Things Shining* (New York: Free Press, 2011), chapter 3; Walter Burkert, *Greek Religion*. (Cambridge, MA: Harvard University Press, 1987).

48 B. F. Skinner, "'Superstition' in the Pigeon," *Journal of Experimental Psychology*, no. 38 (1948): 168–172.

49 Sean Carroll, "Why Is There Something Rather Than Nothing?," 2018, http://arxiv.org/abs/1802.02231v1.

50 Charles Mann, *The Wizard and the Prophet* (London: Picador, 2018); L. Hesser, *The Man Who Fed the World* (Dallas, TX: Durban House, 2006).

51 S. Grimm, "The Value of Understanding," *Philosophy Compass*, no. 7 (2012): 103–117.

52 Linda Zagzebski, *Virtues of the Mind* (Cambridge: Cambridge University Press, 1996); Linda Zagzebski, "Recovering Understanding," in *Knowledge, Truth, and Duty: Essays on Epistemic Justification, Responsibility, and Virtue*, ed. M. Steup, 235–252 (Oxford: Oxford University Press, 2001).

53 Duncan Pritchard, "Knowing the Answer, Understanding and Epistemic Value," *Grazer Philosophische Studien*, no. 77 (2008): 325–339.

54 John Danaher, "The Threat of Algocracy: Reality, Resistance and Accommodation," *Philosophy and Technology*, no. 29 (2016): 245–268; Jenna Burrell, "How the Machine Thinks: Understanding Opacity in Machine Learning Systems," *Big Data and Society*, DOI: 10.1177/ 2053951715622512; Frank Pasquale, *The Black Box Society* (Cambridge, MA: Harvard University Press, 2015).

55 Andrew Ferguson, *The Rise of Big Data Policing* (New York: NYU Press, 2017).

56 V. Mayer-Schonberger and K. Cukier *Big Data: A Revolution That Will Transform How We Live, Work and Think* (London: John Murray, 2013); Sabina Leonelli, *Data-Centric Biology: A Philosophical Study* (Chicago: Chicago University Press, 2016).

57 Burrell, "How the Machine Thinks."

58 심지어 대부분의 기술 전문가들이 이를 이해하지 못할 수도 있다.

59 이에 대한 좋은 사례 연구를 위해서는 다음 연구를 보라. Eubanks, *Automating In Equality*; Noble, *Algorithms of Oppression*.

60 S. Sloman and P. Fernbach, *The Knowledge Illusion* (New York: Riverhead Books, 2017).

61 Nicholas Carr, *The Glass Cage: Where Automation Is Taking Us* (London: Bodley Head, 2015).

62 Rob Kitchin, "Thinking Critically about and Researching Algorithms," *Information,*

Communication and Society, no. 20 (2017): 14–29.

63 Sandra Wachter, Brent Mittelstadt, and Luciano Floridi, "Why a Right to Explanation of Automated Decision-Making Does Not Exist in the General Data Protection Regulation," *International Data Privacy Law Journal*, no. 7 (2017): 76–99; Andrew Selbst and Julia Powles, "Meaningful Information and the Right to Explanation," *International Data Privacy Law Journal*, no. 7 (2017): 233–242.

64 Danaher, "The Threat of Algocracy."

65 C. Edwards, "Automating Proofs," *Communications of the ACM*, no. 59 (2016): 13–15.

66 나는 이 자율성과 자유라는 용어를 어느 정도 번갈아 사용한다. 나는 다음의 연구를 따른다. 이 연구에서 '자유'는 행위자가 내리는 결정에 들어 있는 특성인 반면, '자율성'은 결정을 내리는 행위자 자신의 특성이라고 생각한다. Gerald Dworkin, "The Concept of Autonomy," *Grazer Philosophische Studien* 12 (1981): 203–213.

67 Gerald Gaus, *The Order of Public Reason* (Cambridge: Cambridge University Press, 2010).

68 Michael Hauskeller, "The 'Little Alex' problem," *Philosophers' Magazine*, no. 62 (2013): 74–78; Michael Hauskeller, "Is It Desirable to Be Able to Do the Undesirable? Moral Bioenhancement and the Little Alex Problem," *Cambridge Quarterly of Healthcare Ethics*, no. 26 (2017): 365–376.

69 이에 대한 예를 살펴보기 위해서는 다음 연구를 보라. Brian Leiter, "The Case Against Free Speech," Sydney Law Review, no. 38 (2016): 407–439. 나는 이 두 가지 견해 모두에 대한 대안을 옹호했고, 자율성이 가치적 촉매제, 즉 좋은 것은 더 좋게, 나쁜 것은 더 나쁘게 만드는 어떤 것이라고 주장했다. John Danaher, "Moral Enhancement and Moral Freedom: A Critique of the Little Alex problem," in *Moral Enhancement: Critical Perspectives*, ed. M. Hauskeller and L. Coyne, 233–250, *Philosophy Supplement* (Cambridge: Cambridge University Press, 2018).

70 이에 대한 비판적 관점을 살펴보기 위해서는 다음 연구를 보라. Derk Pereboom, *Free Will, Agency and Meaning in Life* (Oxford: Oxford University Press, 2014); Drew Chastain "Can Life Be Meaningful without Free Will?," *Philosophia* (2019), https://doi.org/10.1007/s11406-019-00054-y.

71 Joseph Raz, *The Morality of Freedom* (Oxford: Oxford University Press, 1986), 373.

72 Carr, *The Glass Cage.*

73 Krakauer, "Will AI Harm Us?"

74 Richard Thaler and Cass Sunstein, *Nudge: Improving Decisions about Health, Wealth and Happiness* (London: Penguin, 2009).

75 Barry Schwartz, *The Paradox of Choice: Why Less Is More* (New York: Harper

Collins, 2004); B. Scheibehenne, R. Greifeneder, and P. M. Todd, "Can There Ever Be Too Many Options? A Meta-analytic Review of Choice Overload," *Journal of Consumer Research*, no. 37 (2010): 409‑425.

76 이것은 과장법이 아니다. 제3장에서 언급한 바와 같이, 보험 회사들은 이미 그러한 제도를 실시하고 있으며, 자동화된 시스템은 정부 혜택에 대한 접근을 통제하기 위해 널리 사용되고 있다. 두 가지 모두에 대해 다음 연구를 보라. Hull and Pasquale, "Towards a Critical Theory of Corporate Wellness"과 Eubanks, *Automating Inequality*.

77 Karen Yeung, "'Hypernudge': Big Data as a Mode of Regulation by Design," *Information, Communication and Society*, no. 20 (2017): 118‑136.

78 Thaler and Sunstein, *Nudge*.

79 이 생각에 대한 더 많은 내용을 살펴보기 위해서는 다음 연구를 보라. Marjolein Lanzing, "'Strongly Recommended' Revisiting Decisional Privacy to Judge Hypernudging in Self-Tracking Technologies," *Philosophy and Technology* (2018), https://doi.org/10.1007/s13347-018-0316-4.

80 J. M. Hoye and J. Monaghan, "Surveillance, Freedom and the Republic," *European Journal of Political Theory*, no. 17 (2018): 343‑363.

81 나는 다음에서 처음으로 이 주장을 옹호했다. John Danaher, "The Rise of the Robots and the Crisis of Moral Patiency," *AI and Society* (2017), DOI: 10.1007/s00146-017-0773-9.

82 David Gunkel, *The Machine Question* (Cambridge: Cambridge University Press, 2011); David Gunkel, *Robot Rights* (Cambridge: Cambridge University Press, 2018).

83 행위성의 이러한 개념에 대한 더 많은 내용을 위해서는 다음 연구를 보라. Danaher, "The Rise of the Robots"와 Danaher, "Moral Enhancement and Moral Freedom."

84 Gunkel, *The Machine Question*, 94.

85 현재 로봇^AI가 행위자^수동자일 수 있는지에 대한 논쟁이 활발하다. 당분간은 이 논쟁에 끼어들지 않을 것이다. 데이비드 건켈(Gunkel, David J.)은 ≪로봇 권리≫(Robot Rights)에서 이 논쟁을 자세히 다루고 있다.

86 아주 미미할 수도 있다. 바다 민달팽이는 고통을 느낄 수 있어서 도덕적 수동자로 간주될 수도 있지만, 우리는 이 민달팽이를 매우 진지하게 받아들이지 않고 무슨 수를 써서라도 보호하려 하지 않을 수도 있다.

87 Shannon Vallor, "Moral Deskilling and Upskilling in a New Machine Age: Reflections on the Ambiguous Future of Character," *Philosophy and Technology*, no. 28 (2014): 107‑124; Shannon Vallor, *Technology and the Virtues* (Oxford: Oxford University Press, 2016).

88 이런 이유에 대해서는 다음 연구를 참조하면 된다. Danaher, "The Rise of the Robots," and Gunkel, *The Machine Question*, 89.

89 Nick Bostrom, *Superintelligence: Paths, Dangers, Strategies* (Oxford: Oxford University Press, 2014); Roman Yampolskiy, *Artificial Superintelligence: A Futuristic Perspective* (Boca Raton, FL: Chapman and Hall/CRC Press, 2015); Olle Haggström, *Here Be Dragons: Science, Technology and the Future of Humanity* (Oxford: Oxford University Press, 2016).

90 Steven Pinker, "The Cognitive Niche: Coevolution of Intelligence, Sociality, and Language," *Proceedings of the National Academy of Sciences*, no. 107 (2010, Supplement 2): 8993-8999.

91 Joseph Henrich, *The Secrets of Our Success* (Princeton, NJ: Princeton University Press, 2015).

5장 포스트워크 유토피아를 찾아서

1 David Bramwell, *The No. 9 Bus to Utopia* (London: Unbound, 2014).

2 Ibid., 154.

3 Ibid., 157.

4 Ibid., 163.

5 그것이 그 명칭을 받을 자격이 있는지 없는지는 논쟁의 여지가 있다. 대안이 되는 견해를 위해서는 다음 연구를 보라. Howard Segal, *Utopias: A Brief History from Ancient Writings to Virtual Communities* (Oxford: Wiley-Blackwell, 2012), 47-50.

6 'utopia(유토피아)'라는 단어의 어원에 주목할 가치가 있다. 이 단어는 그리스어 단어 'ou'와 'topos'의 합성어에서 유래했으며, 대략 'no place'로 번역된다. 이는 토마스 모어가 자신의 호칭을 아이러니하게 사용했음을 암시한다.

7 Ruth Levitas, *The Concept of Utopia* (London: Phillip Allan, 1990).

8 J. C. Davis, *Utopia and the Ideal Society: A Study of English Utopian Writing 1516-1700* (Cambridge: Cambridge University Press, 1981).

9 스티븐 핑커(Steven Pinker)는 자신의 책 *Enlightenment Now* (London: Penguin, 2018)에서 중세 신화에 따르면 우리가 (최소한 서양에서는) 엄청나게 너그러운 세계에 살고 있기 때문에 코케인(Cockaygne)을 이미 달성했다고 주장한다.

10 이것은 내 블로그 *Philosophical Disquisitions*에서 운영하는 팟캐스트를 위해 크리스토퍼 요크와 했던 인터뷰에서 직접 가져온 것이다. C. Yorke, and J. Danaher, *Episode 37—Yorke on the Philosophy of Utopianism* (I), http://philosophicaldisquisitions.blogspot.com/2018/03/episode-37-york-on-philosophy-of.html.

11 Ibid.

12 데이비드 루이스(David Lewis)는 *On the Plurality of Worlds* (Oxford: Oxford University Press, 1986)에서 모든 가능 세계가 존재한다고 훌륭하게 주장했다.

13 이것은 형이상학적 결정론이 참인지 거짓인지에 대한 가정을 하지 않는다. 결정론에 따르면, 가능한 미래는 단 하나뿐인데, 이것은 일이 전개될 수 있는 유일한 방법이 하나뿐임을 의미한다. 설령 이것이 사실일지라도 우리는 이것이 무엇이 될지 완벽하게 예측할 수 없을지도 모른다. 결과적으로 우리의 인식론적 관점에서 여전히 가능한 여러 미래가 있다.

14 이 생각은 나에게 독창적이지 않다. 정치철학에서 '이상적 이론'에 대한 많은 논의는 가능 세계 개념을 이용한다. 이에 대한 상세한 논의를 살펴보고 싶다면 다음 연구를 보라. Gerald Gaus, *The Tyranny of the Ideal: Justice in Diverse Society* (Princeton, NJ: Princeton University Press, 2016).

15 Owen Flanagan, *The Geography of Morals: Varieties of Moral Possibility* (Oxford: Oxford University Press, 2018).

16 Ibid., 제8-10장.

17 Ibid., 215.

18 Karl Popper, "Utopia and violence," in *Conjectures and Refutations*, 2nd ed. (London: Routledge, 2002).

19 Ibid., 481.

20 Ibid., 483.

21 "Letters of Note" for the text of the letter that Huxley sent to Orwell after the publication of 1984: http://www.lettersofnote.com/2012/03/1984-v-brave-new-world.html.

22 David Harvey, *Seventeen Contradictions and the End of Capitalism* (London: Profile Books, 2014).

23 Thomas Hobbes, *Leviathan*, ed. C. B. MacPherson (London: Pelican Books, 1968; originally published 1651), part 1, chapter 13.

24 Immanuel Kant, *Perpetual Peace and Other Essays*, trans. Ted Humphrey (Indianapolis, IN: Hackett Publishing, 1983).

25 Francis Fukuyama, "The End of History," *National Interest*, no. 16 (1989): 3-18.

26 여기서 고려할 만한 또 다른 주장이 있다. 그것은 엄밀히 말하면 안정성이 불가능하다는 것이다. 임마누엘 칸트가 믿는 것과는 달리, 탐구의 새로운 영역이 열릴 가능성은 항상 있고, 그런 가능성이 있는 한은 영원한 평화는 불가능하다. 크리스토퍼 요크는 자신의 논문 "Prospects for Utopia in Space," in *The Ethics of Space Exploration*, ed. James Schwartz and Tony Milligan, 61-71 (Dordrecht: Springer, 2016)에서 이 주장을 한다.

27 Ian Crawford, "Space, World Government, and the 'End of History,'" *Journal of the*

British Interplanetary Society, no. 46 (1993): 415-420, 415.

28 Oscar Wilde, "The Soul of Man Under Socialism," *Fortnightly Review*, no. 292 (1891).

29 H. G. Wells, *A Modern Utopia* (Lincoln: University of Nebraska Press, 1967; originally published 1905), 5.

30 Yorke, "Prospects for Utopia in Space."

31 L. A. Paul, *Transformative Experience* (Oxford: Oxford University Press, 2014), 1.

32 Ibid., 2.

33 폴은 자신의 책에서 자기 회의론에 대한 많은 반론을 평가하고, 결국 경험적 지식이 없는 상황에서 의사 결정을 정당화할 수 있는 방법이 있다고 주장한다.

34 Christopher Yorke, "Endless Summer: What Kinds of Games Will Suits's Utopians Play?" *Journal of the Philosophy of Sport*, no. 44 (2017): 213-228.

6장 사이보그 유토피아에 대하여

1 닐 하비슨에 대한 모든 정보는 그의 홈페이지 www.neilharbisson.org와 함께 다음에서 가져온 것이다. S. Jeffries, "Interview—Neil Harbisson: The World's First Cyborg Artist," *The Guardian*, May 6, 2014, https://www.theguardian.com/artanddesign/2014/may/06/neil-harbisson-worlds-first-cyborg-artist; M. Donahue, "How a Color-Blind Artist Became the World's First Cyborg," *National Geographic*, April 3, 2017, https://news.nationalgeographic.com/2017/04/worlds-first-cyborg-human-evolution-science/.

2 닐 하비슨은 열아홉 살 때 스페인 카탈로니아 주 마타로(Mataro)에서 성장했다. 그의 어머니가 카탈로니아 주 출신이었다. 그는 열아홉 살 때 작곡을 공부하기 위해 영국으로 이주했다.

3 확실히 하자면, 하비슨은 초기 형태의 이식물도 보정(補正)물로 보지 않는다. 그는 자신의 이런 이식물을 새로운 시각 기관을 만드는 방법으로 생각한다. 이 점에 대해서는 다음 연구를 보라. Donahue, "How a Color-Blind Artist Became the World's First Cyborg."

4 이 인용문은 다음에서 가져온 것이다. Jeffries, "Interview—Neil Harbisson."

5 Ibid.

6 Kevin Warwick, "Cyborgs—the Neuro-Tech Version," in *Implantable Bioelectronics—Devices, Materials and Applications*, ed. E. Katz, 115-132 (New York: Wiley, 2013); Kevin Warwick, "The Future of Artificial Intelligence and Cybernetics," in *There's a Future: Visions for a Better World*, ed. N. Al-Fodhan (Madrid: BBVA Open Mind, TF Editores, 2013); Kevin Warwick, "The Cyborg Revolution," *Nanoethics*, no. 8

(2014): 263–273.

7 Mark O'Connell, *To Be a Machine* (London: Granta, 2017), 139. 이렇게 말하면서, 팀 캐넌은 더 넓은 트랜스휴머니즘 운동과 연합하고 있다. 물론 그가 이 명칭을 거부할 수는 있다. 많은 트랜스휴머니스트는 사이보그화를 지지한다. 그들은 기술적으로 자신의 신체를 증강시키고 진화된 한계를 극복함으로써 인간성의 가능성 지평을 넓히기를 원한다. 트랜스휴머니즘 운동은 유토피아적 성향이 매우 강해서 어떤 사람들은 그것이 본질적으로 유토피아적이라고 주장하지만 다른 사람들은 이를 거부한다. 이에 대해서는 다음 연구를 보라. Nick Bostrom, "A Letter from Utopia," 2010, https://nickbostrom.com/utopia.pdf; Nick Bostrom, "Why I Want to Be Post-human When I Grow Up," in *Medical Enhancement and Posthumanity*, ed. B. Gordjin and R. Chadwick (Dordrecht: Springer, 2009); Michael Hauskeller, "Reinventing Cockaigne: Utopian Themes in Transhumanist Thought," *Hastings Center Report*, no. 42 (2012): 39–47; Stefan Sorgner Lorenz, "Transhumanism in the Land of Cokaygne," *Trans-humanities*, no. 11 (2018): 161–184.

8 생물학자들은 진화가 최적화를 위한 과정이라는 생각을 거부한다. 진화는 일반적으로 필요한 무엇인가를 충족시키기 위한 과정으로 여겨진다.

9 Manfred E. Clynes and Nathan S, Kline, "Cyborgs and Space," *Astronautics*, September 1960, 26–27, 74–76.

10 Ibid., 27.

11 Ibid.

12 Amber Case, "We Are All Cyborgs Now," TED Talk, December 2010, https://www.ted.com/talks/amber case we are all cyborgs now; Donna Haraway, *Simians, Cyborgs and Women: The Reinvention of Nature* (New York: Routledge, 1991); Andy Clark *Natural-Born Cyborgs: Minds, Technologies and the Future of Human Intelligence* (Oxford: Oxford University Press, 2003).

13 David Gunkel, "Resistance Is Futile: Cyborgs, Humanism and the Borg," in *The Star Trek Universe: Franchising the Final Frontier*, ed. Douglas Brode and Shea T. Brose, 87–98 (New York: Rowman and Littlefield, 2015).

14 데이비드 건켈은 자신의 연구에서 제3의 의미인 존재론적 의미를 식별한다. 이것은 도라 해러웨이(Donna Haraway)와 여타 인문학자들의 연구에 바탕을 둔다. 해러웨이는 인간과 다른 실체 사이의 분류적 경계가 최근 점점 모호해졌기 때문에 우리가 존재론적 사이보그라고 주장한다. 해러웨이는 이것이 적어도 두 가지 측면에서 사실이라고 주장한다. 첫째, 인간과 동물의 경계가 예전보다 훨씬 더 희미해졌다. 지각력, 합리성, 문제 해결, 도덕성 등의 능력은 전통적으로 인류에게 고유한 것으로 여겨졌지만, 현재 많은 사람들은 (a) 그러한 능력을 동물도 공유할 수 있고, 그리고 (b) 아마도 더 중요한 것은 모든 인간이 분명히 공유하는 것은 아니라고 주장한다. 그래서 인간과 동물의 경계가 희미해졌다. 둘째, 인간과 기계의 경계에서도 같은 일이 일어났다. 급속히 늘어

기계가 한때는 인간만이 할 수 있다고 생각되었던 일들을 할 수 있다. 이 책에서는 사이보그의 존재론적 의미는 논하지 않는다. 왜냐하면 사이보그가 유토피아 비전의 기초를 제공한다면, 사이보그의 존재론적 의미는 사이보그의 개념적 의미에 의해 적절하게 포착되기 때문이다.

15 Clark, *Natural-Born Cyborgs*.

16 Andy Clark and David Chalmers, "The Extended Mind," *Analysis*, no. 58 (1998): 7-19.

17 Orestis Palermos, "Loops, Constitution and Cognitive Extension," *Cognitive Systems Research*, no. 27 (2014): 25-41; Adam Car ter and Orestis Palermos, "Is Having Your Computer Compromised a Personal Assault? The Ethics of Extended Cognition," *Journal of the American Philosophical Association*, no. 2 (2016): 542-560.

18 이런 예는 다음에서 가져왔다. Car ter and Palermos, "Is Having Your Computer Compromised a Personal Assault?"

19 Richard Heersmink, "Distributed Cognition and Distributed Morality: Agency, Artifacts and Systems," *Science and Engineering Ethics*, no. 23 (2017): 431-448, 434.

20 세 가지 경로는 다음에서 제시된다. Warwick, "The Cyborg Revolution."

21 이 기법에 대한 실험의 자세한 개요는 다음 연구를 참조하면 된다. Warwick, "Cyborgs—the Neuro-Tech Version"; Warwick, "The Future of Artificial Intelligence and Cybernetics"; T. DeMarse, D. Wagenaar, A. Blau, and S. Potter, "The Neurally Controlled Animat: Biological Brain Acting with Simulated Bodies," *Autonomous Robotics*, no. 11(2001): 305-310.

22 Warwick, "The Cyborg Revolution," 267.

23 여기서 주목할 점은 보수주의가 그 자체로 논쟁이 되는 이념이라는 것이다. 스스로를 '보수주의자'라고 부르는 사람들은 종종 도덕적 관점이 다르고 그것이 무엇을 의미하는지에 대한 이해도 다르다. 어떤 사람에게는 비교적 실질적인 내용이 없는 순수한 인식론적 생각이고, 또 다른 어떤 다른 사람에게는 매우 구체적인 내용이 있다. 보수주의에 대한 소견과 소개를 위해서는 다2005); Kieron O'Hara, Conservatism (London: Reaktion Books, 2011).

24 O'Hara, *Conservatism*.

25 G. A. Cohen, "Rescuing Conservatism," in *Reasons and Recognition: Essays on the Philosophy of T. M. Scanlon*, ed. R. J. Wallace, R. Kumar, and S. Freeman, 203-230 (Oxford: Oxford University Press, 2011); G. A. Cohen, "Rescuing Conservatism: A Defense of Existing Value," in *Finding Oneself in the Other*, ed. K. Otsuka, 143-174 (Princeton, NJ: Princeton University Press, 2012).

26 분명히 말하자면, 나는 ≪반지의 제왕≫이 더 이상 예전만큼 멋진 책이라고 생각하지 않는다. 만약 당신이 열두 살이고 ≪반지의 제왕≫이 최고의 책이라고 생각하지 않는다면 아마도 당신에게 뭔가 문제가 있다고 테리 프래쳇(Terry Pratchett)이

말한 적이 있다. 하지만 만약 당신이 쉰두 살이고 같은 생각을 한다면 지금의 당신에게도 뭔가 문제가 있다. 난 쉰두 살은 아니지만, 톨킨의 마법은 풀렸다.

27 Jonathan Pugh, Guy Kahane, and Julian Savulescu, "Cohen's Conservatism and Human Enhancement," *Journal of Ethics*, no. 17 (2013): 331–354.

28 이것은 다음에서 제시한 주장이다. Pugh, Kahane, and Savulescu "Cohen's Conservatism," and John Danaher "An Evaluative Conservative Case for Biomedical Enhancement," *Journal of Medical Ethics*, no. 42 (2016): 611–618.

29 Danaher, "An Evaluative Conservative Case," 612.

30 예로는 다음이 있다. Nicholas Agar, *Truly Human Enhancement* (Cambridge, MA: MIT Press, 2013); Matthew Crawford, *The World beyond Your Head: How to Flourish in an Age of Distraction* (London: Penguin, 2015); Brett Frischmann and Evan Selinger, *Re-engineering Humanity* (Cambridge: Cambridge University Press, 2018).

31 이 용어는 다음 연구에 나온다. Richard Dawkins *The Blind Watchmaker* (London: Penguin, 1986).

32 John Danaher, "Hyperagency and the Good Life—Does Extreme Enhancement Threaten Meaning?" *Neuroethics*, no. 7 (2014): 227–242; John Danaher, "Human Enhancement, Social Solidarity and the Distribution of Responsibility," *Ethical Theory and Moral Practice*, no. 19 (2016): 359–378; David Owens, "Disenchantment," in *Philosophers without Gods*, ed. L. Antony, 165–178 (Oxford: Oxford University Press, 2007).

33 Ted Chu, *Human Purpose and Transhuman Potential* (San Rafael, CA: Origin Press, 2014).

34 Pierre Teilhard de Chardin, *The Phenomenon of Man* (New York: Harper, 1965).

35 테크노유토피아 주제에 대한 자세한 탐구를 위해서는 다음 연구를 보라. Manu Saadia, *Trekonomics: The Economics of Star Trek* (San Francisco, CA: Pipertext Publishing, 2016).

36 다른 TV 시리즈와 마찬가지로 《스타 트렉》의 세계에도 심각한 모순이 존재한다. 돈은 존재하지 않을 수 있지만, 무역은 확실히 존재하며, 몇몇 종들은 돈을 사용한다. 이런 점은 사디아(Saadia)의 《트레노믹스》(Trekonomics)에서 다뤄진다.

37 Christopher Yorke, "Prospects for Utopia in Space," in *The Ethics of Space Exploration*, ed. James Schwartz and Tony Milligan, 61–71(Dordrecht: Springer, 2016); Christopher Yorke and John Danaher, "Episode 37—Yorke on the Philosophy of Utopianism," interview with the author, 2018, http://philosophicaldisquisitions.blogspot.com/2018/03/episode-37-york-on-philosophy-of.html.

38 Christopher Yorke, "Prospects for Utopia in Space," 67.

39 Ian Crawford, "Space, World Government, and the 'End of History,'" *Journal of the*

British Interplanetary Society, no. 46 (1993): 415‑420; Ian Crawford, "Stapledon's Interplanetary Man: A Commonwealth of Worlds and the Ultimate Purpose of Space Colonisation," *Journal of the British Interplanetary Society*, no. 65 (2012): 13‑19; Ian Crawford, "Avoiding Intellectual Stagnation: The Starship as an Expander of Minds," *Journal of the British Interplanetary Society*, no. 67 (2014): 253‑257.

40 이 점에 대해서는 다음을 보라. Keith Abney, "Robots and Space Ethics," in *Robot Ethics 2.0: From Autonomous Cars to Artificial Intelligence*, ed. P. Lin, R. Jenkins and K. Abney, 354‑368 (Oxford: Oxford University Press, 2017).

41 Karl Popper, "Three Worlds," in *Tanner Lectures on Human Values*, University of Michigan, April 7, 1978, https://tannerlectures.utah.edu/_ documents/a-to-z/p/popper80.pdf.

42 Tony Milligan, *Nobody Owns the Moon: The Ethics of Space Exploitation* (Jefferson, NC: McFarland, 2015); James Schwartz and Tony Milligan, eds., *The Ethics of Space Exploration* (Dordrecht: Springer, 2016).

43 Christopher Ketcham, "Towards an Ethic of Life," *Space Policy*, no. 38 (2016): 48‑56.

44 여기에 한 가지 가능한 예외가 있다. 반출생주의(anti-natalism)로 알려진 입장에 따르면, 살아있는 것은 매우 나쁜 것이다. 삶은 인정받지 못한 고통과 해로움으로 가득 차 있다. 결과적으로 인류가 천천히 멸종한다면 더 나을 것이다. 고통의 제거가 유토피아적 프로젝트로 이해될 수 있다면, 이는 내가 이 책에서 옹호하는 친생존주의적(pro-survivalist) 입장의 예외로 보일 것이다. 반출생주의는 특이한 견해이지만 헌신적인 옹호자들이 있다. 내가 이를 여기서 무시하는 이유는 다음과 같다. 먼저 반출생주의는 직관에 반한다. 그리고 사이보그 유토피아를 지지하는 사람들이 우리의 하드웨어 기술 개혁을 통해 반출생주의 지지자들의 걱정거리인 고통을 없앨 수 있다는 가능성에 마음을 열어야 한다. 다시 말해, 반출생주의의 문제는 인간 조건에 대해 너무 숙명론적이다. 반출생주의는 삶을 가치 있게 만들기 위해 상황이 결코 충분히 좋아지지 않는다고 가정한다. 반출생주의를 변호하는 연구를 살펴보려면 다음을 보라. David Benatar, *Better Never to Have Been* (Oxford: Oxford University Press, 2006); David Benatar, "Still Better Never to Have Been: A Reply to (More) of My Critics," *Journal of Ethics*, no. 17 (2012): 121‑151.

45 James Schwartz, "Our Moral Obligation to Support Space Exploration," *Environmental Ethics*, no. 33 (2011): 67‑88; Seth D. Baum, Stuart Armstrong, Timoteus Ekenstedt, Olle Häggström, Robin Hanson, Karin Kuhlemann, Matthijs M. Maas, James D. Miller, Markus Salmela, Anders Sandberg, Kaj Sotala, Phil Torres, Alexey Turchin, and Roman V. Yampolskiy, "Long Term Trajectories of Human Civilisation," *Foresight* (2018), DOI 10.1108/FS-04-2018-0037; Abney, "Robots and Space Ethics."

46 Nick Bostrom, "Astronomical Waste: The Opportunity Cost of Delayed Technological Development," *Utilitas*, no. 15 (2003): 308.

47 Ketcham, "The Ethic of Life."

48 Phil Torres, "Space Colonization and Suffering Risks: Reassessing the 'Maxipok' Rule," *Futures*, no. 100 (2018): 74‒85.

49 Christopher Davenport, *The Space Barons* (New York: Public Affairs, 2018).

50 John Danaher, "Why We Should Create Artificial Offspring: Meaning and the Collective Afterlife," Science and Engineering Ethics, no. 24 (2018): 1097‒1118.

51 Samuel Scheffler, *Death and the Afterlife* (Oxford: Oxford University Press, 2013).

52 이것은 《사람의 아이들》(The Children of Men)의 줄거리이다. 셰플러는 자신의 책에서 이를 수없이 많이 언급한다.

53 Scheffler, Death and the Afterlife, 43.

54 이것은 다음에서 처음 제시한 주장의 수정 버전이다. Danaher, "Why We Should Create."

55 Iddo Landau, *Finding Meaning in an Imperfect World* (Oxford: Oxford University Press, 2017), 66‒67.

56 이러한 주장에 대한 훌륭하고 공정한 분석을 위해서는 다음 연구를 보라. James Warren, *Facing Death: Epicurus and His Critics* (Oxford: Clarendon Press, 2005).

57 Bernard Williams, "The Makropulus Case: Reflections on the Tedium of Immortality," *Problems of the Self* (Cambridge: Cambridge University Press, 1972).

58 Aaron Smuts, "Immortality and Significance," *Philosophy and Literature*, no. 35 (2011): 134‒149.

59 Jorge Luis Borges, *The Aleph*, trans. Andrew Hurley (New York: Penguin, 1998), 14.

60 Tyler Cowen, *Average Is Over* (London: Dutton, 2013); Geoff Mulgan, *Big Mind: How Collective Intelligence Can Change the World* (Princeton, NJ: Princeton University Press, 2017); Thomas Malone, *Superminds: The Surprising Power of People and Computers Thinking Together* (London: Oneworld, 2018).

61 Arno Nickel, "Zor Winner in an Exciting Photo Finish," *Infinity Chess*, 2017, http://www.infinitychess.com/Page/Public/Article/DefaultArticle.aspx?id=322.

62 O'Connell, *To Be A Machine*, 6.

63 내가 주장하는 것은 중요한 사회적 가치에 관한 한 그리 특이한 것이 아니다. 사회 선택 이론에는 겉보기에는 바람직해 보이는 특정 제약들을 동시에 충족시키는 것이 불가능하다는 것을 보여주는 온갖 종류의 불가능 증명이 있다. 케네스 애로우(Kenneth Arrow)의 '불가능성 정리(impossibility theorem)'가 대표적인 예이다. 그것은 완벽한 민주적 투표 시스템을 만드는 것이 불가능함을 보여준다. 다른 예들은, John Roemer, *Equality of Opportunity* (Cambridge, MA: Harvard University Press, 1998)을 참조하라.

64 프레데릭 길버트(Frederic Gilbert)는 예측 뇌 이식물을 가진 환자에 대한 현상학적

연구의 예를 제시한다. 그들은 기술이 자율성을 침해하는 '다른 것'이라고 느끼지 않는다. 반대로, 자율성을 향상시키는 장치로 본다. Frederic Gilbert, "A Threat to Autonomy? The Intrusion of Predictive Brain Implants," *American Journal of Bioethics: Neuroscience*, no. 6 (2015): 4–11을 참조하라.

65 M. Ienca and P. Haselager, "Hacking the Brain: Brain-Computer Interfacing Technology and the Ethics of Neurosecurity," *Ethics and Information Technology*, no. 18 (2016): 117–129.

66 Marc Goodman, *Future Crimes* (London: Bantam Press, 2015).

67 Frischmann and Selinger, *Re-engineering Humanity*.

68 Ibid., chapters 10 and 11.

69 사이보그처럼 되는 것의 위험에 대한 더 상세한 논의를 살펴보기 위해서는 다음 연구를 보라. Gunkel, "Resistance Is Futile," and R. Lipschulz and R. Hester, "We Are Borg: Assimilation into the Cellular Society," in U*berveillance and the Social Implications of Microchip Implants: Emerging Technologies*, ed. M. G. Michael and Katina Michael, 366–384 (IGI Global, 2014).

70 ≪스타 트렉≫ 팬들은 내가 단순화하고 있다는 것을 알 것이다. 일부 개성이 나타나거나 회복되는 에피소드가 있으며, ≪스타 트렉 : 넥스트 제너레이션≫의 주요 줄거리는 보그 사회에 개성을 도입하려는 시도를 중심으로 전개된다. 게다가, 영화 ≪스타 트렉 : 퍼스트 콘택트≫에서는 보그 사회의 꼭대기에 앉아 있는 한 명의 여왕이 등장하는데, 그녀는 어느 정도 개성을 가지고 있다.

71 Larry Siedentop, *Inventing the Individual* (London: Penguin, 2012).

72 그렇다, 라틴어는 시대착오적이다.

73 Torres, "Space Colonization and Suffering Risks," 84.

74 다음과 같은 실존적 위험 논쟁의 많은 다른 추론도 그렇다. Bostrom, "Astronomical Waste"과 Brian Tomasik, "Risks of Astronomical Future Suffering," Foundational Research Institute, 2018, https://foundational-research.org/risks-of-astronomical-future-suffering/.

75 ≪스타 트렉≫을 다시 언급하고 싶지는 않지만, 이런 생각을 탐구하는 ≪스타 트렉 : 넥스트 제너레이션≫의 흥미로운 에피소드가 있다. 짜릿한 은하 간 고고학적 모험 이후 엔터프라이즈의 승무원들은 은하계의 모든 주요 종족(불칸, 클링온, 로뮬런, 휴먼)이 공통의 조상 종족으로부터 진화했다는 것을 알게 된다. 하지만 그 공통의 조상으로부터 다른 진화 경로를 밟은 이후 폭력적이고 서로 적대적이게 되었다.

76 Torres, "Space Colonization and Suffering Risks," 81.

77 Milan M. Ćirković, "Space Colonization Remains the Only Long-Term Option for Humanity: A Reply to Torres," *Futures*, no. 105 (2019): 166–173.

78 Ingmar Persson and Julian Savulescu, *Unfit for the Future: The Need for Moral*

Enhancement (Oxford: Oxford University Press, 2012).

79 Charles S. Cockell, *Extra-Terrestrial Liberty: An Enquiry into the Nature and Causes of Tyrannical Government beyond the Earth* (London: Shoving Leopard, 2013).

80 Koji Tachibana, "A Hobbesian Qualm with Space Settlement," *Futures* (2019), https://doi.org/10.1016/j.futures.2019.02.011.

81 Neil Levy, *Neuroethics* (Cambridge: Cambridge University Press, 2007).

82 Clark and Chal mers, "The Extended Mind."

83 Jan-Hendrik Heinrichs, "Against Strong Ethical Parity: Situated Cognition Theses and Transcranial Brain Stimulation," *Frontiers in Human Neuroscience*, no. 11 (2017): Article 171: 1–13.

84 Ibid., 11.

85 Agar, *TrulyHuman Enhancement*, chapter 3.

7장 가상 유토피아는 그 유토피아인가?

1 Ana Swanson, "Why Amazing Video Games Could Be Causing a problem for America," *Washington Post*, September 23, 2016, https://www.washingtonpost.com/news/wonk/wp/2016/09/23/why-amazing-video-games-could-be-causing-a-big-problem-for-america/?utm_term=.68400043e6bd.

2 Erik Hurst, :Video Killed the Radio Star," 2016, http://review.chicagobooth.edu/economics/2016/article/video-killed-radio-star.

3 Andrew Yang, *The War on Normal People* (NewYork: Hachette Books, 2018), chapter 14.

4 Nicholas Eberstadt, *Men without Work* (West Conshohocken, PA; Templeton Press, 2016).

5 P. Zimbardo and N. Coulombe, *Man Disconnected* (London: Rider, 2015).

6 A. Przybylski, "Electronic Gaming and Psychosocial Adjustment," *Pediatrics*, no. 134 (2014), http://pediatrics.aappublications.org/content/pediatrics/early/2014/07/29/peds.2013-4021.full.pdf.

7 기술적 위협에 대한 대응으로 로버트 노직의 틀에 호소하는 것은, 내가 처음은 아니다. 데이비드 런시먼(David Runciman)은 자신의 책 *How Democracy Ends* (London: Profile Books, 2018)에서 비슷한 호소를 한다. 그러나 런시먼의 논의는 매우 짧다. 나는 로버트 노직의 철학적 장점으로 더 많은 비판적 관심을 쏟겠다.

8 이런 정의는 다음 책 전체에 산재해 있다. Jaron Lanier, *Dawn of the New Every thing: A Journey through Virtual Reality* (London: Bodley Head, 2017).

9 Neal Stephenson, *Snow Crash* (London: Roc, 1993), 19.

10 예를 들어, 러니어는 스티븐슨을 초기 가상현실 운동의 '아폴로 학자'로 묘사했다. Lanier, *Dawn of the New Everything*, 246을 참조하라.

11 Jordan Belamire, "My First Virtual reality Groping," *Athena Talks: Medium*, October 20, 2016.

12 이 인용문의 원본 출처를 찾을 수 없지만, 그것은 테렌스 맥케나의 것으로 널리 생각된다.

13 Yuval Noah Harari, *Sapiens: A Brief History of Humankind* (London: Harvill Secker, 2014); Yuval Noah Harari, *Homo Deus* (London: Harvill Secker, 2016).

14 Yuval Noah Harari, "The Meaning of Life in a World without Work," *The Guardian*, May 8, 2017

15 Ibid.

16 Ibid.

17 Ibid.

18 Ibid.

19 Philip Brey, "The Physical and Social Reality of Virtual Worlds," in *The Oxford Handbook of Virtuality*, ed. M. Grimshaw, 42–54 (Oxford: Oxford University Press, 2014). 예를 들어, 가상현실과 현실의 관계에 대한, 복잡하고 미묘한 다음과 같은 설명들이 있다. Michael Heim, *The Metaphysics of Virtual Reality* (New York: Oxford University Press, 1993); Michael Heim, *Virtual Realism* (New York: Oxford University Press, 1998); Edward Castronova, *Synthetic Worlds: The Business and Culture of Online Games* (Chicago: University of Chicago Press, 2005); Edward Castronova, "Exodus to the Virtual World: How Online Fun Is Changing Reality" (New York: Palgrave Macmillan, 2007).

20 John Searle, *The Construction of Social Reality* (New York: Free Press, 1995); John Searle, *Making the Social World* (Oxford: Oxford University Press, 2010).

21 이 이름은 분명 영화 《매트릭스》에서 유래한 것이다. 이 영화의 무대는, 기계가 인간을 현실 세계의 정교한 시뮬레이션에 연결시키고 이 시뮬레이션이 진짜라고 생각하게 만드는 미래 세계이다.

22 Bernard Suits, *The Grasshopper: Games, Life and Utopia* (Calgary: Broadview Press, 2005; originally published 1978).

23 Mike McNamee, *Sports, Virtues and Vices: Morality Plays* (London: Routledge, 2008).

24 Graham McFee, *Sports, Rules and Values* (London: Routledge, 2003), chapter 8.

25 Thomas Hurka, "Games and the Good," Proceedings of the Aristotelian Society 675, no. 106 (2006): 217–235; Thomas Hurka, *The Best Things in Life* (Oxford: Oxford University

Press, 2011).

26 Hurka, "Games and the Good," 233–234.

27 Richard Sennett, *The Craftsman* (London: Penguin, 2008), 20.

28 Ibid., 21.

29 Hubert Dreyfus and Sean Dorrance Kelly, *All Things Shining* (New York: Free Press, 2011), 197.

30 Ibid., 207.

31 Sennett, *The Craftsman*, 38.

32 ≪보통 사람들의 전쟁≫(The War on Normal People)에서 앤드루 양(Andrew Yang)은 직업윤리와 게임 윤리가 상당히 비슷하다고 말하면서 비슷한 주장을 한다. 직업윤리와 게임 윤리의 가장 중요한 차이점은 경제적 필요의 유무에 따른 것이다. 즉 경제적 필요의 조건에서는 게임을 하지 않는다는 것이다.

33 Christopher Yorke, "Endless Summer: What Kinds of Games Will Suits's Utopians Play?" *Journal of the Philosophy of Sport*, no. 44 (2017): 213–228.

34 M. Andrew Holowchak, "Games as Pastimes in Suits's Utopia: Meaningful Living and the Metaphysics of Leisure," *Journal of the Philosophy of Sport*, no. 34 (2007): 88–96.

35 Yorke, "Endless Summer."

36 Ibid., 217.

37 Ibid., 217.

38 Ibid., 218.

39 Ibid., 222.

40 Ibid., 224.

41 이것은 다음에 나오는 주장이다. Steven Pinker, *Enlightenment Now* (London: Penguin, 2018).

42 Robert Nozick, *Anarchy, State and Utopia* (New York: Basic Books, 1974).

43 로버트 노직의 '유토피아를 위한 틀'에 대한 토마스 제시(Thomas Jesse)의 블로그 게시물 두 개를 보라. https://polyology.wordpress.com/2011/08/25/robert-nozicks-framework-for-utopia/와 https://polyology.wordpress.com/2011/09/09/the-internet-and-the-framework-for-utopia/. 또한 Runciman, *How Democracy Ends*를 보라.

44 Ralf Bader, "The Framework for Utopia," in *The Cambridge Companion to Nozick's Anarchy, State and Utopia*. ed. R. Bader and I. Meadowcroft, 255–288 (Cambridge: Cambridge University Press, 2011). References in text are to the following version:

http://users.ox.ac.uk/~sfop0426/Framework%20for%20utopia%20%28R.%20Bader%29.pdf.

45 Bader, "The Framework for Utopia," 21.

46 이것은 찬드란 쿠카타스(Chandran Kukathas)가 메타유토피아 사상에 대한 논의에서 로버트 노직을 비판한 것이다. 그는 노직의 제안이 최소주의 국가가 아니라 오히려 최대주의 국가의 창설을 요구한다고 주장한다.

47 가령, https://www.seasteading.org를 보라. 그들은 프랑스령 폴리네시아에 떠다니는 도시를 건설하는 계획을 추진한 바 있다. 그러나 이 계획은 곧 어려움에 부딪쳤다. https://www.citylab.com/design/2018/04/the-unsinkable-dream-of-the-floating-city/559058/.

48 내가 그를 언급한 이유는 그가 시스테딩연구소(Seasteading Institute)의 재정적 후원자이기 때문이다.

49 Robert Nozick, *The Examined Life* (New York: Simon and Schuster, 1989), 104.

50 Ben Bramble, "The Experience Machine," *Philosophy Compass*, no. 11 (2016): 136–145.

51 Felipe De Brigard, "If You Like It, Does It Matter If It's Real," *Philosophical Psychology*, no. 23 (2010): 43–57; Dan Weijers, "Nozick's Experience Machine Is Dead, Long Live the Experience Machine!," *Philosophical Psychology*, no. 27 (2014): 513–535.

52 De Brigard, "If You Like It."

53 Weijers, "Nozick's Experience Machine."

54 Morgan Luck, "The Gamer's Dilemma: An analysis of the Arguments for the Moral Distinction between Virtual Murder and Virtual Paedophilia," *Ethics and Information Technology*, no. 11 (2009), 31–36; Morgan Luck, "Has Ali Dissolved the Gamer's Dilemma?," *Ethics and Information Technology* (2018), DOI: 10.1007/s10676-018-9455-7; Morgan Luck and Nathan Ellerby, "Has Bartel Resolved the Gamer's Dilemma?," *Ethics and Information Technology*, no. 15 (2013): 229–233.

55 기게스의 반지는 질책받거나 처벌받지 않고 비도덕적 행동을 할 수 있게 해주는 신화적 반지이다. 이것은 플라톤의 ≪국가론≫(The Republic)에 나온다.

56 Morgan Luck, "The Gamer's Dilemma"; Stephanie Patridge, "The Incorrigible Social Meaning of Video Game Imagery," *Ethics and Information Technology*, no. 13 (2011): 303–312; S. Ostritsch, "The Amoralist Challenge to Gaming and the Gamer's Moral Obligation," *Ethics and Information Technology*, no. 19 (2017): 117–128; J. Tillson "Is It Distinctively Wrong to Simulate Wrongdoing?" *Ethics and Information Technology* (2018), DOI: 10.1007/s10676-018-9463-7.

57 John Danaher, "Robotic Rape and Robotic Child Sexual Abuse: Should They Be Criminalised?" *Criminal Law and Philosophy*, no. 11 (2017): 71–95; John Danaher, "The Symbolic-Consequences Argument in the Sex Robot Debate," in *Robot Sex: Social and Ethical Implications*, ed. John Danaher and Neil McArthur, 103–132 (Cambridge, MA: MIT

Press, 2017); John Danaher, "The Law and Ethics of Virtual Assault," in *The Law of Virtual and Augmented Reality*, ed. W. Barfield and M. Blitz, 362–388 (Cheltenham: Edward Elgar Publishing, 2018).

58 다음은 이 주제에 대한 최근의 과학적 연구를 개관한다. Michael Pollan, *How to Change Your Mind* (London: Penguin Random House, 2017).

59 나는 이 장에서 환각제 문제를 다루지 않는다. 그 이유는 환각제 지지자들이 가상현실을, 환각제를 복용하는 동안 경험하는 종류의 현상학적 경험을 재현하는 방법으로 보기 때문이다. 재런 러니어(Jaron Lanier)는 ≪가상현실의 탄생≫(The Dawn of the New Everything)에서 환각제 운동이 가상현실 기술의 초기 발전에 비치는 영향에 대해 논의한다. 데이비드 건켈(David Gunkel)은 또한 다음의 책에서 이 문제에 대해 자세히 탐구한다. "VRx: Media Technology, Drugs, and Codependency," in *Thinking Otherwise* (West Lafayette, IN: Purdue University Press, 2007).

에필로그

1 이 이야기에서 호르헤 루이스 보르헤스의 사서는 도서관이 무한할 수 있지만, 총 도서 수는 그렇지 않다고 분명히 믿고 있다.

2 Jorge Luis Borges, *Fictions*, trans. Andrew Hurley (New York: Penguin, 1998), 69.

3 Ibid., 70.

감사의 말

책이란 원래 충분한 관용이 없다면 나오기 힘든 법이다. 지난 몇 년 동안 나를 너그럽게 보아주고 이 책이 나올 수 있게 도와준 모든 분들께 감사드린다.

마일즈 브런더지(Miles Brundage), 오언 달리(Eoin Daly), 브라이언 어프(Brian Earp), 데이비드 건켈(David Gunkel), 마이클 호건(Michael Hogan), 로난 케네디(Rónán Kennedy), 테드 쿠퍼(Ted Kupper), 매티스 마스(Matthijs Maas), 스벤 니홈(Sven Nyholm), 찰스 오마호니(Charles O'Mahony), 두나허 오코늘(Donncha O'Connell), 존 페리(Jon Perry), 에반 셸링거(Evan Selinger), 카이 소탈라(Kaj Sotala), 핍 손튼(Pip Thornton), 브라이언 토빈(Brian Tobin), 크리스토퍼 요크(Christopher Yorke) 등은 이 책에 대해 함께 논의해 주신 분들이다. 특히 카이 소탈라가 자신의 시를 이 책의 첫 장의 제목으로 쓸 수 있도록 허락해준 것에 대해 감사드린다. 이 분들 외에도 좀 더 많은 분들이 이 책의 아이디어와 내용에 대해 말씀해 주었다. 확실히 도움을 받았지만 내가 잊고 있는 분들이 많을 것이라고 생각한다.

아일랜드 연구위원회(Irish Research Council)(New Horizons grant, 2015-2017)의 자금 지원은 이 책의 원래 아이디어를 얻을 수 있도록 해주었다. 내 연구 프로젝트에 대한 이 연구위원회의 지지에도 감사를 드리고 싶다.

이 책을 준비하는 데 인내심을 발휘하고 친절한 도움을 준 제프 딘, 에메랄드 옌센-로버츠, 하버드대학출판부 직원들에게 감사드린다. 그들이 없었다면 이 책은 불가능했을 것이다.

나의 배우자인 이퍼(Aoife)와 부모님, 형제 자매들의 변함없는 성원에 감사드린다.

끝으로, 비록 이 책을 이미 그녀의 추억에 바쳤지만, 이 책의 내용에 있어 내 누이 사라가 끼친 영향도 인정하고 싶다. 사라는 죽기 직전 나에게 "유토피아 사상은 복구되고 업데이트되어야 한다"고 말했다. 나는 누이가 정확히 그렇게 하려는 내 시도에 동의하지 않았을 것이라고 확신하지만, 그녀와 토론할 기회를 가졌더라면 좋았을 것이다.

———
지은이 :
존 다나허(John Danaher)

아일랜드국립대학교(National University of Ireland) 법학과 교수이다. 첨단 AI의 위험성,
삶의 의미와 일의 미래, 인간 강화의 윤리, 법과 신경과학의 교차점, 뇌 기반 거짓말 탐지의
효용, 종교철학 등을 주제로 한 수십 편의 논문을 발표했다. 그의 글은 ≪가디언≫(The
Guardian), ≪이온≫(Aeon), ≪철학자들의 매거진≫ (The Philosophers' Magazine)에 실렸다.
≪자동화와 유토피아≫(2019)를 집필하고, ≪로봇 섹스 : 사회적・윤리적 함축≫(Robot Sex :
Social and Ethical Implications)(2018)을 공동으로 편집했다. 그는 또한 '철학적 논쟁'이라는
블로그의 저자이며 같은 이름의 팟캐스트를 진행하고 있다.

———
옮긴이 :
김동환

해군사관학교 영어과 교수이다. 인문학과 인지과학을 아우르는 융합 학문의 시각을 바탕으로
오늘날의 복잡다단한 사회 현상을 보다 깊이 있게 분석하고 이해하고자 한다. 개념적 은유
이론과 개념적 혼성 이론에 각별한 관심을 가지고 있다. 인지과학, 인지심리학, 인지언어학
분야에 출간되는 전 세계 석학들의 저서를 꾸준히 번역해 내고 있다. ≪개념적 혼성 이론≫
(학술원 우수 학술 도서), ≪인지언어학과 의미≫(문화관광부 우수 도서), ≪인지언어학과
개념적 혼성 이론≫, ≪환유와 인지≫(세종도서 학술 부문 선정)을 집필했다. ≪인지언어학
개론≫(문화관광부 우수 도서), ≪우리는 어떻게 생각하는가≫(학술원 우수 학술 도서),
≪인지언어학 옥스퍼드 핸드북≫, ≪몸의 의미 : 인간 이해의 미학≫, ≪이야기의 언어≫,
≪과학과 인문학 : 몸과 문화의 통합≫, ≪비판적 담화 분석과 인지과학≫, ≪담화, 문법,
이데올로기≫, ≪애쓰지 않기 위해 노력하기≫(세종도서 교양 부문 선정), ≪생각의 기원≫,
≪창의성과 인공지능≫, ≪애니메이션, 신체화, 디지털 미디어의 융합≫(세종도서 학술 부문
선정), ≪은유 백과사전≫(세종도서 학술 부문 선정), ≪고대 중국의 마음과 몸≫, ≪뉴 로맨틱
사이보그≫, ≪메타포 워즈≫, ≪취함의 미학≫, ≪아티스트 인 머신≫, ≪휴먼 알고리즘≫,
≪트랜스휴머니즘의 역사와 철학≫ 등을 번역했다.

우리 시대 가장 중요한 질문 :

생각을 기계가 하면,
인간은 무엇을 하나?

Automation and Utopia
: Human Flourishing in a World without Work

발행일	2023년 7월 3일
지은이	존 다나허
옮긴이	김동환
발행인	이지순
편집	이상영
디자인	Bestseller Banana, 이남우
교정	이융희
마케팅&관리	성윤석
발행처	뜻있는도서출판
주소	경상남도 창원시 성산구 중앙대로 228번길 6 센트럴빌딩 3층
전화	055-282-1457
팩스	055-283-1457
전자메일	ez9305@hanmail.net
등록번호	제567-2020-000007호

ISBN 979-11-971175-8-9

값 27,000원